云计算与微服务

杨金民 著

清华大学出版社
北京

内 容 简 介

云计算与微服务因对社会产生的影响和对经济发展的推动,深受各界热捧。有关云计算与微服务的产品和工具很多,介绍其架构和使用方法的图书和文献也很多。对云计算与微服务要有驾驭能力,还需知晓其中问题的由来,以及技术演进的特征与特性,知晓解决问题的策略和方法。本书从技术演进视角揭示云计算与微服务的本质,通过分析与论述,以理服人,以例服人。针对云计算涉及问题广,技术体系庞大,产品和工具众多这一情形,从中提炼出资源共享这一根本问题。围绕资源共享的不断深化,紧扣基本原理和基本准则,以通俗易懂的方式揭示云计算与微服务的真面目。本书共6章,探索技术演进背后的动因,追踪业界最新技术及其发展趋势,展示求解方案的优美性和艺术性,帮助读者感悟云计算与微服务的内涵,体会其中的精妙之处,灵活应对IT技术发展与变迁所带来的挑战。

本书适合作为计算机科学与技术、软件工程等相关专业本科生学习云计算课程的教材,也适合作为云计算相关方向从业人员及云计算爱好者的参考图书。

版权所有,侵权必究。举报:010-62782989,beiqinquan@tup.tsinghua.edu.cn。

图书在版编目(CIP)数据

云计算与微服务 / 杨金民著. -- 北京:清华大学出版社,2025.3. -- ISBN 978-7-302-68548-7

Ⅰ.TP393.027;TP368.5

中国国家版本馆CIP数据核字第2025F9F770号

责任编辑:薛 杨 常建丽
封面设计:刘 键
责任校对:韩天竹
责任印制:杨 艳

出版发行:清华大学出版社
网　　址:https://www.tup.com.cn,https://www.wqxuetang.com
地　　址:北京清华大学学研大厦A座　　邮　编:100084
社 总 机:010-83470000　　邮　购:010-62786544
投稿与读者服务:010-62776969,c-service@tup.tsinghua.edu.cn
质量反馈:010-62772015,zhiliang@tup.tsinghua.edu.cn
课件下载:https://www.tup.com.cn,010-83470236

印 装 者:三河市天利华印刷装订有限公司
经　　销:全国新华书店
开　　本:185mm×260mm　　印　张:19.5　　字　数:490千字
版　　次:2025年4月第1版　　印　次:2025年4月第1次印刷
定　　价:69.00元

产品编号:105997-01

  云计算是在网络通信高度发达后出现的新型计算模式,使得中小微企业构建和运维其业务信息系统的方式发生了根本性改变。企业不再考虑机房和网络建设,不用再购买服务器和支撑软件,不用再雇佣IT运维人员,也不用再考虑设备更替和升级。企业租用云服务商的计算资源和存储资源,将其业务信息系统迁移至云上运行,系统运维工作也外包给云服务商。这种模式使得企业搭建和运维其业务信息系统的成本大为降低,性价比大为提升。对于云服务商来说,能通过规模效应和集约效应,提升其资源利用率,把服务做到价廉物美。云计算能使服务商与其客户互利双赢。正因为如此,全社会都在拥抱云计算。

  云计算作为热门技术,深受社会追捧。工业界在云平台建设和云开发支撑上不断推出产品和服务,学术界则不断通过论文贡献理论研究成果。有关云计算的图书也有很多。这些图书的一个共性特征是:围绕产品或者系统,描述其构架、功能和使用方法,回避了技术来龙去脉和前因后果的揭示。对云计算的特征与特性的讲述显得有些武断和笼统,缺乏案例,不能以理服人。这种情形导致很多人对云计算的认知停留在知其然,而不知其所以然的状态。有人说它是一种全新的技术,也有人说它不过是原有技术的一种演进。

  要成为创新型人才,只知道工具和产品的构成和使用方法显然远远不够,必须知道问题的由来,以及技术演进的特征与特性,知晓解决问题的策略和方法。本书的特色是:从技术演进视角揭示云计算的本质,通过分析与论述,以理服人,以例服人。针对云计算涉及问题广,技术体系庞大,产品和工具众多这一情形,本书从中提炼出资源共享这一根本问题,围绕资源共享的不断深化,紧扣基本原理和基本准则,以通俗易懂的方式揭示云计算的真面目。

  本书从资源共享这一根本问题,归纳了计算模式的两次演变:从单机计算到集群计算,再从集群计算到云计算。基于这一主线,得出云计算要在集群计算的基础上进一步解决的两个关键问题:①程序能在云上到处运行;②运行在同一计算机上的程序彼此不相互干扰。本书的技术脉络简洁清晰,能使读者知晓技术演进的来龙去脉和前因后果,对云计算不仅知其然,而且还能知其所以然,具备信息系统规划和建设的驾驭能力。

  本书是作者多年来在教学和科研实践中所思、所想、所悟成果的总结,力求将云计算和微服务知识以通俗易懂的方式,以简洁轻快的笔调,以全新的视角勾勒出来,降低学习这些知识的门槛,使任何对云计算知识感兴趣的读者,都能通过阅读本书抓住云计算和微服务的纲绳,对云计算和微服务中的基本问题、求解思路、体系结构、特征与特性、关键技术有一个清晰的感性认识,能综合运用云计算和微服务知识解决实际工程问题。

  本书每章都包含问题由来、求解思路、求解方案、特性分析、问题思考和归纳总结六部分内容,将读者从接触知识提升到理解知识,从学习知识提升到应用知识。本书从工程问题入手,通过分析、推理、论证,强调解决方案的可行性和切实性,强调理论的通俗性,强调知识前后的关联性,力求使读者明白要学什么知识和这些知识有什么用,明白解决工程问题的基本思路、基本方法、关键环节,明白如何去超越别人和实现创新。

  本书在讲解云计算知识方面既强调基础性,也特别注重前瞻性。本书共 6 章,重点针对资源共享问题展开分析和论述,揭示出资源共享的深化路线,展示求解方案的优美性和艺术性。本书也探索技术演进背后的动因,追踪业界最新技术及其发展趋势,帮助读者灵活应对 IT 技术发展与变迁所带来的挑战。

  第 1 章为云计算与微服务绪论。资源共享是推动计算方式演进的原动力。计算方式经历了从单机计算演进到集群计算,以及从集群计算到云计算的演变过程。在单机计算中,共享是指多进程并发执行,它们共享同一台计算机上的资源。集群计算延伸了共享范围,实现了跨计算机边界的共享。云计算则是通过深化共享,利用规模效应和集约效应降低成本,实现物美价廉,互利双赢。在信息化大潮的席卷下,服务器面临数据量越来越大和客户请求量越来越多的双重压力。实现服务程序高效运行、弹性运行、安全运行、快速开发与快速改版升级,以及快速启动的策略和方法统称为微服务技术。

  第 2 章讲解一台计算中资源共享的实现技术。资源共享的最基本形式是一台计算机上的资源被本机上运行的多个应用程序共享。其中的核心问题是多任务并发执行,以及随之而来的资源共享问题。为此将程序代码结构化成操作系统和应用程序两部分,其中操作系统扮演资源管理者角色,充当服务器,而应用程序充当客户角色。应用程序与操作系统之间的交互以函数调用方式实现。共享资源包括 CPU、内存、网络等硬件资源,以及代码和数据文件等。操作系统对各种共享资源进行分门别类管理。本章讲解 CPU、内存、网络、代码、数据文件这些资源的共享实现方案,重点探究代码共享中遇到的问题及其解决方法。

  第 3 章讲解跨计算机边界的资源共享实现技术。跨计算机边界的资源共享也称为分布式计算。分布式计算由单机计算演进而来,把资源共享提升到新高度。在网络通信的支撑下,资源共享的边界概念已被打破,实现了无边界共享。无边界共享是传承与光大的辩证统一,也可说成变与不变的辩证统一。不变性表现在共享模式上,变化性表现在共享边界被扩展和延伸,以及服务质量的提高上。资源共享中,访问冲突问题始终是最根本的问题。另外,数据一致性问题在分布式计算中变得异常突出。本章重点讲解无边界共享的实现策略和方法。

  第 4 章讲解去中心化计算。常见的服务系统为中心化系统。其特点是:系统的数据正确性、服务公平性,以及服务可用性这些事情全由单个服务提供方掌控。去中心化计算试图改变这一局面。其想法是服务不再由单一的服务提供方提供,而是改由多个服务提供方共同提供。从系统构成看,系统不再由单个节点构成,而是由多个节点构成。不同的节点归属不同的服务提供方。于是任何事情不再由单一的服务提供方说了算,而是由多个服务提供方共同商议决定。任何一个服务提供方对于服务而言不再是必不可少的,而是可有可无的。本章重点讲解去中心化计算中遇到的问题,以及求解策略和方法。

  第 5 章讲解虚拟化和云计算。云计算由集群计算演进而来,其目标是:使企业客户将其业务信息系统不加修改地迁移至云,在云上成功运行。相比于集群计算,云计算再次把资源共享提升到全新的高度。在集群计算的基础上,云计算要解决两个关键问题:①企业客户的应用程序在云上到处运行；②运行在同一计算机的多个应用程序彼此不受干扰。本章将应用程序结构化成应用程序自身和运行环境两部分，将上述两个问题转换为能否运行，以及能否成功运行的问题，然后采用虚拟化策略得出这两个问题的解决之策。

第6章讲解微服务技术。在集群或云上运行的服务器具有动态性。这种动态性表现在3方面：①服务程序运行在哪台计算机上不能事先确定，要到运行时实时确定；②为了服务的可用性和吞吐量，一个服务器的副本数具有动态变化性；③当一台服务器中的数据量增长到上限时，要将服务器一分为二。另外，服务器面临着数据量不断增长和负载不断加大的双重压力，面临的安全威胁也日益增大。本章探索使服务器高效运行、安全运行、弹性运行，以及实现服务程序的快速开发与部署、快速改版升级、快速启动的策略和方法。这些策略和方法统称为微服务技术。

本书内容新颖、图文并茂、通俗易懂，特别适合作为高等院校计算机及其相关专业的教材，或者作为工程技术培训的教材。本书也非常适合科研人员和工程技术人员阅读，从中感悟云计算和微服务的内涵，体会其精妙之处。

对于初学者，要透彻领悟云计算和微服务，必须边看书边练，同时思考和琢磨知识内涵和彼此间的联系。基于此考虑，本书每节的重要知识点后都提供有思考题，引导读者回溯和联想，以便检验学习效果，加深对知识点的认识，训练开拓性思维。本书的习题经过了精心挑选和编排，既精炼，又能覆盖知识点。

本书配套资料齐全，包括教学大纲、教学日历、教学PPT、小班讨论题目、课程实验与指导、习题答案等。读者可以从清华大学出版社官网下载对应资源，也可以扫描书中的二维码获取。书中错误之处在所难免，欢迎读者批评指正。

本书的出版得到湖南大学信息科学与工程学院的支持，也得到清华大学出版社的相助。清华大学出版社的薛杨编辑为本书提了很多改进建议，特此致谢。

杨金民

2024年12月

配套资料

第 1 章　云计算与微服务绪论 ……………………………………………… 1

1.1　资源共享 …………………………………………………………… 2
1.2　资源管理 …………………………………………………………… 3
1.3　资源共享的特性 …………………………………………………… 5
1.4　规模效应和集约效应 ……………………………………………… 6
1.5　资源共享类别 ……………………………………………………… 8
1.6　分布式系统 ………………………………………………………… 10
1.7　数据的一致性 ……………………………………………………… 12
1.8　服务的可用性 ……………………………………………………… 14
1.9　数据处理的高效性 ………………………………………………… 15
1.10　系统的安全性 …………………………………………………… 17
1.11　系统的可伸缩性 ………………………………………………… 19
1.12　3 种组合系统的联系和差异 …………………………………… 21
1.13　大数据处理系统 ………………………………………………… 23
1.14　云计算 …………………………………………………………… 24
1.15　云原生程序 ……………………………………………………… 26
1.16　虚拟化和虚拟机 ………………………………………………… 27
1.17　抽象与动态自适应 ……………………………………………… 29
1.18　微服务 …………………………………………………………… 30
1.19　技术演进的历史 ………………………………………………… 32
1.20　本章小结 ………………………………………………………… 36
习题 ……………………………………………………………………… 37

第 2 章　计算机资源的共享 ……………………………………………… 38

2.1　计算机工作原理 …………………………………………………… 39
2.2　单任务操作系统的实现 …………………………………………… 42
2.3　多任务操作系统 …………………………………………………… 44
2.4　进程的调度和管理 ………………………………………………… 45

2.4.1　进程调度……………………………………………………………45
　　2.4.2　进程管理……………………………………………………………50
　　2.4.3　多任务并发执行……………………………………………………51
2.5　内核空间和用户空间………………………………………………………52
2.6　内存共享……………………………………………………………………53
2.7　网络共享……………………………………………………………………54
2.8　代码共享……………………………………………………………………58
　　2.8.1　地址重定位…………………………………………………………60
　　2.8.2　基于间接寻址的跨模块函数调用实现方法………………………63
　　2.8.3　静态链接与动态链接………………………………………………65
　　2.8.4　相对寻址中的基地址选择…………………………………………65
　　2.8.5　虚拟内存……………………………………………………………67
　　2.8.6　局部变量的存储分配和函数调用的实现…………………………70
　　2.8.7　全局变量的动态存储分配和虚实转换的去除……………………72
　　2.8.8　全局变量和静态变量与多线程……………………………………76
　　2.8.9　操作系统中全局变量的共享问题…………………………………78
2.9　数据文件的共享……………………………………………………………79
2.10　进程间的交互………………………………………………………………80
　　2.10.1　信号处理……………………………………………………………81
　　2.10.2　消息队列……………………………………………………………84
2.11　进程与外设的交互…………………………………………………………86
2.12　异常处理……………………………………………………………………89
　　2.12.1　异常处理的特性分析………………………………………………89
　　2.12.2　异常处理的实现……………………………………………………92
　　2.12.3　异常处理的应用……………………………………………………97
2.13　本章小结……………………………………………………………………99
习题……………………………………………………………………………………100

第3章　分布式计算……………………………………………………………103

3.1　跨机器边界的函数调用……………………………………………………104
　　3.1.1　远程过程调用………………………………………………………104
　　3.1.2　Web交互……………………………………………………………111
　　3.1.3　函数调用小结………………………………………………………112
3.2　网络传输……………………………………………………………………113
　　3.2.1　网络通信的抽象……………………………………………………117
　　3.2.2　同步I/O和异步I/O…………………………………………………123
　　3.2.3　网关服务器…………………………………………………………126
　　3.2.4　应用层协议…………………………………………………………134
3.3　事务处理的并发控制………………………………………………………134

3.3.1 基于访问冲突判定的并发控制 ·········· 136
3.3.2 细粒度的并发控制 ·········· 140
3.3.3 通过强化冲突判定条件的死锁避免方法 ·········· 145
3.3.4 基于时间戳的乐观性并发控制 ·········· 146
3.3.5 基于锁的乐观性并发控制 ·········· 148
3.4 事务处理与故障恢复 ·········· 151
3.4.1 事务处理 ·········· 152
3.4.2 系统故障及其恢复策略 ·········· 153
3.4.3 基于日志的故障恢复 ·········· 154
3.4.4 磁盘故障的恢复 ·········· 159
3.4.5 灾害故障的恢复 ·········· 160
3.4.6 故障检测及恢复的实现 ·········· 161
3.4.7 事务处理与故障恢复小结 ·········· 162
3.5 分布式事务处理 ·········· 163
3.5.1 分布式服务器 ·········· 163
3.5.2 分布式服务器中的事务处理和故障恢复 ·········· 165
3.6 本章小结 ·········· 168
习题 ·········· 169

第 4 章 去中心化计算 ·········· 170

4.1 Paxos 共识协议 ·········· 171
4.1.1 无故障时的 id 申请 ·········· 173
4.1.2 故障对 id 申请的影响 ·········· 175
4.1.3 故障对系统一致性的影响 ·········· 175
4.1.4 有故障情形下副本一致性的实现 ·········· 177
4.1.5 协议的特性分析 ·········· 179
4.1.6 故障副本的恢复 ·········· 181
4.2 Paxos 协议的具体实现 ·········· 181
4.2.1 对 proposal 消息的处理 ·········· 184
4.2.2 对 vote 消息的处理 ·········· 186
4.2.3 对 decision 以及 ack 和 validation 消息的处理 ·········· 187
4.2.4 对 termination 消息和 outcome 消息的处理 ·········· 189
4.2.5 对 timeout 消息的处理 ·········· 191
4.2.6 对 recovery 和 progress 消息的处理 ·········· 192
4.2.7 对 fetch 和 item 消息的处理 ·········· 194
4.2.8 实现的特性分析 ·········· 195
4.3 实用拜占庭容错协议 ·········· 195
4.4 PBFT 协议的实现 ·········· 199
4.5 本章小结 ·········· 200

习题 ·· 201

第 5 章 虚拟化与云计算 ·· 202

5.1 应用程序与其运行环境 ··· 203
5.2 应用程序的编译运行与解释运行 ·· 205
    5.2.1 高级程序语言的特性 ·· 205
    5.2.2 源程序的构成特性 ··· 206
    5.2.3 编译过程与方法 ··· 207
    5.2.4 中间代码的优化 ··· 211
    5.2.5 应用程序的解释运行 ··· 213
    5.2.6 解释器的实现 ·· 214
    5.2.7 指令的解释执行 ··· 218
    5.2.8 逻辑地址与内存地址的映射 ··· 222
    5.2.9 解释运行的特性分析 ··· 226
    5.2.10 中间代码到机器代码的翻译 ··· 227
    5.2.11 基于指令流水线处理的代码优化 ··· 228
    5.2.12 基于高速缓存的代码优化 ·· 229
    5.2.13 基于多核处理器的代码优化 ··· 230
    5.2.14 基于解释和编译的混合运行模式 ··· 231
5.3 运行环境的虚拟化 ·· 232
5.4 文件的虚拟化 ·· 234
5.5 函数的虚拟化 ·· 236
    5.5.1 基于代理的解耦和封装实现方案 ··· 238
    5.5.2 基于函数虚拟化的解决方案 ··· 239
    5.5.3 接口特性 ·· 243
    5.5.4 由一个接口获取另一个接口 ··· 244
    5.5.5 函数虚拟化的本质 ·· 245
5.6 应用程序的迁移 ··· 247
5.7 虚拟机的实现 ·· 248
5.8 虚拟机自己的文件系统 ··· 252
5.9 服务端口号的虚实映射 ··· 253
5.10 数据的持久存储 ·· 255
5.11 虚拟机拥有的资源量 ·· 257
5.12 虚拟局域网的实现 ··· 259
5.13 虚拟机上应用程序的更新 ··· 262
5.14 应用程序的容器化 ··· 262
5.15 云服务管理系统 ·· 263
5.16 本章小结 ·· 265
习题 ·· 267

第 6 章 微服务 ... 269

6.1 数据处理的高效性 ... 270
6.1.1 树索引 ... 271
6.1.2 散列索引 ... 273
6.1.3 基于访问特性组织数据的存储 ... 274
6.1.4 线程池和连接池 ... 277
6.1.5 批处理 ... 280

6.2 安全技术 ... 280
6.2.1 注入攻击的防御 ... 281
6.2.2 客户与服务器彼此之间的认证 ... 282
6.2.3 其他互联网攻击的防御 ... 285
6.2.4 客户访问权限的管理 ... 286
6.2.5 对客户访问操作的审计追踪 ... 288

6.3 服务器的可伸缩性 ... 289
6.4 服务集群 ... 290
6.5 抽象与动态自适应 ... 292
6.6 本章小结 ... 294
习题 ... 295

参考文献 ... 297

第 1 章

云计算与微服务绪论

分布式系统对于 IT 专业人员来说是一个耳熟能详的经典概念,但云计算则不一样,常给人既熟悉又陌生的感觉。说熟悉,是因为云计算是当前的热点技术,工业界在云平台建设和云开发支撑上不断推出产品和服务,学术界在云计算理论与技术的研究上不断发表论文。说陌生,是因为不清楚云计算到底和分布式计算有什么差异,不知道它是全新的技术还是仅为原有技术的一种演进。现有文献在讲解云计算时,大都是围绕产品,描述其构架及其功能,回避了其来龙去脉和前因后果,常常使人对云计算知其然,而不知其所以然。

对于云计算,有人说它是一种全新的技术,也有人说它不过是原有技术的一种演进。持这两种观点的人常为此争论不休,各持己见。这两种观点表面上看具有对立性,其实也有其统一的一面。说云计算是一种全新的技术,从其对社会产生的影响和对经济发展的推动看,确是如此。如果从云计算的内部实现看,云计算确实仅是原有技术的一种演进,没有什么变革。这种统一性表明,对云计算既要看到它对社会产生深远影响的一面,也要看到它是原有计算技术演进的一面。云计算是分布式计算发展的高级阶段。

云计算的出现离不开高度发达的网络通信。网络通信的高度发达体现在高可用、高可靠、高覆盖、低费用这四方面。现在的移动通信技术能使业务信息系统与其用户不再受时空限制,即用户能随时随地访问业务信息系统。云计算模式正是在此背景下出现的。云计算使得中小企业构建和运维其业务信息系统的方式发生了根本性改变。企业不再需要考虑机房和网络建设,不再需要购买服务器和支撑软件,不再需要雇佣 IT 运维人员,也不再需要考虑设备更替和升级这些事情。企业租用云服务商的计算资源和存储资源,将其业务信息系统迁移至云上运行,将其数据搬至云上存储,系统运维工作也外包给云服务商。这种情形使得企业搭建和运维其业务信息系统的门槛大为降低。

云服务商使用管理软件将大量的物理服务器整合成一个逻辑服务器。与物理服务器相比,逻辑服务器具有完全不同的特质。物理服务器发生故障时对用户而言便不可用,而逻辑服务器在用户看来永久都不会出现故障。物理服务器提供的计算和存储资源都有限,而逻辑服务器在用户看来其拥有的资源量无穷大。逻辑服务器的这两种特质深受用户欢迎。当企业用户将其业务信息系统搬至云上运行时,不会再遇到资源量不够,或者因故障掉线的问题。

对于云服务商来说,当其用户量达到一定规模时,便会有规模效应和集约效应,提升其资源利用率,把服务做到价廉物美,以此招揽更多用户,获取更多利润。当有利可图时,云服务商还会追加投资,把服务做得更好,把规模做得更大,价格更低。于是,云服务商与其用户之间便形成了互利双赢的局势。正因为如此,全社会都拥抱云计算。

云计算的本质是将专业的事情交由专业公司来做,通过分工协作和专业化提升资源利用率,进而扩大需求,增大规模,实现迭代和良性循环。网络通信的高度发达为分工协作和专业化提供了前提条件。在通信网络的基础之上又构建出一个信息服务网络。在这个信息服务网络中,每个企业既是某种服务的提供者,又是其他企业服务的消费者。信息系统以服务为单元,通过服务组合和迭代不断进化,不断发展。从服务的组合和迭代看,作为基本单元的服务程序也称作微服务。

云计算的目标是深化资源共享,解决其中面临的深层次问题。举例来说,对于一个企业,将其业务信息系统搬至云上运行时,并不希望其业务信息系统与某个特定的云服务商进行绑定。这样做的好处是:当有更好的云服务商可供选择时,能轻易将其业务信息系统从一个云平台迁移至另一个云平台。如果其业务信息系统与某个特定的云服务商进行了绑定,那么迁移就会遇到很多问题,导致选择权丧失。

面对云计算,有一系列问题需要思考,如资源共享为什么如此重要?资源共享中会遇到什么问题?如何解决?一个企业的业务信息系统放在云上运行,与放在企业自己的服务器上运行相比,无论是运维成本还是服务质量都会有巨大优势,这种优势是如何取得的?企业用户的业务信息系统要放到云服务商提供的平台上运行,如何使它们既相互独立,又能无缝对接?本章将围绕这些问题层层展开,为云计算刻绘出一个基本画像。

1.1 资源共享

资源共享既是人们一直追求的目标,也是推动社会发展的原动力。在计算机出现的早期,计算机非常昂贵,只有科研院所才有能力购买,因此计算机是珍贵资源。为了充分利用计算机,共享模式是让一台计算机带有多个终端。终端由显示屏和键盘构成。于是一台计算机能被多个用户同时使用。实现一机多用的技术方案是使用多任务操作系统,通过时针中断轮流运行不同用户的程序。这种策略通过时钟将时间划分成时间片,在一个时间片内,计算机运行一个程序。时间片一旦结束,便会产生时钟中断,通过软件控制计算机运行另一个程序。由于时间片很短,因此用户感觉不到程序运行的间歇性。这种方案能使每个用户都感觉自己是在独享一台计算机。多任务操作系统的实现将在第 2 章详细讲解。

带有多个终端的计算机通常被称作小型机。用户要使用小型机,就必须去计算中心的机房,因为终端都放置在计算中心的机房中。这种限制使得计算机基本上只能用于科学计算,无法用于办公。20 世纪 80 年代,IBM 公司研制出 PC,而且把全部技术公之于众。IBM 公司的这一举措为人类社会进入 PC 时代起到至关重要的推动作用。由于 PC 价廉物美,支持办公,被人们摆上了办公桌,因此 PC 也被称作桌面机。相较于小型机,PC 的显著特点是价格低廉。为此,前期的 PC 使用单任务操作系统。单任务操作系统的特点是简单,所需计算和存储资源都很少,价格非常低廉。

PC 的显著特征是价廉物美。因为价格低廉,买得起的人就增多。买的人增多,生产规模就增大。生产规模增大,生产成本就下降。成本降低使得价格进一步下降。价格下降会招揽更多的客户购买。另外,当使用产品的人很多时,产品缺陷和质量问题就会充分暴露。产品缺陷的不断排除使得产品的可靠性和质量不断提高,进一步使得产品越来越受用户欢迎。这种良性循环和迭代不仅推动技术不断进步,而且也在推动社会不断发展。PC 技术的应用迅速从办公领域蔓延到设备自动控制领域。

办公的数字化和设备控制的数字化,导致大量业务数据存于计算机中。于是,数据共享又成为迫切需要解决的问题。在此背景下,网络技术兴起。网络技术解决了数据的运输问题,使得数据运输速度快,成本低,质量好。移动网络通信则更胜一筹,能让人随时随地使用通信网络。PC 技术和网络通信技术直接把人类社会带入信息时代。网络通信技术将在第 3 章详解。

资源共享包括设备共享、软件共享和数据共享。从商业角度看,资源共享是通过资源拥有方和资源使用方的交互完成的。资源拥有方被称作服务提供方,资源使用方被称作客户。从资源共享的实现方式看,资源由服务器管理,客户使用客户端程序访问服务器。服务提供方给客户发布访问服务的 API 函数。客户端程序通过 API 函数调用访问服务器。当客户端程序和服务器不在一台计算机上,要通过网络交互时,API 函数调用也被称作远程过程调用(Remote Procedure Calling,RPC)。函数调用的详情将在第 2 章和第 3 章讲解。

从交互角度看,客户端程序给服务器传输的内容被称作服务请求,服务器给客户端程序传输的内容被称作服务响应。服务器每收到一个请求,就对其处理,然后回应一个响应结果。客户端程序对响应结果进行处理,确定下一步要做的事情。从 API 函数调用看,调用一个 API 函数其实就是客户端程序给服务器发送一个请求,函数返回的结果就是服务器的响应结果。

资源共享并不是一个现代概念,很早以前就已提出。古代的书院就是资源共享的一个典型例子。那时的技术不发达,图书非常昂贵,绝大部分人买不起,于是就出现了书院。凡是想读书的人,都到书院借阅。借书比买书便宜很多,因此大家都愿意借书。对于书院来说,它有很多客户,其图书能得到充分利用。即便单个借阅的收费很低,但其总的收益还是非常可观。这就是典型的通过资源共享实现互利双赢。

1.2 资源管理

资源共享与资源管理密不可分。资源是一个商业名词,具有商业价值。资源与其拥有者和客户密不可分。资源价值是通过客户对其使用来予以体现。因此,资源的拥有者会想方设法招揽客户,使其资源得到充分利用。一个资源通常不能被多个客户同时使用。因此,资源拥有者要对客户使用资源进行有效管理,方能使资源得到充分利用,实现资源共享。资源拥有者对其拥有的每个资源,都要记录其当前状态。一个资源的当前状态通常只有 2 种:①空闲;②被使用。资源状态会发生变化:当拥有者将某一空闲资源分配给某个客户使用时,该资源的状态由空闲变为被占用;当某个客户将其租用的某一资源归还给拥有者时,该资源的状态由被占用变为空闲。资源的有序使用被称作资源管理。

资源共享能使资源的拥有方与客户互利双赢。资源共享模式中有资源、拥有者、客户 3 种角色。资源的拥有者通常也称作资源的管理者。客户向管理者提出资源租用请求,管理者负责将资源分配给客户使用。以计算机为例,其硬件资源有内存、磁盘、CPU,以及网络。这些资源的管理者为操作系统,客户为应用程序。应用程序通过调用操作系统提供的 API 函数向操作系统申请资源,操作系统则将资源分配给应用程序使用。

在资源管理中,资源通常有类别和标识号属性,还可有其他属性。客户向管理者申请资源时,资源的类别通常体现在 API 函数名上。例如,计算机上的资源,其类别有内存、文件,以及网络等。应用程序向操作系统申请使用内存时调用 alloc 这个 API 函数,申请使用文件时则调用 fopen 这个 API 函数。客户从管理者那里申请到的资源,用 id 标识。例如,应用程序调用 alloc 函数的返回值就为所得内存块的 id,调用 fopen 函数的返回值就为所得文件的 id。客户随后对资源的访问都以 id 标识。例如,当应用程序向申请到的文件中写入数据时,通过调用 fwrite 函数完成。fwrite 函数的第一个参数就为文件 id。

从商业角度看,资源共享也被称作资源服务,于是资源管理者也被称作资源管理器。在操作系统中,文件资源的管理者叫作文件管理器,内存资源的管理者叫作内存管理器,网络资源的管理者叫作网络管理器。文件共享也叫文件服务,操作系统给客户发布的文件服务 API 函数中,最常用的有 fopen、fread、fwrite、fseek、fclose 这 5 个函数。从客户角度看,fopen 函数的功能是申请资源,fread、fwrite 和 fseek 函数的功能是使用资源,而 fclose 函数的功能是归还资源。

客户访问资源有一个过程。以访问文件为例,客户首先调用 fopen 函数打开一个文件,然后调用 fwrite、fread 函数往文件中写入数据,或者从文件中读取数据。完成数据读写之后,再调用 fclose 函数向操作系统归还文件。客户调用 fwrite 函数将指定长度的内存数据写入文件的当前位置,调用 fread 函数从文件的当前位置开始读取指定长度的数据到内存里。客户还可调用 fseek 函数移动当前位置,实现对文件任意位置的读写。

文件管理器使用当前访问记录表有效管理文件资源的共享。当前访问记录表的示例如表 1.1 所示。该示例中有 3 行数据,表示当前共有 3 个客户访问,其中客户 A(其进程 id 为 18)正在访问两个文件,而客户 B(其进程 id 为 19)正在访问 1 个文件。该示例的第一行数据表示:文件 c:\data\student.dat 当前正在被进程 id 为 18 的应用程序以只读方式打开使用,该访问的当前位置指针值为 64000,文件访问 id 为 1。该表的 memAddr 和 memSize 列分别记录文件数据在内存中的起始位置和占用的内存大小。

表 1.1 当前访问记录表示例

accessId	fileName	clientId	accessModel	memAddr	memSize	curPointer
1	c:\data\student.dat	18	R	51200000	10240000	64000
2	c:\data\course.dat	18	R	71680000	5120000	0
3	c:\data\enroll.dat	19	R|W	92160000	4096000	102400

有了当前访问记录表,文件管理器便能对文件访问进行有效管理。现在假设进程 id 为 19 的应用程序调用 fopen 函数,要对文件 c:\data\student.dat 执行写操作。当文件管理器收到这一请求时,先查阅当前访问记录表,看是否存在 fileName 字段值为 c:\data\student.dat 的行。如果存在,表明该文件当前已被其他进程使用,存在访问冲突,因此只能拒绝用户的请求。如果不存在,表明用户的请求能得到满足,于是在当前文件访问记录表中添加一行,记录该访问,并将该行的文件访问 id 返回给客户。客户检查 fopen 函数的返回值,如果为 −1,表示请求被服务方拒绝,否则表示请求成功,返回值为文件访问 id。

对于表 1.1 中示例,假设进程 id 为 19 的应用程序调用 fopen 函数,对文件 c:\data\student.dat 执行读操作,那么该请求会成功,其原因是一个文件能以读方式被多个客户共享。这时文件管理器会在当前访问记录表中添加一行，记下该访问。当客户A（其进程id为18）调用fclose函数，对accessId为1的文件执行关闭操作时，文件管理器便会对表1.1中第一行数据执行删除操作。

思考题1-1：能否基于当前文件访问记录表，写出完整的fopen函数实现代码？

思考题1-2：对于内存共享的管理，其当前访问记录表应包含哪些字段？

1.3 资源共享的特性

在资源共享模型中，有资源、服务提供方、客户3个概念。客户需要资源时，向服务提供方发送资源申请请求。只有在申请得到服务提供方的同意后，客户才可访问资源。客户访问完资源之后，要通知管理者，以便服务提供方回收资源。这种访问模型的特性是：服务提供方和客户既相互独立，又可彼此交互。相互独立体现在服务程序和客户端程序的构建上，它们之间不存在依赖关系。构建服务程序时，不用考虑客户端程序的供应商，只需考虑有哪些资源可供共享，以及客户访问资源的流程和环节。客户端程序的构建也是如此，只需依照资源访问指南，按照资源访问流程编程实现即可，无须考虑服务程序的供应商。

服务提供方和客户相互独立有很多好处。第一个好处是服务程序和客户端程序得到了解放，彼此无依赖和制约性。对于服务程序的提供商来说，可专注于服务程序的设计和开发，无须考虑客户端程序。对于客户端程序的提供商，也是如此，不受服务提供商的制约，可专注于客户端程序的开发。例如，通信网络提供商可专注于通信网络的设计和开发，无须考虑诸如手机之类的通信终端。手机制造商也无须考虑通信网络的提供商，只需专注于手机的设计开发。

服务提供方和客户相互独立的第二个好处是可使服务提供方招揽更多客户，也可使客户不受制于特定的服务提供商。例如，对于诸如移动和联通之类的通信服务商，任一通信终端的持有者都可成为其客户。从另一角度看，作为客户的通信终端持有者，不会受制于特定的通信服务商。当有更好的通信服务商可供选择时，想更换就更换。

相互独立是自由竞争的前提条件。资源共享模型中的服务提供者和客户相互独立，决定了谁也不能停下来吃老本。任何一个人或者企业，在社会中既是赚钱者又是消费者。赚钱时，扮演的是服务提供者角色；消费时，扮演的是客户角色。作为服务提供者，如果不改进自己的服务，就会被其他服务提供者超越，自己的客户就会慢慢流失，赚钱就会越来越少。作为消费者，对服务提供者有选择权，因此得到的服务只会越来越好。人类社会不断进步和发展的推动力正是源于这种服务提供者和客户的相互独立性。

资源共享模型中，服务提供者和客户要交互。这种交互的特点是客户方总是主动方，而服务提供者则是被动方。这种交互方式也称作Client/Server模式，简称C/S模式。客户向服务提供者发起请求，服务提供者对客户的请求予以响应。从编程角度看，请求和响应体现在函数调用上，其中请求体现在要传递的实参上，而响应则体现在函数调用返回的结果上。从面向对象角度看，一个请求是某个请求类的实例对象，一个响应也是某个响应类的实例对象。对于每个请求类，服务提供者要提供一个对其实例对象的处理函数，该处理函数自然是对应请求类的一个成员函数。同理，对于每个响应类，客户要提供一个对其实例对象的处理函数，该处理函数自然是对应响应类的一个成员函数。

对于一种服务,必须要有服务访问协议,即服务提供者与客户交互的共识和契约。所谓服务访问协议,即客户访问服务的流程及其环节。其中每个环节对应客户的一次请求和服务提供者的一次响应。从编程角度看,每个环节对应一次函数调用。从面向对象角度看,每个环节对应一个请求类和一个响应类的定义。有了服务访问协议,服务器程序和客户应用程序便既有相互独立性,又有可对接组装性。

当一种服务仅由某个公司提供时,该服务的访问协议便由其提供者定义和发布,例如微信服务就由腾讯公司定义与发布。对于通用服务,例如文件服务、数据库服务、Email 服务、DNS 服务以及 Web 服务等,其服务访问协议通常由国际标准组织定义和发布。例如,WWW 就是知名的国际标准组织。对于 Web 服务,服务程序称为 Web 服务器,其最常用的客户端程序为浏览器(Browser)。

思考题 1-3:从面向对象角度理解诸如 HTTP、TCP、IP 之类的网络通信协议,它们其实分别对应一个类的定义,即 HTTP 类、TCP 类、IP 类。HTTP 数据包就是 HTTP 类的一个实例对象。这样理解网络通信协议对吗?请给出理由。

资源共享还有一个特性,就是客户什么时候向服务提供者发起请求,完全是客户的事情,与服务提供者无关。另外,就一个服务提供者而言,它与客户之间呈一对多关系。也就是说,一个服务提供者通常有很多客户。当客户请求很少时,服务提供者就会显得空闲;当客户请求很多时,服务提供者又会忙不过来。在客户请求蜂拥而来时,为了不致使自己被累垮,服务程序应该有措施应对这种情形。最简单的方法是:忙不过来时就拒绝受理新的客户请求。请求被服务提供者拒绝,对于客户而言并不是不能接受的事情,因为服务提供者与客户的相互独立性是服务模型的最基本特征。怎么描述忙与空闲?对于忙,服务程序有哪些应对措施?这些问题将在第 3 章详细讲解。

1.4 规模效应和集约效应

就提供服务而言,从服务质量看,个体与组织之间的差异很大。例如,公交服务,如果是由一个个体户提供,那么他提供的服务对于客户而言就没有质量保证。当司机生病,或者车子出现故障时,客户就会感知其服务不可用。如果公交服务由一个公司提供,服务质量就会完全不一样。在公交公司,一个司机生病或者一辆公交车发生故障,对于客户而言并不可见。原因是:一个当班司机生病时,公司可以调度另一个在休假的司机顶替;当一辆公交车发生故障时,公司可以调度另一辆备用车顶替。于是在客户看来,公交服务从不间断。

对于一个提供某种服务的公司,其规模越大,其服务的稳定性就越好,其容错能力就越强。现举例说明这一特性。对于一个公交公司,假设它运营 10 条公交线路,每天提供 24 小时不间断服务。另外假定一个司机一个星期工作 5 天,一天工作 8 小时。针对该公交服务,以一周时间算,公司要聘用 40 个司机,每天安排 30 个司机上班,另有 10 个司机休假。当某一个当班司机生病时,从 10 个休假司机中找出一位顶替生病司机,完全不会有问题。与其相对,假如公司规模小,只运营 1 条公交线路。此时公司只需聘请 4 个司机,每天安排 3 个司机上班,另一个司机休假。当一个当班司机生病时,那个休假的司机可能恰巧因有事而不能出班顶替,这样就不能实现公交的不间断服务。

对于一个云服务商而言,也是如此。其服务器越多,它提供的服务就越平稳,服务质量就越有保证。当一台服务器出现故障时,能调度另一备用服务器顶替,或者将故障服务器承担的工作摊派给其他正常运行的同类服务器。对于云服务商,其业务量增大时,其服务器就能得到充分利用,于是可把服务价格调得更低。在客户看来,服务价格低廉,质量又有保证,就会去消费服务。客户量增多,云服务商的服务器规模就会进一步增大,其服务就更受欢迎。这种良性迭代推动着云服务快速发展。

一个组织或者公司,将人力和物力聚集起来,形成规模,就会形成竞争力。规模越大,产生的规模效应和集约效应就越明显,带来的竞争力就越强。服务或者商品越是价廉物美,就越受客户欢迎。在我国,打火机只卖到一元一个。这就是规模效应带来竞争力的一个典型例子。一个打火机由9个零件组成,卖一元一个,完全出乎想象。按常理,应该卖5~6元一个才对。打火机价格低廉到一元一个,只有在中国才能做到。其背后的原因是:中国一年的打火机产量达到十亿量级。就打火机而言,中国的竞争力在世界上没有哪个国家能撼动。这是我国小商品在世界上具有超强竞争力的一个生动案例。

再举一例。2007年,从中国打电话到加拿大,中国移动的价格是18.6元每分钟。为什么这么贵?因为当时中国移动公司在跨国通信网的建设上投入非常大,但是业务量小。为了收回成本,不得不把价格定得非常高。价格高抑制了客户量的增长。再来看看现在,通过互联网打国际电话根本就不必另外缴费。表面上看,中国移动的营业额应该下降了才是,实际完全相反,相比于2007年,中国移动现在的年营业额增长了五十倍。为什么会出现这种情形?因为价格的下降导致客户量呈指数上升。相比于2007年,中国移动的客户量现在增加了上百倍。现在人人都有手机,通信费低廉得人人都能消费得起。这种双赢局面来源于规模效应和集约效应。

在云服务营销上,规模效应和集约效应得到各大云服务商的高度重视。以腾讯云为例,不仅免费提供微信小程序、微信小游戏、微信公众号的云开发平台,还在客户盈利之前提供免费使用云服务的优惠条件。就是在客户盈利之后,云服务的收费也是按照流量分成多个不同档次。在如此优惠的收费政策驱使下,中小企业自然愿意将自己的业务信息系统迁移到云上运行。未来几年,云服务的客户数量必将呈指数上升。

在历史上,有两次与规模效应有关的事件对人类社会产生了深远影响。20世纪20年代,美国的福特造出了福特汽车。那时汽车刚刚问世。一般情形下,刚出现的新东西是稀有品和新鲜货,价格自然很高。福特在自己占得先机的情形下,本可通过高价赚大把的钱,但是福特并没有这样做,而是喊出了要让工厂的工人个个都能买得起汽车的口号。这句口号的含义就是要让刚问世的汽车变得便宜,而不是奢侈品。福特的这种理念成就了他自己,也推动了人类社会的发展。福特成为汽车大王,汽车很快进入平常百姓之家。

第二个事件是IBM公司在20世纪70年代研制出了PC。IBM公司没有通过保守技术机密,自己生产、自己销售来获取高额利润,而是将所有技术公之于众,允许任何个人和企业生产和销售PC,无须给IBM公司付任何专利费。这一举措使得PC的价格低廉,产量迅速攀升。由于PC销售量大、用户多、应用广,其缺陷充分暴露。因此,PC的质量迅速提高,性能也不断得到改进。IBM公司此举表面上看是无私奉献,实际上是放长线钓大鱼。PC的流行和普及,引发了一个庞大的信息产业。IBM公司在此大潮中迅速成为产业大鳄、业界巨人。

1.5 资源共享类别

在资源共享中,代码共享最早被提出。计算机出现的早期,其主要用来做科学计算。科学计算中有很多基础和共性的东西,例如三角函数求解、矩阵运算、傅里叶变换等。这些内容的编程实现是很专业的事情。代码共享不仅能简化应用程序的开发周期,节省开发成本,而且能提升软件质量。不过,代码共享在实现中遇到了很多问题。代码共享分为源代码共享和二进制可执行文件共享两种方式。源代码共享面临的问题是:①因客户程序与服务程序使用的编程语言不同而引起的编译问题;②服务方因需将源代码发布给客户,导致功能实现技术泄密问题。这两个问题都很致命,于是提出了二进制可执行文件共享方案。

在二进制可执行文件共享方案中,服务方将自己的源代码封装为功能函数,然后编译成中间代码或者机器代码,即将源代码文件转换成二进制可执行文件。二进制可执行文件的可读性非常差,不适合于人的阅读,因此有利于服务提供方保守技术机密。另外,编译问题也能得到解决。服务方提供给客户的不再是源代码文件,而是二进制可执行文件(即通常所说的动态链接库文件)。客户无须对二进制可执行文件再进行编译,只需将其链接至自己开发的应用程序中。链接中会遇到很多技术问题,这些问题及其解决方法将在第 2 章讲解。

除了代码共享之外,计算机共享也非常重要。计算机共享是指多个应用程序共享一台计算机,即让一台计算机执行多个应用程序。这种共享的初级方式是:让一台计算机执行完一个应用程序之后,再执行另一个应用程序。单任务操作系统就是实现这种初级共享方式的典型方案。单任务操作系统的基本原理是用一个应用程序(记为程序 A)执行另一个应用程序(记为程序 X)。程序 A 称作操作系统,由一段无限循环代码构成。因此,程序 A 启动之后始终在运行,不会结束。循环体中的代码功能是:等待用户通过键盘输入要执行的应用程序名(即程序 X),然后把程序 X 的二进制可执行文件从磁盘加载到内存中,再调用程序 X 的 main 函数。当程序 X 的 main 函数返回时,意味着程序 X 执行完毕,程序 A 进入下一轮循环。单任务操作系统的具体细节将在第 2 章详解。

计算机共享的高级方式是让一台计算机并发执行多个应用程序。多任务操作系统是实现这种高级共享方式的典型方案。多任务操作系统的原理是:将时间划成时间片,在一个时间片中执行一个应用程序。于是多个应用程序被 CPU 轮流执行,或者说每个应用程序被 CPU 间歇执行。由于时间片很短,CPU 间歇执行一个应用程序这一现象并不会被用户感知。在用户看来,每个应用程序都在流畅地运行。

多任务并发执行,意味着多个应用程序共享一台计算机。其中的共享资源包括 CPU、存储器和网络,以及显示器、键盘、磁盘等其他外部设备。存储器有内存和寄存器两种。每种共享资源都有一个管理器。应用程序要使用共享资源时,要调用 API 函数向管理者提出申请。因此,多任务操作系统其实主要由共享资源管理器构成。有多个应用程序同时运行,自然也需要有一个管理器,这个管理器叫作进程管理器,管理应用程序的启动(即进程的创建)、进程运行的切换(即进程的上位和下位),以及进程的结束。因此可以说多任务操作系统由共享资源管理器和进程管理器构成。另外,桌面应用程序必不可少。它一直运行,负责人机交互。其功能有:显示视窗,启动应用程序(即进程创建)。

在多任务操作系统中,进程是程序运行的实体。每启动一个应用程序运行,操作系统就会创建一个进程。对于一个应用程序,也可创建多个进程。例如,可多次启动 Word 程序,即创建多个进程,让它们都运行 Word 程序,但分别处理不同的 Word 文件。进程管理器提供有 API 函数,供应用程序调用,以便创建新的进程,让其执行某个应用程序。在 Linux 操作系统中,fork 函数的功能就是创建一个新进程。新进程由调用者进程克隆而得。进程管理器维护一个进程表。进程表中每行数据记录一个进程。一个进程在进程表中只有一行记录。进程用 id 标识。创建一个进程,其实就是往进程表中添加一行记录;结束一个进程,就是删除进程表中的对应行。

一台计算机上的共享资源,其客户是进程。以内存这一共享资源为例,每个进程的运行都需要内存资源。程序由代码和数据构成。程序运行时,要求代码和数据都在内存中。代码具有只读属性,因此内存中的代码可以被多个进程共享。对于数据,通常每个进程都有自己的一份,不共享。当进程需要内存时,通过 API 调用向内存管理器提出申请。内存管理器维护有一个内存使用表,记录分配出去的内存。每分配出去一段内存,就在内存使用表中添加一行记录,记下这段内存的起始地址和大小,以及客户进程的 id。客户进程释放一段内存时,就在内存使用表中删除对应行。

对于一个二进程可执行文件,它包含的内容有代码和数据两部分。数据又有变量和常量之分。代码和常量具有只读属性。正因为如此,二进程可执行文件通常被分成三段(Segment):代码段、常量段、变量段。一个进程在运行之前,通常要先将其程序的构成部分(指二进程可执行文件)从磁盘加载至内存中。当某个进程要加载一个二进程可执行文件时,它可能早已被加载到内存中。其原因是这个二进程可执行文件可能也是另一个进程的构成部分。此时只需加载变量部分,代码和常量部分可以共享。代码和常量共享会带来一个问题:对于后面的进程来说,它的变量部分和共享部分(代码和常量)在内存中不是紧挨在一起,与编译时的假定不一致。该问题的解决将在第 2 章讲解。

共享资源中,网络的特性与内存完全不同,与 CPU 相似。CPU 共享,是将时间划分成时间片,然后让 CPU 轮流执行当前的进程,给用户造成有多个 CPU 的假象。网络的功能是传输数据(包括接收和发送)。网络共享,是将每个进程要传输的数据划分成数据包,然后让网络轮流传输数据包,给用户造成有多个网络的假象。这种策略也叫多路复用。这里的多路是指多个进程要传输的数据,复用是指通过一个网络传输。网络共享的实现将在第 3 章详解。

共享资源除了硬件和代码外,还有数据。数据共享是指一台计算机上的数据要被多个进程读/写。对于某个数据,当一个进程对其执行读操作时,不允许另一进程对其执行写操作。另外,当一个进程对其执行写操作时,不允许另一进程对其执行读或者写操作。由此可知,数据也需要有一个管理器,对其共享进行管理。文件管理器、数据库管理系统就是典型的数据管理器。应用程序对文件的访问,要通过调用文件管理器提供的 API 完成;对数据库的访问,要通过调用数据库管理系统提供的 API 完成。对操作系统维护的数据,例如进程表和内存使用表,应用程序对其访问要通过调用操作系统提供的 API 完成。

还有一些数据没有管理器,例如程序中定义的静态变量。在多线程程序中,全局变量被多个线程共享,也属于没有管理器的数据。对于这类数据,程序可直接对其进行读写。其共享的正确性靠应用程序自己把控。为此,操作系统提供了锁功能。应用程序可以从操作系统那里申请一把锁,将其与共享数据关联。随后访问共享数据时,先要执行上锁操作;对数据操作完之后,执行解锁操作。能上锁的前提条件是:锁没有被其他进程占用。要上锁而不能时,就会陷入等待状态,直到上锁成功为止。

上述资源共享,其覆盖范围是一台计算机。其特点是:操作系统扮演服务提供者角色(即资源管理者),应用程序(即进程)扮演客户角色。当共享的范围延伸至其他计算机上时,例如计算机 α 上的资源要被计算机 β 使用,那么需要运行在计算机 α 上的一个应用程序(记为进程 S)充当服务提供者角色,运行在计算机 β 上的另一个应用程序(记为进程 C)充当客户角色。进程 C 和进程 S 通过网络进行交互,构成一个分布式系统,这种共享将在第 3 章详解。

1.6 分布式系统

最基本的分布式系统由两个运行在不同计算机上的应用程序(即进程)构成,其中一个应用程序充当服务器,另一个应用程序充当客户。客户向服务器发出请求,服务器给客户予以响应。请求与响应依旧以函数调用表达:函数名以及传递的实参表达请求,函数返回结果表达响应。应用程序(即进程)与操作系统之间的交互,和应用程序与应用程序之间的交互既有相同之处,也有差异。相同之处表现在请求与响应,以及函数调用上面。不同之处是:应用程序(即进程)与操作系统之间的交互属于一个进程内的交互,而应用程序与应用程序之间的交互是进程之间的交互。

操作系统其实是一个动态链接库文件,它提供 API 供应用程序调用。操作系统维护的数据,例如进程表和内存使用表等,对应用程序并不可见。应用程序能直接访问的数据仅限于自己定义和维护的数据。应用程序对操作系统维护的数据进行访问,必须通过 API 调用才能完成。因此,完整的应用程序代码由应用代码和操作系统代码两部分构成。其数据也由应用程序维护的数据和由操作系统维护的数据两部分构成。应用程序维护的数据是进程私有的数据,而操作系统维护的数据是共享数据,供所有进程共享。

思考题 1-4:文本或者图片的浏览和编辑中,有选择、复制/剪切、粘贴功能,其中复制/剪切功能是将进程私有数据变成共享数据,而粘贴功能是将共享数据变为进程私有数据,这种说法对吗?

对于同一计算机上的两个进程(记为进程 A 和进程 B),它们之间的交互必须通过操作系统完成。进程 A 要给进程 B 传输数据时,通过调用操作系统提供的 API 函数,把要传输的数据(进程 A 的私有数据)复制一份,产生一个由操作系统维护的共享数据。进程 B 接收数据时,通过调用操作系统提供的 API 函数,把由操作系统维护的共享数据,转变成进程 B 的私有数据。这就是进程之间通信的实现方案。该方案简称 IPC 方案,IPC 是 Inter Process Communication 的缩写。

如果上述进程 A 和进程 B 位于不同的计算机上,那么操作系统还要将传输的数据通过网络发送给另一台计算机。除此之外,还要考虑两台计算机是同构计算机,还是异构计算机。如果是异构计算机,那么两端的操作系统还要对接收或者发送的数据进行翻译。其原因是:异构计算机彼此不认识对方的内存数据。不同型号的计算机在诸如整数和实数的内存表达上可能互不相同。例如 x86 机型,32 位机器用 4 字节存储一个整数,而 64 位机器则用 8 字节存储一个整数,彼此有差异。对于字符,不同的操作系统可能采用不同的编码方式,这就导致异构计算计算之间传输数据时,翻译是必不可少的工作。

　　计算机表达数据的多样性与世界上人类语言的多样性类似。世界上有很多种语言,例如汉语、俄语、德语、日语等。来自不同国家的人交流时,通常都使用英语。英语被全世界公认为标准交流语言。也就是说,每个人要做的工作都一样,就是学好英语。学好英语,就能跟世界上任何一个人沟通交流。计算机之间的交流也是如此,也为数据定义了标准表达方式。例如,整数和实数用字符方式表达,字符则采用 UTF-8 编码方式。于是每种操作系统要做的事情都一样:发送数据时,将自己的内存数据翻译成标准数据;接收数据时,将标准数据翻译成自己的内存数据。数据对象的序列化(Serialize)就是做内存数据到标准数据的翻译;数据对象的反序列化(Deserialize)则是做标准数据到内存数据的翻译。

　　思考题 1-5:将整数或者实数转换成字符串,在 C 语言中使用 sprintf 函数完成。将字符串转换成整数或实数,分别使用哪个函数完成?

　　在分布式系统中,客户通过函数调用给服务器发送请求,其返回值为响应结果。由于客户和服务器彼此相互独立,因此什么时候得到响应结果,是一个不确定的事情。对于有关交互的 API 函数,编程时要考虑超时设置。如果时限到了,还没有收到响应结果,函数也会返回。不过,此时的函数返回值表达的是出错,而不是正常的响应结果。程序还可进一步检查出错信息,知晓出错原因,做出相应处理。例如,如果是超时出错,可以再发一次请求。如果 3 次请求都超时出错,便可认定服务器出现了故障。站在服务器这边看,客户请求可能出现重复。在服务器编程中,请求重复情形的处理必不可少。

　　应用程序访问操作系统管理的资源,经典的方式是:资源类别通过函数名表达。当某类资源有多个实例时,再用名字标识实例。例如,一台计算机上可能有多个串口,每个串口用名字标识。不过其中有一个特例,那就是文件。文件的标识除了名字外,还有路径。编程时,如果用路径加上文件名标识文件,会带来一个问题,现举例说明。假设应用程序 studentManage 在开发时将数据文件标识设为"D:/data/student.dat",现在要将开发的应用程序 studentManage 安装到一台计算机上,该计算机上只有 C 盘,没有 D 盘。由于不能把 student.dat 文件安装至开发时所指定的 D 盘上,因此应用程序肯定不能成功运行。

　　为了解决上述问题,编程时的文件标识仅用文件名,不包含路径。这样做的好处是简洁,与其他类别的资源标识方式统一。带来的问题是:运行时到哪个路径下找所指的文件?解决办法是:先到应用程序所在的路径找文件。如果找不到,再到环境变量 PATH 所指的路径下找。在上述例子中,就是先到应用程序 studentManage 的安装路径找 student.dat 文件。启动运行 studentManage 时,其所在路径自然就成了已知值。这样处理带来的好处是:应用程序 studentManage 无论安装在哪一个路径下,程序都能正常运行,student.dat 文件都能找到。

　　对于分布式系统,资源标识中有一件额外的事情,就是标识服务器。服务器的标识中有 IP 地址、端口号、用户名和密码这 4 项内容。理想的处理方式是仅用名字标识。这样处理有两个好处:首先保持了编程方式的统一性,与经典的本机访问毫无差异;其次是适用性强。名字所指的服务器在编程开发时只是一个逻辑概念。名字所指的物理服务器要到应用程序的安装时再确定。也就是说,要等到应用程序安装时,才把名字映射成服务器,给出服务器的 IP 地址、端口号、用户名和密码这 4 项内容。例如,Windows 操作系统的控制面板中有一个配置数据源的功能。数据源用名字标识,每个数据源带有其所指资源的配置参数。

应用程序编程时,数据源就用名字标识。在访问数据库的 API 函数实现中,会基于数据源的名字到控制面板中查找所指服务器的标识参数。

对于云计算,要求更高。名字所指的物理服务器在应用程序的安装时还不能确定,要到运行时才能确定。在运行的过程中甚至还会发生改变。云计算中,服务器程序在云上运行,到底运行在哪一台服务器上,会具有动态变化性。一旦发生变化,就要将新的标识参数更新到服务注册中心。客户端一旦发现网络连接断开时,要基于服务器名字去服务注册中心重新获取服务器的标识参数,重新与服务器建立网络连接。服务器与客户之间呈一对多关系,当其动态变化时,会影响多个客户。因此,服务器的动态变化性最好对客户透明。解决办法是:在客户与服务器之间增设服务代理,也叫服务中介。在客户看来,服务中介就是服务器。该解决方案的可行性将在第 5 章详细讲解。

在分布式系统中,一个应用程序可能既是服务提供者,又是客户。这种情形和人类社会相似。一个企业既是某种产品的提供者,同时也是另一些零部件产品的消费者。应用程序的这种双重角色,使得整个互联网上的服务器构成了一个服务网。服务器用名字标识。名字标识也已有标准。例如"https://www.hnu.edu.cn:8080/"这一服务器名字不仅表达了网络通信协议、服务器的域名,还表达出了服务器的侦听端口号。在实际的网络通信中,需要的是服务器 IP 地址,而不是域名。由域名得到其 IP 地址,这种服务由 DNS 服务器提供。因此,在网络连接的 API 函数实现中,要访问 DNS 服务器,得到域名的 IP 地址,然后才与服务器建立网络连接。该方案的好处是:对客户可见的域名是逻辑地址,具有永恒不变性。

思考题 1-6: 应用程序编程时,尽量不要使用物理标识,而要使用逻辑标识,这样开发出来的应用程序才具有良好的通用性和适应性。逻辑标识向物理标识的转换则封装在 API 函数的实现中。举例来说,在数据库应用程序的编程实现中,访问数据库时最好不要拼接 SQL 语句,不要直接对数据库中的表进行数据操作,而应该通过调用存储过程完成,为什么?请说明理由。

1.7 数据的一致性

1.6 节提到对共享数据进行读写,要有访问控制管理。可以设置专门的管理器,使客户不能直接对共享数据进行读写。采用这种方式时,客户必须通过调用管理器提供的 API 函数访问数据。如果客户能直接读写共享数据,那么访问控制管理就由客户自己实施。采用的方法通常是:用一把锁与共享数据关联,每个客户在读写数据前先上锁。上好锁之后,才能对共享数据进行读写。读写完之后,再解锁,以便其他客户能读写数据。要上锁而不能时,进程就会陷入等待状态,直到上锁成功为止。由此可知,锁其实也是一个共享数据。锁有管理者,那就是操作系统。对共享数据进行访问控制是保证数据正确的必要措施。

还有一类数据操作,它涉及对两个或者多个数据执行更新操作。这样的操作例子如银行转账。从账户 A 转账 100 元到账户 B,就涉及对账户 B 的余额执行加 100 的操作,以及对账户 A 的余额执行减 100 的操作。这两项操作必须都执行成功,转账操作才算成功。转账操作中不允许出现只执行了一项操作的情形。但实际中,转账中可能出现只执行了一项操作的情形。例如,执行第一项操作之后,系统异常死机,或者执行第二项操作时出现失败。失败原因是账户 A 的余额不够 100 元。由此可知,对于转账之类的业务操作,必须要有一个管理器,确保业务操作正确。这种业务被称为事务,其特性是:对两个或者多个数据执行更新操作。正确是指:事务所包含的所有操作要么都全部执行成功,要么都不被执行。

接下来还以上述例子进一步阐释事务的其他特性。银行数据库服务器中管理的账户数据自然是共享数据。服务器在受理和处理上述转账业务请求(设为请求1)时,可能同时收到另一个转账请求(设为请求2):从账户 A 转账 200 元至账户 C。这种情形完全有可能。当账户 A 是大公司的账号时,公司有多个财务出纳同时工作,各自处理自己的业务。假设在处理这两个请求之前,账户 A 的余额为 900 元。请求 1 包含 6 项数据操作:$Read(B, B_1); B_1 = B_1 + 100; Write(B, B_1); Read(A, A_1); A_1 = A_1 - 100; Write_1(A, A_1)$。请求 2 也包含 6 项数据操作:$Read(C, C_2); C_2 = C_2 + 200; Write_2(C, C_2); Read(A, A_2); A_2 = A_2 - 200; Write(A, A_2)$。

数据库服务器对收到的请求执行并发处理。对于上述两个并发请求,执行调度方案可能是:先执行请求 1 的前四项数据操作,接下来执行请求 2 的六项数据操作,再执行请求 1 的后两项数据操作。按该方案执行时,结果显然不正确。执行之后,账户 A 的余额变成了 800 元。正确结果应该是 600 元。不正确的原因是:在请求 1 读写账户 A 的过程中,把请求 2 对账户 A 的读写操作穿插进来了,这显然违背了共享访问的基本原则。违背共享原则或者事务未被当作一个整体执行而导致的数据不正确被称作一致性错误。服务器对请求执行并发处理时,执行的调度方案必须确保数据的一致性。

对于一个事务,它要更新的数据可能分布在不同的服务器上。例如,上述银行转账如果是跨行转账,那么账户 A 在某个银行的数据库服务器(记为服务器 A)上,账户 B 在另一个银行的数据库服务器上(记为服务器 B)。此时事务管理器会给服务器 A 发送一个转出请求,再给服务器 B 发送一个转进请求。为了确保事务的整体性,事务管理器在收到服务器 A 和服务器 B 的响应结果之后,还要做最终决定。两个响应结果中,只要有一个不成功,那么整个事务就要撤销,以确保事务的一致性和原子性。例如,如果服务器 A 执行操作失败,那么事务管理器还要进一步给服务器 B 发送一个撤销请求,对刚才的转进操作做撤销处理。完成一个事务处理,事务管理器和各个服务器之间有两个来回的交互。这种交互协议被称为两阶段提交协议。两阶段提交协议将在第 3 章详解。

对于银行转账之类的事务处理,处理结果不能因为故障而丢失。故障不可避免。例如,数据库服务器将数据存于内存时,当发生蓝屏之类的系统异常故障或者出现停电时,内存数据就会丢失。当数据库服务器将数据存于磁盘时,尽管上述故障不会导致磁盘数据丢失,但是当发生磁盘故障时,磁盘数据也会丢失。总之,故障会导致数据丢失。对于事务处理,要求处理结果不丢失。这种矛盾的解决方案是存储冗余,即多地方存储。当一个地方存储的数据因故障而丢失时,另一地方存储的数据还存在,于是能使数据不致丢失。存储冗余以及故障恢复方案将在第 3 章详细讲解。

为了取得数据的一致性,定义了事务这一抽象概念。事务是指对两个或者多个数据执行更新操作。针对数据一致性,要求事务具备 4 个属性:原子性、一致性、隔离性、持久性。原子性是指:服务器对客户提交的事务,要将其作为一个整体处理,对事务包含的更新操作,不允许出现一部分被执行、另一部分未被执行的情形。隔离性是指:服务器以并发方式执行多个事务请求时,得到的结果要与以串行方式执行得到的结果相同。持久性是指:对于客户提交的事务请求,服务器给客户的响应结果如果是成功执行,那么随后执行结果要完好地一直存在，不能因为故障而出现丢失情形。事务的 4 个属性需要有技术方案予以实现，具体实现详情将在第 3 章讲解。

1.8 服务的可用性

对于客户来说，期望服务一直可用，不会出现间断现象。但是，服务器难免出现故障。一旦服务器发生故障，服务便被打断，变得不可用。故障包括软件故障、硬件故障，以及环境灾变等。软件故障的例子有：资源需求不能得到满足，系统出现蓝屏死机异常，执行陷入死锁，等等。硬件故障包括 CPU、内存、主板、磁盘等不能正常工作。环境灾变包括停电、火灾、水灾、地震，以及恐怖袭击，等等。故障可基于其发生的频次和造成的影响程度分成多个等级。事务故障只影响出现了故障的事务，发生频次高，但影响小，容易处理。软件故障的恢复方式通常是重启系统。硬件故障的恢复则要求更换故障部件，甚至更换计算机。环境灾变会破坏整台机器甚至整个机房，故障的恢复要求做远程备份。

从服务层面看，提升服务可用性的有效途径是复制（Replication）。复制就是克隆服务器，使其有多个副本。只要有一个副本正常，服务就不会中断。使服务器有多个副本，提升了服务的可用性，但引入了一系列新问题。首先是副本的一致性问题。每个副本在处理客户的事务请求时，必须同步，才能保证副本之间的一致性。解决办法是设置一个副本管理器。副本管理器负责受理客户的请求。当客户的请求为事务请求时，副本管理器将其分发给每个正常的副本去执行。然后收集它们的处理结果。只有所有副本的处理结果都成功时，才认定事务处理成功，否则就要撤销该事务。当客户的请求为数据查询请求时，副本管理器则只将其转发给一个副本执行即可。

多个副本同步处理一个事务请求，会出现短板效应，即事务处理的完成时间由最慢的那个副本决定。一个服务器的性能受多方面的影响，例如是否出现内存泄漏，是否出现死锁，等等。因此，即便是每个副本的软硬件，也都一样，运行中也会有快慢之分。针对此问题，可以在副本中选择一个充当 Master 角色，其他的充当 Standby 角色。只有 Master 负责事务处理。如果处理成功，就把处理结果发送给每个 Standby，这样 Master 和 Standby 存储的数据相同，具有一致性。一旦 Master 出现故障，不可用，便从 Standby 中选择一个充当 Master 角色。

对于故障副本，有两个问题，首先是故障发现，其次是故障恢复。当副本管理器给某个副本发送请求时，如果等待响应结果出现超时，就可认定该副本出现了故障。故障时刻点自然为上一个正常响应之后。另外，副本管理器还可定时给每个副本所驻的计算机发送心跳检测请求，判定故障是软件故障还是硬件故障。故障恢复方法自然是重启服务器程序。如果判定故障是软件故障，就在原有计算机上重启。如果判定故障为硬件故障，就会在另一台备用计算机上重启。重启之后就是故障恢复。故障恢复中，对于从故障时刻点之后成功处理的事务，要求依次执行一遍。这种执行叫作 Redo 操作。Redo 之后，副本拥有的数据便与其他正常副本拥有的数据一致，故障恢复完毕。故障恢复的详细过程将在第 3 章详细讲解。

副本管理器也可能发送故障。当其发生故障时，服务变得不可用。不过，副本管理器与副本具有完全不同的特质，发生故障的概率要低很多。首先，副本管理器要处理的事情简单,因此程序代码量非常小。简单的东西可靠性高,因此副本管理器发生故障的概率低。另外,副本管理器维护的状态数据很少,故障恢复非常容易,恢复时间也很短。因此,副本管理器故障对服务的可用性影响很小。为了提高副本管理器的可用性,也可为其设置多个副本。

当 Master 发生故障之后,便要从 Standby 中选择一个充当 Master。由于每个副本执行的程序都一样,拥有的数据也一样,那么到底选择哪个 Standby 充当 Master? 由副本管理模型可知,对于 Master 和 Standby 来说,副本管理器是其客户。因此,当 Master 不能响应副本管理器的事务请求,或者 Standby 不能响应副本管理器的查询请求时,副本管理器便认定未响应者出现了故障。另外,对于 Master 来说,Standby 是其客户,因此,Standby 故障也能被 Master 感知。由此可知,选哪个 Standby 充当 Master,应由副本管理器决定;副本(包括 Master 和 Standby)的故障感知和故障恢复,也由副本管理器负责。

谁负责副本管理器的故障感知和故障恢复?服务的客户给副本管理器发送请求,得到响应结果。因此,服务的客户能感知副本管理器故障,不过对故障恢复却无能为力。副本管理器由服务运营商的集群/云管理器负责启动运行。因此,应由集群/云管理器负责副本管理器的故障感知和故障恢复。故障感知可用心跳检测法。集群/云管理器是顶级管理器,必须保证时刻可用。实现办法依然是多副本。不同之处是:集群/云管理器的上面再没有管理者了,因此集群/云管理器的各副本之间要相互感知故障,协同确定新的 Master,具体详情将在第 4 章讲解。

1.9 数据处理的高效性

很多服务器不仅存储和管理数据,还要处理客户的请求,给客户予以响应。服务器的负载非常繁重,数据处理的性能问题非常突出。其原因是:所有客户的请求都要交由服务器完成,因此服务器成了一个负载中心,面临密集的客户访问。另外,所有客户的数据都存放在服务器上,因此服务器中的数据通常是海量的。对海量的数据进行查询和定位,非常费时耗力。在此双重压力下,服务器的负载非常繁重。如果数据处理的效率不高,那么客户的请求就不能及时响应,客户对系统的性能需求就不能得到满足。如何实现数据的高效处理,是数据管理中的一个核心问题。

要提升数据处理性能,首先要了解数据处理的过程。就数据处理而言,计算机可模型化为由 CPU、内存、磁盘这 3 个组件构成。数据存储在磁盘上,其处理由 CPU 完成。其过程是先将数据从磁盘运输到内存,再由内存运输到 CPU,由 CPU 处理。如果是数据更新,那么数据还会从 CPU 运输到内存,再由内存运输到磁盘。计算机的这 3 个组件,就灵敏度而言差异很大。CPU 的响应速度和处理速度都很快,而磁盘则很慢,内存介于两者之间。内存所起的作用是缓解 CPU 和磁盘两者的不协调性。内存和磁盘都是数据的存储介质,但特质完全不同。内存的优点是响应快,缺点是掉电时数据丢失,容量也远小于磁盘。磁盘的优点是容量大,掉电时数据不会丢失,其性价比远远高于内存。磁盘的缺点是响应速度慢。

数据存储在磁盘上,有量的概念。数据量大,占用的磁盘盘面空间就大。当要读写一个数据时,磁头要移动到数据在磁盘上所在位置。磁头移动的路程越长,所耗时间就越多,性能就越差。因此,尽量减小磁头移动路程对提高性能至关重要。有效方法之一是将用户访问频繁的数据放置在中央位置,把联系紧密的数据邻近存储。数据在磁盘上的存储组织与处理性能密切相关。数据在磁盘上的存储该如何组织,将在第 6 章详细讲述。

使用内存缓存磁盘数据,可有效提升处理性能。如果要读取的数据在内存中,那么根本无须从磁盘读取。对要写的数据,也可将其缓存在内存中,并不马上写至磁盘。可后延至空闲时再批量写入磁盘。于是磁盘与内存之间的运输便大为减少,处理性能显著提升。最理想的情形是所有数据都缓存在内存中。不过,数据量通常都远远大于缓存容量,于是数据在内存与磁盘之间的运输还是时有发生。当所需数据不在内存时,要将其从磁盘运输至内存。运输前先要为其腾出内存空间。腾空时先要选择内存空间。如果被选内存中的数据在磁盘上没有,则将其输出至磁盘。内存选择很关键,对性能影响很大。如果被选内存现有的数据随后还要读取,到时还得再将其从磁盘运输至内存。如何选择内存将在第 6 章详细讲解。

数据处理中,最频繁的操作是从表中查询某行记录或者某些行记录。查询的直观方法是将表中所有行记录从磁盘运输到 CPU 逐一检查。被运输的行记录中,符合查询条件的通常是很少一部分。那些不符合条件的行记录,其运输都是无效运输。减少无效运输量对性能提升至关重要。创建索引能显著减少无效运输量。索引就如书本的目录。一本书如果没有目录,当要查找书中某项内容时,就得从第一页开始,一页一页地翻找。当书本很厚时,查找很费时间。有了目录之后,情形大不一样,先从目录找到页号,然后直接跳到相应页即可。索引的本质是什么?如何创建索引?如何用好索引?这些问题将在第 6 章详细讲解。

鉴于 CPU、内存、磁盘三者在响应速度上差异很大,对客户的请求实施并发处理,能显著提升 CPU 的利用率,从而提升系统处理性能。如果让 CPU 对客户的请求按串行方式处理,那么 CPU 在读写数据时,从发出指令至得到响应结果的这段时间处于空闲状态。为了提高 CPU 利用率,可让 CPU 同时处理多个用户的请求。并发处理引入了一个新问题,那就是共享数据访问冲突问题。对此必须进行有效管理和控制,方能保证数据的正确性。另外,对于多核处理器,并发处理可进一步采用多线程方式。如何在单线程中实现并发处理?多线程并发处理与单线程并发处理有何差异?这些问题将在第 2 章解答。

服务器的性能表现反映在它对客户请求的吞吐量和响应时间上。提升数据处理性能就是基于计算机的硬件特性、数据本身特性,以及访问特性,合理组织数据的存储,采取与之相适应的技术方案,减少磁头在磁盘空间中的移动路程,缩减数据在不同存储器之间的运输次数,降低数据在内存与磁盘之间,以及内存与 CPU 之间的无效运输,降低 CPU 所做的无效处理。

对服务器的硬件特性,例如内存大小,启动检测一次便能得知。但对数据本身的特性、访问特性却因应用而异。例如,数据表之间的关系紧密程度,同一表中列与列之间的紧密程度,行与行之间的紧密程度,这些都是因情而异的。对于数据访问特性,有些能事先预知,有些则需要在运行中检测和捕获。例如,数据库中的表由模式和数据两部分组成,模式的访问频率明显高于数据的访问频率,可以事先预知。其原因是,模式中存放着表的语义信息、结构信息、存储信息、状态信息,每访问一个表的数据,都需事先访问其模式。因此,模式最好常驻缓存。

对于业务特性和访问特性,应尽量挖掘,然后加以利用。例如,对于大学教务管理服务器,对于其中的学生数据,当前在校学生与已毕业学生相比,其访问频率要高得多,这就是明显的业务特性。另外,从用户来看,学生类用户最多,教师类用户次之,教管人员最少。因此,数据存储的组织中应优先考虑学生类用户频繁执行的操作。例如,学生查看自己的成绩单,是最频繁的一种操作,应优先考虑。另外,学生选课、查看选课记录也是常见的操作,也应高度关注。

1.10 系统的安全性

在分布式系统中,有客户、客户端程序、服务器 3 种角色。三者相互独立。这意味着任何人都能在任一地方,使用任一客户端程序访问服务器。这一模式在给客户带来极大方便的同时,也给不法分子提供了可乘之机,他们常常利用系统漏洞入侵系统,给系统安全带来威胁。说到安全,从客户角度看,最关心的问题是:客户端程序得到的响应结果确实来自服务器吗?如果不是,而是来自黑客,那么安全就无从谈起了。从服务器角度看,最关心的问题是:请求确实来自真实的客户吗?如果不是,安全就失去了基础。这两个问题是安全中的根本性问题。第一个问题被称为客户对服务器的认证问题,第二个问题则为服务器对客户的认证问题。如何认证将在第 6 章详细讲解。

解决好认证问题之后,接下来面临的安全威胁有偷看、篡改、假冒、抵赖。这四个问题源于网络传输。客户与服务器之间传输的请求和响应都要通过公共互联网传输。数据在公网传输的过程中,可能被黑客偷看和篡改。当数据被黑客偷看和篡改之后,就不是真实的数据了,这种情形显然不能接受。这两个问题的解决要用到加密传输技术。加密传输是指:数据发送者在发送数据时,为了安全,先用密码对数据进行加密处理,得到密文,然后将密文传给接收者。接收者收到密文后,使用密码解密,得到数据。数据加密之后,由于黑客不知道密码,因此无法知晓网上传输的内容,也就无法对其进行篡改。

不过,加密技术并不能解决假冒问题。例如,客户使用网银系统往外转账,对于每次转账操作,客户都会给服务器发送一次加密数据。黑客可以从公共互联网上截获这个转账的加密数据包,然后不断复制,再不断将其发送给服务器。于是,服务器会不断地重复执行转账这一操作,导致客户的钱被骗走。在这一过程中,黑客并不需要对加密的数据包做任何改动,只需不断地进行复制和发送即可达到诈骗目的。对于这种情形,服务器要有能力识别重复请求,并将重复请求舍弃。如何识别重复请求?该问题将在第 6 章详细讲解。

抵赖问题可通过一个案例展示。假定客户通过公共互联网执行了一次转账,但是拒不承认,控告银行偷了他的钱,或者说银行把它的账号泄露给了别人。此时,银行也会反诉,说用户抵赖。于是,出现了无法判定谁是谁非的问题。为了解决这一问题,对转账请求,用户必须签名。服务器收到签名的转账请求之后,在响应的同时,对其存档。一旦发生用户抵赖情形,就以存档的签名转账请求作为证据,证明客户是在抵赖。对数据进行数字签名要用到非对称加密技术,具体实现方案将在第 6 章详细讲解。

除上述安全威胁外,还有一类安全威胁源于程序设计的漏洞或缺陷。黑客在使用系统时,通过输入特殊参数使程序语义发生畸变,达到实施攻击的目的:非法窃取信息,谋取利益,或者扰乱系统的正常工作。最常见的这类攻击有 SQL 注入攻击和 HTML 注入攻击。下面通过例子展示这两种攻击。用户登录通常是访问系统的先决条件。用户在登录界面中输入用户名和密码。很多应用程序对用户登录的处理方法是:先拼接出一个 SQL 语句。该拼接语句为

```
String sqlState="SELECT COUNT(*) FROM user WHERE name = '" + userName  + "' AND password = '"+password +"';"
```

其中 userName 和 password 分别是用户在登录界面中输入的用户名和密码。然后向数据库服务器发送该 SQL 请求,得到响应结果。如果响应结果值大于 0,则认为是合法用户,登录成功。

当黑客输入的用户名和密码都为"'OR '1' ='1"时,程序拼接出的 SQL 语句便为"SELECT COUNT(*) FROM user WHERE name =" OR '1' ='1' AND password =" OR '1' ='1' ;"。该 SQL 语句完全突破了程序设计者的预设逻辑:所给的选择条件对 user 表中的每行数据都成立,于是查询结果值为 user 表中记录的行数。因此,响应结果值大于 0,用户登录成功。这就是一个典型的 SQL 注入攻击例子。从该例子可知,SQL 注入攻击是黑客先猜测程序的处理方法,然后利用程序中 SQL 语句的拼接性,通过在人机界面中输入 SQL 关键字使得 SQL 语句偏离原有逻辑,达到攻击目的。

HTML 注入攻击和 SQL 注入攻击类似,都是利用语法中的关键字使得程序语义产生畸变。在 HTML 注入攻击中,黑客利用的是 HTML 关键字。HTML 注入攻击的一个例子是:利用含用户评论功能的网页进行攻击。设某网页含用户评论功能。正常情形下,当用户 A 打开该网页,发表评论之后,随后当用户 B 打开同一网页时,能看到用户 A 发表的评论。现在假定用户 A 是黑客,在评论框中输入的内容含 HTML 的关键字,以及 JavaScript 脚本攻击代码,那么 Web 服务器随后为用户 B 生成网页时,就会偏离程序设计者的预期逻辑,使得黑客注入的 JavaScript 脚本攻击代码在用户 B 的浏览器中执行,攻击用户 B 的计算机。例如,在用户 B 的计算机上置入病毒或者木马。

图 1-1 给出了一个 HTML 注入攻击的具体例子,其中图 1-1(a)是黑客利用网页的生成特性,为实现攻击而输入的评论内容;图 1-1(b)是网页中评论显示的处理逻辑;图 1-1(c)是为用户 B 生成的网页内容。从图 1-1(b)可知,网页设计者的逻辑是每条评论为列表框中的一项。在 HTML 中,列表框的标签是"ol",其中的项标签是"li"。但是,处理黑客的评论时,列表框被黑客输入的内容畸变成了两个列表框,并在两个列表框的中间注入了 JavaScript 脚本代码,如图 1-1(c)所示。于是,当用户 B 在浏览器中打开该网页时,便会执行注入的 JavaScript 脚本代码。

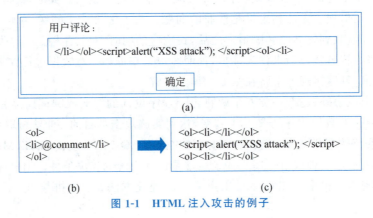

图 1-1 HTML 注入攻击的例子

从上述例子可知,像 SQL 注入攻击和 HTML 注入攻击之类的安全问题,黑客无须使用任何工具,仅在使用系统时通过输入特殊内容就能达到攻击目的。这类攻击的门槛低,只须尝试性地探测系统漏洞和缺陷。一旦发现漏洞,便能轻易地实施攻击。攻击的危害性非常大。在上述 HTML 注入攻击中,凡是打开网页的用户都遭攻击。如何防范这类攻击将在第 6 章详细讲解。

还有一类安全威胁与上述 3 类不同,攻击采用的策略是"偷梁换柱"。这类攻击也通过一个例子展示。很多应用系统,不同类别的用户具有不同的访问权限。例如教务管理系统,其用户有学生、教师、教管三类。用户登录时,服务器识别用户的类别。类别不同,响应的功能页面不同。一个学生类用户想要充当黑客,得到教师类的功能页面,只需在网上截获老师类用户操作时发出的请求,随后将其用作自己的请求即可。对于该问题,有一个形象的比喻:对一个宫殿的游览,管理者给不同类别的游客制定了不同的游览路线。这些游览路线彼此隔离,不存在相交之处。于是对游客的检查只需放在大门口。在大门口将游客基于其类别导入对应游览路线即可。

对于信息系统,不能将检查只放在登录时。应对用户的每一请求都进行检查,看其是否具有该操作的权限。对应上述的宫殿游览例子,就是在每一个景点还要检查每一个游客的类别,看其是否有权游览该景点。在信息系统中,用户的权限管理是一个非常重要的事情,其中面临的问题及其解决技术将在第 6 章详细讲解。

1.11 系统的可伸缩性

很多服务系统,其客户越来越多,管理的数据也在不断增多,典型的例子有淘宝、拼多多等电商服务系统,微信和 QQ 之类的聊天服务系统。这些服务的客户数达到几亿,业务数据量达到 P 级。如此大的数据量和业务量,通常要用几万台计算机,甚至上十万台计算机来存储和处理。其中每台计算机都是一个服务器,维护和管理系统的部分数据,在系统中充当成员角色。另有一个管理器对系统中的成员进行管理。管理器是对外提供服务的窗口,受理客户请求。对客户请求,管理器先确定它涉及的数据分布在哪些成员上,然后将其分解成多个子请求,分别提交给对应成员执行。对于成员而言,管理器便是它的客户。管理器收齐成员的响应结果之后,将其汇总,然后把汇总结果作为响应结果返回给客户。

系统的数据量和客户的请求量会随时间变化而变化。以电商服务系统为例,它的数据量在不断增多,它的客户请求量有起伏和波动。例如,促销期间的客户请求量较平时会显著增多,系统负载会明显增大。在此情形下,对系统进行伸缩处理很有必要。当数据量增多或者客户请求量增大时,就要将有的成员一分为二,通过增加资源保证服务质量。当数据量减少或者客户请求量下降时,就要将有的成员合二为一,通过减少资源节省开销。

数据存储的组织与系统的可伸缩性有很大关系,下面举例说明。假定电商服务系统中的交易数据基于产生时间组织存储,那么在一个数据库中就只有一张交易数据表。系统上线初期,由于交易数据量少,因此只需一个成员存储交易数据。当该成员存储的交易数据量达到上限时,管理器会新增一个成员,用其存储新增的交易记录。这种存储组织方式的特点是:按照交易记录产生的先后顺序,将其分布在不同的成员上。这种看似合理的存储组织方式其实并没有适配数据的访问特性,会导致系统性能非常低下。究其原因,是因为电商系统有一个明显的特性：客户（包括买家和卖家）只关心自己的交易记录，而且要经常查询自己的交易记录。这种查询是系统中最为频繁的操作。

基于时间组织交易数据的存储对于电商系统来说面临性能低下问题。这种数据存储组织方式导致每个客户的交易记录被稀散地分布在系统中的各成员上。不论是买家还是卖家，当要查询自己的交易记录时，管理器都得给所有存储了交易数据的成员发送子查询请求。每个成员对自己拥有的交易数据执行查询，然后将查询结果返回给管理器。管理器只有在收到所有成员的响应结果，并做汇总之后，才能给客户做出响应。这种查询因为涉及所有成员，响应时间为最慢成员的响应时间，性能显然不佳。而这种查询又是整个系统中最为频繁的一种操作，因此系统整体性能也会很差。

如果将交易数据的存储改为基于客户来组织，情形就会完全不同。按客户来组织交易数据的存储，就是事先把所有客户均匀分散到系统的各成员上，每产生一笔交易记录，就将其存储到买家的名下，再复制一份存储到卖家的名下。这种组织方式使得每个客户的交易记录不仅落在一个成员上，而且还聚集存储在一起。当客户要查询自己的交易记录时，管理器只需要访问一个成员。整个查询结果由一个成员提供，而不是所有成员都参与。于是，性能便会得到显著提升。

基于客户来组织交易数据的存储，带来的另一个好处是负载均衡。事先把所有客户均匀分布到系统的各成员上。于是，添加交易记录的负载也就均匀分布到各成员上，查询交易记录的负载也均匀分布到各成员上。彼此之间不存在交集，并行处理的潜能可得到充分发挥。当一个成员上的数据量达到上限时，可基于客户将其拆分成两份，将其中一份迁移到一个新成员上。按此方式进行拆分，依然保持了一个客户的交易记录落在一个成员上，而且还聚集存储在一起。拆分之后，管理器维护的成员信息中，对客户与成员的映射关系要做相应修改，以反映拆分后的情形。

基于客户来组织交易数据的存储，除了能取得高效查询和负载均衡外，还能提升数据的可用性。现举例说明，假设将成员 A 一分为二，即新增一个成员 B，然后把成员 A 中的交易数据迁移一半至成员 B 中。交易数据的存储如果基于时间来组织，那么在迁移过程中，整个交易数据都不可用。其原因是被迁移的交易数据在理论上涵盖所有客户。客户查找自己的交易记录时，都涉及被迁移的交易数据。与其相对，交易数据的存储如果基于客户来组织，情形就完全不同。迁移是将成员 A 中的一半客户迁至成员 B 上。一个客户的数据中，包含了其交易数据，因此迁移中只有被迁移的客户受影响，其他客户并不会受迁移影响。另外，迁移是以客户作为对象，一个一个地迁移，因此被影响的客户可进一步减少到一个客户。

上面以电商服务系统为例，论述了基于客户来组织交易数据的存储能带来的好处。这种数据存储组织方式有其长处，自然也有其短板。例如，当要查询某段时间的总交易量时，符合条件的交易记录便稀散地分布在所有成员上，需要所有成员都参与处理，查询开销很大。不过，这种查询请求只是偶尔出现，对系统整体性能影响并不大。在选择数据的存储组织方式时，要先对客户的请求进行统计分析，找出最频繁出现的操作，对其优先考虑。数据存储的组织将在第 6 章详细讲解。

1.12　3种组合系统的联系和差异

很多系统的数据量非常大,例如 Google 的搜索引擎,腾讯的微信,其数据量都达到了 P 级。在计算机界,度量数据量的单位有 B、KB、MB、GB、TB、PB、EB 等。1KB＝1024B, 1MB＝1024KB,1GB＝1024MB,1TB＝1024GB,1PB＝1024TB,1EB＝1024PB。有的应用场景下计算量非常大,例如高维度偏微分方程组的求解、超大矩阵的相乘,以及神经网络的训练等科学计算。超大规模的数据处理以及超大规模的科学计算,都需要高性能计算。将多个计算机组合成一台计算机能实现高性能计算。现有的组合系统有 3 种表现形式:超算系统(Super Computer)、集群系统(Cluster System),以及分布式系统(Distributed System)。这 3 种系统都使用很多的计算单元和存储单元进行并行处理,以实现高性能,但它们各有偏重,有差异。

对于超算系统,追求的目标是把计算单元和存储单元做得尽量紧凑,彼此挨得越近越好,这样能使单元之间的连接线路变短、变细。其背后的动机是:科学计算中各个单元之间要非常频繁地交换数据。数据从一个单元传输到另一个单元,就相当于把一个物品从一个地方运输到另一个地方。传输时延与路长成正比。在科学计算中,传输时延是一个影响性能的关键因素。

对传输时延,在日常生活中也常能感受到。例如,在家里洗澡时,打开热水龙头,马上会有热水流出。而在宾馆洗澡时,通常要打开热水龙头好几分钟才会有热水流出。要有热水流出,其前提条件是热水源至龙头这段水管中的冷水先从龙头流出。流尽冷水的时间跟冷水的体积成正比。冷水的体积又跟管长成正比,与管径也成正比。因此,要想尽快得到热水,最好把热水器放在洗澡间,另外,水管也不要太粗。同样的道理,电信号从一个单元传到另一单元的时延与线路的电容成正比。而电容跟长度成正比,与线路截面积成正比。因此,线路越细越好,越短越好。正因为如此,超算系统中的一块面板上就密布了成百上千个 CPU 单元和内存条。

使用超算系统做科学计算,各单元之间要不断地传输数据。当传输变得非常频繁,传输次数又很多时,累计传输时间就会很长,成为制约系统性能的关键因素。因此,对于超算系统,追求的是做小做细。只有这样,才能满足高性能要求。由此可知,超级计算机主要用来做科学计算,满足超大规模科学计算对计算性能的需求。当把很多计算单元和存储单元做到一块面板上的时候,在解决计算性能问题的同时,也引来了散热难的问题。台式机上只有一个计算单元,都需要专门为其安装一个电风扇来散热。对于密布了成百上千计算单元的超算面板,散热是一个超大的难题。正因为如此,超算系统非常昂贵。

与超大规模科学计算相比,在超大规模数据处理中,通常没有那么频繁的数据交换。其原因是:数据处理中的数据融合程度远没有那么深,关联面也远没有那么广。因此,通常并不用超算系统做超大规模数据处理,而是使用集群系统。集群系统由很多商用计算机组成,使用通用局域网将其联成一体,然后使用软件把它们整合成一个很大的计算机系统。从外部看,集群系统就是一个计算机。与普通计算机不同的地方是:它有超大的算力,超大的存储空间,能给用户提供不间断的服务,对用户的请求能快速响应,具有超大的吞吐量。集群系统的这些特质,正是人们所期望的。这些特质的取得是通过群体效应实现的。

与超算系统相比，集群系统具有性价比高、伸缩性强、可靠性好、运维简单等优点。集群中的成员都是普通商用计算机。这类计算机因为用户特别多，产量特别大，因此价格非常低。另外，这类计算机因为使用广，其缺陷充分暴露，不断改进之后的可靠性非常高。与其相对，超算系统数量少，用户少，可靠性不高，价格非常高，运维也需要专门人员。正因为如此，集群系统的使用非常广泛，几乎所有大公司的数据中心都部署有自己的集群系统。

集群与分布式系统不同的地方是：集群系统中的计算机放在同一栋大楼中，都是一个品牌的计算机，有相同的硬件和操作系统，运行着相同的软件。也就是说，集群中的成员彼此同构。其好处是：成员之间在交换数据时，直接进行内存复制即可，不需要翻译。与其相对，分布式系统的显著特征是：成员具有自治性。因此，分布式系统是一个异构系统。其成员之间交换数据时，要做翻译。翻译涉及交互双方：发送者将内存数据翻译成标准数据，接收者将标准数据翻译成内存数据。因此，相对于分布式系统，集群系统中的数据交换效率非常高。

分布式系统通常是指邦联式系统，其成员在硬件、软件、安放地点、归属单位等方面没有任何限制，只需各自在访问外部服务和对外提供服务上都遵循标准，按照所定协议进行交互即可。成员之间通常通过公共互联网相连。相对于集群系统而言，分布式系统中成员之间的数据交换频率低。翻译是一项既费时间又费计算资源的工作。数据交换频率低时，翻译开销对整体性能影响不大。

与集群系统及分布式系统相比，超算系统还有一个明显的差异，那就是I/O子系统的共享，其中主要指磁盘存储的共享。在集群系统及分布式系统中，其成员都是独立的计算机，通常都有自己的计算单元、内存单元、磁盘存储单元。而超算系统还是一个计算机，并行化主要是指计算单元和内存单元，而I/O子系统则为共享单元。

无论是超算系统、集群系统，还是分布式系统，在用户看来，它们都是一台计算机。用户使用一台计算机，所做事情有：安装应用程序，启动应用程序，关闭或者暂停应用程序，以及与应用程序进行人机交互。每台计算机都有一个操作系统。在用户看来，操作系统也是一个应用程序，其名字叫程序管理器。用户启动计算机，其实就是启动程序管理器。随后用户与程序管理器进行人机交互。程序管理器提供的功能自然是：①安装新的应用程序；②显示已安装的应用程序；③启动已安装的应用程序；④显示已启动的应用程序；⑤关闭或者暂停已启动的应用程序。对于已启动的应用程序，通常也带有人机交互界面。例如，浏览器这一应用程序就带有人机交互界面。

计算机系统是变化与不变的辩证统一。变化是指系统的内部，不变是指系统的外部。在用户看来，系统具有不变性。不变性体现在用户使用系统的方式不变。从计算机诞生开始，用户使用计算机的方式就是：启动一个人机交互界面，然后安装应用程序，启动应用程序，关闭和暂停应用程序。应用程序分两类：带人机交互界面和不带人机交互界面。例如，服务器程序通常不带人机交互界面。变化性体现在系统的内部。随着系统的演进，先后出现了超算系统、分布式系统、集群系统、大数据处理系统、云系统。超算系统聚焦于并行计算，提升系统算力。分布式系统针对系统的多样性探寻标准化之道。集群系统则利用群体效应提高服务质量和性价比，云系统则想在此基础上进一步解决程序能到处运行这一问题。

1.13　大数据处理系统

很多企业，尤其是互联网企业，其数据中心存储的业务数据量非常大，达到 P 级，常常称为大数据。大数据散布在集群的各个成员上，由集群管理器进行统一管理。这些数据一方面支持企业的日常业务运转，另一方面也支持数据分析和挖掘，例如用户画像的刻画，用户异常行为的发现等，有的还应用于机器学习和人工智能。数据分析和挖掘能为企业更好地开展业务，以及拓展业务提供支撑。

大数据中既蕴含大量的有用数据，也包含了海量的无用数据，甚至垃圾数据，具有价值总量很大，但价值密度又很低的特点。这一特性意味着，在数据分析中输出的数据量与输入的数据量相比，比值非常小。数据分析软件就如一个工厂。对于工厂，存在一个选址问题：公司把工厂建在离原材料产地近的地方，还是建在离公司所在地近的地方？经典的做法是将工厂建在公司所在地附近。这种模式有利于工厂运维。但是，当加工处理的规模不断增大时，原材料的运输就会成为系统瓶颈。其原因是将原材料从产地运往工厂，吞吐量受限于交通运输能力。为此，改变建厂模式，将工厂建在原材料产地的附近，甚至在每个原材料产地都建厂。问题得以消解，生产效能得以提升。

数据分析也是如此。经典做法是：将数据分析软件单独部署在专用计算机上，通过网络把数据从存储之地取来进行分析。在机器性能越来越好，数据量越来越大的情形下，搬运数据的吞吐量与机器处理的吞吐量越来越不匹配，导致机器性能无法充分发挥，白白浪费。为此需要改变模式，变成以数据为中心，搬运的是程序。也就是说，让程序紧邻数据，以便快速取到数据。这种改变的另一个依据是：程序量远小于数据量，搬运程序的开销远远小于搬运数据的开销。当数据分析变成以数据为中心时，数据分析模式也由集中式模式变革为分布式模式。

大数据分布式处理系统通常也称为集群。一个集群由一个管理器和多个成员组成。管理器和成员显然都是服务器。管理器是集群对外的服务窗口，受外部客户的请求。在集群内部，管理器给成员发送请求，是成员的客户。管理器一方面对外提供服务，另一方面管理内部成员。内部成员的管理包括成员的添加和释放，成员的故障检测和故障恢复。管理器拥有成员信息，知晓数据在成员上的分布，能将外部客户的请求解析成对成员的请求，还能对成员的响应结果进行汇总处理，最终给外部用户发送响应结果。

上述集群具有动态特性。动态性体现在：对于一个处理任务，到底有多少个成员，以及每个成员被安排在哪台计算机运行，这些事情并不是事先配置好的，而是依据数据的分布情况实时确定。举例来说，现要使用 saleAnalysis 软件对 saleRecord.dat 文件中的数据进行分析。将此任务提交给大数据处理平台之后，平台先安排一台计算机运行 saleAnalysis 管理器。saleAnalysis 管理器运行之后，会先向文件管理器询问 saleRecord.dat 文件的大小和存储分布情况，然后决定用多少个成员进行并行分析，并给每个成员指定分析任务。在此之后，管理器向平台发出请求，申请启动每个成员。注意：向平台申请启动一个程序时，会附加一些启动要求，例如 CPU 和内存资源需求，以及临近某台计算机等。

大数据并行处理模式在经典的单机并行处理模式基础上新引入了地理分布概念，这是大数据处理的显著特征。在单机并行处理模式下，先启动程序（即主进程），然后由主进程创建子进程。当主进程把所有子进程的 id 告诉每个子进程后,子进程之间便可相互通信。这里的主进程与集群中的管理器对应,子进程与集群中的成员对应。因此,大数据并行处理模式与经典的单机并行处理模式完全一致,本质上没有差异。由此可知,原有的单机并行处理程序在大数据平台上也能运行。应用程序的逻辑没有变化,变化仅体现在平台内部,即子进程变成了成员,基于 IPC 的进程间通信变成了基于网络的管理器与成员之间以及成员与成员之间的通信。

由于新引入了地理分布概念,因此管理器应新增 API 函数,方便客户调用以获取或者设置地理分布信息。在应用程序看来,文件服务由操作系统的文件管理器提供。分布式文件系统不过是文件管理器背后的服务器,对应用程序并不可见。因此,操作系统应新增一个 API 函数,方便应用程序获取分布式文件的物理存储信息,例如 IP 地址、每处的文件大小,甚至每处的数据范围。操作系统提供的子进程创建 API 函数,并没有考虑分布式计算。因此,操作系统的进程管理器也应新增一个 API 函数,方便客户设置子进程创建指示参数,以便新增创建远程子进程(即集群中的成员)的功能。当然,仅新增一个 API 函数还不够,还需对子进程创建 API 函数的内部实现进行修改,新增远程子进程的定向创建功能。

动态创建远程子进程(即集群中的成员)面临一个程序要能随处运行的新问题。二进制可执行文件在编译生成时面向的是特定的计算机和操作系统型号。应用程序代码通常包含三层:应用层、支撑库层、操作系统层。其中支撑库和操作系统在程序运行时具有共享性。正因为如此,应用程序有一个安装部署的环节。安装部署是为了让应用程序在指定的计算机上能正常运行,其中一项重要工作就是检查其支撑库是否在计算机上已经安装,以及是否存在共享冲突。现在要给应用程序实时指定运行的计算机,可能会遇到不能正常运行的问题。其原因可能是计算机和操作系统型号不匹配,或者和已经运行的程序存在共享冲突(如服务端口号冲突)。如何使得一个应用程序能随处运行?该问题的分析和解答将在第 5 章给出。

1.14 云计算

云计算由集群计算演化而来,追求的是性价比。传统的集群计算,其特点是:企业搭建自己的集群系统,运行自己的服务程序。集群中每台计算机运行的服务程序,要处理的数据范围基本固定。也就是说,系统布局和负载分布已事先规划好了,系统带有静态性。云计算则完全不同,其要运行的程序来自客户,存储的数据也为客户的数据。云服务商给客户提供的只是基础设施。因此,云上的服务程序在数量和种类上远远多于集群上的服务程序。客户将自己的业务系统移至云上,相比自己搭建基础设施,花费要少很多。另外,云上的基础设施,其可靠性要比自己搭建的基础设施高很多。因此,客户愿意使用云服务。对于云服务商来说,能利用规模效应和集约效应做到价廉物美,于是云计算能带来互利双赢效果。

每个企业都需要构建自己的业务信息系统。按照传统做法,构建业务信息系统,就要考虑机房、计算机、网络、系统软件,还要聘用系统运维人员。在日常运维中,还要考虑故障恢复、系统扩展、系统升级等问题。其成本和运维开销都很高。抛弃传统做法,转而将应用程序和数据迁移至云上,则具有如下优点:省事,业务信息系统建设中的机房、计算机、网络、系统软件以及 IT 运维人员,还有系统扩展和升级等这些专业上的事情全部不用考虑了,统统外包给云运营商。而云运营商作为专业服务提供商,对这些问题都能提供专业和可靠的解决方案,因此不仅有质量保证,而且还实惠。

对于一个企业,其业务在不断发展和调整,因此其业务信息系统存在一个不断扩展和升级的问题,而且要求具备实时可调性。例如,在促销活动期间,其业务量徒增,是平时业务量的几十倍甚至上百倍。这就要求其业务信息系统能适配这种负载的波动性。体量小的硬件平台无法做到这一点,只有体量大的平台才行。云平台是一个大系统,提供的服务具有良好的弹性和可伸缩性。当用户的数据量和业务量不大时,可只租用少量的计算资源和存储资源。当业务量和数据量增大时,可动态地增加资源。于是,对于客户来说,原有的资源过剩浪费现象,或者资源短缺不够用问题,都得以克服。

云平台是一个庞大的共享资源池,通过软件将其组成一个系统。它利用规模效应和集约效应取得高性价比,形成良性迭代循环。云平台上有庞大的客户群体。对于单个客户,其业务具有起伏性和波动性。但就整个客户群体而言,其业务总量则具有平稳性。个体具有波动起伏性,而整体具有平稳性,这就是云平台的关键特性。因此,尽管单个客户要租用的资源时多时少,但是整个平台不会出现资源闲置浪费或者资源短缺不够用的问题。

云平台包含一个自动监控系统。它对平台上运行的客户信息系统,自动监测其服务质量,自动为其做出资源配置调整。平台用拆分或者缩合策略使客户信息系统具有良好的伸缩性,用复制策略增强客户信息系统的可用性和可靠性,提升其吞吐能力。在满足服务质量要求的前提下,优化资源配置,降低运维成本,是云计算的一个基本特征。云平台的另一个特性是:所有基础设施和服务都是基于标准技术构建的。因此,访问服务的模式和规范具有统一性。平台上的各种组件能流畅地相互衔接,彼此协同工作。从客户角度看,云平台就是一台计算机,在使用和操作上与原有方式毫无差异。

客户将其业务信息系统搬至云上运行,除了性价比高和可靠之外,另一个好处是:云运营商能提供系统载荷的特性统计分析报告,例如业务量和用户量随时间的变化规律,以及用户的访问特性,等等。于是客户能及时和准确地了解到自己的业务特征与特性,能及时并且合理地做出商务决策。总之,云计算就是将专业的事情外包给专业的公司,实现互利双赢。

云计算中要解决的核心问题有两个:①程序要能到处运行;②程序之间彼此不受干扰。客户的业务程序,很多都是历史遗留下来的,只有二进制可执行文件,没有源代码。其种类也各式各样,例如有的是 Windows 32 程序,有的是 Linux 64 程序。因此,对于客户程序,不可能对其改造,让其适应云平台,只能让云平台适应客户程序。另外,云平台为了资源优化,对于在计算机 A 上运行的服务程序 α,可能要将其迁移至计算机 B 上运行。为了达到服务的可用性和吞吐量,对于在计算机 A 上运行的服务程序 α,可能要在计算机 B 上为其启动一个新副本,这就要求客户程序在云系统的计算机上能到处运行。

云计算中,为了充分利用资源,一台计算机上可能要运行多个来自不同客户的业务程序。这些程序彼此之间可能产生干扰和破坏。例如,当某个程序有漏洞时,比如死循环和内存泄漏等,就会导致该计算机上的 CPU、内存、服务端口号等之类的共享资源被其吞占耗尽,从而影响其他程序正常运行。客户提供的程序甚至不怀好意,故意捣乱系统。这种干扰和破坏与操作系统特性有关。操作系统对资源分配采用了抢占式机制。也就是说,当应用程序请求资源时,操作系统的处理方式是尽量满足。该模式给云计算带来程序之间彼此干扰和破坏的致命问题。云计算面临的问题及其求解方案将在第 5 章详细讲解。

思考题 1-7：客户将其业务信息系统搬至云上运行，新引入了一个数据安全问题。对于云服务商来说，如何打消客户的数据安全性疑虑，例如数据丢失，数据偷窃等？

1.15 云原生程序

程序运行在云上与运行在某台计算机上相比，具有动态性。云系统由很多计算机组成，一个程序到底被安排在其中哪一台计算机上运行，要到运行时才确定。另外，为了资源优化，运行在计算机 A 上的程序，可能要迁移至计算机 B 上运行。这就要求程序能在云上随处运行。另外，当程序 α 在运行中充当客户访问服务 β 时，并不能事先知晓服务 β 的物理地址。其原因是：服务 β 运行在云上，它的物理地址具有实时变化性。因此，当程序 α 要与服务 β 建立一个网络连接时，要实时获取服务 β 的物理地址。另外，建立起网络连接之后，该网络连接可能在随后的某一时刻失效，其原因是服务 β 被迁移至另一台计算机上了。这就要求程序 α 一旦发现连接失效，就要重新获取服务 β 的物理地址，然后重新建立网络连接。

云原生是指针对上述云上运行特性，编程开发在云上运行的程序，这样开发出的程序叫云原生程序。如果编程开发云原生服务程序，它应由 2 个程序构成：管理器程序和成员程序。管理器程序是对外提供服务的窗口，其功能自然包括：①服务实例的注册；②成员程序的启动、故障检测、故障恢复，以及关停；③服务质量的感知；④成员的副本管理，包括副本的创建和释放。其中第一项功能是方便客户程序找到服务实例的物理地址。当一个程序充当客户访问某个服务时，在编程时不能直接用物理地址，而只能用名字标识服务。建立网络连接时，应先基于服务名字到注册中心查找服务实例的物理地址。另外，在与服务器交互的过程中，当发生对方关闭连接的错误时，要重新获取物理地址，尝试重建连接。

云原生服务程序应具有通适和通用性，才能到处运行。与通适和通用性对立的概念是多样性。在一台计算机上，最基础的软件是操作系统。操作系统具有多样性，体现在每种操作系统就其提供的服务都定义了自己的 API，彼此之间互不相同。为了使应用程序具有通适和通用性，只好就操作系统提供的服务再定义标准 API。标准 API 被称作 POSIX。POSIX 是 Portable Operating System Interface of UNIX 的缩写。每种操作系统的厂家都应提供标准 API 的实现库，作为应用程序的支撑库。编程实现应用程序时，不要调用操作系统的 API，而应调用 POSIX 提供的 API。于是，应用程序在源代码一级就具有了通适和通用性。

应用程序的通适和通用性不能仅停留于源代码这一级，还应延伸至运行级。源代码并不能被计算机直接运行，要先编译成二进制可执行代码。二进制可执行代码不具有通适和通用性，因为它与特定型号的计算机和操作系统相关联。为了使代码与计算机和操作系统无关，Java 提供了一种解决方案：先由开发者把源代码编译成中间代码，再用 Java 虚拟机解释执行中间代码。该方案的特点是：中间代码与计算机和操作系统无关，每种操作系统都带有 Java 虚拟机。该方案的实质是：编译工作不再放在开发端，而是放在运行端。也就是说，每种操作系统都带上中间代码编译器，在执行中间代码时，实时将其编译成二进制可执行代码，或者对中间代码解释执行。

操作系统作为资源管理器，管理一台计算机上的资源，其中除内存、CPU 等外，还包括进程。操作系统中的资源共享是指一台计算机上的资源被本机上的多个进程共享。对于云上运行的服务程序,其管理器和成员并不是运行在一台计算机上,而是分布在不同的计算机上。于是操作系统中的有些概念要从一台计算机延伸至云系统。例如注册表,原本是操作系统中的一个概念,用来存储本机上的服务及其实例信息。对其延伸,就是将其扩展成存储云上的服务及其实例信息。云上的每台计算机,不再是各有各的注册表,而是共有一个注册表。另一个例子是子进程概念。对其延伸,就是要新增一个类别,即远程子进程类别。延伸的实现无须对操作系统做任何修改,只需新增一个支撑库,具体细节将在第 3 章讲解。

操作系统面向用户提供的服务有:安装和卸载应用程序,启动和关停应用程序,以及了解应用程序运行状况。另外,操作系统都带有一个应用程序,叫作 telnet 服务器。该服务程序随操作系统启动而运行。用户可在本地计算机上运行 telnet 客户端程序,连至一台远程计算机上的 telnet 服务器,登录后与其交互。telnet 客户端程序就如连在远程计算机上的终端。用户与 telnet 客户端程序进行人机交互,对远程计算机进行操控,例如启动一个应用程序的运行,查看远程计算机上的程序运行状况。telnet 服务已成为标准服务。TELNET 协议定义了请求和响应的数据结构,以及其中某些成员变量的取值及其含义。因此,任何程序都能基于 TELNET 协议与任何一台计算机上的 telnet 服务器交互,对远程计算机进行操控。

很多基础性的应用程序对于每个企业都不可缺少,例如数据库服务器和 Web 服务器。于是很多云服务提供商都开发了云原生数据库服务器产品和 Web 服务器产品,例如国内云原生数据库产品就有华为的 GaussDB、腾讯的 TDSQL、阿里的 PolarDB,等等。于是,当客户要将自己的业务信息系统迁至云上运行时,对于数据库服务器和 Web 服务器,就可直接使用云服务商提供的产品。由于数据库服务和 Web 服务都是标准服务,因此客户的业务信息系统与云原生数据库和 Web 服务对接组合不会有不兼容问题。云原生服务器产品越多,客户将自己的业务信息系统迁至云上运行,遇到的障碍就越少,费用就会越低,服务质量就越有保障。

1.16 虚拟化和虚拟机

虚拟化和虚拟机是云计算中最核心的概念。这两个概念有些笼统和抽象,不易理解。举例说明是一种化深奥为通俗、化抽象为具体的有效方法。最早提出的虚拟化概念是虚拟内存。虚拟内存是计算机功能在不断扩展中为解决所遇到的问题而提出的一个概念。初期的计算机都是只运行一个程序,即整个内存都由一个程序占用。机器语言中,代码和数据都用内存地址标识。于是将源代码编译成机器代码时,编译器要能知道每条指令和每项数据的内存地址。做到这点并不难。机器代码文件在运行时被加载至内存的位置可事先设定,于是代码的第一条指令的内存地址为已知常量。它的地址值加上其长度就是第二条指令的内存地址,以此类推。编译中指令被逐条生成,于是编译器能算出每条指令和每项数据的内存地址。

在多任务操作系统中,一台机器要同时运行多个程序。也就是说,内存中要同时存储多个程序,于是内存不再由一个程序独占。此时问题就来了。例如,在启动程序 B 运行之前,就已经启动了程序 A。由于程序 B 所需的内存空间已被程序 A 占用,被加载位置与编译时所设定的位置不相符,导致程序 B 不能运行。针对此问题,出现了虚拟内存解决方案。该方案中,编译方案保持不变,还是假定一台计算机只运行一个程序,整个内存空间由一个程序独占。不过,机器代码中的地址在运行时不再被视作物理地址,而是虚拟地址。运行时要实时将虚拟地址转换成物理地址。该方案不仅新增了多个程序能在一台计算机上同时运行这一新功能,还能使动态链接库被多个程序共享。虚拟内存的功效和实现细节将在第 2 章详细讲解。

常见的虚拟机有 Java 虚拟机(即 JVM)。JVM 的出现与互联网相关。互联网兴起之后,网上出现了很多很受欢迎的应用程序,客户可将其从网上下载至自己的计算机上运行。下载的程序要是二进制可执行文件才行,只有这样才能在客户计算机上直接运行。不过,二进制可执行文件与计算机和操作系统的型号紧耦合。对于应用程序的开发商来说,并不知道客户的计算机和操作系统型号,于是只好把主流的计算机和操作系统型号穷举出来,分别为其编译生成二进制可执行文件,然后放至网上供客户选择和下载。客户下载时要知晓自己的计算机和操作系统型号,然后选取和下载相应的二进制可执行文件。这种处理方法给开发商和客户都带来了极大的麻烦和困难。

上述问题的解决要求实现程序的运行要与计算机和操作系统的型号无关。Java 虚拟机就是一种解决方案。在该方案中,程序开发商先将 Java 源程序编译成 Java 字节码(也叫中间代码)。中间代码的特点是:①可读性差,就这点而言与机器代码相似;②与计算机和操作系统的型号无关,就这点而言与源代码相似。另外,每个操作系统都带有 Java 虚拟机这一应用程序。Java 虚拟机能执行 Java 字节码。于是,对于开发商来说,发布应用程序时只需发布中间代码。对于客户来说,直接下载程序即可。基于计算机和操作系统的型号选择下载的问题不复存在。Java 虚拟机扩展了计算机的功能,使其能执行的程序不再限于机器代码,将其扩展到了 Java 字节码。Java 虚拟机的实现原理将在第 5 章详细讲解。

新的计算机型号不断出现,例如在 32 位 x86 机型之后,又推出了 64 位 x86 机型。针对 32 位 x86 机型,有 Windows 32 操作系统和 Linux 32 操作系统。针对 64 位 x86 机型,出现了 Windows 64 操作系统和 Linux 64 操作系统。原有的 Windows 32 应用程序只能在 Windows 32 操作系统下运行,既不能在 Windows 64 操作系统下直接运行,也不能在 Linux 32 操作系统下直接运行。为了让原有的 Windows 32 应用程序能在 Windows 64 操作系统下运行,就必须开发一个 Windows 64 应用程序,名字叫作 Windows 32 虚拟机。然后用它运行 Windows 32 应用程序。同理,如果其他操作系统,例如 Linux 32 或者 Linux 64,也提供 Windows 32 虚拟机,那么也可用它运行 Windows 32 应用程序。

虚拟机的含义非常宽泛,上面分别以 Java 虚拟机和 Windows 32 虚拟机为例,从两方面展示了平台功能扩展的实现方案。还有一种应用场景,希望在一台 32 位 x86 计算机上同时运行 Windows 32 和 Linux 32 操作系统。这一功能的实现,不能采用如下方式:先在计算机上安装 Windows 32 操作系统,然后安装 Linux 32 操作系统。因为安装 Linux 32 时,会把 Windows 32 操作系统覆盖。其原因是:操作系统总认为自己是计算机的唯一管理者。这一功能的实现也需要虚拟机,不过这里的虚拟机有计算机裸机的含义。这种虚拟机也需要通过一个软件加以实现。VMware 就是这样的软件。操作流程是:先在计算机上安装 VMware 软件,再启动 VMware,通过它分别安装 Windows 32 和 Linux 32 操作系统。

还有一种应用场景,希望在一台 32 位 x86 计算机上同时运行多个 Linux 32 操作系统实例。其用意是将一台计算机划分成多个计算机,使得它们之间相互隔离,不会相互干扰。

云计算就有这种应用需求。云计算中,一台计算机可能要运行多个应用程序,它们来自不同的客户。如果让它们运行在一个操作系统实例中,它们彼此之间可能相互干扰或者破坏。这种情形已在 1.16 节举例说明。解决办法是:让每个客户的应用程序都运行在独立的操作系统实例中。Docker 软件就提供了这种功能。通过 Docker 运行应用程序时,它能为应用程序指定容器。容器的含义就是虚拟机。这里的虚拟机的含义是指操作系统实例。

还有一类虚拟机,其功能是将多台计算机组合成一台计算机使用。集群和云系统就是这类虚拟机的实例。在用户看来,集群或者云系统在使用和操作上和一台计算机一模一样,毫无差异。只不过这台计算机具有理想计算机的特质:从不发生故障,存储容量无穷大,吞吐量无穷大,响应及时。这种虚拟机的功能是:使得系统构成的分布性和组合性,网络,以及成员的物理位置和副本复制这些概念对用户透明,从而简化使用和操作计算机的复杂性,保持原有使用和操作模式的连贯性和不变性。用户使用计算机的基本模式是:在一个人机交互界面中,查看已安装的应用程序,安装新的应用程序,启动/关停应用程序,查看应用程序的运行状态,或者与某个应用程序进行人机交互。

当一台计算机上有多个操作系统实例时,位于不同实例之上的应用程序之间彼此交互时只能通过网络通信。当计算机上只有一块网卡时,它自然只能由操作系统实例中的一个管理和控制。于是仅只有一个操作系统实例具有网络通信功能,其他实例则没有此功能。为了使所有实例都具有网络通信功能,不得不通过软件实现一个虚拟网络,然后让所有操作系统实例都接入该虚拟网络。虚拟网络由虚拟交换机和虚拟网卡构成。每个操作系统实例都有一个虚拟网卡,与虚拟交换机相连,于是各个实例之间能彼此通信了。另外,管理和控制物理网卡的操作系统实例在虚拟网络中还充当网桥,负责与计算机外部的通信。显然,虚拟网络的实现需要操作系统支持。虚拟网络的实现将在第 5 章详细讲解。

1.17 抽象与动态自适应

抽象是软件工程中增强软件通用性和广适性的重要手段。举例来说,手机联网既可通过 WiFi,也可通过移动数据网,还可通过蓝牙。手机在网络通信上表现出其动态自适应性:当 WiFi 可用时,就选择 WiFi 通信;当 WiFi 不可用时,会自动切换成用移动数据网通信;当移动数据网也不可用时,如果蓝牙可用,会自动切换成用蓝牙通信。这种动态自适应的取得通常是通过抽象这一策略达成的。以网络通信为例,尽管通信链路多种多样,但从客户角度看,它们并无差异,其功能都是完成通信。于是将其抽象成网络通信接口 socket。应用程序作为通信服务的客户,只有 socket 接口调用概念。至于底下的通信链路到底是 WiFi、移动数据网还是蓝牙,应用程序全然不知。

为了取得动态自适应,应用程序设置了一个 socket 接口变量。在调用接口之前,应用程序要先向服务提供者申请一个 socket 值。所谓申请,就是把 socket 变量的内存地址告诉服务提供者,请服务提供者给 socket 变量赋值。服务提供者得到 socket 变量的地址之后,便可随时对 socket 变量赋值。对于手机上的服务提供者,当发现 WiFi 可用时,便把 WiFi 提供的 socket 值赋给 socket 变量。于是,应用程序就以 WiFi 通信。当发现 WiFi 不可用,而蓝牙可用时,服务提供者就把蓝牙提供的 socket 值赋给 socket 变量。于是,应用程序就以蓝牙通信。应用程序只知道要使用 socket 变量,即接口调用。socket 变量的值是否发生了改变，应用程序既不关心，也不知道，这就实现了抽象和具体的辩证统一。

动态自适应的另一个例子是打印。在文档编辑器中打印一个文档时，会弹出一个对话框，请用户选择目标打印机。可选的打印机不只是打印机，还可以是传真机，甚至可以是 PDF 文档生成器。当选择 PDF 文档生成器时，打印结果是生成一个 PDF 文档。可选的打印机可以动态添加。一个软件只要实现了打印接口，就可将其添加至可选打印机列表中。打印的动态自适应体现在：客户只关心打印这一抽象概念，也就是调用打印接口。用户选好打印机，单击"确定"按钮之后，程序要做的事情是把实现了打印接口的动态链接库文件加载至进程内存空间中，从中找到打印接口在内存中的起始地址，然后调用它。函数动态调用的实现将在第 2、3 章中详细讲解。

云计算中，服务程序运行时的服务质量要被实时检测。服务质量的核心指标是响应时间和吞吐量。服务质量不达标时，背后的原因可能是资源不够，或者程序出现了故障。当资源不够时，就要追加资源。如果是发生了故障，则要进行故障恢复处理。检测工作遇到的问题是：很多程序，尤其是那些历史遗留下来的程序，在开发时根本就没有考虑服务质量检测问题。在此情形下不得不把检测仪嵌入程序中。这里的检测仪是包含检测函数的动态链接库文件（以后简称模块）。嵌入策略在日常工作和生活中也常用到。例如，自来水管由多节水管套接而成。当要嵌入一个水表时，就将某个接头解开，然后把水表嵌在其中。由于水表两端的接头和水管两端的接头都是标准件，因此嵌入很容易。

程序和自来水管类似，由多个模块串接而成。模块 A 串接模块 B 是指：在模块 A 中调用了模块 B 中实现的函数 α。具体来说，在模块 A 中有一函数变量 α，用于存储函数 α 在内存中的起始地址。在模块 A 中调用函数 α，就是从函数变量 α 获取其起始地址。因此，一个程序（记为程序 b）的启动运行必须由另一已运行的程序（记为程序 a）完成。程序 a 先将程序 b 的主模块（即含 main 函数的模块）加载至内存，然后检查主模块要串接哪些模块，把被串接的模块也加载至内存中。以上述模块 A 串接模块 B 为例，就是将模块 B 加载至内存后，得到函数 α 的内存地址值，将其赋值给函数变量 α。当所有函数变量都被赋值后，再调用程序 b 的 main 函数，于是程序 b 便被启动运行。当 main 函数返回时，程序 b 运行结束。

服务程序调用网络通信模块中的 recv 函数接收客户的请求，调用 send 函数发送响应结果。于是，服务质量检测模块就可嵌入在服务程序模块和通信模块的中间。嵌入之后，客户的请求和服务器的响应都会流经服务质量检测模块。服务质量检测模块通过对请求和响应进行记时和记数感知响应时间和吞吐量。由上述跨模块的函数调用实现方法可知，服务质量检测模块也提供 recv 和 send 函数的实现，供服务程序调用，其功能就是中转请求和响应，以及对请求和响应进行记时和记数。在服务质量检测模块的 recv 和 send 函数实现中，会分别调用通信模块中的 recv 和 send 函数。模块嵌入的实现将在第 2、3 章详细讲解。

1.18 微服务

服务程序在云环境下运行，具有动态性。动态性表现在：它在哪一台计算机上运行不能事先确定，要到运行时实时确定。另外，为了服务的可用性和吞吐量，一个服务的副本数也具有动态变化性。当业务量增大或者需要提升可用性时，要实时增加副本数。当业务量减少时，则要实时减少副本数，以节省资源。这一特性要求服务程序能随处运行，另外就是启动时间不能太长。启动时间与代码量直接相关,也与模块数量及其交错程度相关。代码量大,加载时间自然就长。如果模块数量多,交错程度高,那么就要基于模块之间的依赖关系依次加载,函数导入地址表的填写量就大。这都会加长程序的启动时间。另外,一个程序所需的共享资源(如端口号)可能被本机已运行的其他程序占用,因此不能正常运行。

微服务针对的就是上述 3 个问题。能到处运行、启动时间短、能正常运行的服务程序就叫微服务程序。这里的"微",其含义并不是小,例如微软和微信都不是小系统。"微"来自见微知著这一词。其含义是:只要小处都考虑得仔细和周全,整个事情就很可靠,值得信任。能到处运行并不是指在任何一台计算机上都能运行,而是指能在某个系统中的很多计算机上运行。要达成启动时间短的目标,就要分析影响启动时间的影响因素,从多方面采取措施,加快程序的启动。例如,采用静态编译链接方式生成二进制可执行文件就能免去模块间的依赖分析,以及导入地址表的填写,还能一次性加载整个程序。让程序能正常运行的一种手段就是让程序单独运行在一个操作系统实例中。

"微"也有快的含义。现代服务程序的一个显著特点是更新频率高。当程序有 bug 时需要更新,当程序结构不合理时也要更新;当功能要增添时要更新,当功能实现要改进时也要更新。程序更新涉及程序设计开发、程序测试验证、程序上线部署。更新要快,不仅是指每个环节要快,环节之间的流转也要快。源代码更新要快,其前提条件是程序采用流行框架开发,代码在命名和格式上遵循标准。只有这样,开发者才容易理解原有的程序,才会迅速找到要修改的地方。也就是说,当一项工作已有标准时,就应遵循标准;当有自动化工具辅助时,尽量使用工具。环节之间的流转也要快,行之有效的办法是将程序和支撑库以及所需的共享资源一起打包流转。打包后的程序被称作镜像。于是,在每一个后续环节中便可开箱即用。

开箱即用的实现可通过一个例子展示。在使用 Docker 开发和部署应用程序时,开发者先从 Docker 镜像仓库中下载一个基础镜像(记作镜像 A),然后在自己的计算机上启动该镜像,于是就创建了一个容器。容器的含义为操作系统实例。接着便在该容器中安装配置应用程序,使其能正常启动和运行。于是该容器中就包含了应用程序及其运行环境。将该容器再打包成一个镜像(记作镜像 B)。随后,无论是测试部门还是生产部门,在指定的计算机上启动应用程序的工作就变成了启动镜像 B,这就叫作开箱即用。由于镜像中包含了操作系统实例信息,因此无论在哪一台计算机上启动镜像 B,应用程序的运行环境都一样,不会遇到不能运行或者共享冲突的问题。

思考题 1-8:使用 IDE 工具创建一个类别为服务器的项目时,工具自动生成框架源代码,随后使用工具定义具体的服务功能。工具会基于服务定义,自动生成客户请求处理函数的定义。人工编码内容就是对请求处理函数给出具体的实现。其他的标准化工作,例如服务实例注册,也由工具生成源代码。由工具生成的源代码具有什么特点?

思考题 1-9:镜像与静态编译链接有什么关系?

思考题 1-10:基于云开发微信小程序时,有一概念叫作云函数,其特点是函数被上传至云上,运行在服务端,调用则在前端。云函数与远程过程调用有什么异同?云函数是对远程过程调用的一种抽象吗?

在云上,对服务程序的线上更新,不再采用原有的更换方式,而是采用切换方式。更换就是关停并卸载旧版本服务程序,然后安装和启动新版本服务程序。采用更换方式时,在更换期间服务不可用。服务不可用的时间长,在很多应用场景下不可接收,例如火车站的旅客身份识别服务就是如此。切换方式是：在另一台计算机上启动新版本服务程序,然后服务网关把客户请求从老版本切换至新版本。切换完毕后,再关停和下载旧版本服务程序。由此可知,采用切换方式时,服务能一直保持可用,不会间断。切换在云上进行完全可行,因为云上有大量的计算机,留有备用资源。切换后,旧版本原来占用的资源被释放,放入备用资源池中。切换的实现将在第 5 章详细讲解。

对于一个系统,应该将其划分成多少个服务程序？或者说应将哪些功能模块划入一个服务程序？划分的基准应该是交互的频率。两个模块如果在一个程序中,则它们的交互表现为函数调用；如果在不同程序中,则它们的交互表现为进程与进程之间的通信。当交互的两个进程不在同一计算机上运行时,还需通过网络通信。当通信的两台计算机异构时,通信的两端还需做翻译处理。由此可知,当两个功能模块之间交互频繁时,它们应该划入同一服务程序中。这种划分原则在日常生活中也常使用。例如,在为学生安排宿舍时,应使一个班的学生邻近住宿。对于一个学院的学生,则应以至院楼最近原则安排,因为学生最常去的地方就是院楼。

1.19 技术演进的历史

多任务操作系统要解决的核心问题是资源共享,也确立了资源共享的 C/S 模式。操作系统是一台计算机上的资源管理者,或者说资源服务的提供者。应用程序作为客户通过调用操作系统提供的 API 去申请资源和使用资源。所谓管理资源,就是记录有哪些资源和有多少资源,以及当前客户使用资源的状况,然后依据现有记录的信息对新的客户请求做出响应。客户的请求可能成功,也可能不成功。应用程序的运行在操作系统中被抽象为进程。操作系统除了管理资源外,也管理进程。就进程而言,操作系统为应用程序提供的服务有创建进程、关闭进程等。操作系统启动时会创建一个 init 进程,执行 init 应用程序。init 进程等待用户登录。用户登录后,init 进程读取其配置信息,创建新进程,运行要启动的应用程序。

为了方便进程的管控,进程管理器记录进程之间的父子关系。进程 A 创建了新进程 B,就说进程 A 是进程 B 的父进程。于是操作系统中的进程具有树状结构,其中根进程(也称 root 进程)自然就是 init 进程。一个进程能对其子孙进程进行管控,例如关闭它们。另外,一个进程只要能获得另一进程的 id,便能与其建立联系,相互通信。一个进程在调用操作系统 API 创建一个子进程时,返回值就为子进程的 id。当父进程把其所有子进程的 id 告诉其所有子进程时,父进程与子进程之间,以及子进程与子进程之间便能相互通信。

驻于不同计算机上的两个进程之间可通过网络相互通信。对于一台计算机上的多个进程来说,网络是共享资源。正因为如此,操作系统中有一个网络管理器,为进程提供发送数据和接收数据的服务。进程调用网络管理器提供的 API 使用网络,包括发送数据和接收数据。当计算机 A 上的进程 α 想给计算机 B 上的进程 β 发送数据时,它并不能知道进程 β 的 id,因为进程 id 由进程管理器实时分配。因此,在网络通信中不能用进程 id 标识进程,只能用 IP 地址加上端口号标识进程,其中 IP 地址标识计算机,端口号标识进程。在操作系统中,端口号也是一种共享资源,一个端口号只能被一个进程占用。为了缓解端口号冲突问题,对通用的服务程序都事先分配了端口号,例如给 Web 服务器分配的端口号为 80。

在云计算中,客户的服务程序到底被安排在哪一台计算机上运行,并不能事先确定的,要到运行时实时确定。这种情形使得服务程序因端口号冲突而不能正常运行的问题异常突出。例如,任务调度管理器想将服务程序 β 安排在计算机 A 上运行。如果计算机 A 上已经运行了服务程序 α,且其端口号和 β 的端口号相同,那么服务程序 β 在计算机 A 上就无法启动运行。针对该问题,要求客户在云上安装部署其服务程序时,给出端口号信息。任务调度管理器知道每个服务程序的端口号之后,就能做到非冲突安排。以上述情形为例,任务调度管理器知道计算机 A 上已经运行了服务程序 α,且其端口号和 β 的端口号相同,就不会把服务程序 β 安排至计算机 A 上运行。

相比于集群计算,云计算的最显著特征是程序的运行具有动态性。动态性表现在:①安排在哪一台计算机上运行要到运行时确定;②运行的程序可能要从一台计算机迁移至另一台计算机;③程序运行的副本数具有实时变化性。这一特性要求程序能到处运行。Java 技术为这一目标的达成提供了有力支撑。Java 字节码与计算机和操作系统型号无关,因此凡是安装了 Java 虚拟机软件的计算机都能运行 Java 程序。现有的操作系统都带有 Java 虚拟机这一应用程序,因此如果是新开发的服务程序,使用 Java 开发自然是最明智的选择。Java 的操作系统无关性体现在 JDK 上。JDK 为 Java 编程接口,比 POSIX 更进一步,抽象出了更多的功能接口。每一种 Java 虚拟机都提供了 JDK 的实现。

Java 技术的本质是后延了机器代码的生成。在传统模式中,机器代码由开发者使用编译器生成,然后将其分发给用户,在用户的计算机上直接运行。用户的计算机被称为目标计算机。该模式的好处是:开发者自己保留源代码,分发的是机器代码。机器代码的可读性极差,有利于开发者保护知识产权。目标计算机除有型号之分外,还有版本之分。例如,32 位 x86 型号的计算机,其版本依次有 386、486、586 等。后面版本较前一版本,除有更多的寄存器外,还有其他一些新功能。编译器为某一型号和某一版本的目标计算机生成机器代码。在 Java 方案中,开发者分发给用户的不是机器代码,而是字节码。机器代码的生成从开发端移至运行端,由目标计算机上的 Java 虚拟机实时生成。

Java 方案不仅能使程序具有通用性,而且还能优化程序的执行效率。在传统的编译模式中,程序开发者并不知道运行该程序的目标计算机的版本号,因此只能保守地以低版本进行编译,确保机器代码在任一版本的目标计算机上都能运行。当目标计算机为高版本时,其计算潜能便被白白荒废。举例来说,针对 32 位 x86 型号的计算机,基于 386 这一版本编译生成的机器代码,如果运行在 586 版本的计算机上,那么相比于 386 版本新增的寄存器就没有利用上,其他新增的功能也没有利用上。使用 Java 方案时,机器代码由目标计算机上的 Java 虚拟机生成。Java 虚拟机自然知道自己所驻计算机的型号和版本号,因此生成的机器代码在执行时具有高效性。

操作系统在设计时假定自己是计算机资源的唯一管理者,因此在一台计算机上不能让两个或多个操作系统同时运行。很多应用场景要求在一台计算机上同时运行多个操作系统,于是出现了 VMware 软件。VMware 提供了虚拟裸机功能。因此,在一台计算机上安装 VMware 软件后,可再安装多个操作系统,然后让它们同时运行。由于 VMware 安装在先,操作系统安装在后,于是 VMware 获得了计算机的管理权,操作系统变成了运行在其之上的应用程序。尽管操作系统认为自己是资源的管理者,当它执行资源访问指令时,由于权限不够，因此会产生异常中断，使得计算机跳转去执行中断处理例程，即 VMware 中的代码。这就等于说，操作系统对资源的访问，都要由 VMware 代其完成。

VMware 通过给运行在其上的操作系统分配资源，使得运行在同一台计算机上的多个应用程序彼此隔离，不会相互干扰。这种收益的获得付出了性能代价。其原因是：应用程序原本是通过软中断调用操作系统内核中的函数，而软中断的处理例程只能是 VMware 中的代码。只有这样，VMware 才能把资源的管理权始终握在自己手中。于是应用程序调用操作系统内核代码，以及操作系统访问资源都要通过 VMware 完成。举例来说，应用程序打开一个文件，以及每次对文件执行读写操作，都避不开 VMware 这个中介。正因为 VMware 的性能开销大，在 2013 年又出现了 Namespace 和 CGroup 这种新的应用程序隔离方案。

Namespace 和 CGroup 是 Linux 操作系统新增的两个功能模块。Namespace 的含义是指：操作系统的配置参数，例如计算机名称和 IP 地址，以及诸如进程 id 之类的运行参数的总称。Namespace 中的参数由操作系统管理，被所有进程共享。应用程序可通过调用操作系统 API 获取和使用 Namespace 中的参数。例如，可基于应用程序名查询进程 id。得到进程 id 后，便可给其抛出信号，对其进行诸如关闭之类的操控。为了使进程之间彼此隔离，不至相互冲突、干扰、破坏，Linux 操作系统新增了创建 Namespace 实例对象的功能。当要创建子进程时，可新建一个 Namespace 实例对象，让子进程与其关联，于是子进程与父进程便属于不同的 Namespace。

Namespace 中仅包含操作系统的配置参数和运行参数，并没有包含诸如 CPU、内存、网络这些硬件资源。Linux 的 CGroup（Control Group 的缩写）就是专为硬件资源的隔离而提出的一种解决方案。硬件资源在逻辑上归属于 CGroup 实例对象。每个进程归属于一个 CGroup 实例对象，能使用其中的硬件资源。一个进程能为其子进程创建一个 CGroup 实例对象，然后将自己所属 CGroup 实例对象拥有的资源划拨给新创建的 CGroup 实例对象，再将子进程与新创建的 CGroup 实例对象关联。于是，父进程与子进程归属于不同的 CGroup 实例对象中，在硬件资源方面彼此隔离，不会相互干扰。

Namespace 和 CGroup 隔离方案的性能开销比 VMware 小很多。其原因是：只有应用程序在申请资源时，才需要通过 Namespace 和 CGroup 这个中介来完成。当应用程序与资源交互时，不再需要通过 Namespace 和 CGroup 了。举例来说，应用程序打开一个文件时，要通过 Namespace 和 CGroup 完成，有性能开销。当应用程序对文件执行读写操作时，则无须通过 Namespace 和 CGroup，这时就没有性能开销了。通常的情形是，应用程序先打开一个文件，然后反复多次对其执行读写操作。因此，Namespace 和 CGroup 的性能开销非常微小。

Docker 是一个工具软件，其用意是简化应用程序隔离的实现。Docker 利用了 Namespace 和 CGroup 技术来达成应用程序之间的隔离。它将应用程序置入一个容器中运行，从而实现了在同一计算机上运行的多个应用程序彼此之间相互隔离。容器是一个抽象概念，形象地描述了程序彼此之间的隔离场景。容器的含义是操作系统实例，其实现并不复杂。任务管理器在启动一个应用程序时，为其创建 Namespace 和 CGroup 实例对象。于是，不同的应用程序归属不同的 Namespace 和 CGroup，彼此相互隔离。

Docker 除能使程序运行时彼此隔离外，还能使程序在开发、测试和运营 3 个部门之间快速流转，运行时快速启动。在传统模式下，应用程序由开发部门打包发布，测试和运营部门都需在自己的计算机上先安装和配置应用程序，然后启动。对于应用程序来说，由于3个部门的运行环境并不一样，因此会出现在开发部门能成功运行，但在测试部门或者运营部门不能成功运行的情形。正因为如此，后面2个部门都得先安装程序，做好配置，然后启动。即使如此，运行中还是可能遇到共享冲突问题，导致程序不能正常运行。例如，程序A要使用80端口，结果被一个已启动的程序B占用了，于是程序A不能成功运行。其原因是，端口号是共享资源。

针对上述问题，Docker让所有应用程序都运行在容器中。容器是虚拟机，具有不变性。于是应用程序的运行环境也就具有了不变性，这就解决了因运行环境的变化性导致应用程序运行不成功的问题。运行时，虚拟机与物理机的映射通过Docker工具自动完成。于是使用Docker对应用程序进行打包发布，对于后续的用户来说，就可免掉安装和配置这项工作。对于打包后的程序，Docker不再将其叫作安装包文件，而是将其改称为镜像文件。在此方案下，测试部门和运营部门能拿镜像文件开箱即用。于是程序在各部门之间的流转加快了，启动也加快了，不会再遇到运行不成功问题。该方案的具体实现将在第5章详细讲解。

对于云服务商来说，需要一个软件把其所有计算机整合成一台计算机。这个软件称为云服务管理系统。例如，Kubernetes就是一个知名的云服务管理系统。它自然是一个分布式系统，其中有管理者和成员两种角色软件。每台计算机上都运行成员软件，接受管理者的请求，负责启动、监测、关闭虚拟机在本机的运行，也负责给虚拟机分配本机拥有的硬件资源。云服务管理系统一方面对外为客户提供云服务，另一方面对内负责成员管理。客户可在云服务管理系统上注册账号，然后将自己的业务信息系统从自己的机房迁移至云上运行。迁移之后，业务信息系统的运维工作就全交给云服务商了。迁移上云的具体实现将在第5章详细讲解。

客户将自己的业务信息系统迁移上云之后，原有的系统结构概念依然存在。不过，自己原有的物理局域网现在变成了虚拟局域网，自己原有的物理计算机变成了虚拟机。从运维视角看，虚拟机和物理计算机并无差异。客户可向虚拟局域网中添加虚拟机，配置虚拟机。客户也可在虚拟机上安装应用程序，然后启动虚拟机，或者关停虚拟机。客户原本在物理世界中执行的运维操作，现在改成了在虚拟世界中执行运维操作。在客户看来，虚拟机与物理计算机不同的是它从不发生故障。另外，虚拟机占用的诸如CPU、内存、网络带宽之类资源具有弹性，能根据负载自动调整。云服务商基于客户占用的资源量收费，因此收费量也因时而变。

云服务可分为3个层面：①基础设施即服务（Infrastructure as a Service，IaaS）；②平台即服务（Platform as a Service，PaaS）；③软件即服务（Software as a Service，SaaS）。IaaS是指云服务商使用诸如VMware之类的软件给客户提供虚拟裸机服务，客户则负责在虚拟机上安装自己的操作系统、支撑库和应用程序。采用这种方式时，客户对自己的业务信息系统具有最大的管控权。PaaS是指云服务商提供平台，客户则负责在其上安装应用程序。例如，Node.js就是一种服务平台，如果客户的应用程序基于Node.js开发，就可选用这种服务方式。SaaS是指云服务商提供软件，客户则负责应用。例如，云数据库管理系统就是这样一类软件，由云服务商提供，客户负责自己的业务数据库定义。采用这种方式时，客户最省事，不用考虑软件升级的事情。

云有私有云和公有云之分。私有云通常归属于某个企业,其客户来自本企业下属的子公司或者部门。公有云则向社会开放,其客户来自各行各业。相比于私有云,公有云的规模更大,安全性问题更为突出。对于私有云,由于云服务提供商和其客户属于同一组织,因此它们之间容易建立起信任关系。对于公有云,客户非常关注数据安全和服务质量问题,不能接受数据丢失、出错、外泄这类问题的出现。正因为如此,目前公有云提供商通常都是知名的互联网巨头,例如国外的亚马逊、谷歌、微软,以及国内的阿里、腾讯、华为等。对于一个企业来说,其业务信息系统是其命脉。将其迁移至云上运行,可靠性和安全性一定要有保障才行。要打消客户的疑虑,除了技术层面的完善之外,法制层面的治理也至关重要。

针对信任问题,出现了去中心化(Decentralization)的解决方案。现有服务系统基本上都为中心化系统,其特点是由单一服务提供方掌控。客户基于对服务提供方的信任使用其服务系统。以银行服务为例,客户基于对银行的信任,将自己的钱存入银行的服务系统中,并通过服务系统进行交易。交易的正确性,以客户信任服务提供方作为前提。服务提供方有能力篡改交易数据和交易规则。去中心化方案试图克服这一问题,其策略是,服务不再由单一的服务提供方提供,而是由多个服务提供方共同提供。从系统构成看,系统不再由单个节点构成,而是由多个节点构成。不同的节点归属于不同的服务提供方。系统中的任何事情不再由单一的服务提供方说了算,而是由多个服务提供方共同商议决定。

与中心化系统相比,去中心化系统有两个明显的新特质:①在正常节点超过半数的前提下,任何一个节点(或者说任何一个服务提供方)对于服务的提供而言不再是必不可少的,而是可有可无的;②系统中即使存在恶意节点,想通过捣乱破坏系统的一致性,都不会得逞。因此,去中心化系统的可信度高,可用性好,深受客户欢迎。比特币(Bitcoin)和以太坊(Ethereum)就是以去中心化理念构建的两个交易服务系统。在去中心化系统中,共同商议决定被称作共识(Consensus)。达成共识的具体操作流程被称作共识协议,也叫共识算法。知名的共识协议有Paxos和PBFT。去中心化计算中要解决的问题以及求解方法将在第4章详细讲解。

1.20 本章小结

共享是推动计算方式演进的原动力。计算方式经历了两次演进:①从单机计算演进到集群计算;②从集群计算演进到云计算。在单机计算中,共享是指:多进程并发执行,它们共享同一台计算机上的资源。集群计算延伸了共享范围,实现了跨计算机边界的共享。云计算则是通过深化共享,利用规模效应和集约效应降低成本,实现物美价廉,互利双赢。计算方式的演进是变与不变的辩证统一。不变体现在客户使用计算机的方式上。无论是集群,还是云,在客户看来,始终都是一台计算机,使用和操作的方式保持不变。变则体现在计算机的特质上。相比于单个计算机,集群给客户呈现出的不同特质是:从不出现故障,始终可用,算力和存储容量都无穷大。相比于集群,云呈现给客户的不同特质是物美价廉。

云计算在集群计算的基础上,需进一步解决的技术问题有两个:①应用程序能到处运行;②运行在同一计算机上的应用程序能彼此隔离,互不干扰。Java虚拟机和脚本引擎分别使Java程序和脚本程序在每一台计算机上都能运行。只使应用程序能在指定的计算机上运行还不够,还有一个能否成功运行的问题。该问题根源于运行环境的变化性。解决该问题的途径是虚拟化。让程序运行在虚拟机上，将应用程序的运行环境虚拟化。虚拟环境具有不变性。虚拟环境与真实环境的映射则由虚拟机完成。VMware 是一个提供虚拟裸机功能的软件。在虚拟裸机上，客户可安装自己的操作系统、支撑库和应用程序。Docker 则是一个提供容器功能的软件，使运行在不同容器中的应用程序彼此隔离，互不干扰。

在信息化大潮的席卷下，服务系统面临着数据量越来越大和客户请求量越来越多的双重压力。数据处理的高效性和安全性，系统的伸缩性，服务的可用性日显重要。服务系统在运行中，其副本数需要实时调整。当业务量增大或者可用性需提升时，要实时增加副本数。当业务量减少时，则要实时减少副本数，以节省资源。这一特性要求服务程序的启动时间不能太长。另外，服务程序在不断改版升级。快速改版升级对于企业至关重要，是赢得客户的基本保证。程序改版升级要快，不仅是指每个改版升级的环节要快，环节之间的流转也要快。实现程序高效运行、弹性运行、安全运行、快速更新，以及快速启动的策略和方法统称为微服务技术。

习题

1. 大学对学生的管理中，用学号标识学生。学号是虚 id 还是实 id？为什么不用身份证号标识学生？请给出详细理由。手机号码以前是实 id，因为其中前 3 个数字标识运营商，接下来的 4 个数字标识所属地市。当客户改变运营商或者改变所属地市时，都要更换手机号码。更换手机号码对于客户有什么弊端？现在客户可以保留自己原用的电话号码，去改变运营商或所属地市。该情形是不是表明：电话号码不再是一个实 id，而是变成了一个虚 id？虚 id 和实 id 的映射由谁负责？

2. 腾讯公司推出的微信小程序为企业提供了一个在腾讯云上构建其业务信息系统的平台。该平台具有可移植性吗？也就是说，客户对自己的微信小程序，能将其迁移至阿里云或者华为云上运行吗？为什么云运营商不希望客户完全使用自己的软件，而是使用云运营商提供的平台软件？或者说，腾讯为什么不为客户提供如下服务：让客户直接将其原有业务信息系统迁移上云？这显然不是技术上的问题，请分析其中原因。

3. 目前真正将自己的业务信息系统迁移上云的客户主要是微小企业。对于中型企业，将自己的业务信息系统迁移上云，存在什么疑虑和担忧？为什么微小企业愿意将自己的业务信息系统迁移上云？

4. 假定某个企业将自己的业务信息系统迁移上云之后发生了数据丢失或数据错误或数据外泄，如何进行责任判定？到底是客户自己的原因导致，还是应由云运营商承担责任？损失多大？赔偿多少？这些问题是不是说明有关云计算中法制层面的治理也至关重要？

第 2 章

计算机资源的共享

资源共享分为两个层次。第一个层次指一台计算机上的资源被本机上运行的多个进程共享。这是共享的最基本形式,也是分布式计算的基石。第二个层次指跨计算机边界的共享,即一台计算机上的资源能被其他计算机上的进程共享。为区分和对比,将第一个层次的共享取名为单机计算,将第二个层次的共享称为分布式计算机。在单机计算中,应用程序的运行实例被称为进程。当多个进程并发执行时,就引出了资源共享问题。共享的资源包括 CPU、内存、网络等硬件资源,以及代码和数据文件等其他资源。计算机资源统一由操作系统管理,进程作为客户向操作系统申请资源。在分布式计算中,资源共享表现为两个运行在不同计算机上的进程之间的交互,其中一个进程充当服务器,另一个进程充当客户。

在单机计算中,要弄清资源共享的实现,必须先弄清计算机的工作原理。计算机的工作方式表现为执行程序。程序为指令序列,也称作代码。通常情形下,CPU 依次和逐条执行代码中的指令。只有执行到一条分支跳转指令时,才会打破上述规矩,进行跳转。正是因为有跳转,才可让 CPU 循环执行某一段代码。另外,计算机有中断机制。计算机的组件可触发中断。一旦中断被触发,CPU 执行完当前指令后,就会跳转去执行中断处理例程。中断处理例程也是一段代码,以中断返回指令 iRet 作为结束标志。当计算机执行到 iRet 指令时,会再次跳转,跳回中断前该执行的下一条指令。2.1 节将讲解计算机工作原理,2.2 节则以单任务操作系统的实现为例展示计算机的工作原理。

计算机的中断机制能用来实现多任务并发执行。应用程序被 CPU 执行一遍,相应的计算任务也就完成了。计算机上的时钟能被设置成每隔一段时间就触发一趟中断。当时钟中断被触发时,下一条要执行的应用程序指令在指令寄存器中。中断会把指令寄存器中的内容存入中断寄存器中,然后把中断处理例程的第一条指令放入指令寄存器中。于是,CPU 跳转去执行时钟中断处理例程。当 CPU 执行到中断返回指令 iRet 时,会把中断寄存器中的值恢复到指令寄存器中,于是 CPU 再次跳转,应用程序的执行被恢复。

对于每个运行的应用程序,都有下一条要执行的指令这一概念。对于尚未运行的应用程序,其下一条要执行的指令就是其起始指令,即第一条指令。多任务并发执行的实现,就是在时钟中断处理例程中,对每个已运行或者要运行的应用程序,都记下其下一条要执行的指令,然后将其轮流放入中断寄存器中。于是 CPU 就轮流执行要运行的应用程序。多任务并发执行的实现详情将在 2.3 节和 2.4 节讲解。其中 2.3 节讲解多任务操作系统,2.4 节讲解进程的调度和管理。

多任务并发执行,自然就引出了资源共享问题。当计算机资源被多个应用程序共享时,需要有一个管理者对其进行管理。计算机共享资源的管理者就是操作系统。操作系统对各种共享资源进行分门别类管理。其中 CPU 资源由进程调度器管理，内存资源则由内存管理器管理，网络资源由网络管理器管理，文件资源由文件管理器管理。应用程序作为客户在使用共享资源前，必须向管理者提出申请。申请成功后才可使用被分配的共享资源。本章从 2.6 节开始的后 4 节，分别讲解内存、网络、代码、数据文件这些资源的共享实现方案，重点分析代码共享中遇到的问题及其解决方法。

接下来在 2.10 节和 2.11 节分别讲解进程间交互的实现方式，以及进程与外设间交互的实现方式。异常处理对应用程序非常重要，在 2.12 节分析异常处理特性，然后探讨其实现方法。2.13 节是本章的小结。

2.1 计算机工作原理

计算机一通电就执行程序代码。要让计算机完成的计算任务体现在程序代码中。程序代码是指令序列。每条指令由指令码和参数构成。指令码指明要执行的操作，参数指明操作涉及的数据。就运行程序代码而言，计算机可模型化成由 CPU 和存储器两部分组成。代码和数据都存放在存储器中。CPU 从存储器中逐条取来指令并执行它。执行一条指令也被称作一步计算。一步计算通常要从存储器读取数据，交给 CPU 处理，得到计算结果，再将结果存放到存储器中。一个计算任务要通过很多步计算完成。每步计算要做的事情，通过指令码标识。

每种型号的计算机都有一套自己的指令码。指令由指令码和它所需参数构成。对于一个指令，它带几个参数，参数的顺序，以及每个参数的含义、宽度、取值范围，都由计算机厂家规定，发布给编译器厂商。编译器厂商依据发布的机器指令开发编译器，将源程序翻译成机器代码，得到二进制可执行文件。二进制可执行文件被加载到计算机的存储器中，交由 CPU 执行，以得到计算结果。执行一条指令，类似于高级程序语言中的一次函数调用。在一个程序中，函数名起着标识函数的作用。同理，指令码起着标识机器指令的作用。一个函数，它带几个参数，参数的顺序，以及每个参数的类型，这些事情在函数定义时就规定好了。同理，一条机器指令带几个参数，参数的顺序，以及每个参数的类型，在计算机硬件设计时就定义好了。

程序由代码和数据两部分构成。运行一个程序时，要将其先加载到存储器中。典型的存储器为内存。内存有 RAM 和 ROM 两种类型。RAM 的特性是存储的内容在掉电时会丢失，ROM 则不会，因此常把开机时首先要执行的程序代码用 ROM 存储。内存由内存单元构成。每个内存单元有 1 字节的存储空间，用内存地址标识。另一种存储器为寄存器。CPU 访问寄存器的速度，要比访问内存的速度快两个数量级。不过，寄存器要比内存贵很多，因此一台计算机上的寄存器数量非常有限。当一个程序被加载到内存后，将其代码部分的第一条指令的内存地址加载至指令寄存器中，便启动了程序的执行。

CPU 依据指令寄存器中的值，从内存读取指令码。得到指令码后，CPU 对其解析，便知道该如何从存储器中进一步读取其所需的参数。完成参数读取之后，便执行指令。基于当前所执行的指令以及所得的结果，CPU 能得出下一指令码的内存地址，并将其置入指令寄存器中。于是，下一步计算被启动。对此计算模式，现举例说明如下。设一程序加载到内存后，其中的 4 条指令如表 2.1 所示。其中第 1 行的内存地址为 4000。假定指令寄存器的当前值为 4000,即要执行第 1 条指令,于是这 4 条指令的执行过程如下。

表 2.1 内存中的 4 条指令

内 存 地 址	指 令 码	参 数
4000	REG_MEM_INT_ADD	R1,8000,R2
4008	INT_LARGER_COMPARE	8024,8028
4018	CONDITION_JUMP	4800
4024	REG_REG_INT_ADD	R2,R3,R2

(1) CPU 读取内存地址为 4000 的指令码。假定指令码的宽度固定为 2 字节,寄存器标识码的宽度固定为 1 字节,内存地址的宽度固定为 4 字节,一个整数的宽度也为 4 字节。CPU 得到的指令码为 REG_MEM_INT_ADD。注意:这里为了可读性,将指令码名字化了。CPU 一看这个指令码,便知道要做两个整数的加法运算,还知道第 1 个整数在寄存器中,第 2 个整数在内存中,计算结果要放在一个寄存器中。由该指令码便知,它随后跟有 3 个参数。其中第 1 个参数为第 1 个整数所在的寄存器标识号,其长度为 1 字节。于是 CPU 从内存地址 4002 处读取 1 字节,得到第 1 个整数所在的寄存器标识号。再从内存地址 4003 处读取 4 字节,得到第 2 个整数所在的内存地址。再从内存地址 4007 处读 1 字节,得到存放计算结果的寄存器标识号。

(2) 完成指令码及其参数的读取之后,CPU 执行该机器指令,完成该步计算。由已执行的指令码 REG_MEM_INT_ADD 可知,该条指令的宽度为 8 字节。于是 CPU 将指令寄存器的值做加 8 处理,以得到下一条指令所在的内存地址,即 4008。

(3) CPU 读取内存地址为 4008 的指令码,发现它为 INT_LARGER_COMPARE,即比较两个整数的大小,并把比较结果放在逻辑标志寄存器中。而且知道它带有 2 个参数,其中第 1 个参数为第 1 个整数的内存地址,第 2 个参数为第 2 个整数的内存地址。于是 CPU 从内存地址 4010 读取 4 字节,得到第 1 个整数的内存地址,再从 4014 内存地址读取 4 字节,得到第 2 个整数的内存地址。

(4) 完成第 2 条指令的读取之后,CPU 执行它,完成第二步计算。由已执行的指令码 INT_LAGER_COMPARE 可知,该行代码的宽度为 10 字节。于是 CPU 将指令寄存器的值做加 10 处理,以得到下一条指令所在的内存地址,即 4018。

(5) CPU 读取内存地址为 4018 的指令码,发现它为 CONDITION_JUMP,即如果逻辑标志寄存器中的值为 true 时,执行跳转,即常说的 GOTO 操作。而且知道这个操作指令带 1 个参数,即要跳转的目标内存地址。于是 CPU 从 4020 内存地址读取 4 字节,得到要跳转的目标内存地址 4800。

(6) CPU 执行第 3 条指令。此时,如果逻辑标志寄存器中的值为 true,那么 CPU 就会将指令寄存器的值设置成参数值 4800。也就是说,下一步要执行的指令所在的内存地址为 4800,即执行跳转。如果逻辑标志寄存器中的值为 false,则不跳转,继续执行下一条指令,即第 4 条指令。由已执行的指令码 CONDITION_JUMP 可知,该代码行的宽度为 6 字节。于是 CPU 将指令寄存器的值做加 6 处理,以得到下一行机器代码所在的内存地址,即 4024。

程序的执行有中断机制。中断有多种类别,例如磁盘中断、键盘中断等。中断类别通过中断序号标识,起始序号为 0。中断包括硬中断和软中断。硬中断由电路触发,例如时钟、内存,以及键盘和磁盘等外设。软中断由 CPU 执行的指令触发。机器指令码中含有中断指令码。一旦 CPU 执行到一条中断指令,便会触发一趟软中断。每当一趟中断被触发时,CPU 在执行完当前指令之后,要执行的下一指令的内存地址在指令寄存器中。此时 CPU 不再执行下一指令,而是把指令寄存器中的值保存到另一专用寄存器(以后将其称为中断寄存器)中,以便腾出指令寄存器加载中断处理例程在内存中的起始地址,从而跳转去执行中断处理例程。

从上述中断处理过程可知,当中断被触发时,CPU 要知道中断处理例程在内存中的起始地址,以便将其加载至指令寄存器中,转去执行中断处理例程。CPU 的设计方案是:将中断处理例程在内存中的起始地址放在中断向量表 IDT 中。IDT 是 Interrupt Description Table 的缩写,即中断描述表,也叫中断向量表。IDT 在内存中的起始位置在硬件设计时就指定了,为一常量。这一常量通常被设为 0。IDT 是一个表,对于序号为 i 的中断,其中断处理例程在内存中的起始地址存放在 IDT 表中的第 i 行。对于 32 位机来说,地址宽度为 4 字节,于是 IDT 中每行数据的宽度为 4 字节。由 IDT 在内存中的起始地址为 0 可知,对于序号为 i 的中断,其中断处理例程在内存中的起始地址存放在 $4i$ 的内存位置。例如,第 5 号中断,其中断处理例程在内存中的起始地址就应存放在地址为 20 的内存中。

接下来的事情是谁设置中断向量表?设置中断向量表,就是在中断向量表中填写中断处理例程在内存中的起始地址。设置准则是:谁提供中断处理例程,就由谁填写中断向量表。计算机开机时首先要执行的程序代码叫作 BIOS。BIOS 的全称为 ROM-BIOS,是 Basic Input & Output System in ROM 的缩写。CPU 在设计时就规定了 BIOS 在内存中的起始地址。因此,BIOS 在计算机出厂前就已置入 ROM 中。BIOS 要做的工作是将操作系统引导代码从磁盘加载到内存中指定的位置,然后跳转去执行它。由此可知,BIOS 要执行磁盘 I/O。磁盘 I/O 要通过磁盘中断完成。因此 BIOS 需要设置中断向量表。假设磁盘中断的序号为 n,那么就要在 $4n$ 的内存位置填上磁盘中断处理例程在内存的起始地址。

BIOS 如何知道磁盘中断处理例程在内存的起始地址?磁盘中断处理例程是 BIOS 本身的组成部分,其在内存中的起始地址,BIOS 自然知道。因此 BIOS 设置中断向量表没有问题。BIOS 将操作系统引导代码从磁盘读入内存之后,便跳转去执行它。操作系统提供有自己的中断处理例程,于是操作系统会重新设置中断向量表。

计算机只要一开机,指令寄存器中的值就被设置为一个常量。该常量为 BIOS 在内存中的起始地址。于是计算机一开机就执行 BIOS 程序代码。BIOS 中包含中断处理例程。BIOS 依次做 3 件事:①设置中断向量表,以便读磁盘时能处理磁盘中断,将操作系统引导代码从磁盘读入内存指定位置;②读取磁盘引导区(即磁盘开始部分)中的数据(即操作系统引导代码)到自己指定的内存位置;③跳转去执行操作系统引导代码。操作系统引导代码的功能是将操作系统代码从磁盘读入内存,然后跳转去执行操作系统代码。操作系统含有自己的中断处理例程,会重新设置中断向量表,以便自己管理整个计算机。

2.2 单任务操作系统的实现

让计算机完成的计算任务体现在程序代码中。操作系统就是一段程序代码。对于最简单的单任务操作系统，它所承载的计算任务就是提供人机交互功能，接受用户的键盘输入，执行用户指定的应用程序。Windows 操作系统附带的命令提示符程序 cmd，其实就来源于最初的单任务操作系统 DOS。cmd 程序包含一段循环代码。在每轮循环中，等待用户键盘输入要执行的应用程序文件名。当用户按回车键时，表示输入结束。接下来要做的工作是：①解析用户的输入；②把要执行的应用程序从磁盘加载到内存；③找到其 main 函数的内存起始地址；④调用应用程序的 main 函数，执行应用程序。main 函数返回时，表示应用程序执行完毕，本轮循环也就结束，进入下一轮循环。以 C 语言实现的 cmd 源程序示例如代码 2.1 所示。

代码 2.1 人机交互程序 cmd 的源代码

```
(1)   char input[200];
(2)   int argc;
(3)   char * argv[10];
(4)   int (*appMain)(int, char **);
(5)   while(true)  {
(6)     gets(input);
(7)     argc = resolve(input, argv);
(8)     unsigned int loadedAddr = loadLibrary(argv[0]);
(9)     appMain = getProcAddress( loadedAddr,"main");
(10)    * appMain(argc, argv);
(11)  }
```

代码 2.1 所示源程序的含义如下。变量 input 用于存储用户键盘输入的命令行。命令行由多个段构成，段之间用空格分开。其中第一段为要执行的应用程序文件名，其他段为附带的参数。变量 argc 存储段数，变量 argv 存储段。第 4 行定义了一个函数指针变量 appMain。其定义表明了所指函数的定义为：返回值类型为 int；带有两个形参，其中第一个形参的类型为 int，第二个形参的类型为 char**。编译器看到这个定义，就知道如何生成调用变量所指函数的目标代码。所指函数的定义与 main 函数的定义完全一致。因此，appMain 变量可用来存储 main 函数的内存起始地址，从而实现对 main 函数的调用。

从第 5 行的 while 语句可知，cmd 会一直运行，不会结束。第 6 行是调用 C 语言的系统函数 gets 获取用户的键盘输入，将其放入 input 中。只有用户按回车键时，gets 函数才会返回。第 7 行是对用户键盘输入进行解析，以空格字符为界将用户输入切分成多个子字符串。所有子字符串的地址存储在数组变量 argv 中，子字符串的个数存储在变量 argc 中。第 8 行是调用函数 loadLibrary，将要运行的文件从磁盘加载到内存中，其中实参 argv[0] 指向文件名子字符串，函数返回值是模块被加载的内存地址。第 9 行是调用函数 getProcAddress，获取被加载模块中 main 函数在内存中的起始地址，将其赋给 appMain 变量。第 10 行是调用被加载模块的 main 函数，即执行应用程序。

代码 2.1 所示源程序第 6 行 gets 函数的调用，表达了人机交互。程序运行至 gets 函时，便暂停下来，等待用户的输入，直至用户按回车键时，gets 函数才返回。gets 函数的实现如代码 2.2 所示。其中形参 input 指明了键盘输入的字符应存放的内存起始位置。第 2 行的含义是将形参 input 的值（为内存地址）赋给全局变量 charBuffer。其用意是告诉键盘输入中断处理例程，现在接受键盘输入，并希望将用户输入的字符放置在 charBuffer 所指的内存位置。当用户输入一个字符时，便会产生键盘输入中断。在键盘输入中断处理例程中，会检查 charBuffer 的值，如果不为 null，表明有程序在等待键盘输入。在这里使用全局变量 charBuffer 作为 cmd 程序与键盘中断处理例程之间传递信息的载体。

代码 2.2 中第 4 行的 halt，是计算机的一个指令。其功能是使 CPU 暂停，不再往下继续执行第 5 行代码。只有在键盘触发输入中断，CPU 转去执行完键盘输入中断处理例程之后，才会接着执行第 5 行的代码。第 5 行代码的含义是：如果用户按回车键，那么就要让 gets 函数返回，否则等待用户进一步输入。如果用户按回车键，则第 6 行的含义是将输入的回车字符改写成 0，标识字符串的结束。第 7 行的含义是告诉键盘输入中断处理例程，以后忽略用户的键盘输入。

代码 2.2　gets 函数的实现

```
(1)  void gets(char * input)  {
(2)    charBuffer = input;
(3)    while(true)  {
(4)      halt;
(5)      if (*charBuffer ==回车符) {
(6)        *charBuffer = '\0';
(7)        charBuffer = null;
(8)        return;
(9)      }
(10)     else
(11)       charBuffer ++;
(12)   }
(13) }
```

键盘输入中断处理例程的实现如代码 2.3 所示。用户每按一下键盘，都会触发一趟键盘输入中断。该中断处理例程要做的事情就是从键盘取字符。首先检查全局变量 charBuffer 的值是否为 null。如果不为 null，说明有程序在等待键盘输入，于是就把输入的字符存入 charBuffer 所指的内存位置。注意：中断触发之前，CPU 已经执行完了 gets 函数中第 4 行代码。当键盘输入中断处理例程返回时，CPU 便会接着执行 gets 函数中的第 5 行代码。现在的问题是：中断处理例程返回时，CPU 如何知道接下来要执行的下一指令所在的内存地址？

代码 2.3　键盘输入中断处理例程的实现

```
(1)  void keyboardInterruptHandler()  {
(2)    if (charBuffer != null)
(3)      *charbuffer = fetchChar();
(4)    iRet;
(5)  }
```

中断触发时，指令寄存器中存储着下一个要执行的指令所在的内存地址。以上述 gets 函数为例，指令寄存器中存储着第 5 行代码的起始内存地址。中断一旦被触发，CPU 便先将指令寄存器中的值备份至中断寄存器中，以备中断处理例程返回时，能转回继续执行被中断的程序。以上述 gets 函数为例，就是转回继续执行其第 5 行代码。CPU 备份完指令寄存器中的值之后，接下来基于中断序号，到中断向量表中读取中断处理例程在内存中的起始地址，将其置入指令寄存器中。于是 CPU 开始执行中断处理例程。中断处理例程的最后一个语句是 iRet。iRet 是 interruption return 的缩写，其功能是将中断寄存器中的值恢复至指令寄存器中，于是 CPU 继续执行被中断的程序。

由上述中断机制可知，当 CPU 执行到 gets 函数的第 4 行时，便转入了暂停状态。键盘输入中断唤醒了 CPU，并且将指令寄存器中的值备份至中断寄存器之后开始执行键盘输入中断处理例程。键盘输入中断处理例程返回后，接着执行 gets 函数的第 5 行代码。该行是一个 if 语句，其含义是：如果用户输入的是回车符，表明输入结束，gets 函数返回，否则等待下一个字符的输入。

从上述 gets 函数和键盘输入中断处理例程的实现可知，它们之间的交互要有一个公共存储用来传递信息。在上述例子中，全局变量 charBuffer 被用作它们之间的公共存储。gets 函数通过改变 charBuffer 的值，告诉键盘输入中断处理例程，是不是要接收键盘输入的字符。键盘输入中断处理例程则通过检查 charBuffer 的值，判断是否有程序在等待键盘输入，并通过 iRet 恢复被中断程序的执行。

可将 cmd 程序视为一个最简单的单任务操作系统。它的计算任务是提供人机交互功能，运行任何一个应用程序。很多嵌入式系统既没有磁盘也没有键盘，也不需要有 BIOS 和操作系统，仅只运行一个应用程序。也就是说，应用程序运行在裸机上。此时应用程序就取代了 BIOS，被置入在 ROM 中。当计算机通电时，就执行应用程序的第一条指令。应用程序首先要做的工作自然也是设置中断向量表，以便能与外设进行 I/O 通信。嵌入式应用程序由功能模块以及中断处理例程两部分构成。

2.3 多任务操作系统

多任务操作系统承载的计算任务是：让一台计算机能同时运行多个应用程序。于是一台计算机能充当多台计算机被用户使用。其好处是提高计算机资源的利用率，使计算机做更多的事情。一台计算机同时运行多个应用程序时，就人的感觉而言，其实质是将时间切分成时间片，然后让 CPU 以时间片为单元依次轮转执行每个应用程序，使人感觉就像多个应用程序同时运行。

要让计算机同时运行程序 A 和程序 B，首先要将程序 A 和程序 B 都加载到内存中，然后让 CPU 交替执行它们。CPU 在第一个时间片执行程序 A，在第二个时间片则转去执行程序 B，随后反复交替切换。如果时间片的长度足够小，例如 0.1 秒，从人的感觉看，程序 A 和程序 B 是在同时运行。这种交替切换其实就是指令寄存器中值的切换。设程序 A 和程序 B 当前要执行的下一条指令在内存中的地址分别为 α 和 β，那么当把 α 置入指令寄存器时，CPU 就执行程序 A。当把 β 置入指令寄存器时，CPU 就执行程序 B。

同时运行多个应用程序，其实质是让多个应用程序共享资源。共享的资源包括 CPU、寄存器、内存、网络,以及代码和数据文件等。共享带来访问冲突问题。例如,寄存器要被每一应用程序使用。对于程序 A,当 CPU 执行它时,其下一条要执行的指令在内存中的地址只存储在指令寄存器中。如果现在要改变指令寄存器中的值,让 CPU 转去执行程序 B,那么在改变指令寄存器的值之前,要将指令寄存器的当前值保存到另一个地方,以便在后面的某一时间片再执行程序 A 时,能知道其下一条要执行的指令在内存中的地址。

另外,CPU 执行一条指令时,其所需数据既可在内存中,也可在寄存器中。因此,其他寄存器和指令寄存器一样,也是共享资源。当从程序 A 切换到程序 B 时,首先要保存程序 A 的寄存器值,然后恢复程序 B 的寄存器值。反过来也如此,从程序 B 切换到程序 A 时,首先要保存程序 B 的寄存器值,然后恢复程序 A 的寄存器值。

程序执行的交替切换可通过时钟中断实现。设置时钟触发中断的间隔时间为时间片的时长,例如 0.1 秒。于是每隔 0.1 秒就会中断当前程序的执行,CPU 转去执行时钟中断处理例程。例如,假定当前在执行程序 A,在时钟中断触发之后,中断寄存器中的值就为程序 A 下一条要执行的指令在内存中的地址。此时,除指令寄存器外,其他寄存器中的值被称作程序 A 的上下文。时钟中断处理例程要做的事情是:保存程序 A 的上下文至分配给程序 A 使用的内存中,然后将程序 B 的上下文从分配给程序 B 使用的内存中恢复到寄存器中。一旦程序 B 的上下文被恢复到寄存器中,随后执行 iRet 指令时,CPU 就执行程序 B。

思考题 2-1:时钟中断触发之后,对于程序 A,其下一条要执行的指令在内存中的地址不是在指令寄存器中,而是在中断寄存器中,为什么?指令寄存器中的值是时钟中断处理例程的第一条指令在内存中的地址,为什么?此时指令寄存器中的值不是程序 A 的上下文,而中断寄存器中的值为程序 A 的上下文,为什么?将程序 B 的上下文恢复到寄存器中,下一条要执行的指令的内存地址要恢复至中断寄存器中,为什么?当 CPU 接着执行时钟中断处理例程中的 iRet 指令时,便跳转去执行程序 B,为什么?

2.4 进程的调度和管理

解决了程序执行的交替切换问题后,接下来的问题是:时钟中断处理例程如何知道当前在执行哪一个应用程序,下一个要执行的应用程序又是哪一个?该问题被称作应用程序执行的调度与管理问题。为此,在操作系统中提出了进程概念。进程是指应用程序的运行实例。多个应用程序同时运行是指在操作系统中有多个进程对象。进程有生命周期概念。启动一个应用程序的运行,其实就是在操作系统中创建一个进程对象。进程对象被创建时,必须指定它运行哪一个应用程序。结束一个应用程序的运行,其实就是释放操作系统中的一个进程对象。因此,多任务是指多个进程。针对同一个应用程序,也可启动多次,创建多个进程。例如,在日常工作中,我们常打开多个 Word 应用程序,让它们分别编辑不同的 Word 文件。

2.4.1 进程调度

从面向对象观念认识进程,有类和实例对象两个概念。创建一个进程,是指创建进程这个类的一个实例对象。进程结束是指释放一个进程实例对象。进程类的定义中,有成员变量 state,记录进程状态。进程状态只有 3 种取值,分别是 RUNNING(运行)、WAITING(等待)和 READY(就绪)。对于进程的运行和调度管理,则进一步有当前进程和进程表概念。当前进程(currentProcess)是指当前被 CPU 正在执行的那个进程,其 state 属性值为 RUNNING。进程表(processList)中存储了当前操作系统中的所有进程。每创建一个进程,就是往进程表中添加一个进程对象。每释放一个进程,就是删除进程表中现有的一个进程对象。currentProcess 和 processList 都是操作系统中的全局变量。

  只有当前进程的 state 属性值为 RUNNING,其他进程的 state 属性值则为 READY 或者 WAITING。当前进程调用操作系统提供的一个等待函数后,其 state 属性值会由 RUNNING 变为 WAITING。例如,当调用操作系统提供的 waitForKeyboardInput 时,当前进程的 state 属性值就会发生变化,由 RUNNING 变为 WAITING。该函数的功能就是改变当前进程的状态值,然后让 CPU 执行其他进程。当有字符行从键盘输入时,在键盘输入中断处理例程中,会将该进程的 state 属性值修改为 READY(就绪)。在随后的进程切换中,该进程会再次成为新的当前进程,继续运行。

  有了进程概念之后,程序执行的交替切换自然就是指进程的交替切换。进程切换时,只有 state 属性值为 READY 的进程有资格被调度执行。仅有两种事件会触发进程切换。首先是前面所述的时钟中断。其次是当前进程调用等待 API 函数。现以 waitForKeyboardInput 这一等待函数的实现为例,阐释第二种进程切换的情形。该函数的功能是等待键盘输入字符行,也就是直至用户按回车键时才会返回。具体来说,首先要告诉操作系统,有应用程序在等待键盘输入。方法是:将应用程序接收字符行的缓存的起始地址赋给操作系统的全局变量 charBuffer。在键盘中断处理例程中,检查 charBuffer 的值,如果不为 null,即表示有进程在等待键盘输入。

  一个进程调用诸如 waitForKeyboardInput 之类的函数,等待某个事件的发生。从进程调度角度看,其含义是:当前进程从运行态变为等待态,并主动让出 CPU 给其他已就绪的进程。也就是说,currentProcess 的值肯定要发生变化。此时又有两种情形:第一种情形是,所有进程中没有一个处于就绪态,这时新的 currentProcess 值为 null,表示没有进程要运行,此时 CPU 无事可做,只好调用 halt 暂停下来;第二种情形是新的 currentProcess 值不为 null,表示有进程处于就绪态,这时就让 CPU 运行新的当前进程。当前进程等待某个事件的实现如代码 2.4 所示。

代码 2.4 让出 CPU 给其他进程运行的实现

```
(1)   void giveUpCPU(int eventId)  {
(2)     currentProcess->state =WAITING;
(3)     currentProcess->waitForEvent = eventId;
(4)     currentProcess->SaveContext();
(5)     currentProcess = processList->getNextProcessToRun();
(6)     if (currentProcess != null)  {
(7)       currentProcess->ActivateContext();
(8)       iRet;
(9)     }
(10)    else
(11)      halt;
(12)  }
```

waitForKeyboardInput 函数的实现如代码 2.5 所示。其中第 2 行中 INT 70 的含义是触发第 70 号软中断。第 5~8 行为 70 号软中断处理例程的实现。其功能就是给操作系统的全局变量 charBuffer 赋值，然后调用 giveUpCPU 函数（见代码 2.4）进行进程切换。此处的进程切换要做两件事情：①保存当前进程的上下文，如代码 2.4 中第 4 行所示；②调度另一就绪的进程充当新的当前进程，让 CPU 运行它，如代码 2.4 中第 5~9 行所示。

代码 2.5　waitForKeyboardInput 函数的实现

```
(1)  voidwaitForKeyboardInput( char * input)  {
(2)     INT 70 (input);
(3)     return;
(4)  }
(5)  void int70Handler(char * input )  {
(6)     charBuffer = input;
(7)     giveUpCPU(KEYBOARDINPUT);
(8)  }
```

进程切换中，将让出 CPU 的进程称为让位进程（abdicating process），将新的当前进程称为上位进程。切换前，让位进程的上下文在寄存器中，这里的寄存器不是指某个寄存器，而是指除指令寄存器外的所有寄存器。进程切换，其实就是进程上下文的切换。具体来说，就是将让位进程的上下文从寄存器复制至其 context 成员变量中，然后将上位进程的上下文从其 context 成员变量复制至寄存器中。接下来执行一个 iRet 指令，就完成了进程的切换。iRet 的功能之一就是将中断寄存器中的值加载至指令寄存器中。

执行进程切换时，可能没有上位进程。也就是说，在当前所有进程中，没有一个进程的 state 属性值为 READY（就绪）。该情形表现为代码 2.4 中第 5 行 getNextProcessToRun 函数的返回值为 null。这时中断处理例程被 CPU 执行完后，无进程需要 CPU 继续执行，于是让 CPU 执行 halt 指令，暂停下来。getNextProcessToRun 是进程调度函数，最简单的实现是让 CPU 轮流执行就绪态的进程。

对于代码 2.5 所示 waitForKeyboardInput 函数的实现，不能直接调用操作系统内核中的函数 int70Handler，必须通过软中断调用。当 70 号软中断处理例程 int70Handler 被执行时，中断寄存器中的值是被中断程序中下一条要执行的指令在内存中的地址，也就是代码 2.5 中第 3 行的 return 语句在内存中的地址。此时在执行中断处理例程，因此指令寄存器中的值并不属于让位进程的上下文，而中断寄存器中的值才属于让位进程的上下文。对于让位进程，用户按回车键之后，会再次被调度成为新的当前进程。当其恢复执行时，接着执行代码 2.5 中第 3 行的 return 语句。

当进程 A 调用 waitForKeyboardInput 函数之后，便变为等待态。随后，只有当用户按回车键后，才会在键盘输入中断处理例程中将进程 A 改为就绪态。键盘输入中断处理例程的实现示例如代码 2.6 所示。其功能是检查是否有进程在等待字符行的键盘输入。如果有，则将字符从键盘取来存入缓存中。如果用户输入的字符为回车键，就要进一步检查是哪一个进程在等待键盘输入字符行，然后将其 state 属性值修改为 READY。于是等待进程变为就绪态，在下一轮进程切换时，可被调度执行。

代码 2.6　键盘输入中断处理例程的实现示例

```
(1)  void keyboardInterruptHandler( )  {
(2)    Process * process = null;
(3)    if (charBuffer != null){
(4)      * charBuffer = fetchChar( );
(5)      if ( * charBuffer != 回车符)
(6)        charBuffer ++;
(7)      else {
(8)        * charBuffer ='\0';
(9)        process = processList->getFirstItem();
(10)       while (process != null)  {
(11)         if (process->state == WAITING && process->waitForEvent ==
              KEYBOARDINPUT)  {
(12)           process->state = READY;
(13)           break;
(14)         }
(15)         process = processList->getNextItem();
(16)       }
(17)       charBuffer = null;
(18)     }
(19)   }
(20)   checkCurrentProcess( process);
(21) }
```

在硬中断被触发之前，CPU 可能处于工作态，也可能处于暂停态。处于工作态是指 CPU 在执行一个进程，即 currentProcess 的值不为 null。处于暂停态时，currentProcess 的值为 null。硬中断触发之后，CPU 开始执行硬中断处理例程。如果在硬中断处理例程中将某个进程的状态改为了就绪，且 CPU 在中断前处于暂停态，就应在硬中断处理例程的结尾处将就绪态的进程变为当前进程，让其恢复运行。这一处理的实现如代码 2.7 所示。在键盘输入中断处理例程中，如果从键盘读入的字符为回车键，就会将等待字符行输入的进程改为就绪态，见代码 2.6 中第 9~17 行所示。因此，代码 2.7 所示的这段代码要在键盘输入中断处理例程的末尾处调用，如代码 2.6 中第 20 行所示。

代码 2.7　检查是否有就绪态的进程可运行

```
(1)  void checkCurrentProcess(Process * process )  {
(2)    if (currentProcess == null && process == null )  {
(3)      halt;
(4)    else if (currentProcess == null && process != null ) {
(5)      currentProcess = process;
(6)      currentProcess->ActivateContext();
(7)      iRet;
(8)    }
(9)    else
(10)     iRet;
(11) } }
```

思考题 2-2：对于代码 2.7，第 7 行和第 10 行都是执行 iRet。在这两处执行 iRet 时，中断寄存器中肯定不相同,为什么?分别跳转去执行哪一个进程?

时钟中断处理例程的功能是进行进程切换,其实现如代码 2.8 所示。此时的当前进程变成下位进程,上位进程要从进程表中按照进程调度策略选取。对于下位进程,用变量 abdicatingProcess 存储,其取值有两种:①null,表示当前没有进程处于运行态;②不为 null,表示当前有进程在运行。对于上位进程(即新的当前进程),用变量 currentProcess 存储,其取值有 3 种:①null,表示当前所有进程中没有可上位的进程;②不为 null,也不等于 abdicatingProcess,表示有另一个可上位的进程;③不为 null,且等于 abdicatingProcess,表示当前除下位线程外,没有其他任何进程处于就绪态,于是只好让下位进程继续运行。将下位进程和上位进程组合起来,便会有 6 种情形。

代码 2.8 时钟中断处理例程的实现示例

```
(1)   void timerInterruptHandler( )  {
(2)     Process * abdicatingProcess = currentProcess;   //让位进程
(3)     currentProcess = processList->getNextProcessToRun( );
(4)     if (currentProcess != null)  {
(5)       if ( currentProcess != abdicatingProcess)  {
(6)         if ( abdicatingProcess != null)
(7)           abdicatingProcess->SaveContext( );
(8)         currentProcess->ActivateContext( );
(9)       }
(10)      iRet;
(11)    }
(12)    else
(13)      halt;
(14)  }
```

思考题 2-3:对于代码 2.8,本来有 6 种情形,现将其归并成 4 种情形,这 4 种情形分别是什么?6 种情形中哪两种情形被归并了?

由上述分析可知,当进程 A 调用 waitForKeyboardInput 函数时,就会变为等待态,与此同时当前进程发送改变。当用户按回车键时,在键盘中断处理例程中,会将进程 A 的 state 属性值修改为 READY。接着在键盘中断处理例程中,或者时钟中断处理例程中,或者另一运行的进程在调用诸如 waitForKeyboardInput 之类的等待函数时,进程 A 可能会被调度再次成为新的当前进程,恢复运行。

思考题 2-4:从上述 70 号软中断,以及键盘输入中断和时钟中断的处理例程实现可知,在中断处理例程中,最后执行的指令不一定是 iRet,也可能是 halt。什么情形下执行 halt?什么情形下执行 iRet?

思考题 2-5:在代码 2.4 所示改变当前进程的实现中,第 5 行调用 getNextProcessToRun 成员函数的返回值,与调用前的 currentProcess 值肯定不相同,为什么?而在代码 2.8 所示的时钟中断处理例程中,第 3 行调用 getNextProcessToRun 成员函数的返回值,有可能就是当前进程,为什么?

思考题 2-6:在进程切换中,要调用进程表的成员函数 getNextProcessToRun 获取上位进程。当其返回值为 null 时,表示当前所有进程的 state 属性值都为 WAITING,即没有进程要运行。此时只有硬中断能改变进程的 state 属性值,为什么?没有一个进程处于运行态时，CPU 除执行硬中断处理例程外，无事可做。因此，在硬中断处理例程的结尾，都要检查 currentProcess 是否为 null。如果是，则执行 halt 指令，让 CPU 暂停下来。在硬中断处理例程中，最后执行的指令要么是 iRet，要么是 halt。当执行的指令是 halt 时，再次有硬中断触发后，中断寄存器中的值是什么？

思考题 2-7：在 getNextProcessToRun 函数的实现中，对于选取的上位进程，如果其 state 属性值为 READY，就要将其修改为 RUNNING。假定 CPU 正在执行第 70 号软中断的处理例程，如果此时时钟中断恰被触发，那么两处都要执行进程切换处理，会出现共享冲突问题吗？

思考题 2-8：进程对象、当前进程，以及进程表这类数据由操作系统内核维护，应用程序不能直接对其访问。中断处理例程（含软中断的处理例程）属于操作系统内核中代码，在应用程序中不能直接调用。应用程序只能通过软中断指令调用软中断处理例程。那么，软中断和函数调用有什么异同？iRet 和 return 又有什么异同？

2.4.2 进程管理

进程管理器是操作系统的组成部分，除负责进程调度外，还负责管理进程，为客户（即应用程序）提供服务接口，供客户调用，对进程实施操控。服务接口包括创建进程、关闭进程、暂停进程，以及查询进程等。进程是应用程序的运行实例，因此进程必定和一个应用程序相关联。创建一个进程时，先要将应用程序的二进制可执行文件从磁盘加载到内存中，然后找到其 main 函数在内存中的地址，也就是进程要执行的第一条指令在内存中的地址。创建一个进程，其实就是往进程表中添加一个进程实例对象，其接口函数 CreateProcess 的实现如代码 2.9 所示。在这个实现中，省略了将应用程序可执行文件从磁盘加载至内存，获取 main 函数的内存地址，以及进程成员变量的初始化这些工作。

代码 2.9 CreateProcess 函数的实现

```
(1)  int CreateProcess( byte * pMainFunc)  {
(2)      return INT 89(pMainFunc);
(3)  }
(4)  int int89Handler( byte * pMainFunc))  {      //创建进程
(5)      Process * process = new Process(pMainFunc, READY);
(6)      processList->addItem(process);
(7)      iRet process->id;
(8)  }
```

从代码 2.9 可知，应用程序要通过 89 号软中断调用操作系统内核中的第 89 号软中断处理例程。进程管理器创建一个进程，就是创建一个进程类的实例对象，然后将其添加到进程表中。创建时，将进程的 state 属性值设为 READY，因此随后可被进程管理器调度执行。其中的进程表变量 processList 是操作系统中的全局变量。

在多任务操作系统中，一个进程的状态改变有如下 4 种情形：①由 RUNNING 变为 WAITING；②由 WAITING 改变为 READY；③由 READY 改变为 RUNNING；④由 RUNNING 变为 READY。对于第一种情形，只有在进程自己调用了某个等待函数时才会发生，例如调用了 waitForKeyboardInput 函数（如代码 2.5 所示），状态才会由 RUNNING

变为 WAITING。对于第二种情形，当进程等待的事件出现时，进程状态会由 WAITING 变为 READY。事件的出现可能因硬中断而导致，也可能因另一进程而发生。例如，当等待键盘输入时，事件就会因键盘中断而产生。当进程等待某个锁时，事件就会因另一进程释放锁而出现。锁是由操作系统管理的共享内核对象，应用程序自然是通过调用操作系统 API 释放自己持有的锁。

第三种和第四种情形在执行进程切换时发生。在当前进程下位时，就会有一个状态为 READY 的进程被选上位，充当新的当前进程。对于下位的进程，它的状态由 RUNNING 变为 READY，对于上位的进程，它的状态由 READY 变为 RUNNING。

思考题 2-9：关闭一个进程，就是删除进程表中的一个进程实例对象，假设其 API 函数的定义为 void killProcess(int processId)，能否写出其实现代码？应用程序的 main 函数返回时，执行就结束了，进程就该关闭。此时如何实现进程的关闭？一个进程能调用 killProcess 函数关闭自己吗？请说明理由。

思考题 2-10：进程查询，是指基于应用程序的名称，得到其进程 id。获得了一个进程的 id，便能与其通信。能否写出进程查询的实现代码？

思考题 2-11：对于释放锁的操作系统 API 函数 ReleaseLock，能否写出其实现代码？

2.4.3 多任务并发执行

一个计算任务是通过 CPU 执行一趟程序代码完成的。对于一个计算任务，CPU 在执行程序代码的过程中，有下一条要执行的指令这一概念。对于尚未启动的计算机任务，其下一条要执行的指令就是程序代码的起始指令，即第一条指令。计算任务的完成过程被抽象成进程。因此，多任务并发执行是指多进程并发执行，即 CPU 以时间片为单元轮流执行现有进程，给人造成一种多个进程同时被计算机执行的感觉。也就是说，通过软件把一台计算机变成了多台计算机。

多进程并发执行中的核心概念是进程切换。进程有一个成员变量 nextInstruction，用于记录下一条要执行的指令在内存中的地址。时钟中断触发时，CPU 会从当前进程跳转去执行时钟中断处理例程。跳转过程中，当前进程要执行的下一条指令在内存中的地址，原本在指令寄存器中，会被 CPU 迁到中断寄存器中。于是，在时钟中断处理例程中，先读取中断寄存器中的值，将其保存至当前进程的 nextInstruction 成员变量中，然后再将上位进程要执行的下一条指令在内存中的地址从其 nextInstruction 成员变量中加载至中断寄存器中。接下来执行中断返回指令 iRet，便实现了进程的切换。其原因是 iRet 指令会将中断寄存器中的值加载至指令寄存器中。

由此可知，进程切换是指两个进程的下一条要执行的指令在内存中的地址在指令寄存器中的切换。切换要通过时钟中断完成。时钟中断处理例程要做的工作就是执行进程切换。切换包括将中断寄存器中的值保存至下位进程的 nextInstruction 成员变量中，以及将上位进程的 nextInstruction 成员变量值加载至中断寄存器中。时钟中断会导致两次 CPU 跳转。第一次跳转是从当前进程跳转到时钟中断处理例程。第二次跳转是从时钟中断处理例程跳转到上位进程（即新的当前进程）。

一个进程可能要等待某个事件的出现。这时它会调用等待函数。等待意味着让出 CPU，即进行进程切换。当没有上位进程时，就调用 halt 指令，让 CPU 暂停。随后，当硬中断触发时，CPU 被唤醒去执行硬中断处理例程。

2.5　内核空间和用户空间

　　在多任务运行环境下，资源共享是指资源被多个进程共享。例如，CPU 就被多个进程共享，使得多个进程并发执行。除 CPU 外，内存以及像网卡之类的外设也都是共享资源。从 2.4 节可知，当一个进程调用诸如 waitForKeyboardInput 之类的等待函数时，要进行进程切换，即访问由进程管理器维护的进程表，以及当前进程这些全局变量。在时钟中断处理例程中，也执行进程切换。因此，进程表，以及当前进程这些数据是共享数据。另外，由操作系统维护的锁也是共享数据。无论是共享硬件资源，还是共享数据，对其访问都必须有序进行，否则就会导致紊乱和不正确。

　　有序访问共享资源的达成方法是为共享资源设置一个管理器。进程访问共享资源时，要给管理器发送请求，管理器则返回响应结果。这个过程以函数调用体现。管理者通过提供 API 函数开放其服务，应用程序作为客户通过调用 API 函数访问服务。因此，操作系统其实就是一个共享资源的管理者，而应用程序则是访问共享资源的客户。应用程序的运行实例被称为进程。

　　应用程序与操作系统之间有边界。这个边界通过软中断体现。操作系统提供的 API 函数最终以软中断方式调用。软中断和函数调用既有差异也有联系。单从功能看，它们没有任何差异，都是执行跳转。但从安全角度看，它们就有差异了。对于共享资源，进程不能绕过操作系统直接对其进行访问，否则操作系统就形同虚设。此目标的达成通过中断机制实现。机器指令有等级之分。高等级的机器指令，只有在 CPU 的权限等级标志被置位时才能被执行，否则就会触发异常中断。高等级的机器指令包括外设的 I/O 操作、中断向量表的设置、中断屏蔽等。低等级的机器指令则在 CPU 的权限等级标志被复位时也能被执行，例如数据运算指令、分支跳转指令等。

　　中断触发对应的 CPU 操作是：首先置位 CPU 的权限等级标志，然后执行跳转，转去执行中断处理例程。因为 CPU 的权限等级标志被置位，因此在中断处理例程中可以出现高等级的机器指令。CPU 的权限等级标志处于置位状态时，就说 CPU 处于内核态。中断返回指令 iRet 对应的 CPU 操作是：首先复位 CPU 的权限等级标志，然后执行跳转，转去执行中断前要执行的下一条指令。CPU 的权限等级标志处于复位状态时，就说 CPU 处于用户态。计算机的存储空间对应地被划分成内核空间和用户空间两部分。当 CPU 处于用户态时，不允许访问内核空间中的数据，也不允许跳转去执行内核空间中的代码。当 CPU 处于内核态时，情形完全不一样，既能访问用户空间中的数据，也能跳转去执行用户空间中的代码。

　　基于上述 CPU 提供的安全机制，内核空间留给操作系统使用，用户空间留给应用程序使用。于是操作系统代码也被称作内核空间代码，应用程序代码也被称作用户空间代码。用户空间代码中只能出现低等级的机器指令，不能出现高等级的机器指令，否则运行时会触发异常中断。这就是控制应用程序不能绕过操作系统直接访问共享资源的解决方案。当 CPU 处于内核态时，能跳转去执行用户空间中的代码，但是千万不要出现这种情形。如果出现这种情形，那么应用程序代码就成了操作系统代码，能执行任何操作，这时就无安全可言了。

思考题 2-12：存储于内核空间中的操作系统全局变量，例如 currentProcess 和 processList，被称为内核空间数据。每个进程都可通过软中断调用软中断处理例程，访问内核空间数据。因此，内核空间数据是共享数据。当 CPU 处于用户态时，不用担心应用程序不怀好意来捣乱内核空间数据，为什么？反之，当 CPU 处于内核态时，如果调用用户空间中的函数，就等于整个安全机制形同虚设，为什么？

2.6 内存共享

  2.4 节给出了 CPU 共享的实现方案：①当前进程要等待某个事件时，便让出 CPU 给其他就绪的进程；②通过时钟中断轮流执行就绪的进程。CPU 的共享通过进程管理器实现。内存也是共享资源，其共享方式为：当一个进程需要内存资源时，就向内存管理器提出申请，内存管理器则从空闲内存中分配一块给申请者。对获得的内存资源，当进程不再需要时，应将其归还给内存管理器，以便其他进程使用。这种共享方式在日常生活中也常见。例如，图书共享就如此。读者想要读某本书，就向图书馆申请。读完之后，把书还给图书馆，于是其他读者也能借到。基于上述内存共享方案，内存管理器应提供两个 API 函数供应用程序调用：一个是 allocate，用于申请内存；另一个是 release，用于归还内存。

  要实现内存共享，内存管理器必须知晓系统有多少内存，以及当前内存资源的使用状态。内存使用状态是指当前有哪些内存块处于空闲状态，以及哪些内存块已被进程占用。对于被占用的内存块，还要进一步记录由哪一个进程占用。于是内存管理器要维护一个内存块表，如表 2.2 所示。从该表的示例数据可知，当前的内存共分为 4 块。其中第一块的内存起始地址是 10000000，空间大小是 40 000 000 字节，已被进程 id 为 10 的进程占用。表中每行数据的开始地址加上空间大小就是下一行数据的开始地址。对于分配出去的内存块，要记录由哪一进程占用，其原因是，当进程结束时，要将其占用的内存全部释放。

表 2.2 内存块表

startAddr	size	state	processId
10000000	40 000 000	Used	10
50000000	10 000 000	Free	
60000000	20 000 000	Used	2
80000000	640 000 000	Free	

  给进程分配内存，就是依次检查内存块表中的内存块，直至找到一块内存，其状态为空闲，且空间尺寸大于或等于客户的申请量。如果找到的内存块的空间尺寸刚好等于客户的申请量，就直接将其分配给申请者。如果找到的内存块的空间尺寸大于客户的申请量，就将其拆分成两块，其中一块分配给申请者，另一块保留为空闲状态。基于这一内存分配原则，函数 allocate 的实现如代码 2.10 所示。其中第 11 行的含义是：往内存块表中插入一个内存块，插入位置在 block 所指的块后面。

代码 2.10　allocate 函数的实现

```
(1)   byte * allocate( int neededSize)   {
(2)     MemoryBlock * block = memoryBlockList->getFirstItem();
(3)     while (block != null)   {
(4)       if (block->state == FREE && block->size >= neededSize)   {
(5)         block->state = USED;
(6)         block->processId = currentProcess->id;
(7)         if (block->size > neededSize)   {
(8)           int startAddr2 = block->startAddr + neededSize;
(9)           int size2 = block->size - neededSize;
(10)          MemoryBlock * block2 =new MemoryBlock(startAddr2, size2,FREE);
(11)          memoryBlockList->InsertItem(block2, block);
(12)        }
(13)        return (byte *)block->startAddr;
(14)      }
(15)      block = memoryBlockList->->getNextItem();
(16)    }
(17)    return null;
(18)  }
```

思考题 2-13：当应用程序调用 release 归还所占用的内存时,先在内存块表中找到对应行,再检查其前一行,如果为空闲状态,就要和其合并成一行。还要检查其后一行,如果为空闲状态,也要和其合并成一行。能否写出 release 函数的实现代码？

2.7　网络共享

　　位于不同计算机上的两个进程之间可以通过网络进行通信。对于同一计算机上的多个进程,它们共享网络。也就是说,它们都要使用网络发送数据和接收数据。正因为网络有多个进程都要使用,因此必须有一个网络管理器对其进行管理。网络共享的模式是：进程要发送数据时,向网络管理器提出申请,把要发送的数据提交给网络管理器。网络管理器将客户要发送的数据切分成多个小段,然后轮流发送,即轮着把各个进程的小段从网卡逐一发送出去。尽管网卡是一个接一个地轮着发送,但是由于每个小段的发送时间都很短,在人看来,就好像每个进程都有一个网络,所有进程都在同时发送数据。接收数据也一样。由此可知,网络共享和 CPU 共享类似。

　　一个进程可能要和多个进程同时通信,例如服务器程序就是如此。假想两个进程之间有一条通信通道,它们都以此通道发送和接收数据。通信通道也叫网络连接。一个进程和多个进程同时通信时,该进程便有多个网络连接,即进程与网络连接呈一对多关系。另外,网络连接具有动态性。网络连接的动态性是指：一个进程只有在要和另一进程通信时,才会建立网络连接。一旦通信完毕,网络连接就应释放。网络连接是通过软件实现的一项功能。进程通过网络连接与另一进程通信。因此,网络管理器应该给应用程序提供创建网络连接和释放网络连接的 API 函数(将其取名为 createConnection 和 releaseConnection)。针对网络连接,则应提供 send 和 receive 函数供应用程序调用。

　　对于从网卡接收到的数据包,网络管理器要能识别它归属哪一个网络连接。为达到此目的，网络管理器发送客户的小段数据时，要往小段上添加一个网络连接标识信息。于是接收方的网络管理器便知道将接收的数据投递给哪一个网络连接。由此可知，为了实现网络连接这一功能，付出了代价：在传输客户的小段数据时，要额外多传输一个网络连接标识数据。于是从网卡收到的数据包由两部分构成：客户数据部分和网络连接标识部分。

  网络连接有一个建立的过程。两个进程之间的通信也采用 C/S 模式：一个进程充当客户，另一个进程充当服务器。首先，服务器调用网络管理器提供的 CreateConnection 函数，申请创建一个网络连接对象，专门用于侦听客户的连接请求。接下来客户调用网络管理器提供的 CreateConnection 函数，申请创建一个网络连接对象，并告知网络管理器，请给服务器发送一个网络连接请求，其中附带客户端的连接标识信息。服务器收到客户的连接请求后，再申请创建一个网络连接对象与客户端对接，并告知网络管理器，请给客户发送一个网络连接响应，其中附带了服务端的连接标识信息。客户收到连接响应后，便知晓了服务端的对接信息，于是完整的网络连接便建立起来了。

  网络管理器使用端口号标识网络连接。因此，网络连接有一个成员变量 port，记录自己的端口号。另外，还有成员变量 oppositeIpAddr 和 oppositePort，分别记录通信对方的 IP 地址和端口号，以此标识通信对方的网络连接。除此之外，还有成员变量 sendQueue、receiveQueue，以及 process。其中 sendQueue 用于缓存进程要发送的数据，receiveQueue 用来缓存接收的数据。进程调用网络连接的 receive 成员函数来接收数据。当 receiveQueue 中没有数据时，进程便会转入等待状态。随后，当从网卡收到一个数据时，网络管理器便会将进程的状态从 WAITING 改为 READY。此时，网络管理器要使用网络连接的 process 成员变量，修改进程对象的 state 成员变量值。

  当网卡发送完一个数据包，或者收到一个数据包时，会触发网络中断。在网络中断处理例程中，先读取网卡的事件类别标识数据。如果是发送完毕事件，则进行下一数据的发送。如果是接收事件，则先基于数据包的连接标识信息，找到对应的网络连接对象，再由网络连接对象找到接收进程对象。如果接收进程在等待网络接收数据（其 state 和 waitforEvent 属性值分别为 WAITING 和 NETWORKRECEIVE），便将其改为就绪态，否则将数据放入网络连接的 receiveQueue 中。网络中断处理例程的实现如代码 2.11 所示。

代码 2.11 网络中断处理例程的实现

```
(1)    void networkInteruptionHandler()  {
(2)      Process * process = null;
(3)      int eventId = fetchEventId();
(4)      if (eventId == RECEIVE)  {            //网卡接收到一个数据包
(5)        DataPackage * dataPackage = (DataPackage * )fetchData();
(6)        Connection * conn = ConnectionList->getItemById( dataPackage->
           oppositePort);
(7)        process = conn->process;
(8)        if (process->state == WAITING && process->waitForEvent ==
           NETWORKRECEIVE)   {
(9)          * conn->receivebuffer = (byte * ) dataPackage->data;
(10)         process->state = READY;
(11)      }
(12)      else
```

```
(13)          conn->receiveQueue->addItem(dataPackage->data);
(14)        }
(15)     else if (eventId == SENDFINISH) {    //网卡发送完一个数据包
(16)        process = sendingProcess;
(17)        sendingProcess->state = READY;
(18)        Connection * conn = ConnectionList->getNextItemToSend();
(19)        if (conn != null)    {
(20)          byte * data = conn->sendQueue->pickOutFirstItem();
(21)          DataPackage * dataPackage = new DataPackage(data,ipAddr, conn->port,
                 conn->oppositeIpAddr, conn->oppositePort);
(22)          networkOutput(dataPackage);      //提交网卡发送
(23)          sendingProcess = conn->process;
(24)        }
(25)        else
(26)          sendingProcess = null;
(27)     }
(28)     checkCurrentProcess(process);        //实现见代码 2.7
(29) }
```

代码 2.11 中,第 3 行和第 5 行的含义分别是从网卡读取中断类别标识数据和从网卡读取接收到的数据包。第 6 行、第 16 行、第 21 行中分别出现的 ConnectionList、sendingProcess、ipAddr 都是操作系统中的全局变量,含义分别为连接表、网卡当前在发送哪一个进程的数据、计算机的 IP 地址。应用程序创建的网络连接对象都放在连接表 ConnectionList 中。第 20 行的含义是基于发送调度方法,确定下一步发送哪一个网络连接中的数据。被选的前提条件是有数据等待发送。如果没有任何一个网络连接有数据待发送,那么 getNextItemToSend 的返回值为 null。第 22 行的含义是把数据包输出到网卡,由网卡发送。第 28 行是检查当前是否有进程在运行。如果没有,就执行进程切换操作。checkCurrentProcess 的实现见代码 2.7。

应用程序调用 send 函数发送网络数据。这个函数是同步函数,其含义是:发送数据时,要等到数据被网卡发送出去后函数才会返回。也就是说,进程调用该函数后,就会变为等待态,直至网络中断被触发,由网络中断处理例程将其状态改为就绪。send 函数的实现如代码 2.12 所示。一个进程发送数据时,网卡可能正在忙于另一进程的数据,用全局变量 sendingProcess 不为 null 标识。这时就把要发送的数据放入网络连接的发送队列 sendQueue 中,由网络管理器调度发送。如果网卡空闲,就提交给网卡发送。最后,发送进程转为等待态,于是要调用 giveUpCPU 函数执行进程切换,如第 14 行所示。giveUpCPU 函数的实现见代码 2.4。

代码 2.12 send 函数的实现

```
(1) void send( int connectionId, byte * dataToSend)   {
(2)   INT 90( connectionId, dataToSend);
(3)   return;
(4) }
(5) void int90Handler(int connectionId, byte * dataToSend)   {
(6)   Connection * conn = ConnectionList->getItemById(connectionId);
(7)   if (sendingProcess == null)   {
```

```
(8)        sendingProcess = currentProcess;
(9)        DataPackage * dataPackage = new DataPackage(dataToSend, IpAddr,
           conn->port, conn->oppositeIpAddr, conn->oppositePort);
(10)       networkOutput(dataPackage);
(11)    }
(12)    else
(13)       conn->sendQueue->addItem(dataToSend);
(14)    giveUpCPU( NETWORKSEND );
(15) }
```

应用程序调用 receive 函数来接收网络数据。这个函数也是同步函数,要等到收到一个网络数据之后函数才会返回。调用该函数时,有两种情形:①已经收到了一个网络数据包,其标识为网络连接的接收队列 receiveQueue 中有数据;②还未收到一个网络数据包,此时进程便变为等待态。于是要调用 giveUpCPU 函数来执行进程切换。直至网络中断被触发,由网络中断处理例程将其状态改为就绪。receive 函数的实现如代码 2.13 所示。值得注意的是:对于同步函数,调用软中断处理例程时,返回值通常都未确定。receive 函数就是如此。如果还未收到网络数据,那么随后接收的网络数据存放在内存中的哪个位置,还处于未确定状态。只有在网络中断被触发之后,存放位置才在网络中断处理例程中确定。

代码 2.13 receive 函数的实现

```
(1)  void receive( int connectionId, byte ** receiveBuffer)  {
(2)     INT 91( connectionId, receiveBuffer );
(3)     return;
(4)  }
(5)  void int91Handler(int connectionId, byte **receiveBuffer )  {
(6)     Connection * conn = ConnectionList->getItemById(connectionId);
(7)     * receiveBuffer = conn->receiveQueue->pickOutFirstItem();
(8)     if (* receiveBuffer != null)
(9)        iRet;
(10)    else  {
(11)       conn->receiveBuffer = receiveBuffer;
(12)       giveUpCPU( NETWORKRECEIVE );
(13)    }
(14) }
```

对于同步函数,其返回值的数据类型只能是 void。其原因是:在软中断处理例程中,通常都不会执行 iRet 指令,而是执行进程切换或者暂停指令 halt。也就是说,很多软中断处理例程都无法确定返回结果。返回结果要在其他中断处理例程中确定。例如 waitForKeyboardInput,其返回结果是在键盘中断处理例程中得出。而 receive 函数的返回结果有时要在网络中断处理例程中得出。因此,对于同步函数,要得到返回结果,必须通过形参实现。调用同步函数时,对于要获得返回结果的形参,只能传递变量的地址。

waitForKeyboardInput 和 receive 函数的调用示例如代码 2.14 所示。这里传递的都是变量的地址。在 waitForKeyboardInput 的调用中,应用程序已为要接收的字符行准备好了存储空间。而在 receive 的调用中,应用程序只准备了一个指针变量 data2,用于存储接收到的网络数据在内存中的起始地址。在 waitForKeyboardInput 的软中断处理例程中,把形参的值赋给全局变量 charBuffer，见代码 2.5 中第 6 行。而在 receive 的软中断处理例程中，把形参的值赋给了网络连接对象的 receiveBuffer 成员变量，见代码 2.13 中第 11 行。网络连接对象都放在全局变量 connectionList 中，因此也相当于全局变量。于是在键盘中断处理例程中，能把接收的字符放入 data1 中；在网络中断处理例程中，能给 data2 赋值，从而得到返回结果。

代码 2.14 waitForKeyboardInput 和 receive 函数的调用示例

```
(1)    byte data1[100];
(2)    byte *data2;
(3)    waitForKeyboardInput( data1 );
(4)    receive( &data2 );
```

思考题 2-14：对于服务器程序，专门用于侦听连接请求的网络连接对象，只用于接收连接请求，因此无须给 oppositeIpAddr 和 oppositePort 这两个成员变量赋值。创建网络连接对象时，可以指定端口号，也可以请操作系统分配一个端口号。网络连接表 connectionList 中的网络连接对象不允许出现端口号相同的情形。操作系统如何管理端口号？能否写出 CreateConnection 函数的实现代码？

思考题 2-15：在 socket 编程中，connect 函数的功能是通过一个已创建的网络连接对象，给服务器的侦听网络连接对象发送一个连接请求，然后等待接收连接响应结果。收到连接响应结果之后，再给网络连接对象的 oppositeIpAddr 和 oppositePort 这两个成员变量赋值。能否基于 CreateConnection、send 和 receive 函数写出 connect 函数的实现代码？

思考题 2-16：在 socket 编程中，accept 函数的功能是从侦听网络连接对象接收客户的连接请求。一旦收到一个连接请求，就再创建一个新的网络连接对象，然后通过这个新的网络连接对象，给请求者发送一个连接响应。能否基于 CreateConnection、send 和 receive 函数写出 accept 函数的实现代码？

思考题 2-17：在 socket 编程中，listen 函数起到了什么作用？CreateConnection 和 listen 是同步等待函数吗？

思考题 2-18：当一个进程正在执行软中断处理例程，或者 CPU 在执行某个硬中断处理例程时，如果又触发了硬中断，那么可能造成操作系统中的数据不正确，其原因是什么？一种解决办法是：当一个进程正在执行软中断处理例程，或者 CPU 在执行某个硬中断处理例程的时候，屏蔽中断，使得中断处理例程的执行不会被中断，具有原子性。屏蔽中断是什么意思？是忽略要触发的中断吗？为什么？

2.8 代码共享

计算机运行一个程序时，先将其从磁盘加载至内存中，然后找到其 main 函数在内存中的起始地址，将其加载至指令寄存器中，便启动了其运行。CPU 执行完一条指令之后，能算出下一条要执行的指令在内存中的地址，再将其置入指令寄存器中，于是 CPU 执行下一条指令。该过程持续迭代下去。程序运行时，内存中的数据和代码都用内存地址标识，这就要求编译器在生成一个可执行文件时，知晓其中每项数据以及代码中每条指令在内存中的地址。假定运行时可执行文件在内存中的起始地址是一个已知常量,那么编译器在逐条生成代码指令时,就能算出可执行文件中每项数据与代码中每条指令在内存中的地址,因此也就能生成可执行文件。

当计算机只运行一个程序时,整个内存空间都空闲可用。将可执行文件加载至编译时为其设定的内存位置没有任何问题。当计算机同时运行多个程序时,位置冲突问题便出来了。假定编译器为可执行文件指定的内存起始位置为1000,那么运行时每个程序都要求将自己加载至内存中的1000这个位置,但实际上只允许一个程序被加载至该位置,这就是位置冲突的具体情形。

位置冲突的解决方法之一是:将可执行文件加载至内存之后,如果发现加载位置不是预定位置,就对程序代码进行地址重定位。地址重定位是指:对整个程序代码进行扫描和解析,得出其中所有的地址常量值,然后对其进行修改。举例来说,假定一个可执行文件预设的被加载位置为1000,但实际被加载至内存的位置为3000,那么就要对代码中出现的每个地址常量值都做加上2000的处理,使得代码所指地址与实际地址一致。地址重定位带来的问题是程序启动时间长。因为重定位计算量大,费时间,程序代码量大时尤为如此。在很多应用场景下,不能接受程序启动时间过长。

上述问题也被称为错位问题。错位是指:程序代码中所指的内存地址值与运行时实际的内存地址值不一致。解决错位问题的另一种方案是改进计算机本身,增加相对寻址功能。相对寻址是指:CPU执行一条指令之前,当其参数为一个内存地址常量时,将其视作一个相对地址,与基地址做相加运算,得出其绝对地址。也就是说,在CPU执行一条指令的过程中,添加了一个由相对地址得出绝对地址的环节。举例来说,编译时,设定可执行文件运行时将被加载至内存的0位置。运行时如果可执行文件被加载至9000这个位置,那么基地址值就为9000。由此可知,相对寻址与重定位的差异是:对于实际地址的计算,重定位具有一次性,放在程序运行之前;而相对寻址则具有实时性,放在程序运行当中。

相对寻址使得一个可执行文件在运行时,无论被加载到内存中的哪一位置,都不影响其正确运行。不过,一个程序通常并不仅由一个可执行文件构成,而是由一个含main函数的可执行文件和多个库文件构成。这类程序称为多模块程序。与其相对,由一个可执行文件构成的程序叫单模块程序。将一个应用程序划分成多个模块,有两个好处:首先是易于组装、维护。当一个模块有升级版,或者需要替换成另一具有相同接口的模块时,并不需要重新编译整个应用程序,只对被更换的模块进行覆盖性替换即可。另一个好处是在多任务运行环境下,可实施模块共享。对于共享模块,在磁盘上只需存一份,在内存中也只需加载一份。于是节省了存储空间。

对于在一台计算机上同时运行的两个程序A和B,某个或多个库文件可能都是它们的组成部分。例如,C语言的支持库文件,几乎是每个应用程序的组成部分。假定程序A先启动运行,程序B后启动运行,库α既是程序A的组成部分,也是程序B的组成部分。加载程序B时,理想情形是程序B不用把自己的库α再加载到内存,而是去共享程序A已加载的库α。于是库α在内存中只有一份,节省了内存空间,这就是模块共享的具体情形。

模块共享在节省存储空间的同时,也带来了新问题。首先是编译时的代码生成问题。对于跨模块的引用,例如跨模块的函数调用,该如何处理?由于被调函数在另一个模块中,生成调用指令时,并不知道被调函数在内存中的地址,因此对于跨模块的函数调用,遇到了代码生成问题。解决途径之一是：编译时，对组成应用程序的各个模块，为其设定运行时被加载的内存地址。于是，基于设定能算出被调函数的内存地址。在程序运行前再进行地址重定位。2.8.1 节将详细讲解其实现方法。另一条解决途径是给计算机增加间接寻址功能，以间接寻址解决跨模块的引用问题。2.8.2 节将讲解基于间接寻址的解决方法。

对于多任务运行环境下的模块共享，共享内容仅是其中的代码，其数据部分并不共享，而是每个进程各有自己的一份。这就带来了新问题：编译时并未考虑模块共享问题，而是假定模块中的数据在内存中仅有一份。如何在保持编译模式不变的情形下，实现模块的代码共享，但数据私有这一需求？2.8.3 节将讲解基于虚拟内存的解决方案。另外，代码共享，自然就有一个代码可重入问题。也就是说，代码能被多个进程执行，具有代码相同，但处理的数据不相同这一功效。每个进程尽管都在执行同一代码，但处理的数据却完全不同，为进程私有。这一功效的达成方法将在 2.8.4 节讲解。

2.8.1 地址重定位

组成应用程序的多个模块在编译时的内存布局可能与运行时的内存布局出现不一致，导致应用程序无法运行。现举例说明该情形。假定程序 A 由 a.exe 和 α.dll 组成，程序 B 由 b.exe 和 α.dll 构成。它们编译时的内存布局都是 α.dll 文件紧接在 exe 文件后，如图 2.1(a) 所示。先启动程序 A 运行，后启动程序 B 运行。对于程序 A，编译时的内存布局与运行时的内存布局完全一致。对于程序 B，由于要共享程序 A 的 α.dll，因此不会再加载自己的 α.dll。共享导致程序 B 的运行时布局与编译时布局不一样，如图 2.1(b) 所示。对于程序 B，α.dll 不是紧跟在 b.exe 之后，导致 b.exe 中引用 α.dll 中内容的地方（如函数调用）出现错位，即名不符实情形，于是程序 B 不能正常运行。

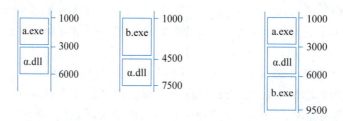

(a) 编译时的内存布局　　　　　　(b) 运行时的内存布局

图 2.1　编译时的布局与运行时的实际布局出现的差异

上述问题也称为跨模块引用问题。以直接寻址方式进行跨模块访问，由于代码中的地址都为常量，因此既要求运行时的模块内存布局遵循编译时的设置，还要求每个模块不能因为版本升级而出现大小变化。也就是说，构成应用程序的各模块不能改动，否则代码中的地址就会出现名不副实情形。由此可知，当采用直接寻址方式时，一个应用程序由多个独立的可执行文件构成变得毫无意义，还不如编译时把构成应用程序的各个模块组合成一个可执行文件，即单模块程序。

解决上述跨模块引用问题，可在运行程序前先进行地址重定位。这里的地址重定位是指对跨模块引用的重定位。和单模块的重定位相比，对于程序代码中出现的地址常量，要进一步判断它是一个外模块地址，还是一个内模块地址。内模块地址是指：本模块中的数据或代码中指令的地址。而外模块地址是指：外部模块中的数据或代码中指令的地址。例如，对于 b.exe 中调用 α.dll 中函数的指令，被调函数在 α.dll 中。那么，该函数调用指令之后出现的地址常量就是一个外模块地址。对这两种地址都要重定位，但它们的基地址值不相同。以图 2.1(b)为例，假设 b.exe 在编译时设定的加载地址是 1000，其大小为 3500 字节，α.dll 紧接在 b.exe 之后，大小为 3000 字节，于是 α.dll 在编译时的起始地址为 4500，如图 2.1(a)所示。

现在假定它们实际被加载的起始地址分别是 6000 和 3000，那么，对于 b.exe 代码中出现的内模块地址常量，要做加上 5000 的处理。对于 b.exe 代码中出现的外模块地址常量（引用外模块 α.dll 中的内容），则要做减 1500 的处理。而且可知，对于 b.exe 代码中出现的地址常量，如果其大小在 1000 至 4500，就知道它是一个内模块地址，指向 b.exe 中的内容。如果其大小在 4500 至 7500，就知道它是一个外模块地址，指向 α.dll 中的内容。例如，当遇到 b.exe 中的一个地址常量为 3024 时，就要对其重定位，修改为 8024。如果一个地址常量为 5264，就要将其重定位为 3764。

思考题 2-19：8024 和 3764 是如何计算出来的？

从上述分析可知，编译时如果采用直接寻址方式，其好处是地址都为实际值，运行时代码执行效率高。带来的问题是：运行时构成应用程序的任何一个模块，都要被加载到编译时设定的内存位置。这一要求通常不能满足，在多任务运行环境下尤为如此。为了解决错位问题，要进行地址重定位。地址重定位涉及整个代码的扫描和解析，不仅要识别出代码中的地址常量，还要判定它指向哪一个模块中的数据或代码，然后基于目标模块在内存中的实际加载地址，算出其新地址，对旧地址进行替代。

思考题 2-20：对于单任务运行环境，可将操作系统本身视作一个程序，应用程序为另一程序。因此，在单任务运行环境下，运行时将应用程序加载到编译时预定的位置，通常还不能满足，为什么？

启动程序时，对程序模块中包含的外模块地址进行重定位，执行者要知晓程序编译时的内存布局。例如，在上述例子中，当遇到 b.exe 中的一个地址常量为 5264 时，怎么知道这是一个外部模块中的地址？怎么知道它是指向 α.dll 中内容的一个地址？要能重定位，在 b.exe 文件中，必须记下编译时的内存布局信息：①b.exe 的起始内存地址为 1000，大小为 3500；②α.dll 的起始内存地址为 4500，大小为 3000。重定位时，还要知晓 α.dll 在内存中的实际起始地址。只有知道这些信息后，才能实现重定位。应用程序包含的模块在编译时的内存布局信息如表 2.3 所示。

表 2.3　应用程序包含的模块在编译时的内存布局信息

模 块 名	起 始 地 址	结 束 地 址
b.exe	1000	4500
α.dll	4500	7500

要实现重定位，就要有一个模块加载管理器，由它负责模块的加载和重定位这两项工作。模块加载管理器提供有 API 函数 loadLibrary，供应用程序调用，以实现程序的加载和运行。模块管理器要记录模块加载信息，以便当用户请求加载一个模块时，知晓该模块是否已经被加载到内存中。如果已加载，就不要重复加载了。加载信息包括模块的文件名，模块

在内存中的起始地址和末尾地址。运行时内存中已加载模块所占内存空间记录表如表 2.4 所示。当需对新加载的模块进行重定位时,要使用该表计算代码中地址的新值。

表 2.4　已加载模块所占内存空间记录表

模 块 名	起 始 地 址	末 尾 地 址
a.exe	1000	3000
α.dll	3000	6000
b.exe	6000	9500
…	…	…

地址重定位的实现如代码 2.15 所示。当用户请求加载一个模块时,先基于模块文件名到模块记录表中查找,看其是否已经加载到内存中。如果没有,则将其加载到内存中,然后将其添加到模块记录表中。这个过程如代码 2.15 中第 1~4 行所示。对于新加载到内存中的模块,扫描解析其代码,对其中的地址进行重定位,如第 5~19 行所示。扫描过程中,每遇到一个地址,就要到模块本身包含的编译时设定的内存布局表(见表 2.3)中查找它属于哪一个模块中的内容。

以表 2.3 所示的 b.exe 模块为例,当它被加载到内存中的实际位置为 6000 时,从其自身包含的编译时设定的内存布局表(见表 2.3)可知,需对 b.exe 实施地址重定位。对其代码进行扫描解析时,假如遇到一个地址常量值 5264,从 b.exe 自身包含的编译时设定的内存布局表可知,它属于 α.dll 中。该判断见代码 2.15 中第 7 行所示,此时 if 中逻辑表达式的值为 FALSE。接下来就要看 α.dll 在内存中被加载的实际位置,此时要到已加载模块所占内存空间记录表 ModuleList(见表 2.4)中查找 α.dll 的信息。从中可知,α.dll 在内存中的实际起始地址为 3000,与 b.exe 在编译时的所设位置 4500 不一致,因此要把 5264 重定位为 5264 + (3000 − 4500) = 3764。

假设遇到一个地址 3024,从 b.exe 自身包含的编译时内存布局表可知,它属于 b.exe 中的地址。该判断见代码 2.15 中第 7 行所示,此时 if 中逻辑表达式的值为 TRUE。此时就要看 b.exe 在内存中被加载的实际地址是否与编译时设定的地址一致。如果不一致,就要进行地址重定位。从表 2.4 所示的已加载模块所占内存空间记录表 ModuleList 可知,需要进行重定位。要把 3024 重定位为 3024 + (6000 − 1000) = 8024。

从代码 2.15 可知,地址重定位是一项非常耗时的工作。重定位不仅要对机器代码进行解析,标识出其中的地址值,还要查明地址值所属模块,然后进行重定位计算,修改机器代码。这些工作都非常耗时,程序长时尤为明显。地址重定位会导致程序启动时间长,在很多场景下不能接受。

代码 2.15　地址重定位的实现

```
           void LoadLibrary( char * fileName)  {
(1)        Module * curModule = moduleList->getItemByName(fileName);
(2)        if(curModule == null)
(3)           curModule = loadFileFromDisk(fileName);
(4)        moduleList->addItem(curModule);
(5)        Address * addrValue = curModule->parseFirstAddrValue();
```

```
(6)     while(addrValue)    {
(7)        if ( * addrValue >= curModule->CompileStartAddr && * addrValue <
           curModule->CompileEndAddr)    {
(8)           if (curModule->CompileStartAddr != curModule->loadedStartAddr)
(9)              * addrValue = * addrValue + (curModule->loadedStartAddr - curModule->
              CompileStartAddr);
(10)       }
(11)       else {
(12)          ReferencedModuleInfo * p;
(13)          p = curModule->getReferencedModuleByAddr( * addrValue);
(14)          Module * referencedModule = moduleList->getItemByName(p->fileName);
(15)          if (referencedModule->loadedStartAddr != p->compileStartAddr)
(16)             * addrValue = * addrValue + (referencedModule->loadedStartAddr - p->
              compileStartAddr);
(17)       }
(18)       addrValue = curModule->parseNextAddrValue();
(19)    }
(20)    return curModule->loadedStartAddr;
(21) }
```

2.8.2 基于间接寻址的跨模块函数调用实现方法

间接寻址就是通过中介获取外部模块中的指令或数据在运行时的内存地址。现以在模块 b.exe 中调用模块 d.dll 中的函数 f1 为例讲解。2.8.1 节所述基于地址重定位的处理方法是：对 b.exe 的整个代码进行扫描和解析，把其中的地址常量找出来，并识别它是外模块地址还是内模块地址，然后对其修改，使其与实际地址一致。提出间接寻址这一概念，就是要省去上述扫描、解析、识别、计算、修改这些工作，使 b.exe 快速启动。其策略是：在 b.exe 中专门留出一空间位置，用来存储函数 f1 运行时的起始地址。将该空间位置记为变量 f1Addr。在 b.exe 中生成调用函数 f1 的代码时，不使用函数直接调用指令，而使用函数间接调用指令。此时所带参数自然就不是函数 f1 的内存起始地址，而是变量 f1Addr 的内存地址。

间接寻址要求在 b.exe 启动运行前把函数 f1 的内存起始地址填写至变量 f1Addr 中。解决办法是：在 d.dll 中专门留出一个空间位置，用来存储函数 f1 的相对地址值。将该空间位置记为变量 f1RelativeAddr，其值为函数 f1 在 d.dll 中的偏移量。该偏移量能在编译时算出，为一个已知量。运行时，将 b.exe 和 d.dll 加载至内存后，d.dll 的加载地址就是函数 f1 的基地址。该基地址值加上 f1RelativeAddr 的值，就是函数 f1 的内存起始地址值，将其赋给 b.exe 中的变量 f1Addr，就完成了启动前的初始化工作。

要完成 b.exe 启动前的初始化工作，不仅要知道它调用了外部模块 d.dll 中的函数，以便将 d.dll 从磁盘加载至内存中，还要知道变量 f1Addr 在 b.exe 中的相对地址，以便给其赋值。除此之外，还要知道变量 f1RelativeAddr 在 d.dll 中的相对地址，以便读取其值。要解答上述 3 个问题，需要在 b.exe 中构建函数导入表，在 d.dll 中构建函数导出表。就 b.exe 而言，对于它调用了的外部函数，都要将其记入 b.exe 的函数导入表中。就 d.dll 而言，对于它开放给外部调用的函数，都要将其记入 d.dll 的函数导出表中。b.exe 中的函数导入表和

d.dll 中的函数导出表,其示例分别如表 2.5 和表 2.6 所示。

表 2.5　函数导入表示例

模块文件名	函 数 名	内 存 地 址
d.dll	f1	
d.dll	f2	
m.dll	sin	

表 2.6　函数导出表示例

函 数 名	相 对 地 址
f1	448
f2	892
f3	2064

现在假定要运行程序 b.exe,启动前的初始化过程如下。将文件 b.exe 加载到内存中,假设其被加载至内存地址 2000 位置。加载后检查其函数导入表(见表 2.5),从中可知它要调用模块 d.dll 中的 f1 和 f2 函数,还要调用模块 m.dll 中的 sin 函数,于是再将文件 d.dll 和文件 m.dll 从磁盘加载至内存中。假设它们被分别加载至内存地址 5000 和 8000 处。从 b.exe 中的函数导入表可知,要调用文件 d.dll 中的函数 f1 和 f2,于是检查文件 d.dll 中的函数导出表(见表 2.6)。从中可知函数 f1 和 f2 的相对地址值分别为 448 和 892。相对地址加上基地址便为绝对地址,于是得出函数 f1 和 f2 的内存起始地址值分别为 5448 和 5892。将其分别填入 b.exe 中的函数导入表中第 1 行和第 2 行的第 3 列。对于第 3 行的处理也是如此。填完 b.exe 中的函数导入表后,便可执行程序 b.exe。

从上述方案可知,函数导入表和导出表在实现跨模块函数调用中发挥了桥梁作用。当实现的函数对外开放时,那么编译器在生成可执行文件时就会创建函数导出表。如果源程序中调用了来自外部模块中的函数,那么编译器在生成可执行文件时就会为其创建函数导入表。如果一个可执行文件中两者兼有,那么函数导入表和函数导出表都会创建。在源程序中,对于自己实现了的函数,要让编译器知晓是否对外开放;对于要调用的函数,也要让编译器知晓是否来自外部模块。以 C/C++ 语言为例,在一个函数定义中加上 export 修饰词时,便表明该函数对外开放;在一个函数定义中加上 import 或者 external 修饰词时,便表明该函数来自外部模块。对于来自外部的函数,在链接时还要指明外部模块的文件名。

在上述填写函数导入表的方案中,如何知道函数导入表和函数导出表的内存地址？如何知晓两种表中每行数据的内存地址,以及每行中每列的内存地址？只有回答好上述两个问题,才能读取两种表中的内容,才能填写函数导入表的第 3 列。该问题的回答涉及可执行文件和库文件的数据结构。任何一个操作系统,都定义了可执行文件和库文件的数据结构,并且公之于众。例如,该数据结构在 Windows 操作系统中被称为 PE 格式,在 Linux 操作系统被称为 ELF 格式。编译器厂商则根据操作系统厂商发布的数据结构生成可执行文件和库文件。于是,当把一个可执行文件从磁盘加载到内存后,它就是一个可执行文件的实例对象。函数导入表和函数导出表都是其成员变量,它们的相对地址都为已知常量。

函数导入表和函数导出表也都有数据结构。以函数导入表中的行为例，其数据结构的定义为：class importedRow {char * moduleName; char * functionName; unsigned int functionAddr;}。由此可知，每行数据的长度为已知常量，行中每列数据的长度也为已知常量，因此算出函数导入表和函数导出表中每项数据的相对地址，不会遇到任何问题。数据项的相对地址加上基地址（即模块在内存中的被加载地址），就是数据项的绝对地址。

思考题 2-21：在可执行文件的数据结构定义中，main 函数的相对地址是其成员变量，试想还应有哪些成员变量？每个成员变量的数据类型是什么？

与地址重定位方法相比，以间接寻址方式实现对外部模块中函数的调用，其好处是：无须对代码进行扫描、解析、识别、计算、修改这些工作，仅需对函数导入表进行补填，因此能实现程序的快速启动。不过，在带来好处的同时，也有代价。间接寻址方式的执行效率显然不如直接寻址方式。不过，对外部模块中函数的调用在程序运行时通常不会频繁发生，因此其开销通常很小。

2.8.3 静态链接与动态链接

传统意义上的编译分为编译和链接两个环节。编译环节将每个源程序文件翻译成目标代码文件。举例来说，当运行环境为 Windows 操作系统时，微软编译器 CL 将以.c 或者.cpp 为扩展名的 C/C++ 源程序文件编译成以.obj 为扩展名的目标代码文件。链接环节将编译环节生成的多个目标代码文件合并成一个可执行文件。在 Windows 操作系统中，可执行文件的扩展名为.exe 或者.dll。链接要解决的问题主要是跨模块边界的数据引用和函数调用，也就是每个可执行文件中函数导出表和导入表的生成。

链接有*静态链接*和*动态链接*之分。当项目源程序中调用了外部库文件中对外开放的函数时，如果选择静态链接，那么外部库文件也会被并入可执行文件中。于是所有函数调用都为模块内调用。这时生成的可执行文件中，函数导入表指针这一成员变量的取值便为 null，即无函数导入表。静态链接的优点：①无须目标计算机支持间接寻址；②函数调用效率高。其不足之处是当被引用的库文件有版本更新时，要重新链接，生成新的可执行文件。

如果选择动态链接，那么被引用的外部库文件保持其独立性，不会并入可执行文件中。动态链接的好处是：当被引用的库文件发生版本更新时，只用新版本文件替换旧版本文件，无须重新链接。另外，在多任务运行环境下，被引用的库文件可被多个进程共享，从而节省内存空间。动态链接的弊端是：①要求运行程序的计算机支持间接寻址；②函数调用因采用间接寻址，执行效率不如静态链接。

思考题 2-22：嵌入式应用程序具有功能明确且固定，不复杂，运行在单任务环境下这些特点。链接这类应用程序时，应选择静态链接方式还是动态链接方式？与之相对，对于浏览器之类的复杂应用程序，运行在多任务环境下，被引用的库文件很多，其版本更新频繁。链接这类应用程序时，应选择静态链接方式还是动态链接方式？

2.8.4 相对寻址中的基地址选择

以相对寻址方式访问模块内的指令或数据，不管模块被加载至内存中哪一位置，程序运行都不受影响。相对寻址中，有一个基地址选取问题。如果以模块的被加载地址作为基地址，那么对于多模块程序来说，每个模块都有自己的基地址，彼此之间互不相同。运行中当因函数调用而发生跨模块跳转时,基地址也要跟着跳转。函数返回时也是如此,现举例说明。假定基地址存储于基地址寄存器中。在 CPU 执行模块 A 中的代码时,基地址寄存器中存储的是模块 A 的基地址。当从模块 A 跳转至模块 B 时,要先将基地址寄存器中的值压入基地址栈中,以便腾出基地址寄存器来存储模块 B 的基地址。函数返回后,再将基地址栈中栈顶元素弹出至基地址寄存器中,于是模块 A 的基地址便被恢复到基地址寄存器中。

由此可知,跨模块的函数调用与模块内的函数调用存在差异。模块内的函数调用叫本地调用,不涉及基地址切换。跨模块的函数调用叫作远程调用(far call),涉及两次基地址切换。第一次切换在跳转前执行,第二次切换在返回后执行。对于被调函数来说,它并不知道调用者来自本模块还是来自外部模块。因此,对于跨模块的函数调用,两次基地址切换都只能由调用者执行。对于调用者来说,当它调用一个函数时,知道是远程调用还是本地调用,因此它知道是否执行基地址切换。

对于跨模块的函数调用,调用前要执行基地址切换,这就要求调用者知晓被调模块的基地址。为此,在函数导入表中还要增加一列,记录外部模块的基地址。启动前的初始化工作中,在填写函数导入表时,填写内容除了被调函数的内存地址外,还要填写被调模块的基地址。

以模块在内存中的被加载地址作为基地址,看似非常合理,但对于跨模块的内存访问,不仅有存储开销,还有基地址切换开销。存储开销表现在 3 处:①要用一个寄存器专门存储当前模块的基地址;②在函数导入表中要增加一列,存储被调模块的基地址;③在调用外部函数时,要将基地址寄存器的值压入基地址栈中。切换开销表现在两处:①调用外部函数时,要保存当前基地址至栈中,再将被调模块的基地址加载至基地址寄存器中;②函数返回后,要将调用者模块的基地址从栈中弹出,恢复至基地址寄存器中。

如果以指令寄存器中的值作为基地址,则可将上述两种开销全部省去。指令寄存器中存储着下一条要执行的指令在内存中的绝对地址。将模块被加载的内存地址记为 L_a;将模块中当前下一条要执行的指令在内存中的绝对地址记为 I_a,存放在指令寄存器中。将 I_a 相对于模块起始位置的相对地址记为 R_0,于是有 $I_a = L_a + R_0$。将模块中某条指令或者某项数据的内存绝对地址记为 x,于是有 $x = L_a + R_{x,0}$,其中 $R_{x,0}$ 为该指令或者数据相对于模块被加载地址的偏移量(即相对地址)。编译时,R_0 和 $R_{x,0}$ 都为常量。

现在计算上述指令或数据相对于 I_a 的相对地址值 $R_{x,1}$。由 $R_{x,1}$ 的定义可得出:$x = I_a + R_{x,1}$。由 $I_a = L_a + R_0$,$x = L_a + R_{x,0}$,$x = I_a + R_{x,1}$ 这 3 个等式可得出 $R_{x,1} = R_{x,0} - R_0$。其中 R_0 和 $R_{x,0}$ 在编译时为常量,于是 $R_{x,1}$ 在编译时也为常量。因此,以指令寄存器中的值为基地址,完全可行。指令寄存器是专为程序运行而设置的。现在以指令寄存器中的值为基地址,是编译器对它的发掘和利用,于是便可省去基地址寄存器。另外,原来以模块被加载的内存地址作为基地址,在跨模块访问时有存储开销和切换开销,现以指令寄存器中的值作为基地址,原来的开销便被一扫而光。该方案也使得外部函数的调用与内部函数的调用毫无差异。

思考题 2-23:模块内部的函数调用采用相对寻址方式。设代码中某行本地调用指令为 call－496(I_a),其中－496 是相对地址,I_a 为指令寄存器中的值,即基地址。假设 CPU 运行至该本地调用指令时,指令寄存器中的值为 8324。也就是说,该本地调用指令在内存中的绝对地址为 8324。请问被调函数在内存中的起始地址为何值?

思考题 2-24：跨模块的函数调用采用间接寻址方式。设可执行文件 A 中某处调用外部函数 f1 的指令为 far call ptr—992(I_a)，其中 ptr 是 pointer 的缩写，表示间接寻址，即—992(I_a)是函数导入表中记录函数 f1 的行中第 3 列数据的内存地址，该处存储的内容为被调函数在内存中的起始地址。假设 CPU 运行至该远程调用指令时，指令寄存器中的值为 8884。也就是说，该远程调用指令在内存中的绝对地址为 8884。请问文件 A 的函数导入表中，记录函数 f1 的行中第 3 列的内存地址为何值？

2.8.5 虚拟内存

在多任务运行环境下，模块不能被加载至编译时设定的位置，引发错位问题，使程序不能运行。为此，引入相对寻址方案，使得代码中出现的模块内引用不再受模块被加载位置的影响。对于跨模块的引用，则引入间接寻址解决方案，使得代码在编译时就写定，运行时无须再进行重定位处理。于是，可执行文件和库文件中的代码具有了只读属性，能实现程序的快速启动和可靠运行。不过，模块共享问题并未就此完全解决。其原因是：模块由代码和数据两部分构成，模块共享是指代码共享。模块中的数据并不共享。设当前有 n 个进程在共享模块 A，那么模块 A 的数据部分在内存中就有 n 份，每个进程一份，但是代码只会访问其中的一份，于是多进程共享模块遇到了问题。

对于模块共享中的数据不共享情形，现举例说明。程序 A 由 a.exe 和库文件 d.dll 组成，意味着 d.dll 中的数据属于程序 A。程序 B 由 b.exe 和库文件 d.dll 组成，意味着 d.dll 中的数据属于程序 B。假设先启动程序 A 运行。加载 d.dll 时，其代码和数据都被加载至内存中。启动程序 B 时，模块管理器发现 d.dll 已被加载至内存，于是不再加载其代码部分，但其数据部分仍需从磁盘加载至内存中。加载完程序 B 之后的内存布局如图 2.2 所示。其中 d.dll 的数据部分有两份。第一份在内存中的起始地址为 4000，归属于程序 A。第二份在内存中的起始地址为 9500，归属于程序 B。但是，对于 d.dll 的代码，它只会访问第一份中的数据，不会访问第二份中的数据，因为代码设计就是如此，没有考虑共享问题。

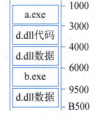

图 2.2 模块共享中数据不共享的示例

为了实现模块中代码共享，而数据不共享这一期望，提出了基于虚拟内存的解决方案。有了虚拟内存这一概念，原来针对单任务环境而编译得到的可执行文件和库文件能在多任务环境下被多个进程共享。能做到在多任务环境下仅共享代码，数据则是每个进程在内存中都有自己的一份，彼此分离不搭界。

在基于虚拟内存的解决方案中，可执行文件和库文件中出现的内存地址被称为虚拟内存地址。当程序运行时，CPU 执行一条机器指令之前，要先进行地址转换，将虚拟内存地址转换成物理内存地址，然后再基于物理内存地址访问内存数据。处理办法与地址重定位类似。在地址重定位中，将内存地址基于内存中已加载的模块划分成多个区段，然后采取查表匹配策略，确定一个地址所属的模块，然后计算新地址值。在虚拟内存方案中，每个区段的内存空间大小都相同，固定不变。于是一个区段的内存就称为一页内存。一页内存的空间大小用 pageSize 表示，为一常量。

虚拟内存地址到物理内存地址的转换中，不用通过查表确定页号，而是用虚拟内存地址值 virtualAddr 除以 pageSize，就直接得出了页号。另外，每个进程都维护有一张虚实地址映射表,其中存储着每页虚拟地址的起始物理地址。于是,地址转换算法是 physicalAddr = MAP(virtualAddr / pageSize) + (virtualAddr ％ pageSize),其中 virtualAddr / pageSize 为整除结果,即页号,而 virtualAddr ％ pageSize 为整除后的余数,即页中的偏移量,MAP 为虚实的映射。

以上述程序 A 和程序 B 为例,虚拟内存地址与物理内存地址的映射关系如图 2.3 所示。这里假定 pageSize 为 1024。编译器在生成可执行文件或者库文件时,保持原有假设:一台计算机只运行一个应用程序,应用程序使用计算机的整个内存空间。先后创建进程 1 和进程 2 来分别运行程序 A 和 B。a.exe 和 d.dll 分别被加载至进程 1 的虚拟内存空间中的 1024 和 3072 位置,如图 2.2 左边部分所示。b.exe 和 d.dll 分别被加载至进程 2 的虚拟内存空间中的 1024 和 5120 位置,如图 2.2 右边部分所示。注意:虚拟内存空间是以页为单位执行分配,因此在进程 2 中 d.dll 的起始地址不是 4524,而是 5120。从图 2.3 可知,共享模块 d.dll 的代码部分在内存中只存一份,被两个进程共享。它的数据部分不共享,两个进程各有一份。

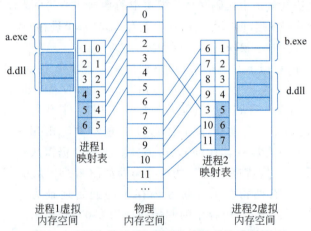

图 2.3　虚拟内存地址与物理内存地址的映射关系

尽管 d.dll 文件在两个进程的虚拟地址空间中被加载在不同的位置,但并不影响代码的运行。其原因是 d.dll 文件中的代码对其数据的访问采用了相对寻址。而且基地址是当前被执行指令在虚拟内存空间中的虚拟地址,存储在指令寄存器中。相对地址值与 d.dll 在虚拟内存空间中所处位置无关,由编译器在生成 d.dll 文件时算出,为一常量。对于进程 1 和进程 2,当 CPU 执行到 d.dll 代码中某条指令时,指令寄存器中的值并不相同,相差 2048。也就是说,d.dll 中的同一数据,在两个进程中,相对地址相同,但是基地址不相同,因此绝对地址也不相同。这里所说的地址都是指虚拟内存空间地址。

代码中的指令被执行前,先要算出绝对虚拟地址,再将其转换成物理地址。在进程 1 中,假设 d.dll 中某项数据的虚拟地址位于第 5 页中。该数据在进程 2 中,虚拟地址则位于第 6 页中,该情形如图 2.3 所示。通过查两个进程的映射表可知,在进程 1 中,该数据位于物理内存的第 4 页中,而在进程 2 中,该数据位于物理内存的第 10 页中。也就是说,通过相对寻址和虚拟内存,实现了代码的不变性和共享性,但数据不共享。

引入虚拟内存概念,带来模块共享的收益,但也因此付出了代价。代价来自两方面:首先,为每个进程引入了虚实映射表,有内存开销。另外,对于可执行文件和库文件的加载,内存的最小分配单元为页,粒度大,容易出现内存浪费现象。对于可执行文件的代码部分或者数据部分,当其大小不是页大小的整数倍时,就会出现内存浪费的情形。例如,b.exe 文件的大小为 3500,要给它分配 4096 的内存空间,于是浪费了 596 大小的内存空间。其次就是地址的虚实转换开销。程序执行中对遇到的任一地址,都要进行虚时转换。转换涉及 1 次除法、1 次乘法、2 次加法,还要读取两次内存。第一次读内存是读取进程的虚实映射表的起始内存地址,第二次读内存是读取映射值。

由此可知,虚地址转换的开销不小。正因为如此,CPU 提供了两种程序运行模式:实模式和虚模式。当虚模式关闭时,程序便在实模式下运行,无虚拟内存概念,自然也就无映射表,也无虚实转换开销。

注意:在虚实转换中,当 $pageSize = 2^m$ 且 virtualAddr 为二进制数时,virtualAddr 整除 pageSize,就是将 virtualAddr 右移 m 位,再把左边的 m 位填为 0。virtualAddr 整除 pageSize 之后的余数求解,就是对 virtualAddr 只留下右边的 m 位,左边剩下的位全部填为 0。MAP(virtualAddr / pageSize)则是以 virtualAddr / pageSize 作为数组元素的序号,读取数组元素的值。该值右边的 m 位都为 0,用 virtualAddr % pageSize 填充其右边的 m 位,即得到虚地址对应的物理地址,因此虚实转换可通过硬件实现。

思考题 2-25:对于进程的虚实映射表,为了节省存储空间,每行数据并不是只记录一页,可以将连续的分配页缩减成一行,将连续的空闲页也缩减成一行,仅记录起始页号。对于空闲页行,对应的物理内存页值为 null。例如,图 2.3 中进程 1 和进程 2 的虚实映射表可以分别缩减成 2 行和 4 行,分别如表 2.7 和表 2.8 所示。基于缩减后的虚实映射表,如何进行地址转换?能否写出虚地址转换算法?进程的虚实映射表是不是属于访问非常频繁的数据?是否应该用高速缓存存储?请说明理由。上述方案节省了虚实映射表的存储空间,但需要查虚实映射表,即带来了查表开销。到底要不要缩减映射表的存储空间?请说明理由。

表 2.7 进程 1 的虚实映射表

虚起始页号	实起始页号
1	0
7	—

表 2.8 进程 2 的虚实映射表

虚起始页号	实起始页号
1	6
5	3
6	10
8	—

思考题 2-26:可执行文件和库文件中的数据部分,还可细分成变量部分和常量部分。变量部分用于存储源程序中定义的全局变量。常量部分用于存储源程序中出现的字符串常量。对于源程序中的数值常量和字符常量,编译器直接将其置入代码中了,无须另外存储。常量部分和代码一样,具有只读属性。请问常量部分应该和代码部分一样被共享,还是每个进程都要在内存中各有自己的一份?

思考题 2-27:如果取消全局变量概念,可执行文件和库文件中也就没有了数据的变量部分,程序是否就可设置在实模式下运行?程序在实模式下运行和在虚模式下运行相比,能减少哪些存储开销和计算开销？Java语言取消了全局变量概念，是否与此相关？

2.8.6 局部变量的存储分配和函数调用的实现

对于多任务操作系统，为了支持前向兼容，虚拟内存概念必不可少。原有的很多源程序中都定义有全局变量。编译器生成可执行文件或库文件时，将全局变量置入文件的数据部分，在机器代码中采用直接寻址方式或者相对寻址方式访问全局变量。对于这样的可执行程序，虚拟内存方案是实现代码共享，而数据不共享的有效方法。当构成应用程序的可执行模块中任何一个都不包含全局变量时，可使用实模式运行该应用程序，从而免去地址转换开销。

在可执行模块中，代码要访问的数据除全局变量外，还有局部变量。局部变量定义在函数中，不同于全局变量的地方是它有生命周期概念。为变量分配存储空间时，编译器可采用静态分配方案，也可采用动态分配方案。与静态分配方案相比，动态分配方案利用局部变量的生命周期性来节省内存开销，但要求CPU支持相对寻址方式。如果CPU仅支持直接寻址方式，就只能采用静态存储分配方案。

在静态存储分配方案中，把局部变量视作全局变量来处理，编译时就为其指定好内存位置。于是，在可执行文件中，每个局部变量的内存地址值是一个常量值。对于函数调用中的形参、返回值，以及返回地址值这3项内容，也将其当作局部变量处理，编译时就为其指定好内存位置。因此，所有变量的内存地址值都为常量。生成函数调用代码时，调用者把实参和返回地址值分别写入被调函数的形参和返回地址值内存中。生成函数返回代码时，把返回值写入返回值内存中，于是就实现了函数调用中的数据传递和跳转。FORTRAN语言编译器就是采用静态存储分配方案生成可执行代码。C语言编译器也提供该选项。

当采用静态存储分配方案生成可执行文件时，源程序中不能出现函数递归调用。另外，如果采用直接寻址方式，那么程序在运行时必须被加载到编译时设定的内存位置。该方案最大的不足之处是程序运行时的内存开销大。其原因是该方案为所有数据都事先分配了存储空间，也就是说，形参和局部变量与全局变量在内存分配上没有差异。

静态存储分配方案可基于函数调用特性进行优化。现假定在函数A中调用了函数B和函数C，那么运行时函数B和函数C的形参和局部变量不可能同时并存。于是可让函数B和函数C的形参和局部变量共享同一段内存空间，以节省出其中一个函数的形参和局部变量所占的内存空间。基于上述观察，需要分析哪些函数的形参和局部变量在运行时不会同时并存，以便让它们共享同一段内存空间。解决方案是：编译源程序时，构建出程序的函数调用有向图。其构建方法为：当在函数α的实现代码中调用函数β时，就创建一条有向边，从函数α指向函数β。按照上述方法得出的函数调用有向图，在不允许函数递归调用的情形下，可将其处理成一棵有向树。该树以main函数为根结点。

从函数调用有向树可知：①从根结点到叶子结点的路径中包含的函数，它们的形参和局部变量在程序运行时可能并存；②树中同一层的结点函数，它们的形参和局部变量在程序运行时不可能并存；③从根结点到一个叶子结点的路径中，一个函数最多出现一次。于是便可从树根开始，以深度优先原则遍历整棵树，依次确定每个函数中的形参、局部变量、函数返回地址，以及函数返回值的存储地址值。该改进方案基于函数调用树中同一层的函数不会并存活跃，于是可让它们的形参和局部变量共享同一段内存空间。当以它们中的最大值预留局部变量内存空间大小时,便能满足其中任何一个的内存空间需求。

对于程序中的局部变量,也可采用动态分配方案进一步优化程序运行时所需内存。在这种方案中,一个函数只有在活跃时,才为其形参和局部变量分配内存空间。一个函数处于活跃状态,是指它的代码被执行时的状态,即被调用时的状态。当函数返回时,便释放其形参和局部变量所占的内存空间。因此,在该方案中,函数体的首指令功能就是为局部变量申请内存空间。

为函数的形参和局部变量实时动态分配内存,其基地址要等到函数被调用时才知晓。因此,局部变量的访问不能采取直接寻址方式,而要采用相对寻址方式,这就要求运行程序的计算机支持相对寻址方式。相对寻址是指:代码中给出的地址值为相对地址,参照的基地址则放在某一个特定的寄存器中。举例来说,跳转指令 goto 48(B),就是采用相对寻址方式,其中 48 为相对地址值,参照的基地址存储在寄存器 B 中。

程序在运行时调用一个函数被称为一次活动。活动帧(frame)是指完成一次函数调用所涉及的数据传递内容。具体来说,活动帧包括要传递的实参、返回值、返回地址值。其中实参和返回地址值是从调用者传递给被调用者,而返回值则是从被调用者传递给调用者。在函数调用有向树中,边表达了函数调用关系,即父结点函数调用子结点函数。运行时,从树根结点(main 函数)到树中任一其他结点的路径表达了一个调用递进序列,也叫**活动序列**。例如,在 main 函数中调用 A 函数,在 A 函数中再调用 B 函数,那么(main,A,B)就是一个调用递进序列。

一个活动序列自然对应一个活动帧序列。函数调用具有后进先出特性,因此应使用栈存储活动帧。活动帧由函数调用者实时创建,其内存分配具有动态实时性,因此它有一个基地址。当对局部变量采用动态内存分配方案时,它也有一个基地址。在调用者创建好一个活动帧之后,紧接着的事情就是被调用者为其局部变量申请内存空间。如果将活动帧和被调函数的局部变量紧邻存储,那么对于被调函数来说,便能使活动帧和其局部变量共享一个基地址,于是便可节省一个基地址的存储空间。在此情形下,基地址的一边是活动帧,另一边是局部变量。

下面举例说明函数调用的实现方案。设函数 α 调用函数 β。调用前,栈顶为函数 α 的局部变量,假定使用寄存器 B 存储函数 α 的局部变量基地址,如图 2.4(a)所示,其中栈顶的内存地址用寄存器 T 存储。要调用函数 β,于是函数 α 在栈顶为调用函数 β 的活动帧分配内存空间,如图 2.4(b)所示。活动帧由返回地址值、返回值、实参 3 部分构成。随后跳转去执行函数 β 的第 1 行指令。函数 β 的第 1 行指令是将寄存器 B 中的值压入栈中,也就是将调用者的基地址值保存在栈中,以便腾出寄存器 B,用来存储自己的局部变量基地址,如图 2.4(c)所示。函数 β 的第 2 行指令是把栈顶的内存地址(即寄存器 T 中的值)存入寄存器 B 中,得到自己的基地址,如图 2.4(d)所示。函数 β 的第 3 行指令是在栈顶为其局部变量分配内存空间,如图 2.4(e)所示。

接下来要解决的问题是:对于函数 β,在编译时如何得出返回地址值、返回值,以及每个形参的偏移量。从图 2.4(f)可知,内存③中存储着函数 α 的基地址。内存②中存储的是活动帧。活动帧由返回地址值、返回值、实参 3 部分构成。其中返回值、实参两部分的宽度可根据函数 β 的定义得出。因此,返回地址值、返回值,以及每个实参的偏移量在目标代码生成时都为常量。例如,设函数 β 的定义为 float f (int i,char $*$ p),假定目标计算机为 32 位

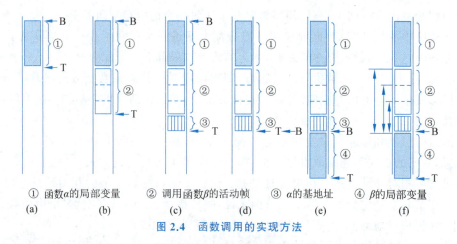

① 函数α的局部变量　② 调用函数β的活动帧　③ α的基地址　④ β的局部变量

图 2.4　函数调用的实现方法

机,那么返回值的宽度为 8 字节,两个形参的宽度之和也为 8 字节,地址的宽度为 4 字节。于是,返回地址值的偏移量为 −24,返回值的偏移量为 −20,第二个形参 p 的偏移量为 −12,第一个形参 i 的偏移量为 −8。

当函数 β 要返回时,先把返回值写入地址为 −20(B) 的内存中,其中寄存器 B 中存储着函数 β 的基地址, −20 为返回值的相对地址,再将返回地址值(其内存地址为 −24(B))读入跳转寄存器中,然后把局部变量从栈中弹出,释放其所占的内存空间。此时,栈顶为函数 α 的基地址,也将其从栈中弹出,存入寄存器 B 中,于是函数 α 的基地址便得到了恢复。接下来,跳转回函数 α 中,执行 call 后的指令。call 后的指令自然是先读取返回值,然后将活动帧从栈顶弹出,释放其所占的内存空间,此时栈又恢复成调用函数 β 前的状态。

思考题 2-28:C 语言中的 print 函数与常见的函数有差异:除第 1 个形参外,其他形参的个数以及每个形参的数据类型并未在函数定义中明确给定。调用时,除第 1 个实参外,其他实参的个数以及数据类型要根据第 1 个实参的值决定。第 1 个实参的数据类型为 const char*,其所指字符串中带多少个格式输出符(%),那么后面就接多少个实参,每个实参的数据类型要与其格式输出符一致。调用函数时,实参是倒着入栈,即最后一个实参首先入栈,然后是倒数第 2 个实参入栈,最后是第一个实参入栈。实参为什么要倒着入栈?在 print 函数的实现中如何求解每个实参的内存地址?能否写出求解源代码?

2.8.7　全局变量的动态存储分配和虚实转换的去除

早期的 CPU 仅只支持直接寻址方式。因此,编译器在生成可执行程序时,对所有变量,包括全局变量和局部变量,只能采用静态存储分配方案。于是,在程序代码中,所有变量的内存地址都为绝对地址,且为常量。由于 CPU 不支持动态存储分配,因此也就不支持面向对象编程,即无成员变量概念。对于这种可执行文件,运行时必须将其加载至编译时指定的内存位置才可运行。在单任务运行环境下,这一要求易满足。在多任务运行环境下,运行多个这种程序时,面临加载位置冲突问题,即想要加载的内存位置早已被其他程序占用,导致无法加载和运行。为了前向兼容,后期的 CPU 增添了用虚模式运行程序的功能,于是可同时运行多个这种程序。在虚模式下,程序中出现的地址全被视为虚拟地址。

后来的 CPU 支持相对寻址方式。于是,对于局部变量,改用动态存储分配方案,以节省内存开销；对于全局变量，则继续使用静态存储分配方案。在面向对象编程中，类的实例对象也要求采用动态存储分配方案，即成员变量也采用存储动态分配方案。编译器采用相对寻址方式生成可执行代码，带来的好处是可执行文件的运行与其在内存中的被加载位置无关。于是加载位置冲突问题被彻底解决。对于使用相对寻址方案生成的可执行文件，可在传统的实模式下运行，这样效率高，性能好。

在多任务运行环境下，期望模块共享，以节省内存开销。模块共享是指代码共享，模块中的全局变量则是每进程一份，互不搭界。这一特性要求全局变量也必须采用动态存储分配方案。如果程序采用的是静态存储分配方案，意味着要以虚模式运行程序。这时全局变量存储的动态分配性体现在虚实分离和虚实转换中。虚模式方案最大的优点是无须对原有的可执行文件进行任何改动，就能实现模块共享，即具有完全的前向兼容性，但付出的代价太大。虚实转换不仅有计算开销，也有存储开销。能否在编译时对全局变量改用动态存储分配方案，以消除虚实转换，降低模块共享的实现开销？

对全局变量改用动态存储分配方案，意味着创建一个进程运行一个程序时，对于构成该程序的每个模块，应为其全局变量分配内存空间。于是，对于一个模块来说，有多少个进程共享它，就会有多少份全局变量，每进程一份，彼此互不搭界。在此情形下，代码中对全局变量的访问自然只能采用相对寻址方式，使用一个寄存器专门存储全局变量的基地址。将存储全局变量基地址的寄存器记为模块寄存器。由于构成程序的每个模块都有自己的全局变量，因此当 CPU 的执行从一个模块跳至另一个模块时，模块寄存器的值也要跟着改变。只有这样，在 CPU 执行某个模块中代码时，访问的全局变量才是本模块中的全局变量。

只有在执行跨模块的函数调用时，CPU 的执行才会从一个模块跳至另一个模块。假设从模块 A 调用模块 B 中的函数 f1，对于被调函数 f1，调用者可以在任何一个模块中，其中包括模块 B。因此，模块寄存器值的改变显然不能由被调函数 f1 负责。再看调用者，它调用一个函数，自然知道是模块内的调用，还是跨模块的调用。因此，模块寄存器值的改变应该放在调用者一边。另外，调用者给被调函数 f1 传递的活动帧，不能因为跨模块调用而有所不同。对于跨模块的调用，调用者应在创建活动帧前把模块寄存器值保存至栈中。在跨模块的函数调用返回之后，调用者在读取函数返回值之前，应首先恢复模块寄存器中的值。其原因是调用者有可能将函数返回值赋给一个全局变量。

从上述分析可知，跨模块的函数调用过程有如下 8 步：①将模块寄存器的值压入栈中，以备函数返回之后恢复用；②在栈顶创建活动帧并完成初始化；③将被调函数所在模块的全局变量的基地址置入模块寄存器中；④跳转去执行被调函数；⑤返回之后，把第 1 步保存的值恢复至模块寄存器中；⑥从活动帧中读取返回值；⑦释放第 2 步在栈中分配的内存；⑧释放第 1 步在栈中分配的内存。对于模块内的函数调用，则没有第①、③、⑤、⑧这 4 步操作，只有②、④、⑥、⑦这 4 步操作。

上述方案的第 4 步要读取被调函数所在模块的全局变量的基地址。现在的问题是：该基地址存放在哪里？对于上述例子，调用者在模块 A 中，因此应该是在模块 A 中能访问的变量中。在模块 A 中能访问到的变量只有模块 A 的全局变量。因此，对于模块 A 所依赖的每个模块，编译器应该为其在模块 A 中添加一个全局变量，用于存储基地址。例如，模块 A 依赖于模块 B 和模块 C，那么编译器就应在模块 A 中添加两个全局变量，分别存储模块 B 和模块 C 的全局变量的基地址。每个模块中这种新增的变量以后称为基地址全局变量。

剩下的最后一个问题是：基地址全局变量的初始化，以及模块寄存器的初始化。下面举例说明该项工作的完成过程。假定程序α由4个模块构成：模块A、模块B、模块C、模块D。其中模块A是主模块，包含main函数。模块A依赖模块B和模块C，具体来说，模块A要调用模块B中的函数f1和f2，要调用模块C中的函数f3。该依赖关系表达在模块A的函数导入表中。假定模块B依赖模块D，模块C也依赖模块D，现创建一个进程来运行程序α。由于CPU首先执行主模块A中的main函数，因此应将主模块A加载至内存中，然后为其全局变量分配内存，再将全局变量在内存中的起始地址赋给模块寄存器，便完成了模块寄存器的初始化。接下来依照模块依赖树，依次初始化各模块。

进程的初始化主要是模块的初始化，以及指令寄存器和模块寄存器的初始化，其实现如代码2.16所示。其功能就是创建一个进程，然后调用moduleInitialize函数完成各个模块的初始化，以及模块寄存器的初始化。再完成指令寄存器的初始化。代码中变量argv[0]的值指向主模块的文件名。第5行是完成进程栈的初始化，其中要把调用main函数的两个实参压入栈中，以此初始化main函数调用的两个形参。

代码2.16 进程初始化的实现

```
(1)    void runProgram(int argc, char **argv)    {
(2)        Process * process = CreateProcess();
(3)        process->moduleRegisterValue =moduleInitialize(process, argv[0]);
(4)        process->InstructionRegisterValue = getMainFunctionAddress( argv[0] );
(5)        process->stack->initialize(argc, argv);
(6)        return;
(7)    }
```

模块初始化就是把模块文件从磁盘加载至内存，然后完成函数导入表的填写，为全局变量分配内存并赋初值。一个模块中的全局变量，有如下的顺序关系：第一个全局变量的类型为字符指针，指向模块文件名，接下来是基地址全局变量，最后是源程序中定义的全局变量。所有全局变量所需内存空间大小由编译器算出，写在模块文件的特定位置，因此可从模块文件中读取。以上述主模块A为例，它的第1个全局变量的值指向主模块A的文件名。第2个和第3个全局变量为基地址全局变量，分别存储模块B和模块C的全局变量的基地址。接下来的全局变量为源程序中定义的全局变量。

进程的模块初始化通过调用moduleInitialize函数完成，其实现如代码2.17所示。其中第2行是基于模块文件名，将模块从磁盘加载至内存。加载之后，它在内存中自然就是一个ModuleFile类的实例对象。其中第3行是获取全局变量所占存储空间的大小。第4行是在当前进程的堆中为模块的全局变量分配内存。第5行是给第一个全局变量赋初值。第6行是移动指针，让depententObject指向第2个全局变量。第7～18行是初始化所有基地址全局变量，同时初始化其他所有的模块。这段代码的含义是：扫描模块文件中的函数导入表，找出所依赖的模块，并对它们依次执行初始化。

代码2.17 moduleInitialize函数的实现

```
(1)    byte * moduleInitialize(Process * process,const char * moduleName)    {
(2)        ModuleFile * moduleFile = new ModuleFile(moduleName);
(3)        int size = moduleFile->getGlobalVariableSize();
```

```
(4)     byte * moduleObject = process->heap->allocate(size);
(5)     (char *) * moduleObject = moduleName;
(6)     depententObject = moduleObject += sizeof(char *);
(7)     char * dependentModuleName = moduleFile->getFirstDependentModule();
(8)     while (dependentModuleName! = null)   {
(9)       byte * dependentModuleObject = process->moduleObjectList->
          getItemByName ( dependentModuleName );
(10)      if (dependentModuleObject = null)   {
(11)        ( byte * ) * depententObject =moduleInitialize(process, dependent
            ModuleName);
(12)        process->moduleObjectList->addItem( * depententObject);
(13)      }
(14)      else
(15)        ( byte * ) * depententObject = dependentModuleObject;
(16)      depententObject += sizeof(byte *);
(17)      dependentModuleName = moduleFile->getNextDependentModule();
(18)    }
(19)    initializeProgramGlobalVariable(depententObject );
(20)    return moduleObject;
(21) }
```

一个模块可能被多个模块所依赖。以上述例子为例,模块 D 就被模块 B 和模块 C 所依赖。在一个进程中,对于一个模块,只需为它的全局变量分配一次内存,不允许因为被多个模块所依赖而出现多次分配的现象。为此,将模块的全局变量在内存中的起始地址记录在进程的模块对象表 moduleObjectList 中,见第 12 行。当要为一个模块的全局变量分配内存时,先到 moduleObjectList 中查找,看其是否已经分配,见第 9～15 行。如果没有分配,就执行分配,并将其加入进程的 moduleObjectList 中,见第 10～13 行。

代码 2.17 中第 11 行的含义是:通过递归调用对模块依赖树中的一棵子树完成初始化。以上述例子为例,程序 α 的模块依赖树的树根是模块 A,模块 A 的子结点有两个,分别为模块 B 和模块 C。模块 B 和模块 C 都只有一个子结点,都为模块 D。因此,针对主模块 A 调用 moduleInitialize 函数时,在第 8 行的 while 循环中,第 11 行有两层含义:①依次给主模块 A 的第 2 个和第 3 个基地址全局变量赋初值;②依次初始化模块 B 和模块 C 这两棵子树。第 16 行是移动指针,使其指向模块中的下一个全局变量。当 CPU 执行至第 19 行时,depententObject 指针已经指向模块 A 中的第 4 个全局变量,即源程序中的第一个全局变量。第 19 行是对源程序中的全局变量进行初始化。

代码 2.17 中第 20 行的含义是:以主模块的全局变量在内存中的起始地址作为返回值传给调用者。调用者将该返回值置入模块寄存器中,完成模块寄存器的初始化。

思考题 2-29:代码 2.17 中第 11 行的递归调用是对模块依赖树执行深度优先遍历还是广度优先遍历?模块初始化顺序是模块 B、模块 C、模块 D,还是模块 B、模块 D、模块 C?

思考题 2-30:在多任务运行环境下运行一个程序时,要检查它的类型。如果它采用的是静态存储分配方案,就要用虚模式运行该程序。如果它采用的是相对寻址方式,并且全局变量采用静态存储分配方案,那么也要用虚模式运行该程序。如果它采用的是相对寻址方式,并且全局变量采用动态存储分配方案,就可用实模式运行该程序。请问操作系统如何知道程序的类型？类型信息是不是可执行文件和库文件的组成部分？请查阅有关可执行文件格式的资料，回答该问题。

思考题 2-31：运行模式可从进程一级细化到模块一级吗？现举例说明。假定程序α由a.exe和库文件d.dll构成。a.exe采用了相对寻址方式，并且全局变量采用动态存储分配方案。d.dll也是采用相对寻址方式，但全局变量采用了静态存储分配方案。因此，CPU可在实模式下执行a.exe中的代码，但要在虚模式下执行d.dll中的代码。当在a.exe中执行跨模块的函数调用时，跳转前将CPU的运行模式改为虚模式。在跨模块的函数调用返回之后，再将CPU的运行模式改为实模式。这种处理方案可行吗？请说明理由。

思考题 2-32：用虚模式运行程序的性能开销太大，因此应尽量用实模式运行程序。为达到此目的，Java取消了全局变量，因此也就为用实模式运行程序扫平了道路。微软的.Net则对全局变量采用动态存储分配方案，以此让程序能在实模式下运行。Java出现在前，微软的.Net出现在后。现在是否要给Java恢复全局变量概念？Java取消全局变量是否还有其他考虑？请查阅有关Java的资料，回答该问题。

思考题 2-33：在多任务运行环境下，有的进程运行在实模式下，有的进程运行在虚拟模式下。进程的运行模式是不是进程的一个属性？进程切换时有可能进行运行模式的切换。改变CPU运行模式的指令是否只能在操作系统内核中执行？在应用程序中能使用该指令吗？请查阅有关机器指令的资料，回答该问题。

思考题 2-34：用Java语言编写的应用程序从构成看，由JDK库文件和应用程序文件构成。应用程序中自然没有全局变量，这由Java语言决定。但是JDK的实现则是JVM的事情。如果JDK的实现中没有定义全局变量，而且JVM的实现中也没有定义全局变量，那么JVM就可在实模式下运行，完全可行。假定JDK的实现中包含了全局变量，如何让Java程序在实模式下运行？

由以上分析可知，虚拟内存方案是为了兼容历史遗留下来的可执行文件和库文件，使其在多任务环境下仍能有效运行，并且具有代码共享和数据不共享的特质。收益的取得付出了代价，包括存储开销和计算开销。为了避免这种开销，在有源程序的前提下，可重新编译，对全局变量采用动态存储分配方案。于是新生成的可执行文件能在实模式下运行，并具有代码共享和数据不共享的特质。

2.8.8　全局变量和静态变量与多线程

应用程序的运行实例被称作进程。一个程序可有多个运行实例，其中每个运行实例都是一个进程。其特点是多个进程执行相同的程序代码，但处理的数据彼此不同。例如，多次打开Word程序，让它们分别编辑不同的Word文档，就是典型的程序代码相同，数据不相同的多任务并发执行例子。这种功效的取得体现了变与不变的辩证统一。不变体现在代码上，变体现在数据上。具体来说，不变体现在用基地址寄存器专门存储数据的基地址，变则体现在运行时将不同的基地址值加载至基地址寄存器中。以相对寻址方式访问数据，程序中便只会出现基地址寄存器的id和数据的相对地址（即偏移量），它们都为常量。这种变与不变的辩证统一要求所有变量的存储分配不能采用静态方案，必须采用动态方案。

程序中变量的类别划分有两个维度。第一个维度将变量分为3类：①全局变量；②局部变量；③成员变量。第二个维度将变量分为两类：①动态变量；②静态变量。组合起来便有 6 类。从存储分配看,可将 6 类归并为 4 类:①静态变量,包括静态全局变量、静态局部变量,以及静态成员变量;②动态全局变量(简称全局变量);③动态局部变量(简称局部变量);④动态成员变量(简称成员变量)。对于前 3 类变量,由编译器根据其语义自动生成存储分配代码。其中静态变量和全局变量的存储分配放在进程创建时完成;局部变量的存储分配放在函数调用时完成。对于成员变量,在程序员创建类的实例对象时完成其存储分配。

由此可知,对于每个共享模块,当其静态变量和全局变量采用存储动态分配方案时,每个进程都有自己的一份,彼此不搭界。对于局部变量和成员变量,其存储都采用动态分配方案,本身就具有进程私有性。总之,进程之间在数据上具有隔离性,彼此之间在用户空间中不共享任何一个数据。于是,只要内核代码的执行具有原子性,便可在时钟中断处理例程中无条件地执行进程切换,能保证多任务并发执行的正确性。

为了降低并发执行的实现开销,有些操作系统在进程的基础上进一步提出了线程概念。在一个进程中可创建多个线程,让它们并发执行。就并发执行这一功能而言,线程和进程没有差异。并发执行中的核心概念是下一条要执行的指令。每个线程都有自己的下一条要执行的指令。在代码相同,数据不相同的应用场景下,可在一个进程中创建多个线程,让它们执行相同的代码,但处理不相同的数据。线程概念的出现晚于进程,其用意是为了轻量级实现多任务并发执行。从并发执行角度看,一个含 n 个线程的进程等价于 n 个进程。

在一个进程中,程序的组成模块以及堆被其中的线程共享。也就是说,模块、全局变量、静态变量、堆是进程中的概念,只有栈才是线程中的概念。线程作为运行单元,当然有其上下文,即寄存器值。因此,传统意义的进程只包含一个线程。这个线程被称作主线程。应用程序还可调用操作系统提供的 API 函数创建线程。创建一个线程时,只需指明要其执行的函数,既指明其下一条要执行的指令。有了线程概念后,任务调度的概念就不再是进程切换,而是线程切换。

构成应用程序的模块属于进程中的概念,因此模块中的全局变量和静态变量被进程中的所有线程共享。于是,对于带有全局变量或静态变量的模块,当遇到多线程情形时,会面临访问冲突问题。举例来说,线程 t1 和 t2 都要写全局变量 a 和 b。先是 t1 运行,写完 a 之后,让位给 t2 运行。t2 写完 a 和 b 之后,再让位给 t1 运行。t1 再写 b。此时的 a 和 b 分别被 t2 和 t1 赋值。这显然不正确。

从上述分析可知,对于带全局变量或静态变量的模块,被多线程共享时,不能确保程序运行结果正确。这是很多高级程序语言取消全局变量的另一个原因。不过,历史遗留下来的很多程序都使用了全局变量,例如 C 语言函数库。正因为如此,C 语言函数库有多个版本,其中就有支持多线程的版本,也有不支持多线程的版本。对于支持多线程的版本,在访问全局变量的时候,要实施同步控制。同步控制的策略是在操作系统中增加锁概念。应用程序访问全局变量的原则是:访问前要先对其上锁,访问完之后再释放锁。上锁是一个等待函数。如果锁被其他线程占用了,申请者就会陷入等待状态,直至锁被占用者释放为止。

当全局变量的类型为指针,指向某个类的实例对象时,该实例对象也就成了全局变量。这种全局变量的扩增具有传递性。也就是说,当一个实例对象成了全局变量后,如果其中的成员变量也是指针类型,那么被指的实例对象也成了全局变量。这种全局变量扩增的蔓延性极易使得程序有漏洞(即 bug)。这也就是像 Java 之类的很多语言要取消全局变量,并限制静态变量不为指针变量的又一原因。

数据共享带来的问题主要表现在如下 3 个方面：①因为同步控制的覆盖对象有遗漏，导致程序不正确；②因为同步控制有缺陷，存在死锁隐患；③程序运行中出现异常时，导致释放锁的操作被跳过，引起其他等待锁的线程僵死。正因为如此，有的操作系统不支持多线程。在多线程应用程序设计中，即使在源代码中未定义全局变量和静态变量，由于支撑库中定义有全局变量或静态变量并未考虑支持多线程，程序依然因数据共享存在隐患。

对于多线程共享全局变量或静态变量带来的问题，现举例说明。假定有全局变量 i，源程序中 $i++$ 的含义是 $i=i+1$，看似一个原子操作，无须实施同步控制，其实不然。其原因是：数值运算的结果通常只能先用寄存器存储，然后将寄存器值存至内存中。因此，将 $i++$ 翻译成机器码，至少有 2 条机器指令。如果线程切换恰巧发生在这两条指令的中间，就会导致访问冲突问题。另外，这 2 条机器指令的中间可能还有指令。其原因是：让 i 值驻留在寄存器中，随后读取 i 值时，就可省去将 i 值从内存加载至寄存器的操作。也就是说，内存中的 i 值不一定是最新值。如果线程切换发生在这两条指令之间，那么新上位的线程从内存读到的 i 值就不是最新值，自然不正确。

思考题 2-35： 就多任务并发执行而言，线程和进程并无差异。提出线程概念，是想轻量级实现并发执行。这里的轻量级是指存储开销。轻量级具体体现在哪些地方？以虚模式运行一个应用程序时，虚实映射表属于进程中的概念。当以实模式运行应用程序时，无须为进程创建虚实映射表。此时创建一个线程与创建一个进程相比，存储开销会明显减小吗？请说明理由。对于每个模块中的全局变量和静态变量，是否也可为每个线程各分配一份，以此实现线程之间在数据上完全隔离？

2.8.9 操作系统中全局变量的共享问题

对于共享数据，存在一致性与正确性问题，现举例说明。公司的银行账号被多个出纳和会计共享，出纳要从账上转钱出去，会计则要转钱进来。现在假定账号上的资金余额为 1000 元，出纳 A 要转出资金 200 元，会计 B 要转进资金 300 元。资金转出和转入都有 3 步操作：①读取账号的资金余额值；②将读来的余额值做加或减处理，得到新的余额值；③把新的余额值赋给账号的资金余额变量。假定 CPU 先执行出纳 A 的操作，执行完第 1 步后，进行进程切换，转去执行会计 B 的操作。当 CPU 执行完会计 B 的 3 步操作之后，再次进行进程切换，转回执行出纳 A 的第 2 步和第 3 步操作。这时数据不一致和不正确问题便出现了。资金余额值应为 1100 元，但现在为 800 元，结果显然不正确。

对于共享数据，对其访问一定要具有原子性。对于上述例子，就是出纳 A 在转账过程中其他人不能做转账操作。实现方法是：给共享数据设置锁。访问共享数据前先做上锁处理，访问之后做解锁处理。以上述转账为例，在第 1 步操作前添加一个上锁操作，在第 3 步之后添加一个解锁操作。于是整个转账操作由 3 步变为 5 步。上锁是一个等待函数。在出纳 A 上锁成功之后，即使因进程切换把 CPU 让给了会计 B。会计 B 因上锁不成功而陷入等待状态。这时会再次进行进程切换，把 CPU 让给出纳 A。等到出纳 A 执行完第 5 步的释放锁操作之后，会计 B 的状态才会由 WAITING 变为 READY。等到下一轮进程切换时，才会把 CPU 让给会计 B。

锁其实也是一个共享数据。不同之处在于：上述的银行账号这个共享数据属于用户空间中的共享数据，即属于应用程序中的共享数据；而锁这个共享数据属于内核空间中的共享数据，即属于操作系统中的共享数据。进程以原子方式访问用户空间中的共享数据，靠锁这个内核空间的共享数据实现。现在的问题是：进程以原子方式访问内核空间中的共享数据，靠什么实现？这需从程序的执行被中断有几种情形说起。进程切换只有两种情形：①当前进程因调用一个同步函数主动让出 CPU；②因时钟中断导致当前进程被迫让出 CPU。正是第 2 种情形破坏了共享数据访问所需的原子性。为此，在 CPU 执行内核代码时，如果屏蔽硬中断，那么对内核空间中共享数据的访问就具有了原子性。

接下来的问题是：当 CPU 在内核态时，为什么可屏蔽硬中断？当 CPU 在用户态时，为什么不可屏蔽硬中断？硬中断被屏蔽的时间不能长，否则累积在缓存空间里的硬中断太多，导致缓存区溢出问题。另外，在屏蔽硬中断之后，一定要记得开放硬中断。一旦遗漏了开放硬中断这一操作，那么整个计算机就彻底失控。正因为如此，屏蔽硬中断这一操作只允许出现在操作系统代码中，不允许出现在应用程序代码中。执行中断处理例程时，最后被执行的指令要么为 iRet，要么为 halt。这两个指令的功能中都包含了开放硬中断。另外，为了确保 CPU 执行一个中断处理例程的时间不至太长，操作系统对诸如 processList 之类的表数据，都做了行数限制，以免内核空间中数据太多，查表时间过长。

2.9　数据文件的共享

多任务运行环境下的系统资源，包括 CPU、存储器、网络、代码，以及磁盘文件等，可被多个进程共享。为了解决资源访问冲突问题，需要为每种系统资源设置一个管理器。当一个应用程序要访问某一资源时，要向该资源的管理器提交请求，通过资源管理器完成访问。例如，当程序 B 想打开磁盘文件"d:\f1.txt"对其进行读写访问时，就要向文件管理器提交请求。在这里，程序 B 充当客户角色，文件管理器充当服务器角色。文件管理器在处理客户的请求时，基于客户请求的资源当前被使用情况，给客户予以答复。当磁盘文件"d:\f1.txt"没有被其他程序访问时，程序 B 的请求能得到允许。如果磁盘文件"d:\f1.txt"已经被其他程序使用，程序 B 的请求便会予以拒绝。

从上述例子可知，每种资源管理器充当一个服务器，提供访问接口供客户调用，从而实现客户与服务器的交互。访问接口也被称为 API，例如对于磁盘文件的访问，就有 fopen、fread、fwrite、fseek 及 fclose 这 5 个 API 函数。程序 B 通过函数调用 fopen("d:\f1.txt", WR)请求打开磁盘文件"d:\f1.txt"，其中 WR 表示要执行读写操作。客户的请求体现在函数名和传递的实参上。文件管理器对收到的请求做出响应，其结果体现在函数返回值上。返回值为 −1 时表示请求被拒绝；返回值大于 0 时表示请求成功。

资源管理器要能处理客户的请求，就必须知晓资源的状态。例如，文件管理器要能处理客户的 fopen 请求，就要知晓被请求文件的当前状态。因此，文件管理器要记录所管资源的当前状态。对于文件来说，当前状态信息包括：当前信息是否被客户使用；当前信息被哪些客户使用；每个客户的访问方式，每个客户的文件指针当前值。当前状态信息通常存储在一个表中，如表 2.9 所示。该表的 5 列分别表示文件标识符、文件名、客户标识符、访问模式、文件指针值。在多任务运行环境下，其中客户标识符通常是进程 id。

思考题 2-36：文件共享的原则是，当一个文件处于空闲状态时，可被任一客户打开使用。客户申请打开文件时,要指明访问方式。访问方式有只读(Read)、读写(Read and Write)、追加(Add)3 种。一个文件只允许被一个客户以读写方式打开,其前提是文件处于空闲状态。一个文件允许被多个客户以只读方式打开,此时文件被共享。一个文件只允许被一个客户以追加方式打开。基于表 2.9 的数据结构,能否写出文件管理器对 fopen 请求的处理流程,从而得出函数 fopen 和 fclose 这两个函数的实现代码?

表 2.9 文件当前状态信息表

fileId	fileName	clientId	accessMode	filePointer
1	c:\a.dat	7	R	100
1	c:\a.dat	9	R	20
2	d:\f1.txt	9	WR	0

注意: 表 2.9 仅记录了文件当前状态信息,并没有记录文件本身的具体信息。文件本身信息包括文件在内存中的缓存情况等。缓存信息又包括缓存了几段数据,每段数据在文件中的位置,所在内存的起始地址和长度,数据改动标志等。当客户读文件时,如果所读数据没有在缓存中,则还要进行磁盘操作,把用户要读的数据从磁盘读至缓存中。当用户关闭文件时,还要把缓存中的改动标志为 true 的数据写入磁盘中。

文件共享是一种大粒度的数据共享方式。在数据库管理中,共享粒度被进一步缩小,以此增大多任务的可并发度。一个数据库由多张表构成。一张表由多行数据组成。当用一个文件存储一张表时,共享粒度可细化到行。对于一行数据,可让多个客户同时对其执行读操作。在此情形下,行数据有一个标识问题,为此给表定义了主键属性。对于一张表中的行,其主键的取值都有唯一性,即彼此互不相同。客户对表中数据执行增加行、删除行、修改行、查询行这 4 种操作。当两个客户的请求互不冲突时,便可并发处理。

从上述分析可知,操作系统其实可结构化成由多个系统资源管理器构成。系统资源包括 CPU、存储器、网络,以及磁盘文件等,它们可被多个应用程序共享。于是系统资源管理器就有 CPU 管理器、内存管理器、网络管理器、文件管理器、模块管理器等。应用程序访问系统资源都要通过资源管理器完成。于是应用程序就成了系统资源的客户,资源管理器则充当服务器。客户与服务器之间的交互通过 API 调用完成。

2.10 进程间的交互

进程间的交互是指两个进程之间的信息传递和信息处理。两个进程间的交互可模型化为:进程 A 给进程 B 传递一个数据,进程 B 对收到的数据进程进行处理。在处理数据的过程中,进程 B 也可向进程 A 传递数据。传递的数据包括两部分:①数据类 id;②数据的具体内容。接收数据的进程首先读取数据类 id。有了数据类 id,接收进程就知道了发送进程叫自己做什么事情,即知道应该调用哪个函数处理收到的数据。数据的具体内容则作为函数调用的实参。进程间的交互也称进程间的通信(Inter Process Communication,IPC),其模型与 C/S 交互模型相比,更加宽松。传递的数据可理解为一个请求,不过接收者可以不给发送者回传响应结果。

操作系统为进程间的交互提供了共享内存、信号、消息队列这 3 个方式。共享内存是指一段物理内存，任何一个进程都能通过调用操作系统提供的 API 函数获得其起始地址和空间大小。于是进程既可向共享内存中写入数据，也可从共享内存中读取数据。共享内存的访问冲突问题，由应用程序自己考虑和解决。信号和消息方式都是给进程增加一个类型为表的成员变量。由于操作系统内核中的进程表 processList 和当前进程 currentProcess 都为全局变量，因此它们也是共享数据。进程对象存储在 processList 中，因此也为共享数据。既然进程是共享数据，它的成员变量自然也是共享数据。由此可知，进程间通信的本质相同，都是通过内存共享实现。差异体现在访问控制上，信号和消息的访问控制由操作系统负责。

在基于信号方式或消息方式的进程间交互中，数据的接收者应对每类数据提供处理例程的实现。信号和消息的差异体现在启动数据处理的方式上。在信号方式中，信号的提取及其处理由操作系统负责。信号处理相较于程序执行，具有优先性。而在消息方式中，消息提取及其处理则由应用程序自己负责，具有串行性。接下来在 2.10.1 节讲解信号处理，然后在 2.10.2 节分析信号处理的特性，揭示消息队列的由来。

2.10.1　信号处理

信号处理借鉴了中断机制。中断属于硬件特性。假定 CPU 当前正在执行指令 I_i，下一条要执行的指令为 I_{i+1}。当硬中断被触发时，CPU 不是接着执行指令 I_{i+1}，而是跳转去执行中断处理例程。当中断处理例程返回时，CPU 再次跳转，去执行指令 I_{i+1}。从跳转看，软中断跟函数调用没有差异。它们的区别在于：软中断中，被调函数在内核空间中，而调用者则在用户空间中。而函数调用中，被调函数和调用者要么都在内核空间中，要么都在用户空间中。于是，软中断隔离了用户空间和内核空间。通常所说的操作系统运行在内核空间中，而应用程序运行在用户空间中，就是指隔离的意思。应用程序访问操作系统提供的服务，需通过软中断实现。操作系统通过中断处理例程响应硬中断，以此实现与硬件的交互。

对于操作系统，可将其理解为一个中断处理例程的集合，自然也就是共享资源的管理者集合。只有在多任务运行环境中，才有共享问题。可将软中断理解为操作系统向应用程序提供的服务。操作系统为应用程序提供的服务中，有些要借助硬件才能完成，例如网络通信。操作系统通过 I/O 指令向硬件发出请求，通过硬中断捕获硬件的响应。

从上述分析可知，应用程序通过软中断与操作系统实现交互。在多任务运行环境下，应用程序与应用程序之间又该如何实现交互呢？为此操作系统提供了信号服务。信号是为模拟中断触发和中断处理例程设置而提出的一个操作系统概念，以实现进程之间的交互。也就是说，信号是用软件实现的中断模拟。中断是硬件特性，而进程是操作系统中的概念。因此触发硬中断是一种硬件行为，与进程没有关系。信号不一样，它是针对进程的概念。也就是说，说到触发信号时，一定是指为某个进程触发信号。给进程 B 触发信号 S，其含义是：当进程 B 被调度执行时，不是去执行其下一条要执行的指令，而是转去执行信号 S 的处理例程。在信号处理例程返回后，才接着执行其下一条要执行的指令。

信号处理例程与中断处理例程不一样，它与进程相关联。当程序调用操作系统提供的 API 函数 setSignalHandler 设置信号处理例程时，是指为当前进程设置信息处理例程。当前进程在操作系统中用 currentProcess 存储，因此设置信号处理例程是指为当前进程设置信号处理例程。信号和中断一样，也是用序号标识。既然信号是操作系统为应用程序提供的服务，因此信号处理例程是应用程序中的内容，不属于操作系统中的内容。这是信号与中断的另一明显差异。当进程 A 给进程 B 触发信号时，当前进程自然是进程 A。对于进程 B，它可能处于 READY 状态，也可能处于 WAITING 状态。信号不会改变进程 B 原有的逻辑。只有随后在进程 B 被调度执行时，它才会执行信号处理例程。

进程 A 要给进程 B 触发信号 S，有一个前提条件，那就是合法拿到进程 B 的 id。如果进程 B 由进程 A 创建，即进程 A 是进程 B 的父进程，那么进程 A 在创建进程 B 时就得到了进程 B 的 id，它随后能给进程 B 触发信号。也就是说，出于安全考虑，进程之间通过触发信号交互并不是无条件的，是以获得对方进程 id 为前提条件的。

在操作系统中，中断向量表是支持中断处理的数据结构。要支持信号处理，应为进程添加两个成员变量：①信号向量表 signalHandlerList；②信号触发事件表 signalEventList。在 signalHandlerList 中记录信号处理例程在内存中的起始地址；在 signalEventList 中记录信号触发事件。设置信号处理例程，就是向 signalHandlerList 中添加或更新一行数据；给进程 A 触发信号 S，就是向进程 A 的 signalEventList 中添加一行记录。执行进程切换时，对于新上位的进程，要先检查其 signalEventList 中是否有行数据。如果没有，自然是执行新上位进程的下一条要执行的指令，否则就要先调用信号处理例程。一行数据对应一次信号处理例程调用。调用完信号处理例程之后，再接着执行新上位进程的下一条要执行的指令。

信号处理的具体实现如代码 2.18 所示。这 4 行代码应嵌插在进程切换实现中的 iRet 前面（进程切换有 3 种情形，分别见代码 2.5、代码 2.7 和代码 2.8）。其含义是让 CPU 执行一个进程前，检查其 signalEventList 中是否有行数据。如果有，就让它跳转去执行 callSignalHandler 函数。在该函数返回后，接着执行下一条要执行的指令。为达到此目的，将下一条要执行的指令压入进程栈中，然后把 callSignalHandler 函数在内存中的起始地址加载至中断寄存器中，如代码 2.18 中第 2 行和第 3 行所示。于是，当 CPU 执行到进程切换中的 iRet 指令后，接下来执行 callSignalHandler 函数中的代码。当 callSignalHandler 函数返回时，再执行下一条要执行的指令。

代码 2.18 信号处理例程的调用实现

```
(1)    if (currentProcess->signalEventList->hasRow()) {
(2)        currentProcess->stack->push(currentProcess->context->nextInstructionAddr);
(3)        setIntruptionRegisterValue(callSignalHandler);
(4)    }
```

在代码 2.18 中第 2 行，把下一条要执行的指令的内存地址压入进程栈中，其实就是为调用函数 callSignalHandler 创建了活动帧。由于 callSignalHandler 函数无形参，也无返回值，因此活动帧中只有返回地址这一项。这里的返回地址就是下一条要执行的指令的内存地址。活动帧创建好之后，第 3 行指令再加上 iRet 指令，就是让 CPU 跳转去执行 callSignalHandler 函数。该函数返回后，接着就执行下一条要执行的指令。函数返回的过程请参考 2.8.6 节中函数调用的实现。

callSignalHandler 函数在操作系统提供的支撑库中。支撑库属于应用程序中的内容。

该函数的功能是处理信号触发事件,即调用信号处理例程,其实现如代码 2.19 中第 1~9 行所示。它通过 96 号软中断从操作系统内核中提取信号事件,进而得到信号事件的处理信息:信号处理例程在内存中的起始地址,以及调用它要传递的实参。如果提取到信号事件,就调用对应的信号处理例程,如第 5 行所示。96 号软中断处理例程的实现如代码 2.19 中第 10~20 行所示。其功能是从进程的 signalEventList 中提取信号事件。如果有,再基于信号 id 到 signalHandlerList 中读取信号处理例程在内存中的起始地址。为了从 96 号软中断处理例程中获取返回值,只好传递数据的地址,如第 3 行和第 6 行所示。

代码 2.19　信号事件的处理

```
(1)  void callSignalHandler( )  {
(2)    SignalProcessing * signalProcessing = new SignalProcessing();
(3)    INT 96(&signalProcessing);
(4)    while (signalProcessing->handler != null)  {
(5)      (FAR CALL) * (signalProcessing->handler) (signalProcessing->
         parameter): (signalProcessing->moduleBaseAddr) ;
(6)      INT 96(&signalProcessing);
(7)    }
(8)    return;
(9)  }
(10) void Interuption96Handler(SignalProcess **signalProcessing)  {
(11)   SignalEvent * signalEvent = currentProcess->signalEventList->pickOutItem();
(12)   if ( signalEvent != null)  {
(13)     (* signalProcessing)->parameter = signalEvent->parameter);
(14)     SignalHandler * signalHandler = currentProcess->signalHandlerList->
         getItemById (signalEvent->id);
(15)     (* signalProcessing)->handler = signalHandler->handler;
(16)     (* signalProcessing)->moduleBaseAddr = signalHandler->moduleBaseAddr;
(17)   }
(18)   else
(19)     (* signalProcessing)->handler = null;
(20)   iRet;
(21) }
```

注意:不能在进程切换时直接调用信号处理例程。其原因是:进程切换时,CPU 为内核态,而信号处理例程属于用户空间中的代码。CPU 为内核态时,不允许调用用户空间中的函数,否则会带来安全风险。正因为如此,要等到 CPU 执行 iRet 指令,回到用户态之后再调用信号处理例程。为达到此目的,要引入 callSignalHandler 这个函数,并把它嵌入下一条要执行的指令之前让 CPU 执行,以此完成信号处理例程的嵌入式调用。

在 CPU 跳转去执行 callSignalHandler 函数时,模块寄存器中的值并不是 callSignalHandler 函数所属模块(即支撑库)中全局变量的基地址,而是下一条要执行的指令所在模块中全局变量的基地址。因此,在 callSignalHandler 函数中不能使用全局变量。从代码 2.19 可知,这一要求被满足。另外,在 callSignalHandler 函数中调用信号处理例程,属于跨模块的函数调用,见代码 2.19 中第 5 行。正因为如此,设置信号处理例程时,不仅要提供信号处理例程的内存地址,还要提供信号处理例程所属模块中全局变量的基地址,即模块寄存器的值,这才为远程调用提供了支撑。

信号处理例程的调用,与常规函数调用有不同特点。常规函数调用具有 C/S 特性:调用者充当客户角色,被调函数充当服务角色。通常先有服务,后有客户。于是程序具有层次结构特性:在上层模块中调用下层模块中的函数。或者说模块之间具有依赖性。当在模块 A 中要调用模块 B 中的函数时,就说模块 A 依赖模块 B。信号处理例程的调用变成在下层模块中调用上层模块中的函数。像信号处理例程这种函数被称作 回调函数(callback function)。其特征是先注册后调用。注册是指:上层模块调用下层模块中的函数,把回调函数在内存中的起始地址传给下层模块保存。调用是指在下层模块中调用上层模块中的函数(即回调函数)。

运行时的回调函数内存地址在编译时未知,注册时如何获得呢?该问题的回答要从可执行文件的数据结构说起。从面向对象观点看,可执行文件的数据结构也叫可执行文件类,由操作系统厂商定义。编译器基于它生成可执行文件。该类中有成员变量 loadedAddr,用于存储运行时可执行文件在内存中的被加载地址。程序 A 把模块 α 加载至内存后,就得到了它的被加载地址。此时内存中的模块 α 就是可执行文件类的一个实例对象。程序 A 会把模块 α 的被加载地址赋值给模块 α 的成员变量 loadedAddr。函数的相对地址,即在模块 α 中的偏移量,在编译时就能算出,为一常量。函数的相对地址(为常量)加上 loadedAddr 的值,就为它的绝对内存地址。

思考题 2-37:在 callSignalHandler 函数中不能使用全局变量,是不是 Java 取消全局变量的又一考量?

思考题 2-38:进程的 signalEventList 和 signalHandlerList 都是内核空间中的数据,不过 signalEventList 是共享数据,而 signalHandlerList 则是进程私有数据,为什么?

思考题 2-39:进程给自己触发信号,有必要吗?请说明理由。

思考题 2-40:Linux 操作系统为应用程序提供的信号服务 API 函数有:①设置信号处理例程的 API 函数,函数名为 signal 或者 sigaction;②触发信号的 API 函数,函数名为 kill 或者 sigqueue。sigaction 有两个形参,其中第 1 个为信号 id,第 2 个为信号处理例程(包括函数的内存地址以及所属模块的全局变量基地址)。sigqueue 也有 2 个形参,其中第 1 个为信号 id,第 2 个为要传递的数据,其类型为 void *。能否给出 sigaction 和 sigqueue 这两个函数的实现代码?

很多应用程序并没有为自己设置信号处理例程,结果运行时在给其触发信号时,也有反应。例如,当用 Windows 系统中的命令提示符程序 cmd.exe 运行一个程序时,按下 Ctrl+C 组合键时,就会结束当前运行的程序,返回到命令提示符状态。编程实现一个程序时,通常既未给出 Ctrl+C 信号处理例程的实现,也未设置 Ctrl+C 信号处理例程。这意味着,是操作系统为进程设置了缺省信号处理例程。当应用程序设置自己的信号处理例程时,就替换了缺省信号处理例程。

2.10.2 消息队列

在基于信号方式的进程间交互中,进程 A 给另一进程 B 触发信号,没有任何约束条件。触发信号时的当前进程肯定是进程 A。随后,只要进程 B 成为上位进程,它就会处理收到的信号。这种处理方式将启动信号处理放在优先地位,可能引发多条执行流,带来共享冲突问题,现举例说明。假设进程 B 在执行程序代码后,便跳转去处理信号 1,此时便有两条执行流：一条是程序代码执行流，其中有下一条要执行的指令这一概念；另一条是信号 1 的处理执行流，其中也有下一条要执行的指令这一概念。假设在信号 1 的处理过程中因时间片到时而发生进程切换。当轮到进程 B 再次成为上位进程时，因又收到了信号 2，便会跳转去处理信号 2，此时又出现了一条新的执行流，即信号 2 的处理执行流。

当一个进程有多条执行流时，便会引发共享冲突问题，现举例说明。假定上述 3 条执行流都要对全局变量 count 执行加 1 操作。count 加 1 操作包括 3 条指令：①将 count 值读至一个寄存器中；②将寄存器中值做加 1 运算；③将寄存器新值写入 count。假定上述 3 条执行流的跳转情形恰巧为：第 1 条执行流将 count 值读至一个寄存器中后跳转，第 2 条执行流也是将 count 值读至一个寄存器中后跳转。现假定 count 的初始值为 1。那么，第 3 条执行流结束后，count 的值为 2。第 2 条执行流结束后，count 的值还是为 2。在第 1 条执行流将寄存器新值写入 count 之后，count 的值也为 2。而 count 的正确值应为 4。由此可知，当一个进程有多条执行流时，便有共享冲突问题，使得数据不一致和不正确。

针对上述问题，可让第 1 条执行流不访问全局变量。第 1 条执行流为程序代码执行流。一种极端处理方式是让程序代码仅由一个无限循环语句构成。循环体中仅有一行代码，就是调用操作系统提供的 pause 这个 API 函数。pause 是一个等待函数，等待进程的信号事件表 signalEventList 中有信号事件后才会返回。于是，当进程收到信号之后，便会被唤醒并被调度成为上位进程。上位之后，便进行信号处理。信号处理完毕之后，再执行程序代码，即再次调用 pause 函数。在此方案中，进程要做的事情就是处理收到的信号。像服务器程序，其业务功能就是处理信号（即客户的请求），因此可按这种方式实现。

信号处理将启动信号处理放在优先地位，可能导致进程有 2 条以上的执行流，引发数据不一致和不正确问题。这就是消息队列这一方式出现的原因。在消息队列方案中，给进程新增了一个成员变量 messageList，即消息表。进程 A 给进程 B 发送一个消息，与触发一个信号类似，就是向进程 B 的消息表 messageList 中添加一行记录。对于 messageList 中的消息，操作系统不会主动处理，靠应用程序调用操作系统提供的 API 函数 pickOutMessage 从中提取。pickOutMessage 是一个同步函数，即如果 messageList 中没有消息，进程就会陷入等待状态，直至收到一个消息为止，进程状态才会由 WAITING 变为 READY。pickOutMessage 的返回值为一个收到的消息。

当进程之间采用消息方式交互时，应用程序循环调用 pickOutMessage 函数，然后对收到的消息调用消息处理例程对其进行处理。于是，整个进程中就只有 1 条执行流，即程序代码执行流。因多条执行流而引发数据不一致和不正确问题便得到了解决。消息和信号一样，由两部分组成：①消息 id；②消息内容。消息 id 表示消息类别。应用程序应为每一消息类别提供处理例程的实现。

注意：有了消息队列，并不是说就可去掉信号处理。信号处理依然不可缺少。当某个事情需要进程优先处理时，就给进程触发一个信号。例如，异常就需进程优先处理。正因为如此，操作系统定义了一些信号 id，并给出了其处理例程的实现。正是有了这些信号，便可即时让进程跳转，转去执行特定的代码段（即信号处理例程）。

思考题 2-41：就信号 id，请查阅资料回答问题。哪一区段的 id 由操作系统使用？哪一区段由应用程序使用？操作系统具体定义了哪些信号 id？

思考题 2-42：能否参照网络通信中的 send 和 receive 函数的实现（见代码 2.12 和代

码 2.13），给出 pause 和 pickOutMessage 这两个 API 函数的实现？

思考题 2-43：给一个进程发送一条消息的 API 函数为 postMessage，其功能就是向接收者进程的 messageList 中添加一行记录。能否给出 postMessage 函数的实现？给一个进程发送一条消息的 API 函数另有 sendMessage，它与 postMessage 的差异是：要等到接收者进程调用了 pickOutMessage 函数把该消息取走后，sendMessage 才会返回。能否给出 sendMessage 的实现？该情形下，需在每个消息的内容中增加 2 个标识属性，其中一个是发送者进程的 id，另一个是消息对象的 id。另外，对于消息的接收者，在调用了 pickOutMessage 函数把该消息取走时，要给消息的发送者也发送一个消息（即响应消息），让发送者知道该消息已被接收者取走。

思考题 2-44：进程的消息表 messageList 中，是不是应该设置消息条数的上限，以便控制内存开销？在什么情形下会达到上限？当表中消息条数达到上限时，就不再接收消息。因此，postMessage 这一函数的返回值就表示发送消息是否成功。在此情形下修改 postMessage 和 sendMessage 的实现，以体现这一情形。注意：发送消息不成功，原因可能不止一个。

2.11 进程与外设的交互

很多函数为进程提供了与外部设备交互的服务，例如 send 函数能用来发送网络数据，receive 函数能用来从网络接收数据。外部设备包括磁盘、键盘、网卡、USB 设备等，简称外设。机器指令中包括 Input/Output 指令，简称 I/O 指令。Input 指令用于从外设读入数据，Output 指令用于向外设输出数据。外部设备则通过硬中断响应 I/O 指令。当进程 A 给外设发送一个请求时，外设的响应需要时间。从发送请求到外设响应的这段时间，进程 A 处于等待状态。于是可安排 CPU 执行别的进程。外设响应的方式是硬中断。硬中断触发后，CPU 跳转去执行中断处理例程。其功能是：从外设读取响应结果，唤醒进程 A。于是进程 A 成为上位进程后，便去处理响应结果。由此可知，进程与外设交互采用的也是 C/S 模式。

基于上述处理方式实现的 I/O 函数被称为**同步函数**。在同步函数的实现中，在向外设输出请求之后，就执行进程切换，让出 CPU。其实现细节参见 2.7 节中的代码 2.12 和代码 2.13。在很多应用场下，程序的功能是同时处理多个外设的输入和输出。例如，路由器上插有多块网卡。路由程序的功能为：向每块网卡都发送接收数据的请求，当从某块网卡得到响应结果后，再将接收的数据从另一网卡转发出去。当采用同步方式实现路由程序时，假设路由器上的网卡块数为 n，就要创建 $2n$ 个进程实现路由功能。对每块网卡，都要专门安排一个进程负责接收数据，另外要专门安排一个进程负责发送数据。接收进程与发送进程的实现分别如代码 2.20 和代码 2.21 所示。

代码 2.20 接收进程的实现

```
(1)    while(true)   {
(2)       IpPackage * ipPackage = network-> receive();
(3)       int processId = getProcessIdToSend(ipPackage->ipAddr);
(4)       postMessage(processId, (void * )ipPackage);
(5)    }
```

代码 2.21 发送进程的实现

```
(1)  while (true)   {
(2)    Message * message = messageQueue->pickOutMessage();
(3)    network-> send(message);
(4)  }
```

上述实现中,进程与进程之间的通信采用消息队列。当从网卡收到一个 IP 数据包时,基于其中的目标 IP 地址查路由表,确定该将其从哪一个网卡转发出去,在这里是提交给哪个进程去发送。例如,假定网卡 1 收到一个 IP 数据包,根据其中的目标 IP 地址查路由表后,得知要将其从第 3 块网卡转发出去,于是将该 IP 数据包以消息方式转交给负责第 3 块网卡发送的进程。这里的 receive、pickOutMessage 和 send 都是同步函数。

从上述路由程序可知,采用同步方式时,程序非常简洁,一目了然。不足之处是要创建多个进程。另外,进程之间频繁交互,于是也就要频繁地执行进程切换。进程切换时,要把下位进程的上下文(即所有寄存器中的值)保存至下位进程的成员变量 context 中,然后把上位进程的上下文从其成员变量 context 加载至寄存器中,以便将上位进程的上下文恢复至机器上。由此可知,进程切换开销不小,而且随寄存器数量的增多而增大。因此,对于一个应用程序,性能优化的一个重要方面是减少进程数。减少进程数,就能减少进程切换开销。对于上述路由程序,能不能将 $2n$ 个进程减少成一个进程呢?由此引出了异步函数这一概念。

异步和同步是两个相对的概念,异步函数和同步函数也是如此。在异步函数的实现中,使用 I/O 指令向外设发出请求之后,并不等待响应结果,也不进行进程切换,而是继续向下执行。因此,进程调用异步函数时,会立即返回,不会陷入等待状态。于是,进程可以继续做别的事情。当外设完成对请求的处理之后,便会产生硬中断。于是,CPU 跳转去执行中断处理例程。在中断处理例程中,不再是无条件地将请求进程的状态由 WAITING 改为 READY,而是给请求进程的消息队列中发送一个响应消息。当进程从消息队列提取到这个消息后,对其处理,也就得到了响应结果。

当采用异步方式实现路由程序时,能将 $2n$ 个进程减少成一个进程,具体实现如代码 2.22 所示。在该实现中,首先是调用异步函数 receive 给每个网络连接发送接收 IP 数据包的请求,如第 1~4 行所示。然后进入无限循环,在循环体中调用同步函数 pickOutMessage 从进程的消息队列中提取消息。消息有两类:① 对 receive 请求的响应结果,类 id 为 NETWORK_RECEIVE;② 对 send 请求的响应结果,类 id 为 NETWORK_SEND。当收到一个 IP 数据包时,基于其中的目标 IP 地址,到路由表中查找该从哪个网卡转发出去,如第 8 行所示。此时如果发送网卡正忙于发送,则将其缓存至发送队列中,否则调用异步函数 send 将其发送,如第 9~14 行所示。

当收到一个发送响应结果时,意味着请求发送的数据已被网卡发送完毕,于是可接着发送下一个 IP 数据包,该处理如第 17~24 行所示。如果没有 IP 数据包要发送,就将网卡的发送状态设置为空闲,如第 23 行所示。当网卡硬中断处理例程被 CPU 执行时,意味着网卡对进程的请求已有响应结果,此时的进程状态可能为 WAITING,也可能为 RUNNING,或者为 READY。如果为 WAITING,并不是因为调用异步函数,而是因为调用了同步函数

pickOutMessage，见第 6 行。这时在网卡硬中断处理例程中，在给进程发送完消息后，应将进程状态改为 READY，以便随后进程能恢复运行。

对照路由程序的两种实现，可知 receive 和 send 是异步函数还是同步函数，并不是从函数定义上区分的。到底是同步函数还是异步函数，标记在网络对象的成员变量 mode 上。网络提供了 API 函数供应用程序调用，来设置工作方式。默认方式为同步，应用程序可将其改为异步。网络对象另有成员变量 linkedProcess，记录当前哪一进程为客户。在网卡硬中断处理例程中，对于网卡的响应结果，会基于网络对象的 mode 值处理。如果为异步，就给 linkedProcess 所指进程的消息队列中发送一条消息。消息 id 为 NETWORK_RECEIVE 或 NETWORK_SEND，内容包括网络对象的 id，以及响应结果。然后检查 linkedProcess 所指进程的状态，如果为 WAITING，且等待事件为 MESSAGE，则将其状态改为 READY。

代码 2.22　以异步方式实现的路由程序

```
(1)   for (int networkId = 0; networkId++; networkId < networkCardNum)   {
(2)     network[networkId]-> receive();
(3)     isSending[networkId] = FALSE;
(4)   }
(5)   while (true)   {
(6)     message * message = pickOutMessage();
(7)     if (message->id == NETWORK_RECEIVE)   {
(8)       int networkId =   getNetworkToSendIt (message->content->ipPackage->destinationIpAddr);
(9)       if (isSending[networkId] == FALSE)   {
(10)        network[networkId]->send(message->content->ipPackage);
(11)        isSending[networkId] = TRUE;
(12)      }
(13)      else
(14)        sendBufferList[networkId]->addItem(message->content->ipPackage);
(15)      network[message->content->networkId]-> receive();
(16)    }
(17)    else if (message->id == NETWORK_SEND)   {
(18)      int networkId = message->content->networkId;
(19)      IpPackage * ipPackage =sendBufferList[networkId] ->pickOutItem();
(20)      if (ipPackage != null)
(21)        network[networkId]->send(ipPackage);
(22)      else
(23)        isSending[networkId] = FALSE;
(24)  }
(25) }
```

思考题 2-45：当路由程序的实现采用同步方式时，在有 n 块网卡情形下，要创建 $2n$ 个进程。为什么要创建 $2n$ 个进程？创建 n 个进程行吗？请分析代码 2.20 和代码 2.21 的特性，然后回答该问题。

思考题 2-46：在日常生活与工作中，打电话是同步方式还是异步方式？使用微信或者 QQ 发短消息呢？发 E-mail 呢？去拜见某个人呢？当今社会，是同步方式受欢迎还是异步方式受欢迎？什么时候该使用同步方式？什么时候该使用异步方式？

思考题 2-47：基于异步函数的含义，能否对 2.7 节中所给的网络中断处理例程（见代码 2.11）进行补充，增加异步工作方式下对收到的 IP 数据包或者发送响应结果的处理？

思考题 2-48：基于异步函数的含义，能否对 2.7 节中所给 send 和 receive 函数的实现（见代码 2.12 和代码 2.13）进行补充，增加异步工作方式下的实现？在网卡硬中断处理例程中，给请求进程发完消息之后，还要检查其状态。如果状态为 WAITING，且等待的事件为 MESSAGE，就要将其状态修改为 READY，为什么？

思考题 2-49：路由程序的功能是转发 IP 数据包。代码 2.22 中的 network 对象与 2.7 节所讲的 connection 对象有差异。每块网卡对应一个 network 对象。针对一个 network 对象，可创建多个 connection 对象。network 对象和 connection 对象都有成员函数 receive 和 send。在基于 socket 的网络编程中，socket 的含义为 connection 对象。socket 对象也有 mode 成员变量，异步模式被取名为 NOBLOCKING。异步方式下，在 socket 的实现中，对响应结果的处理并不是给请求进程的消息队列中发送消息。请查阅资料，看调用哪个函数来设置 socket 的工作模式。在 NOBLOCKING 模式下，如何处理响应结果？socket 的处理方式与给请求进程发消息的处理方式有什么差异？哪一种方式好？说明理由。

2.12 异常处理

CPU 在执行应用程序的过程中，可能遇到异常。例如，执行除法运算时，如果除数为 0，就得不出运算结果。另一个例子是：机器的内存量本只有 64KB，但程序在读写内存数据时，所给的内存地址值为 2MB，读写自然不成功。CPU 在执行一条指令时一旦遇到异常，就会触发硬中断，跳转去执行中断处理例程。对于这类硬中断，通常将其称为异常硬中断。在异常硬中断的处理例程中，先检查异常进程（即当前进程），看其是否设置了异常处理。如果没有，则认为异常进程没有必要进一步执行下去，直接将其结束，否则就给异常进程触发一个异常信号。于是，在异常硬中断处理例程返回，异常进程被调度执行时，先执行信号处理例程。在异常信号处理例程中，按照设置执行异常处理。

高级程序语言支持在源程序中表达异常处理。以 C++ 语言为例，以大括号对{和}标识一段程序代码。当程序员在某段代码的前面加上关键字 try 时，该段代码就叫 try 代码段。当 CPU 在执行 try 代码段的过程中出现异常，则跳过其剩下未执行的部分，转去执行 try 代码段后面的代码。这就是异常处理的具体含义。发生异常时，CPU 的跳转情形如图 2.5 所示。这里的函数 A 中有一个 try 代码段。在该 try 代码段中调用了函数 B。CPU 在执行函数 B 中指令时发生异常。于是 CPU 跳转去执行中断处理例程。在中断处理例程返回，异常进程被调度执行时，CPU 会跳转去执行异常信号处理例程，随后再次跳转，去执行函数 A 中 try 代码段后面的指令。显然，函数 A 和函数 B 中都有指令段被跳越，未被 CPU 执行，在图中以单圆圈表示。

2.12.1 异常处理的特性分析

try 代码段可能嵌套，即 try 代码段中嵌有 try 代码段。这种嵌套性与函数调用的嵌套性类似，能用异常树描述嵌套性。如果 try 代码段 A 中嵌有 try 代码段 B，那么 try 代码段 B 就是 try 代码段 A 的子结点。对于一个 try 代码段，有可能没有父结点，即父结点为空。异

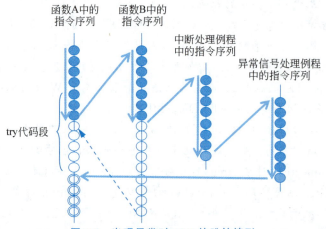

图 2.5　出现异常时 CPU 的跳转情形

常处理中有当前 try 代码段概念。CPU 开始执行 main 函数时,当前 try 代码段为空。随后的执行过程中,每遇到一个 try 代码段,该 try 代码段就成为当前 try 代码段。CPU 每执行完一个 try 代码段,该 try 代码段的父结点就再次成为新的当前 try 代码段。一旦发生异常,如果当前 try 代码段不为空,那么 CPU 就跳转去执行其后面的指令。如果为空,则结束进程。

从上述过程可知,异常处理中需要知道运行时每个 try 代码段后面的指令在内存中的地址。该地址的计算很容易。假设 try 代码段在模块 α 中。模块 α 被加载至内存之后,就是可执行文件类的一个实例对象,其成员变量 loadedAddr 存储着被加载的地址。每个 try 代码段后面的指令的相对地址,即在模块 α 中的偏移量,编译时能算出来,为常量。该常量加上 loadedAddr 的值,就为 try 代码段后面指令的内存地址。

在异常处理的实现中,对运行时的 try 代码段嵌套关系要跟踪记录,以此知晓当前 try 代码段。要跟踪的信息自然是 try 代码段后面指令的内存地址,为此定义异常帧这个类。CPU 每执行到一个 try 指令,就创建一个异常帧的实例对象,并将其设为当前异常帧。异常帧有成员变量 jumpAddr,记录 try 代码段后面指令的内存地址。当 CPU 执行到 try 代码段的结尾指令时,当前异常帧再次发生改变,变为当前异常帧的父帧。为了知晓父帧的内存地址,异常帧还有成员变量 father。于是 try 代码段的嵌套性,在运行时的跟踪中就表现为一条异常帧链。当前异常帧为链头。CPU 每执行到一个 try 指令,被创建的异常帧被添加进异常帧链中,成为新的链头。当 CPU 执行到 try 代码段的结尾指令时,链头被删除,其所指的异常帧被释放。

为了展示清楚上述跟踪过程,现举例说明。假设在函数 α 中有 try 代码段 A,其中又嵌有 try 代码段 B。在 try 代码段 B 中调用了函数 β。在函数 β 中有 try 代码段 C。在 try 代码段 C 中调用了函数 θ。当 CPU 执行到函数 θ 时,进程栈中的内容如图 2.6 所示。此时栈顶为函数 θ 的局部变量,如图 2.6 最下端所示。栈中有 3 个异常帧,从上往下分别对应 try 代码段 A,B 和 C。当前异常帧为函数 β 中 try 代码段 C 的异常帧。栈中有两条链:①函数调用关系链,在图中用虚线箭头表示;②异常帧的嵌套关系链,在图中用实线箭头表示。当函数 θ 返回后,try 代码段 C 的异常帧便成了栈顶元素。当 CPU 执行完 try 代码段 C 后,会把其异常帧从栈顶弹出,这时当前异常帧就变成了 try 代码段 B 的异常帧。

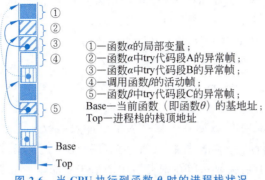

①—函数α的局部变量;
②—函数α中try代码段A的异常帧;
③—函数α中try代码段B的异常帧;
④—调用函数β的活动帧;
⑤—函数β中try代码段C的异常帧;
Base—当前函数(即函数θ)的基地址;
Top—进程栈的栈顶地址

图 2.6 当 CPU 执行到函数 θ 时的进程栈状况

有了当前异常帧后,一旦出现异常,在异常信号处理例程中便能实现跳转,让 CPU 转去执行当前 try 代码段后面的指令。这种跳转与源程序中的分支跳转有本质差异。源程序中的分支跳转为函数内跳转。而异常则可能发生在被调函数中。这种情形下的跳转具有跨函数甚至跨模块的特性。被调函数的返回操作被跳跃了,使得调用与返回失衡,引发栈不一致错误,现以图 2.6 所示例子说明。假定当 CPU 执行到函数 β 中某指令,但该指令不在 try 代码段 C 中,出现异常,此时的进程栈状况如图 2.7(a)所示。异常跳转之后,接下来执行函数 α 中 try 代码段 B 后面的指令。这时的当前函数不是函数 β 了,而成了函数 α,期望的进程栈状况图 2.7(b)所示。但实际的进程栈状况为图 2.7(a)所示情形。两者明显不一致。

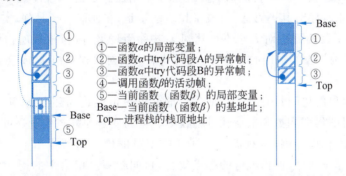

(a) 异常时刻的进程栈状况　　　　　　　(b) 异常跳转后期望的进程栈状况

图 2.7 异常跳转导致的进程栈不一致示例

导致进程栈不一致的原因是异常时的跳转可能是跨函数甚至跨模块的跳转,这种跳转也称长跳转(long jump)。长跳转使得很多代码未被执行,其中就包含了函数返回前释放其局部变量存储空间的代码,以及函数返回后释放活动帧的代码。在图 2.7 所示例子中,就导致进程栈中函数 β 的局部变量和调用函数 β 的活动帧所占存储空间没有释放,当前函数基地址寄存器中的值仍然是函数 β 中局部变量的基地址。此时要执行函数 α 中的代码,这显然错误。这种错误被称为栈不一致错误。

为了消除栈不一致错误,在异常信号处理例程中,应该对栈做一致性检查。如果发现不一致,就要释放栈顶的局部变量,调用者函数的基地址,以及活动帧,直至栈一致。因此,异常处理的设置信息中还要包含当前函数的局部变量基地址,即给异常帧类增加一个成员变量 baseAddr。做栈一致性检查时,如果局部变量基地址寄存器中的值不等于当前异常帧的成员变量 baseAddr,就要将栈顶的局部变量、调用者函数的基地址,以及活动帧弹出。这种检查与弹出一直进行下去,直至一致为止。

异常处理除进程栈的恢复外,还有寄存器值的恢复。还是以上述例子展示该问题的由来。假定 CPU 执行到函数 β 中某指令,但该指令不是在 try 代码段 C 中,出现异常,此时要让 CPU 跳转去执行函数 α 中 try 代码段 B 后面的指令。这种长跳转存在一个寄存器值的恢复问题。在调用函数 β 前,一些数据存于寄存器中。当 CPU 跳转去执行函数 β 时,函数 β 中的代码也要用寄存器存储数据。函数 β 为了不冲毁函数 α 留在寄存器中的值,对自己要用到的寄存器,先执行腾空操作,即将其值存至进程栈中。在函数返回前,再将其从进程栈中恢复至寄存器中,于是函数 α 留在寄存器中的值未受影响。长跳转使得寄存器值的恢复操作未被执行,从而导致函数 α 留在寄存器中的值未恢复。

异常处理采取的 CPU 跳转,使得本应执行的代码段未被执行,带来的问题远不止上述这些。如果未被执行的代码中包含了释放操作系统中共享资源这类操作,那么占用的共享资源就永久得不到释放。如果占用的共享资源是某个锁,就会导致等待该锁的其他进程僵死。如果关闭某个文件的操作未被执行,那么其他应用程序打开使用该文件的操作就会始终不成功。如果未被执行的代码中包含了释放某个对象的操作,那么该对象就一直驻留内存,导致内存泄漏。由此可知,在源程序中使用异常处理应谨慎,考虑清楚可能带来的隐患和危害,在协同和共享的应用场景下尤为如此。

对异常处理带来的隐患,Java 提供的垃圾识别和回收机制对问题解决有帮助,尤其是内存泄漏问题。垃圾回收中,垃圾识别最关键。程序创建的实例对象以及申请到的操作系统中共享对象,如果程序对其不可达,就成了垃圾。于是,在任何一个时刻,实例对象可分为两类:①可达对象;②不可达对象。不可达对象被称为垃圾,应释放其所占的内存。现在的问题是:如何识别垃圾?采用的策略是,把可达的实例对象识别出来,剩下的实例对象自然就是垃圾。

程序对实例对象的访问具有链式特征。链的起点只可能是局部变量、形参、全局变量、静态变量。运行时的局部变量和形参在进程栈中。全局变量和静态变量是可执行文件中的内容,一直存在于内存中。因此,只需将上述 4 类变量的内存值解析出来。其中类型为指针,且值不为 0 的那一部分,便构成链的起点集合,也叫根集。根集中的指针所指的实例对象为一级可达对象。一级可达对象中的成员变量,如果类型为指针且值不为 0,那么它们所指的实例对象就为二级可达对象。依此顺藤摸瓜,便可将所有可达实例对象标记出来,剩下未标记的实例对象便为垃圾。对仅出现在垃圾中的操作系统共享对象标识符,调用操作系统 API 将其释放。对于垃圾本身,则将其所占内存回收。

2.12.2 异常处理的实现

C 语言库函数中的 setjmp 和 longjmp 这两个函数可用来实现异常处理。setjmp 函数的功能是保存进程当前时刻的上下文到指定的内存空间中。longjmp 则是将 setjmp 保存的进程上下文恢复至寄存器中。其中指令寄存器的恢复要放在最后,因为指令寄存器中的值一旦恢复,CPU 就跳转,转去执行 setjmp 中保存的下一条要执行的指令。于是 try 这个关键字的含义就为 setjmp。一旦出现异常,则在异常信号处理例程中调用 longjmp,让

CPU 跳转。以 C 语言为例,异常处理在源程序中的表达如代码 2.23 所示,其中 try 和 catch 都是关键字。如果在执行 try 代码段的过程中出现异常,就跳转去执行 catch 段中的内容,否则 catch 段中内容就不会被执行。编译器在预处理中对其进行等价变换,得到的源程序如代码 2.24 所示。

代码 2.23　异常处理在源程序中的表达

```
(1)  try {
(2)    …
(3)  }
(4)  catch (void * exceptionDescription)  {
(5)    …
(6)  }
```

代码 2.24　异常处理的实现

```
(1)  ExceptionFrame * father = getCurrentExceptionFrame();
(2)  Context * context = new Context();
(3)  ExceptionFrame * exceptionFrame= new ExceptionFrame( context, father);
(4)  setCurrentExceptionFrame( exceptionFrame );
(5)  int ret = setjmp(exceptionFrame->context);
(6)  if (ret == 0)   {
(7)    …
(8)  }
(9)  else {
(10) ExceptionDescription * exceptionDescription = (ExceptionDescription *)
     ret;
(11)   …
(12) }
(13) setCurrentExceptionFrame( exceptionFrame->father );
(14) delete exceptionFrame->context;
(15) delete exceptionFrame;
```

代码 2.24 中第 1~4 行的含义为:创建一个异常帧,将其加入异常帧链中成为新的链头。链头为当前异常帧。第 5 行包含两项操作:①调用 setjmp 函数;②读取返回值并将其赋给局部变量 ret。setjmp 将进程当前时刻的上下文,保存至当前异常帧的 context 成员变量中,以备异常出现时的 CPU 跳转用。如果 ret 值为 0,表示返回值由 setjmp 而来,否则表示由 longjmp 而来。longjmp 是在异常信号处理例程中被调用。因此,返回值为 0,就执行 try 代码段,否则执行 catch 代码段,如第 6~12 行所示。当 ret 不为 0 时,返回值的含义为一指针,指向异常描述。第 13~15 行的含义是:把异常链的链头从链中提取出来删除释放,把当前异常帧改为新的链头。

异常信号处理例程的实现如代码 2.25 所示。其功能是得到当前异常帧,然后调用 longjmp 函数将进程状态恢复至 setjmp 保存的状态。恢复会使 CPU 跳转,转去执行代码 2.24 中给变量 ret 赋值的指令(见代码 2.24 中的第 5 行)。第 6 行的含义是触发一个结束进程的信号。

代码 2.25　异常信号处理例程的实现

```
(1)  void exceptionSignalHandler(void * exceptionDescription)      {
(2)    ExceptionFrame * currentExceptionFrame = getCurrentExceptionFrame();
(3)    if (currentExceptionFrame != null)
(4)      longjmp(currentExceptionFrame->context, (int) exceptionDescription);
(5)    else
(6)      triggerSignal(KILL_PROCESS, (void *) "exception id: 2; detail: 进程异常
         退出");
(7)    return;
(8)  }
```

代码 2.24 中第 5 行给局部变量 ret 赋的值,有两个源头:①来自 setjmp;②来自 longjmp。也就是说,给 ret 赋值这个指令,在调用 longjmp 之后也会被 CPU 执行。为何两次执行同一指令,会使 ret 有不同的值呢?这需深入 setjmp 的实现细节回答。设代码 2.24 位于函数 α 中。调用 setjmp 前,进程栈的状况如图 2.8(a)所示。setjmp 的代码分 3 段,依次为:①初始化工作段;②业务处理段;③清理和返回工作段。初始化工作段要做的事情为:①保存基地址寄存器中的值(即调用者的基地址);②将自己的基地址存入基地址寄存器中;③为局部变量分配存储空间;④对要使用的寄存器将其值压入进程栈中保存起来,以便腾出寄存器为自己使用。setjmp 完成初始化工作后的进程栈状态如图 2.8(b)所示。返回前的清理工作则刚好是初始化工作的逆过程。

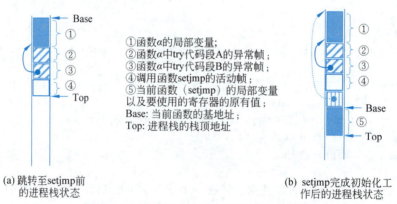

(a) 跳转至setjmp前的进程栈状态　　(b) setjmp完成初始化工作后的进程栈状态

图 2.8　函数调用导致的进程栈状态变化情形

setjmp 的业务处理段要做的事情是:向调用者的活动帧中填写返回值,并保存进程状态。不过,setjmp 要保存的进程状态并不是 setjmp 的当前状态,而是返回后的状态。其原因是:在 longjmp 中不是让 CPU 跳转去再次执行 setjmp 函数中的代码,而是让 CPU 跳转去执行 setjmp 返回后的代码。就进程栈而言,当前状态的进程栈如图 2.8(b)所示,返回后状态的进程栈如图 2.8(a)所示。两者有明显的不同,如基地址寄存器值(即图中的 Base 值)和栈顶地址寄存器值(即图中的 Top 值)。对于 setjmp 代码中要用到的寄存器,在初始化阶段已经将其值保存在进程栈中,自然可以获取。对于诸如基地址寄存器和栈顶地址寄存器之类的专用寄存器,返回后状态的值,能不能在当前状态得出?这是要回答的关键问题。

有 4 个专用寄存器,其返回后状态的值,与在当前状态的值有明显不同。这 4 个寄存器

分别是指令寄存器、基地址寄存器、栈顶地址寄存器，以及模块寄存器。在返回后状态，指令寄存器中存储着返回后下一条要执行的指令（即给 ret 赋值指令）在内存中的地址。这个值存储在活动帧中的 returnAddr 这一成员变量中，在调用前就已由调用者填写好了。基地址寄存器和栈顶地址寄存器中的值就是图 2.8(a)中的 Base 值和 Top 值。对照图 2.8(a)和图 2.8(b)，可知当前状态的基地址寄存器值（即图 2.8(b)中的 Base 值），减去指针变量的宽度就得出了返回后状态的栈顶地址寄存器值。该位置正好存储着返回后状态的基地址寄存器值。因此，在当前状态，得出返回后状态中各寄存器的值不成问题。

  setjmp 是 C 语言库模块中的函数，其调用者则在应用程序模块中。因此，代码 2.24 中第 5 行的 setjmp 调用是跨模块的调用。返回后状态的模块寄存器值是应用程序模块中全局变量的基地址。而当前状态的模块寄存器值却是 C 语言库模块中全局变量的基地址。两者不一样。根据跨模块函数调用的实现可知，调用者先将模块寄存器值压入栈中保存，然后才在栈顶创建活动帧。因此，setjmp 作为被调函数，能知道返回后状态的模块寄存器值在栈中的存储位置，获取它也不成问题。

  在 longjmp 中，要先给调用 setjmp 的活动帧中 returnValue 这一成员变量赋值，这就需要知道调用 setjmp 的活动帧在内存中的地址。由于保存的进程状态为 setjmp 返回后的进程状态，因此根据图 2.8(a)可知，保存的栈顶地址值（即 Top 值）减去调用 setjmp 的活动帧的宽度（为常量），就得出了活动帧的内存地址。因此，在 longjmp 中填写返回值不成问题。填好返回值之后，接下来就是恢复所有寄存器的值。当然，指令寄存器值的恢复要放在最后，因为一旦恢复，CPU 就会跳转去执行 setjmp 返回后接着要执行的那条指令，即代码 2.24 中第 5 行给 ret 赋值的指令。在 longjmp 恢复寄存器值的过程中，本身要使用一些寄存器，例如指令寄存器和基地址寄存器，因此寄存器值的恢复顺序和策略非常关键。

  对 longjmp 要使用的寄存器，依据恢复顺序的逆序，把要恢复的值从当前异常帧中读取出来压入进程栈中，最后采取弹出方式依次恢复到各寄存器中。每弹出一个，栈顶寄存器中的值会相应改变。指令寄存器中的值最后弹出。最后的弹出操作不仅恢复了指令寄存器中的值，也恢复了栈顶寄存器中的值，起到一箭双雕的功效。

  注意：CPU 执行 longjmp 函数时，调用 setjmp 的活动帧在进程栈中其实早就不存在了。因为出现异常时，setjmp 的调用可能是很久以前的事了。setjmp 返回之后，调用者要做 3 项工作：①读取返回值；②释放调用 setjmp 的活动帧；③恢复模块寄存器的值。现在 longjmp 要将进程状态恢复至 setjmp 返回后的状态，于是就要认为调用 setjmp 的活动帧还存在，并给其 returnValue 这一成员变量赋值。认为调用 setjmp 的活动帧还存在，不会有什么问题，因为该位置存储的数据已失去了意义，属于被跳越和清理的内容。

  思考题 2-50：假定异常处理设置在图 2.8(a)所示的函数 α 中。一旦异常发生，那么 CPU 就会转去执行 exceptionSignalHandler 函数。在该函数中会调用 longjmp。CPU 执行 longjmp 函数时，基地址寄存器值肯定要比图 2.8(a)中的 Top 值加上指针类型的宽度还要大，为什么？

  思考题 2-51：longjmp 函数的机器代码同样有 3 段，依次为：①初始化工作段；②业务处理段；③清理和返回工作段。但清理和返回工作段不会被 CPU 执行，为什么？

  当前异常帧指针值在代码 2.24 中要用到，另外还要在异常信号处理例程 exceptionSignalHandler 中用到，见代码 2.25。代码 2.24 属于应用程序模块中的内容。而异常信号处理例程 exceptionSignalHandler 则属于支撑库中的内容。当前异常帧指针存储在哪里合适呢？首先不能存储在支撑库中的全局变量中，下面分析其原因。假设异常发生在 CPU 执行模块 θ 中代码时。在硬中断处理例程返回后，CPU 跳转去执行支撑库中的 callSignalHandler 函数。在该函数中调用 exceptionSignalhandler 函数。此时模块寄存器中的值是模块 θ 中全局变量的基地址，并不是支撑库模块中全局变量的基地址。因此，在 exceptionSignalhandler 函数中不能使用全局变量。

将当前异常帧指针存储在应用程序主模块的全局变量中也有问题。在构成应用程序的各模块中，主模块（即含 main 函数的模块）是最上层的模块。其他下层模块中也可能设置了异常处理，因此也要读写当前异常帧指针值。下层模块要访问上层模块，就得用回调函数实现。于是每个模块都要设置全局变量，用来存储回调函数的内存地址，并提供注册函数供上层模块调用。但是，就异常处理而言，在支撑库的 exceptionSignalhandler 函数中又不能访问全局变量，因此用主模块中的全局变量存储当前异常帧指针不可行。由此可知，只能将其存储在操作系统中，即给进程增加一个成员变量，用来存储当前异常帧指针。

假设异常发生在 CPU 执行模块 θ 中代码时，而异常处理设在模块 α 中。当调用 longjmp 跳转时，进程上下文恢复工作中就包含了模块寄存器值的恢复。因此，恢复后，模块寄存器中的值不再是模块 θ 中全局变量的基地址，而是模块 α 中全局变量的基地址。

当在循环语句中出现异常处理时，每次循环都会执行一次异常处理操作：创建一个异常帧，对其初始化（即保存进程的上下文至异常帧中），将其加入异常帧链中，然后再将其从异常帧链中提取出来进行销毁。每次循环并不会改变进程的上下文。也就是说，循环导致同样的事情重复执行。为了优化性能，可对包含异常处理的循环语句进行等价改造，使得异常处理操作仅执行一次。举例来说，代码 2.26 中的源程序，可等价变换为代码 2.27 中的源程序。由于将异常处理挪到了循环之外，因此一旦出现异常，便跳转至循环外，给 ret 变量赋值，见第 5 行。在第 6 行中，如果 ret 大于 0，表示返回值由 longjmp 而来，即出现了异常。此时不得不使用一个无条件 goto 语句，从循环之外跳至循环之内，见第 9 行。

代码 2.26　循环中带有异常处理的源程序示例

```
(1)    while(…)   {
(2)        …
(3)        try  {
(4)            try 块中内容;
(5)        }
(6)        catch(ExceptionDescription * e) {
(7)            catch 块中内容;
(8)        }
(9)        …
(10) }
```

代码 2.27　将异常处理挪至循环外的实现

```
(1)    ExceptionFrame * father = getCurrentExceptionFrame();
(2)    Context * context = new Context();
```

```
(3)    ExceptionFrame * frame= new ExceptionFrame( context, father);
(4)    setCurrentExceptionFrame (frame );
(5)    int ret = setjmp(frame->context);
(6)    if (ret> 0)   {
(7)       ExceptionDescription * e = (ExceptionDescription * ) ret;
(8)       catch 块中内容;
(9)       goto (14);
(10)   }
(11)   while(…)    {
(12)      …
(13)      try 块中内容;
(14)      …
(15)   }
(16)   setCurrentExceptionFrame (frame->father );
(17)   delete frame->context;
(18)   delete frame;
```

思考题 2-52：异常处理的开销包括存储开销和计算开销,具体有哪些？开销大不大？被 CPU 频繁执行的代码中,最好不要出现异常处理。这种观点正确吗？为什么？底层支撑库中的函数通常是被频繁调用的函数,因此在底层支撑库中最好不要出现异常处理。这种观点正确吗？请说明理由。程序设计中,应把注意力重点放在避免异常上,而不是放在异常处理上,这种观点正确吗？对于 API 函数的返回值,要不要考虑执行成功与否的问题？请举例说明有哪些 API 函数考虑了此问题。在使用变量前,先检查其值是否在边界范围内,是不是避免异常的一个重要手段？

2.12.3　异常处理的应用

异常处理能用来解决很多应用问题。例如,对于 2.2 节中的命令提示符程序 cmd(其实现见代码 2.1),其功能是：等待用户键盘输入命令行,即要执行的程序文件名,然后调用其中的 main 函数。假定现在用 cmd 运行程序 A。当程序 A 中包含无限循环代码时,调用程序 A 的 main 函数后(见代码 2.1 中第 10 行),就永久不会返回。此时用户便不能再和 cmd 交互了。无限循环代码出现在很多应用程序中,例如 cmd 程序本身就包含无限循环代码(见代码 2.1 中第 5~11 行的 while 语句)。为了使 cmd 程序不至失控,用户可以按 Ctrl＋C 组合键,以此打断程序 A 的执行,使 CPU 跳转去执行代码 2.1 中第 10 行后面的代码,即进入下一轮 while 循环。于是用户又可和 cmd 程序交互了。这个应用功能就可通过异常处理实现。

要使 cmd 程序在用户按 Ctrl＋C 组合键时,回到与用户交互的状态(即键盘输入状态),需要做两件事情。第一件事情是对代码 2.1 中第 10 行代码加上异常处理。加上异常处理的第 10 行如代码 2.28 所示。其含义是：在调用 main 函数的过程中,一旦触发异常,就跳转去执行 catch 块中代码,即输出异常描述。异常处理结束后进入下一轮 while 循环。第二件事情是在键盘输入中断处理例程中,检查键盘输入内容是否为 Ctrl＋C 组合键。如果是,就将其视作一个异常事件,给当前进程(这里指运行 cmd 程序的进程)触发一个异常信号。信号 id 标识信号的类别。操作系统定义了一些信号 id,也在支撑库中提供了这些信号的处理例程,以便对进程实施诸如结束进程之类的操控。异常信号的 id 就在其列。

代码 2.28　对 main 函数调用加上异常处理

```
(1)  try {
(2)    * appMain(argc, argv);
(3)  }
(4)  catch (void * exceptionDescription) {
(5)    print("%s\n", (char *)exceptionDescription);
(6)  }
```

异常处理也在数据库服务器中用来处理用户的 SQL 请求。数据库服务器采用 while 无限循环方式处理用户的 SQL 请求,每一轮 while 循环处理一个 SQL 请求。在执行用户的一个 SQL 请求之前,要进行一系列的合法性检查。这些检查包括:SQL 语法检查,对象存在检查,数据完整性检查,安全性检查。只有所有检查通过之后,SQL 才会被执行。如果某项检查通不过,随后的检查和 SQL 执行便被跳过,进入下一轮 while 循环。这种业务特性与异常处理相吻合。应用异常处理能使代码非常简洁,逻辑清晰。SQL 请求的处理如代码 2.29 所示。

代码 2.29　异常处理在数据库服务器中的应用示例

```
(1)  try {
(2)    if (SQL 语句有语法错误)
(3)      throw(190, "语法错误代码,详细说明");
(4)    if (SQL 语句中表名和字段名在数据库中不存在)
(5)      throw(191, "对象不存在错误代码,详细说明");
(6)    if (SQL 语句的权限检查不通过)
(7)      throw(192, "无权限错误代码,详细说明");
(8)    if (SQL 语句是更新操作)  {
(9)      if (SQL 语句是 UPDATE 或者 DELETE 操作)
(10)       执行相应查询操作,获取要修改的数据行,或者要删除的数据行;
(11) SELECT * FROM trigger INTO bind_trigger WHERE operation = @operation_type
     AND obj_table = @obj_table ORDER BY type;
(12)     if (bind_trigger 中有 BEFORE 类型触发器)
(13)       依次执行 bind_trigger 中的每个 BEFORE 类型触发器中的代码;
(14)     if (bind_trigger 中有 INSTEAD OF 类型触发器)
(15)       依次执行 bind_trigger 中的每个 INSTEAD OF 类型触发器中的代码;
(16)     else
(17)       执行用户请求的 SQL 语句;
(18)     if (bind_trigger 中有 AFTER 类型触发器)
(19)       依次执行 bind_trigger 中的每个 AFTER 类型触发器中的代码;
(20)   }
(21)   else
(22)     执行用户请求的 SQL 语句;       //请求为查询语句
(23) }
(24) catch (exception * e)    { … }
```

SQL 请求的合法性规则定义中,很多并没有返回值概念。例如,表达数据完整性的触发器中,就没有返回值概念。还有一些合法性规则定义放在存储过程中,存储过程也没有返回值概念。这种情形为上述合法性检查的编程实现带来了困难。如果采用 if 分支语句控制，由于触发器和存储过程没有返回值，因此无法进行逻辑判断。即使能使用 if 分支语句，也会因为分支多，嵌套深，关系复杂，不同规则在不同函数中处理等问题，使得程序员很难准确把握，极容易弄错。如果采用异常处理方式，规则的定义就只有一条准则，那就是：SQL 请求不合法时就调用抛出异常的 API 函数，不用担心流程控制问题。

代码 2.30 给出了一个触发器的定义。其含义为：向 student 表中添加一行记录时，其学号字段值不能与表中已有记录的学号重复。其中第 5 行代码的含义是：从 student 表中查找行记录，其条件是学号字段值等于要添加行的学号字段值。如果查询结果不为空，就表示新添加的行不合法，于是调用 throw 函数抛出一个异常。其中第一个实参 200 是指异常序号，而第 2 个实参则是异常的描述。这个触发器会在代码 2.29 的第 13 行执行。当异常被抛出时，随后的代码都会被跳越，转去执行代码 2.29 的第 24 行代码。

代码 2.30　触发器定义示例

```
①    CREATE TRIGGER insert_row_on_student
②    BEFORE INSERT ON student
③    REFERENCING NEW ROW AS new
④    FOR EACH ROW
⑤    WHEN (EXIST SELECT studentNo FROM student WHERE studentNo=@new.studentNo)
⑥        throw(200, @new.studentNo + '在学生表中已经存在');
```

从上述应用举例可知，异常处理也可用来动态控制程序的执行流。只要给进程触发一个异常信号，就会打断它的当前执行流，让 CPU 跳转去执行 catch 块中代码。一个进程既可为自己触发一个异常信号，也可为其他进程触发一个异常信号。在硬中断处理例程中，也可给一个进程触发一个异常信号。在代码 2.29 和代码 2.30 中，就是一个进程给自己触发一个异常信号的例子。

思考题 2-53：抛出异常的函数为 throw，能不能给出其实现？给自己抛出一个异常信号时，能不能直接调用 exceptionSignalHandler 函数？

2.13　本章小结

计算任务体现在程序中，程序由代码和数据两部分组成。代码为指令序列；程序被 CPU 执行一趟，相应的计算任务也就得以完成。一个计算任务的完成，通常涉及与外设的交互，以及人机交互等内容。构成计算机的各个组件在响应速度上存在很大差异。CPU 在执行程序的过程中，下达操作指令后，通常并不能马上得到响应结果。从下达操作指令后至得到响应结果这段时间，CPU 处于空闲状态。为了充分利用 CPU 资源，可以让 CPU 跳转去执行另一计算任务。一旦响应结果就绪，再让 CPU 跳转回来处理响应结果，这就是多任务并发执行的由来。程序的运行实例被称作进程。当多个进程并发执行时，计算机上的资源就被多个进程共享。

进程中的关键概念为下一条要执行的指令。每个进程都有自己的下一条要执行的指令。进程在起始状态，其下一条要执行的指令就为程序 main 函数的第 1 条指令。多任务并发执行通常采用时分多路复用策略。具体来说，就是将时间划分成时间片，CPU 在一个时间片中执行一个进程,在下一时间片执行另一个进程,所有进程被 CPU 轮流执行。CPU 正在执行的进程被称为当前进程。对于当前进程,在其下一条要执行的指令所需条件尚不满足时,就主动放弃 CPU,执行进程切换,让 CPU 跳转去执行另一个已就绪的进程,这就是多进程并发执行的具体情形。

操作系统是计算机资源的管理者,应用程序则是资源的客户。应用程序通过调用操作系统提供的 API 函数与操作系统交互。操作系统中维护的数据为共享数据,被所有进程共享。计算机有中断机制:每触发一次硬中断,CPU 就会去跳转执行硬中断处理例程。硬中断处理例程返回之后,CPU 再次跳转,继续执行被中断的进程。对操作系统中共享数据的访问,不仅有进程,还有硬中断处理例程,因此存在访问冲突的问题。保障数据一致性和正确性的一种策略是:在 CPU 执行中断处理例程期间,屏蔽硬中断。

可执行文件和库文件统称为模块。模块包含代码和数据两部分。模块共享是指代码和常量数据的共享。模块中的可变数据是指程序中的全局变量和静态变量,并不共享,而是每个进程各有自己的一份。模块共享中存在运行时的实际被加载地址与编译时预设的加载地址不一致问题,这种不一致有两个层面:①模块中只读部分(即代码部分与数据中的常量部分)不一致;模块中可读写部分(即可变数据部分)不一致。为了解决模块共享中遇到的问题,相对寻址能使模块内的引用与模块在内存中的实际被加载地址无关。间接寻址则能解决跨模块的引用在编译时的不确定问题。数据在运行时的动态分配则能使代码可重入:不同进程尽管执行同一代码,但所操作的数据互不相同,彼此不搭界。

进程之间的交互有信号方式和消息方式。信号方式把启动信号处理放在优先位置,会导致一个进程有多条执行流,带来全局变量的访问冲突问题。在消息方式中,消息由应用程序自己提取和处理,能保障一个进程只有一条执行流,于是也就消除了全局变量的访问冲突问题。有了消息方式,并不意味着可取消信号方式。对于需紧急且优先处理的事情,例如异常,还是要以信号方式处理。由于硬中断处理例程是独立的执行流,它和进程之间的交互自然可统一到进程与进程之间的交互中。一个进程要给另一进程触发信号或者发送消息,需要知道对方的进程 id。进程之间有关系。进程 A 创建了进程 B,那么它们就成了父子关系,创建进程时的返回值就为子进程的 id,因此父进程知晓子进程的 id。

习题

1. 将类的实例对象创建在堆中,为垃圾回收提供了支持。应用程序调用堆管理器提供的 API 函数为对象申请内存空间。堆管理器记录了每个对象的起始地址和大小。程序对堆中的对象不能直接访问,必须通过指针才能访问到。因此,程序能直接访问到的可变数据只有局部变量、全局变量、静态变量、形参。如果这 4 类中的变量为一个对象指针变量,那么通过该变量就能访问到它所指的对象。对可访问到的对象,如果其成员变量是指针变量,那么它所指的对象也是可访问到的对象。以此类推,便可找出所有可访问到的对象。

垃圾自动回收的实现其实并不复杂,就是先检查上述 4 类变量,看哪些是对象指针变量,如果其值不为 0,表明它指向某个对象。其所指对象为可访问到的对象。然后顺藤摸瓜,便能找出所有可访问到的对象。对于堆中的所有对象,标识出其中可访问到的对象后,剩下的对象便是不可访问到的对象,即垃圾,应该回收,释放其所占内存。

假定没有全局变量和静态变量,而且已知每个函数的形参和局部变量在内存中的布局,也就是说,每个函数的 id,以及它的每个形参和每个局部变量相对于函数基地址的偏移量(即相对地址),以及类型是否为对象指针,这些信息都为常量,记录在表 functionDefinitionList 中。

运行时的局部变量和形参全部分配在进程栈中,为了标识出栈中每个局部变量和形参的起始地址以及它的数据类型,需要跟踪运行时的函数调用关系。假定跟踪信息记录在 functionCallList 中,表中元素为函数 id,当前函数的 id 在表尾,其基地址存储在基地址寄存器(baseAddrRegister)中。

对于每个类,给它增加一个成员变量,而且将其作为第一个成员变量,该变量名为 classId。对于每个类的 id,它的每个成员变量的相对地址(即偏移量),以及类型是否为对象指针,这些信息也都为常量,记录在表 classDefinitionList 中。

在垃圾回收时,除了进程栈中的局部变量和形参外,还要检查进程信号事件表 signalEventList 中的信号对象,以及消息表 messageList 中的消息对象。其中的信号对象和消息对象是进程还未处理的数据,自然是随后要用到的数据,属于可访问到的对象。

请基于 2.8.6 节所述函数调用的实现和局部变量的存储分配方案,写出垃圾回收中可访问到的对象标识算法。注意:对于一个对象,其指针可能存储在多个地方,因此顺藤摸瓜时,要防止出现重复标记,以免出现回环。

2. 进程对象在操作系统中也叫进程控制块(Process Control Block,PCB),记录的信息分为 3 部分:①代码信息,即构成应用程序的各个模块在内存中的加载信息,其中每个模块有 2 个加载信息,一个是只读部分(即代码和字符串常量)的被加载地址,另一个是可读写部分(即全局变量和静态变量)的被加载地址;②数据信息,有存储局部变量的栈,存储对象的堆,存储信号处理的 signalHandlerList、signalEventList,以及存储消息的 messageList;③运行状态信息,即上下文信息,也就是寄存器值。请查阅资料,看这些信息在 PCB 中分别取什么名字?

Linux 操作系统提供了进程克隆的 API 函数 fork。调用 fork 函数克隆出的新进程为调用进程的子进程。对于子进程,该函数的返回值为 0;对于调用进程,该函数的返回值为子进程的 id。两个进程共享模块的只读部分(即代码和字符串常量),可读写部分则各有自己的一份,栈和堆也是如此。在操作系统内核中,fork 函数的实现其实不复杂,就是对调用者,也就是全局变量 currentProcess 所指的进程对象,复制一份,然后将其添加到进程表 processList。复制之后,对克隆出的进程对象,首先修改进程 id 这个成员变量的值,因为该成员变量的值起着标识进程的作用。能否写出该函数的实现代码?

在 C 语言中,setjmp 和 longjmp 函数的返回值赋给了同一变量,这种情形与 fork 有什么联系和差异?Linux 操作系统也提供了创建进程的 API 函数。请查阅资料,找出其与 fork 的联系和差异。

3. 在代码 2.31 所示源程序中,第 2 行的含义为调用操作系统提供的 API 函数 getProcessId,获取自己的进程 id。第 4~12 行的含义是由主进程调用 fork 函数,克隆出 3 个子进程。在该代码中,为什么 3 个子进程都不会调用 fork 函数?第 1 个子进程被创建之后,它便知道父进程的 id,因为它存储在 processIdArray[0]变量中,正确吗?第 2 个子进程被创建之后,它便知道父进程和第 1 个子进程的 id,为什么?第 3 个子进程被创建之后,它便知道父进程,第 1 个和第 2 个子进程的 id,为什么?

代码 2.31　路由器的实现

```
(1)     int processIdArray[4] = {0, 0, 0 , 0};
(2)     processArray[0] = getProcessId( );
(3)     int processIndex = 1;
(4)     int processId = fork( );
(5)     while( processId > 0 )   {
(6)         processIdArray[processIndex] = processId;
(7)         processIndex++;
(8)         if (processIndex < 4)
(9)             processId = fork();
(10)        else  {
(11)            processIndex = 0;
(12)            break;
(13)        }
(14)    }
```

执行完这段代码后,主进程和由它克隆出的 3 个子进程,它们的 processIndex 值依次分别为 0,1,2,3,为什么? 每个进程的 processIndex 值,表示了自己在 4 个进程中的排位,于是也就知道自己该负责做哪部分工作。例如,假定 4 个进程的计算任务是对 n 维矩阵相乘做并行处理,那么每个进程负责 1/4 的工作,基于 processIndex 值知道自己负责哪一个 1/4。

第 3 章

分布式计算

单机计算中的核心问题是多任务并发执行以及随之而来的资源共享,为此将程序代码结构化成操作系统和应用程序两部分。其中操作系统扮演资源管理者角色,充当服务器,而应用程序充当客户角色。应用程序与操作系统之间的交互采用 C/S 模式,以函数调用方式实现。分布式计算由单机计算演进而来,自然是传承与光大的辩证统一,也可说成变与不变的辩证统一。不变性表现在共享模式上,都采用客户/服务模型,都采用 C/S 交互模式,都以函数调用方式实现。变化性表现在共享边界被扩展和延伸,即共享范围不再仅限于本机,还扩展到了其他计算机。在分布式计算中,资源共享表现为两个运行在不同计算机上的进程之间的交互,其中一个进程充当服务器,另一个进程充当客户。

在分布式计算中,服务方提供的服务依旧以 API 函数形式开放给客户,客户方则依旧以调用 API 函数的方式访问服务。由于服务方和客户方并不是在一台计算机的内存空间中,因此必须在两端都增添一个中介。具体来说,就是在客户端增添一个代理,在服务端增添一个存根。代理和存根都是中介函数。代理在客户端充当服务的中介,被客户调用。而存根则在服务端充当客户的中介,去调用服务函数。代理作为中介要做的事情为:①把客户的请求,包括函数 id 和要传递的实参,打包传递给服务方;②把收到的响应结果解包成返回值返回给客户。存根作为中介也如此,先将请求解包成实参,然后对返回值打包传递给客户方。跨计算机边界的函数调用也叫远程过程调用,其实现将在 3.1 节详细讲解。

在分布式计算中,客户方要通过网络把请求传递给服务方,服务方也要通过网络把响应结果传递给客户方。服务方和客户方都通过网络连接发送和接收数据。网络连接是操作系统提供的服务概念。一个网络连接有 4 个标识属性:己方的 IP 地址、端口号,对方的 IP 地址、端口号。在一台计算机上,一个端口号只归属一个进程。因此,网络连接标识了通信双方的进程。网络传输相当于现实生活中的快递物流。要传递的内容被打包成 IP 数据包,即附加上了网络连接的 4 个标识属性。一个 IP 数据包是如何通过层层中转从发送进程到达接收进程的呢?其中又会面临哪些问题?网络传输的实现将在 3.2 节详细讲解。

分布式计算中,服务器拥有的资源为共享资源,被多个客户共享。对于共享数据,当多个客户同时对其访问时,有访问冲突问题,导致数据不一致和不正确。另外,客户的请求可能涉及对多个数据进行更新,要求服务器以原子方式处理。例如银行转账就是如此,假设客户的请求是从账号 1 上转 300 元至账号 2 上,该请求涉及对账号 1 上的余额做减 300 的处理,再对账号 2 上的余额做加 300 的处理。服务器必须将这两项更新操作作为一个整体处理,不允许因为故障问题导致仅一项操作被执行,为此引入事务概念。客户可将其请求定义为一个事务,要求服务器以原子方式处理。对客户请求,服务器通过并发控制避免访问冲突，通过事务处理保障执行的原子性。并发控制和事务处理分别在 3.3 节和 3.4 节详细讲解。

有些服务器是由多个实体服务器以邦联方式组合而成的。例如，银联服务器就是由各大商业银行的服务器组合而来，其中商业银行的服务器叫实体服务器，也叫成员服务器。对于跨行转账这类客户请求，银联服务器会将一个事务分解成两个子事务，然后分别提交给其属下的两个成员服务器处理。银联服务器处理客户的事务请求，依旧要求具有原子性。两个子事务分别由两个成员服务器处理，可能出现一个成功，另一个不成功的情形。现假定成员服务器 A 处理成功，成员服务器 B 处理不成功，如果出现此情形，银联服务器会要求成员服务器 A 执行撤销处理。只有这样，才能使得跨行银行转账这一事务的处理具有原子性。分布式事务处理中的数据一致性将在 3.5 节详细讲解。

3.1 跨机器边界的函数调用

程序中最基本的交互方式为函数调用。函数调用中有调用者和被调函数两个概念。调用者和被调函数可以在同一个模块中，这种函数调用称为模块内的函数调用。调用者和被调函数也可以在同一进程的不同模块中，这种函数调用称为跨模块边界的函数调用。调用者和被调函数还可以在不同计算机中，这种函数调用称为跨机器边界的函数调用。函数调用是最基本的交互形式，调用者要知道被调函数的内存地址，要给被调函数传递实参，以及返回地址。被调函数则要获取实参，给调用者传递函数返回值并返回。当对这些事情做出明确规定时，便可使得两者既相互独立，又可对接交互，即两者构成邦联式系统。有关函数调用的规定被称为函数调用规范。

从编程视角看，函数的实现方被称作服务提供方，函数的调用方被称作客户方。函数定义是服务提供方与客户方之间的契约。实施流程是：服务提供方首先定义函数，并对其提供实现，然后将函数定义和函数实现发布给客户方。对于函数的实现，编译器在编译时能基于函数定义，生成对应的实参和返回地址获取代码，返回值传递代码，以及函数返回代码。服务提供方给客户方的函数实现，可以是源程序文件，也可以是编译后的可执行文件，还可以是中间代码文件。服务提供方给客户方的函数定义通常放在头文件中，例如在 C 和 C++ 语言中，函数定义放在以 .h 为扩展名的头文件中。

客户方把头文件引入源程序文件中，便可在源程序中调用头文件中定义的函数。编译器在编译客户方代码时，能基于函数的定义生成函数调用代码，其中包括实参和返回地址的传递代码，返回值的获取代码。编译器还能基于函数的定义知晓函数调用的类型，然后做相应处理。函数调用有模块内的函数调用和跨模块边界的函数调用两种类型。如果是跨模块边界的函数调用，就要在生成可执行文件时将外部函数所在的模块文件名，以及函数名填入导入地址表，并使用间接寻址方式跳转到被调函数。如果是模块内部的函数调用，则以相对寻址方式跳转到被调函数。函数调用的实现已在 2.8 节讲解。

3.1.1 远程过程调用

对于跨机器边界的函数调用，为了保持函数调用原有模式的不变性（即前向兼容性），需要引入代理和存根两个概念。在客户方机器上，调用者调用的是代理函数。在服务方机上，由存根调用被调函数。代理和存根则通过网络连接交互。代理函数起着中介的作用。从客户方看，代理函数和被调函数没有任何差异，因此跨机器边界的函数调用对客户方透明。代理函数要做的事情就是发挥中介作用，把调用方传递来的实参进行打包处理，然后中转给服务方的存根，再把存根送来的响应结果做解包处理，返回给调用者。存根在服务方，代理调用者去调用被调函数，然后对返回值做打包处理，中转给代理。具体来说，就是对代理送来的实参包做解包处理，然后调用被调函数，再对返回值进行打包处理，中转给代理。

对于跨机器边界的函数调用，代理和存根之间以网络连接为信道进行交互。如果调用方和被调方所在机器不同构，在打包中还要对数据做翻译处理。其原因是：对于整数和实数之类的数据，在二进制表达上不同型号的计算机有不同的方式。例如，在 32 位机器上，一个整数用 4 字节存储，而在 64 位机器上，一个整数则用 8 字节存储。因此，数据在不同构的机器之间传输，不能采用内存复制方式。发送数据时，先要将内存对象翻译成标准表达方式。对接收的内容，也要做翻译，将其转换成自己的内存对象。对于整数和实数之类的数据，Web 以 XML 文本作为标准表达方式。

跨机器边界的函数调用也叫**远程过程调用**（Remote Procedure Call，RPC）。其中要解决的核心问题是：针对机器之间传递的数据包，就其构成和格式制定标准。有了标准，服务方就能解析客户方的请求数据包。反之亦然，客户方就能解析服务方的响应数据包。于是，服务方和客户方两者既相互独立，又能对接交互。Web 针对此问题，制定了 Web Service 标准，其中包含 3 个子标准，分别是简单对象访问协议（SOAP），Web 服务定义语言（WSDL），以及服务发布和发现接口（UDDI）。在跨机器边界的函数调用中，如何将内存中的对象打包传输，SOAP 给出了详细规定。有了 SOAP，编译器就能基于函数定义，知道如何生成数据打包代码，以及数据解包代码。

对于给定的函数定义，其代理和存根的功能既明确又具体。因此，对于一个给定的函数，其代理和存根无须程序员编程实现，完全可由编译器自动为其生成源代码。由于指针的作用域仅限于进程内，因此在对实参或者返回值进行打包处理时，不能传递指针，必须传递指针所指的对象。当对象的成员变量也为指针类型时，还要传递指针所指的对象。由此可知，对于指针变量，赋初值十分重要。当其值为 0 时，表明是空指针。当其值不为 0 时，表明它指向一个对象。存根在解析请求包时，要创建实参对象，并对其成员变量赋值，构造出服务方的实参对象，用其调用被调函数。代理在解析响应包时，也是如此，构造出客户方的返回值对象，然后将其返回给调用者。

下面举例说明远程过程调用的具体实现。假定服务方定义了一个求多边形面积的函数 area。该函数的形参只一个，为 polygon，类型为 Polygon 类指针。该函数返回值的类型为 double。服务方先创建一个 area.h 文件，其内容只一行：

```
double _declspec(dllexport) _cdecl area(Polygon * polygon);
```

其中，_declspec(dllexport)和_cdecl 都是编译指示信息。declspec 是 declare specification 的缩写。_declspec(dllexport)的含义是：编译器在编译该函数的实现时，要生成的目标文件类型为动态链接库，而且要在其头部创建导出地址表，将 area 函数添入其中。也就是说，area 函数是一个对外开放，供外部调用的函数。_cdecl 的含义是：编译器按照 C 语言的函数调用规范生成获取实参，获取函数返回地址，以及传递返回值的代码。

服务方要做的第二件事情是：创建一个 area.cpp 文件，提供 area 函数的实现。在该文件的开始部分，要有一行：♯include "area.h"，把函数定义引入源程序文件中。实现 area 函数之后，对其编译链接，生成 area.dll 文件，即动态链接库文件。

服务方发布给客户方的服务程序，其目录中应包含 4 个子目录，分别是 head，origin，proxy 和 stub，分别存放头文件，函数实现文件，代理文件和存根文件。要发布给客户方的头文件名称还是 area.h。其内容中要把 dllexport 改为 dllimport。修改后的函数定义为

```
double _declspec(dllimport) _cdecl area(Polygon * polygon);
```

将 dllexport 改为 dllimport 的原因是：客户方编程时是调用 area 函数，因此客户方要告诉编译器，area 函数是一个来自外部模块的函数，需要导入进来。生成二进制可执行文件时，要在其头部创建导入地址表，并将 area 函数添入其中。生成调用 area 函数的机器指令时，要以间接寻址方式调用外部函数 area。

服务方要做的第三件事情是：用编译器为 area 函数自动生成代理和存根的源代码文件。设代理和存根的源代码文件名分别为 areaProxy.cpp 和 areaStub.cpp，其内容分别如代码 3.1 和代码 3.2 所示。前面已经讲了，代理和存根的功能明确且具体，其源代码完全可以由编译器自动生成。

代码 3.1　由编译器根据函数定义自动生成的代理源代码

```
(1)    include <rpc.h>
(2)    double _declspec(dllexport) _cdecl area(Polygon * polygon)   {
(3)      string connectInfo = getConnectInfoFromConfigure( );
(4)      Connect * connect = createNetworkConnection((connectInfo);
(5)      RequestPackage * requestPackage = new RequestPackage (RPC_REQUEST );
(6)      requestPackage->setOperationIndicator(GET_MACHINE_MODEL);
(7)      ResponsePackage * responsePackage = connect.Request(requestPackage);
(8)      bool homogeneous = FALSE;
(9)      if (isHomogeneous(responsePackage->getResult())
(10)        homogeneous = TRUE;
(11)     requestPackage->clear( );
(12)     requestPackage->setOperationIndicator(RPC_CALL);
(13)     requestPackage->setDllName("areaStub.dll");
(14)     requestPackage->setFunctionName("areaStub");
(15)     ParameterPackage * parameterPackage = new ParameterPackage(homogeneous);
(16)     Parameter * parameter = new Parameter();
(17)     if (homogeneous )
(18)        polygon->serializeInBinary(parameter));
(19)     else
(20)        polygon->serializeInText(parameter));
(21)     parameterPackage->addItem(parameter);
(22)     requestPackage->setParameterPackage(parameterPackage);
(23)     responsePackage = connect.Request(requestPackage);
(24)     ParameterPackage * returnPackage = responsePackage->getParameterPackage();
(25)     homogeneous = returnPackage->getHomogeneousFlag();
(26)     Parameter * returnParameter = returnPackage->getFirstItem();
(27)     if (homogeneous)
```

```
(28)    return Double.deserializeInBinary(returnParameter);
(29)  else
(30)    return Double.deserializeInText(returnParameter);
(31) }
```

代理要做 6 项事情。首先是从系统配置文件中读取网络连接信息,即服务器的 IP 地址,端口号,登录的账号名和密码,如代码 3.1 第 3 行所示。第 2 项事情是与服务器建立起网络连接,如第 4 行所示。第 3 项事情是获取服务器的机器型号信息,然后判断自己的机器型号与服务器型号是否同构,如第 6～10 行所示。如果同构,那么在打包实参时就可采取内存复制方式。如果不同构,那么在打包实参时就要进行翻译,将其转换成文本。第 4 项事情是构建请求数据包,如第 11～22 行所示。请求数据包中的数据项包括动态链接库文件名、存根函数名、要传递的实参。第 5 项事情是向服务器发送 RPC 请求,得到响应结果,如第 23 行所示。最后就是把响应结果转换成返回值,如第 24～26 行所示。

代码 3.2 由编译器根据函数定义自动生成的存根源代码

```
(1)  include <rpc.h>
(2)  include "area.h"
(3)  ParameterPackage * _declspec(dllexport) _cdecl areaStub(ParameterPackage
     * parameterPackage)   {
(4)    Polygon * polygon = new Polygon();
(5)    bool homogeneous = parameterPackage->getHomogeneousFlag();
(6)    Parameter * parameter = parameterPackage->getFirstItem();
(7)    if (homogeneous )
(8)      polygon->deserializeInBinary(parameter);
(9)    else
(10)     polygon->deserializeInText(parameter);
(11)   double result = area(polygon);
(12)   ParameterPackage * returnPackage = new ParameterPackage(homogeneous);
(13)   Parameter * returnParameter = new Parameter();
(14)   if (homogeneous)
(15)     Double.serializeInBinary( result, returnParameter ));
(16)   else
(17)     Double.serializeInText(result, returnParameter));
(18)   returnPackage->addItem(returnParameter);
(19)   return returnPackage;
(20) }
```

编译和链接代理源程序文件 areaProxy.cpp,生成动态链接库文件 areaProxy.dll,然后将其复制到发布目录的子目录 proxy 下,再将其名称改为 area.dll。代理的函数名与原函数一样,其动态链接库文件名与源函数动态链接库文件名也相同,于是对于客户方来说,其源代码中调用 area 函数时,并不区分是调用原函数还是代理。客户应用程序示例如代码 3.3 所示。设客户源程序文件名为 client.cpp,对其编译、链接,指定链接 area.dll 库文件,生成 client.exe 文件。

代码 3.3 客户应用程序示例

```
(1)  include <stdio.h>
(2)  include "area.h"
```

```
(3)    int main( int argc,char **argv)    {
(4)        Polygon * polygon= new polygon();
(5)        polygon->addPoint(new Point(1,2));
(6)        polygon->addPoint(new Point(20,36));
(7)        polygon->addPoint(new Point(30,9));
(8)        double a = area(polygon);
(9)        printf("area = %f6.2",  a);
(10)       return 1;
(11)   }
```

在用户机器上安装客户应用程序 client.exe 时,有两种配置方式:①本地调用 area;②远程调用 area。如果选用第 1 种配置方式,将 client.exe 文件以及 area 发布目录的 origin 子目录下的 area.dll 文件复制到客户应用程序安装目录 c:\client 下,便完成了安装配置。如果选用第 2 种配置方式,就将 client.exe 以及 area 发布目录的 proxy 子目录下的 area.dll 文件和 area.fig 文件复制到客户应用程序安装目录 c:\client 下,再在 area.fig 文件中配置远程服务器的 IP 地址、端口号 port、登录用户名 user、登录密码 password 这 4 个参数。

由此可知,客户方程序运行时是本地调用 area 还是远程调用 area,不是程序设计开发问题,而是安装配置问题。由于原函数和它的代理有相同的函数名,归属的动态链接库文件名也相同,因此它们的差异对客户应用程序透明。如果含代理的 area.dll 被复制,那么 client.exe 运行时表现为远程过程调用。如果含原函数的 area.dll 被复制,那么 client.exe 运行时表现为本地过程调用。

远程过程调用时,代理要与服务器建立网络连接,因此连接信息的设置也是应用程序安装配置的工作之一。在发布目录的子目录 proxy 下,还要有一个 area.fig 文件,记录网络连接的配置参数:IP 地址、端口号、登录用户名和登录密码。安装客户程序 client.exe 时,如果采用远程过程调用方式,那么除复制代理文件 area.dll 外,还要将 area.fig 复制到 C:\client 目录下,然后设置其配置参数。代理的源代码中第 3 行调用 getConnectInfoFromConfigure 函数,其功能就是从 area.fig 文件中读取连接参数。

RPC 服务器的实现如代码 3.4 所示。其工作流程是:等待客户方的 RPC 请求,然后处理请求,再把响应结果发送给客户方。请求只有两种:一种是获取服务器的机型信息;另一种是 RPC 请求。对于 RPC 请求,其请求包中包含了 3 项内容:动态链接库文件名、函数名、实参包。处理 RPC 请求的第 1 项工作是检查动态链接库文件是否已经被加载到服务器进程的内存空间中。如果还没有加载,就要将其从磁盘加载至内存中,然后获取被调函数的内存地址,再调用被调函数。

代码 3.4 RPC 服务器 RpcServer.cpp 的实现

```
(1)    typedef ParameterPackage * (*pFunc)( ParameterPackage *)  StubFunction;
(2)    int RpcServer(Connect * connect )    {
(3)        ResponsePackage * responsePackage = new ResponsePackage (RPC_RESPONSE );
(4)        StubFunction stub;
(5)        while (1)    {
(6)            RequestPackage * requestPackage = WaitforRpcRequest( );
(7)            if (requestPackage->getOperationIndicator() == GET_MACHINE_MODEL)
(8)                responsePackage->setResult( getMachineInfo() );
```

```
(9)         else {
(10)            String dllName = requestPackage->getDllName();
(11)            String functionName = requestPackage->getFunctionName();
(12)            ParameterPackage * parameterPackage =  requestPackage->
                getParameterPackage();
(13)            stub = getStub(dllName, functionName);
(14)            ParameterPackage * result = stub(parameterPackage);
(15)            responsePackage->setParameterPackage(result);
(16)        }
(17)        connect->Reponse(responsePackage);
(18)    } //while
(19) }
```

RPC 服务器不能直接调用被调函数，只能调用被调函数的存根。其原因是：对于服务器来说，被调函数在形参个数、类型、顺序，以及返回值上呈现出多样性，服务器无法调用它们。存根则不一样，任何被调函数的存根都具有一致性，都是只带一个类型为 ParameterPackage * 的形参，其返回值的类型也为 ParameterPackage *。通过存根实现了多样性与一致性的统一。多样性表现在被调函数上，一致性体现在存根上。存根要做的事情就是创建实参对象，使用实参包对其成员变量赋值，然后调用原函数，再对返回值打包，返回给被调用者，如代码 3.2 所示。

对于 area 函数，其存根源程序文件 areaStub.cpp 中的内容如代码 3.2 所示。对 areaStub.cpp 进行编译、链接，生成动态链接库文件 areaStub.dll，然后将其复制到发布目录的子目录 stub 下。假设 RPC 服务器 RpcServer.exe 的安装目录为 C:\RpcServer，那么安装被调函数 area，就是将存根文件 areaStub.dll 以及原函数文件 area.dll 复制到 C:\RpcServer 目录下。于是服务器程序能基于存根动态链接库文件名将其加载至内存中，然后得到存根函数的内存地址，并调用存根函数 areaStub。

将一个文件加载至内存，如果只给出了文件名，没有给出其目录路径，那么操作系统到哪里找这个文件呢？操作系统所定方案为：先到应用程序的当前目录中找，如果没有找到，再到环境变量 PATH 所指的目录路径中找。如何还是没有找到，就报文件找不到的错误。当创建一个进程运行 C:\RpcServer\RpcServer.exe 文件时，那么该进程的当前目录便为 C:\RpcServer。因此，安装配置 areaStub.dll 时，要将其和原函数文件 area.dll 复制到 C:\RpcServer 目录下。

思考题 3-1：代码 3.2 所示存根源代码第 2 行的 area.h 中，第 1 个编译指示器应该是 dllimport，而不是 dllexport，为什么？

思考题 3-2：代码 3.4 所示 RPC 服务器源代码第 13 行调用了 getStub 函数，能否给出其实现？

在存根函数 areaStub 中，要调用原函数 area。原函数 area 在 area.dll 文件中。由于存根函数 areaStub 依赖于原函数 area，因此在 areaStub.dll 的导入地址表中，有一项是 area 函数，所属动态链接库文件名为 area.dll。于是，在加载 areaStub.dll 至服务器进程的内存空间之后，还会基于 areaStub.dll 的导入地址表中的内容加载 area.dll。加载完 area.dll 之后，会基于其导出地址表中的 area 项，得到 area 函数的内存地址，然后将其填写至 areaStub.dll 的导入地址表中的 area 项。这就解决了跨模块边界的函数调用中的函数定位问题。

注意：代理在对实参进行打包传递时，凡是指针类型的变量，打包的不是指针，而是所指的对象。例如上述 area 函数，只有一个形参，其类型为 Polygon *。其定义如代码 3.5 所示。假定要传递的实参中含有 3 个点：(1,2)，(20,36)，(30,9)。当以 JSON 格式打包该实参时，所得的 JSON 内容如代码 3.6 所示，其中大括号中的内容为一个对象。对于诸如 int 之类的基本数据类型，其实例对象则省去大括号，例如"int"：1,2，表示两个 int 类型的实例对象，一个为 1，另一个为 2。

代码 3.5 类 Polygon 的定义及其所依赖类的定义

| class Point {
  int x, y;
} | classPointItem {
  Point * point;
  PointItem * next;
} | classPointList {
  PointItem * head;
} | class Polygon {
  PointList * pointList;
} |

代码 3.6 以 JSON 格式打包出的实参示例

```
"Polygon": {
    "PointList ": {
        "PointItem ": {
            "Point ": {
                "int":1,2
            }
            "PointItem ": {
                "Point ": {
                    "int":20,36
                }
                "PointItem ": {
                    "Point ": {
                        "int":30,9
                    }
                    "PointItem ":  null
                }
            }
        }
    }
}
"中国",
"province": [
    {
        "name": "黑龙江",
        "cities": {
            "city": ["哈尔滨", "大庆"]
        }
    },
    {
        "name": "广东",
        "cities": {
            "city": ["广州", "深圳", "珠海"]
        }
```

```
        }
    ]
```

3.1.2　Web 交互

　　Web 交互是 RPC 的一种实现方式。在 Web 交互中,最常见的客户方应用程序是浏览器,Web 服务器则充当 RPC 服务器,被调函数则以 URL 标识。例如"http://www.math.org/polygon/area? pointNum=3&&points=1,2;20,36;30,9",就是一个 Web 请求,其中 www.math.org/polygon/area 是请求的资源,相当于被调函数。而 pointNum=3&&points=1,2;20,36;30,9 则是请求参数,相当于实参。这里有两个实参,其名字分别为 pointNum 和 points,其值分别为 3 和 1,2;20,36;30,9。资源与参数之间以问号(?)分隔,参数与参数之间则以 && 分隔。URL 中包含了网络连接信息,Web 服务器的端口号为默认值 80。由域名 www.math.org 获取其 IP 地址则通过向域名服务器(DNS)发送域名解析请求来完成。

　　在上述 Web 交互例子中,实参的数据类型为键值对列表。列表中有两个项,即两个键值对(key-value)。在第一个键值对中,key 为 pointNum,value 为 3。第 2 个键值对中,key 为 points,value 为 1,2;20,36;30,9。Web 交互中,返回值为 XML 文档。HTML 和 JSON 都是 XML 的特例。因此返回值也可是 HTML 文档或者 JSON 文档。从编程角度看,可将 XML、HTML、JSON,以及 HTTP 视作类,即数据类型。于是,一个 JSON 文档便是 JSON 类的一个实例对象,一个 HTTP 请求或者响应便是 HTTP 类的一个实例对象。每个类都有成员函数。应用程序通过调用成员函数解析实例对象。因此,Web 交互其实就是远程过程调用。

　　对于 HTTP 类,它有 contentType 和 content 成员变量。当收到一个 HTTP 数据包时,先看成员变量 contentType 的取值。如果为 JSON,就知道成员变量 content 的值为一个 JSON 实例对象。如果为 HTML,就知道成员变量 content 的值为一个 HTML 实例对象。

　　Web 是为异构分布式系统制定的交互协议,因此交互时要做翻译。客户和服务器以文本数据(即字符串)进行交互。文本是字符串,字符串则是比特串。字符的构成规则称作编码。编码标准有 ASCII 和 UTF-8 等。在 ASCII 中,一个字符用一字节表达,而且字节的最高位为 0。ASCII 码仅只能表达 127 个字符,对于英语,完全足够。对于中文之类的语言,字符数远不止 255 个,因此就出现了 UTF-8 编码标准。UTF-8 兼容 ASCII。

　　Web 交互中,发送者要将内存中的二进制实例对象翻译成文本实例对象,接收者则要将文本实例对象翻译成自己的二进制实例对象。以 C 语言为例,通过调用 sprintf 函数将一个整数或者实数转换为一个字符串,调用 atoi 函数将一个字符串转换为一个整数,调用 atof 函数将一个字符串转换为一个实数。

　　在 Web 中,被调函数不一定被编译成机器代码,以动态链接库的形式出现。被调函数可以是源程序,或者诸如 Java 字节码之类的中间代码。例如,可以是扩展名为.php 的源程序文件,或者是扩展名为.aspx 的源程序文件。当被调函数不是以机器代码形式出现时,通常由解释器解释执行,或者被实时编译成机器代码后再以函数调用形式执行。

由此可知,在 Web 交互中,RPC 请求只带一个实参,其数据类型为字符串,返回结果的数据类型也为字符串。上述例子中,实参"pointNum=3&&points=1,2;20,36;30,9"是一个字符串。XML/HTM/JSON 文档也都是一个字符串。因此,归纳来说,实参和返回值的数据类型都为字符串。这种交互相当于代理和存根之间的交互。Web 服务器负责将实参字符串解析成键值对列表,再将其传递给被调函数。被调函数负责把返回值打包成一个 XML/HTML/JSON 文档。也就是说,存根和被调函数合二为一了。

在 Web 交互中,浏览器是最常见的客户方应用程序。浏览器有 3 个功能:①向 Web 服务器发送 Web 请求(即 RPC 请求);②将响应结果可视化在视窗中;③人机交互。其中第 2 个和第 3 个功能都和 HTML 文档相关。HTML 文档由可视化元素和非可视化元素组成。可视化元素分为 2 类:非交互式元素与交互式元素。例如,标题元素和段落元素都是非交互式元素。input 元素则是一个交互式元素。交互式元素用于人机交互,包括键盘输入、鼠标点击等。其最终目标是得到函数调用的实参,发送 Web 请求。

为了发送 Web 请求,HTML 中定义有 form 元素。form 元素的 action 属性值指明要请求的 URL 资源。form 元素中放置的 input 元素则负责实参的获取,以及 Web 请求的触发。于是 input 元素又可分两类:实参输入元素和 Web 请求触发元素。例如 text,checkbox,radio 等是实参输入元素,而 submit 则为 Web 请求触发元素。input 元素的类别用 type 属性值标识。

在浏览器中,可将 HTML 文档视作用 HTML 编写的程序。浏览器先将 HTML 文档翻译成 JavaScript 程序,然后再解释执行它,将文档可视化在视窗中,提供人机交互功能。从编程角度看,HTML 中的文档以及其中的可视化元素都定义有对应的类。因此,一个 HTML 文档其实就是文档类 htmlDoc 的一个实例对象。Web 标准中提供有 DOM。DOM 是 Document Object Model 的缩写,是针对 HTML 文档以及其中的可视化元素定义的 API 编程接口。于是,DOM 在浏览器中就相当于 JavaScript 语言的库函数。由此可知,浏览器由 3 部分构成:①HTML 编译器;②JavaScript 程序解释执行器;③DOM 实现库。

在 Web 交互中,搜索引擎是另一个常见的客户方应用程序。搜索引擎向 Web 服务器发送 Web 请求,得到响应结果。响应结果自然是一个 HTML 文档。搜索引擎先将 HTML 文档转换成一个 htmlDoc 对象,再通过 DOM 函数调用解析文档。对解析出的文档元素,再进行分词和语义处理,得出文档的索引词,最后将文档索引添加到数据库中。搜索引擎的功能是建立起索引数据库。HTML 文档中通常都含有链接,于是搜索引擎可采用顺藤摸瓜策略,不断扩大搜索范围,建立起全面的索引数据库。

3.1.3 函数调用小结

函数调用起初是为代码重用而提出的编程概念。随着网络的出现和普及,函数调用演变为资源共享的一种基本实现方式。代理和存根的引入使得函数调用可以跨越机器边界,实现远程调用。远程过程调用是分布式计算的基石。Web 是针对异构机器之间的交互而制定的国际标准。有了 Web 标准,客户和服务器之间既相互独立,又能对接交互,达到了理想状态。理论上,Web 使得全世界的计算机连为一体,构成一台计算机,实现世界级的资源共享。

3.2 网络传输

网络分两级,即局域网和互联网。对于一个企业来说,它建有自己的局域网,局域网中的计算机通过交换机连接起来,于是一个局域网中的计算机能彼此直接建立网络连接进行通信。每个局域网都设有网关(Gateway)。互联网也叫公网或者外网。网关上插有 2 块网卡,其中一块连接公网,另一块连接局域网,因此网关既是局域网中的一员,也是互联网中的一员。在公网中,任意两个网关之间都能建立网络连接进行通信。

不同局域网中的机器间通信,要借助网关完成。这种通信由 3 个网络连接串联而成。设局域网 A 和局域网 B 的网关分别为网关 A 和网关 B。现在假定局域网 A 中的机器 α 要与局域网 B 中的机器 β 进行通信,其通信过程为:①机器 α 与网关 A 建立网络连接 1;②网关 A 与网关 B 建立网络连接 2;③网关 B 与机器 β 建立网络连接 3。机器 α 通过网络连接 1 把数据发给网关 A,网关 A 再通过网络连接 2 把数据转发给网关 B,网关 B 再通过网络连接 3 把数据转发给机器 β。当机器 β 给机器 α 发送数据时,数据从机器 β 到网关 B,再到网关 A,再到机器 α。

无论是网关还是交换机,其实都是一台计算机。在网关机器上插有 2 块网卡,在交换机上则插有多块网卡。在网关机器上运行网关服务程序,在交换机上则运行交换服务程序。在交换机上,交换服务程序维护一个交换表,表中记录每块网卡所连机器的 MAC 地址。当从某个网卡接收到一个链路数据包时,交换服务程序读取其目标 MAC 地址,再查交换表,确定应由哪个网卡转发,然后把该链路数据包转发出去,这就是交换功能。链路数据包有类和实例对象两重概念。从网卡接收的链路数据包是链路数据包这个类的一个实例对象。目标 MAC 地址是该类的一个成员变量。

网关机器上的一块网卡连接外网,另一块网卡连接内网,因此它有一个外网 IP 地址,还有一个内网 IP 地址。网关服务程序既侦听来自外网的连接请求,也侦听来自内网的连接请求。当收到一个来自内网的连接请求时,先与请求者建立一个网络连接。请求者再把要连接的外网 IP 和端口号告诉网关服务程序。随后,网关服务程序在外网中发起连接请求,在外网中建立一个网络连接。假设这两个连接分别为网络连接 1 和网络连接 2。当网关从网络连接 1 收到数据时,就将其从网络连接 2 转发出去。反之亦然,当从网络连接 2 收到数据时,就将其从网络连接 1 转发出去。这就是网关功能。

网络分两级的最大好处是缓解了 IP 地址供不应求问题。IP 地址的长度为 4 字节,随着联网计算机的增多,出现了 IP 地址不够用问题。网络分两级之后,只需给网关分配公网 IP 地址。局域网内的计算机使用内网 IP 地址,于是 IP 地址不足问题得以缓解。不过,网络分两级也有它的不足之处。对于局域网内的某台计算机,外部计算机无法和它主动建立连接,其原因是它无公网 IP 地址。局域网内的某台计算机如果充当服务器,就要解决外部计算机能主动访问它的问题。

上述问题能通过网关解决。对于局域网内的某台服务器,从外部看,它的公网 IP 地址就是它所属局域网的网关 IP 地址。接下来的问题是:当网关从外网收到一个网络连接请求时,它如何知道要连接内网中的哪台服务器?解决办法是:用端口号区分内网中的机器。举例来说,对于局域网 A 的网关,它分别在外网的 80 端口和 25 端口上侦听连接请求。当它从外网的 80 端口收到一个连接请求时，它知道外部计算机是要访问 Web 服务器，于是它再与内网的 Web 服务器建立一个连接。这样，外部计算机就能访问内网的 Web 服务器了。同理，当它从外网的 25 端口收到一个连接请求时，它知道外部计算机是要访问邮件服务器。该解决方案被称为隧道(Tunnel)贯通技术。

隧道贯通技术的本质是：一个局域网内的多台服务器共用一个公网 IP 地址，即网关的公网 IP 地址。网关为内网中的每台服务器都分配一个唯一的端口号，用端口号区分内网中的服务器。网关给内网中服务器分配的端口号叫服务端口号。网关从外网侦听，对来自每个服务端口号的连接请求都予以响应，在内网中与对应服务器建立一个网络连接来与其关联。

网络通信采用 C/S 模式。网络通信是指不同机器上的两个进程之间的通信，其中一个进程充当客户角色，另一进程充当服务器角色。对于客户来说，服务器用 IP 地址、端口号以及通信协议标识。IP 地址标识机器，端口号标识进程（也叫应用程序）。一台计算机可同时运行多个应用程序，它们之间用端口号和通信协议区分。因此，通过网络传输的数据包中应带有接收者的 IP 地址、端口号、通信协议这 3 项信息。只有这样，接收者机器才能收到数据包，并且知道该将其提交给哪个进程处理。

对于局域网内某台计算机上运行的某个进程，当它与某个服务器建立网络连接时，要知道服务器是运行在内网中的机器上，还是运行在外网中的机器上。如果服务器运行在内网中的机器上，便能直接与其建立网络连接，然后通信。如果服务器运行在外网中的机器上，就要先与网关建立一个连接，然后把服务器的 IP 地址、端口号、通信协议发给网关，叫网关与服务器建立起连接。整个连接都建立后，才正式通信。对于一个服务器的 IP 地址，计算机如何知道它是内网 IP 地址，还是外网 IP 地址？这时，子网掩码派上用场了。比对 IP 地址与子网掩码及自己的 IP 地址，就能知道它是内网 IP 地址，还是外网 IP 地址。

思考题 3-3：如何比对？请写出详细的比对过程。

计算机联网通信，需要有一些基础数据。首先是局域网内的每台计算机都要有一个唯一的 IP 地址，还要知道子网掩码。当一台计算机要与外网中的服务器通信时，必须知道网关服务器的 IP 地址和端口号。另外，当客户进程建立网络连接时，通常给定的不是 IP 地址，而是域名。于是需要有域名服务器(DNS)，将域名解析成 IP 地址。要访问域名服务器，必须知道它的 IP 地址和端口号。

上述这些数据对于网络通信必不可少。其获取方法是：当一台计算机启动之后，它会在局域网中广播一个 DHCP 请求数据包。DHCP 是 Dynamic Host Configuration Protocol 的缩写，为互联网标准协议。DHCP 服务器收到该请求之后，便对其做出响应，为请求者分配一个 IP 地址，然后将它和子网掩码，以及网关的 IP 地址和端口号，域名服务器的 IP 地址和端口号告诉请求者。DHCP 服务程序通常运行在网关机器上。

DHCP 响应结果是如何从 DHCP 服务器传到 DHCP 请求者的呢？这要从链路传输说起。局域网中的计算机相连在一起，每台计算机通过链路 MAC 地址标识。为了区分起见，每个网卡在出厂时就存储了一个全球唯一的网卡号。计算机开机后通常会读取网卡号并将其作为自己的链路 MAC 地址，于是局域网中每台计算机便有了可区分性。DHCP 请求数据包中包含了请求者的 MAC 地址，于是 DHCP 服务器能把 DHCP 响应结果传给请求者。

在局域网中，一台计算机的 IP 地址并不固定，每次开机后都由 DHCP 服务器实时分配。因此，在应用程序这一层不能使用 IP 地址标识计算机，只能使用名字标识计算机。网络层中使用 IP 地址标识计算机，链路层中则使用 MAC 地址标识计算机。因此，网络通信中有一个由名字获取 IP 地址的问题，也有一个由 IP 地址获取 MAC 地址的问题。前一问题叫域名解析问题，后一问题叫地址解析问题。要域名解析时，就给域名服务器发送域名解析请求。要地址解析时，就向 DHCP 服务器发送 ARP 请求。ARP 是 Address Resolution Protocol 的缩写，即地址解析协议。对于 DHCP 请求与响应，域名注册请求与响应，域名解析请求与响应，地址解析请求与响应这些事情都已有规定，形成了国际标准。

为了域名解析，当计算机从 DHCP 服务器获得配置参数后，便将自己的名字和 IP 地址注册到域名服务器上。为了地址解析，DHCP 在响应 DHCP 请求的同时，也把请求者的 MAC 地址，连同给其分配的 IP 地址添加到地址解析表中，以备随后地址解析之用。也可把 DHCP 请求视为基于 MAC 地址获取 IP 地址的问题，因此在有的文献中也称作 RARP 请求。RARP 是 Reverse Address Resolution Protocol 的缩写，也叫逆地址解析协议。从两台彼此相互独立的计算机之间的交互看，规定也叫协议。上述这些协议都属于互联网标准协议中的内容。

由上可知，在一个局域网中，网关起着核心作用。它既运行网关服务程序，还运行 DHCP 服务程序，有的还运行域名解析服务程序。任何一台计算机接入局域网时，只要一开机，便会在局域网中广播 DHCP 请求。DHCP 服务器收到该请求后，就给请求者分配一个 IP 地址，然后将其和子网掩码、网关 IP 地址和端口号、DNS 的 IP 地址和端口号作为响应结果发送给请求者。同时会在自己维护的地址解析表中添加一行，记下请求者的 IP 地址和 MAC 地址。DHCP 为 DHCP 请求数据包和 DHCP 响应数据包定义好了数据结构，因此客户和服务器既彼此相互独立，又能对接交互。

在局域网中，每台机器的 IP 地址由 DHCP 服务器分配，具有动态变化性。这种处理带来的好处是：局域网中计算机无须手工配置，能做到即插即用。这种特性对于数据中心或者云服务商来说至关重要。有的云服务中心，其计算机数量达到十万台级别，每天都有计算机因故障而退出，又有新计算机不断加入进来。当计算机数量庞大时，局域网的管理必须自动化。手工管理效率低，易弄错，影响全局。自动分配 IP 地址在带来好处的同时，也带来了新问题。在客户程序方，不能以 IP 地址标识服务器，只能以服务名标识服务器。但是，客户程序与服务器建立网络连接时，又需要其 IP 地址。

由上分析可知，在局域网内也需要建立起域名服务器。服务程序启动之后，要将自己的服务注册到域名服务器中，注册信息包括服务名、IP 地址、端口号。客户程序访问服务器时，要基于服务名，到域名服务器上查询其对应的 IP 地址和端口号。在网关上，则要建立服务端口号与服务名的映射表。当网关从外网收到一个连接请求时，先基于服务端口号到映射表中找到服务名，再基于服务名，到内网的域名服务器上查询其对应的 IP 地址和端口号。得到 IP 地址和端口号之后，再与服务器建立网络连接。服务通常以域名方式命名，以免出现重名问题。例如，湖南大学的域名为 hnu.edu.cn，湖南大学为其下属的计算机学院分配域名 cs.hnu.edu.cn，计算机学院可以再为其 Web 服务器分配域名 www.cs.hnu.edu.cn。于是在湖南大学，其局域网内的服务不会出现重名问题。

思考题 3-4：网关有两块网卡，分别连接在外网和内网。外网的 IP 地址要向互联网管理中心申请。内网的 IP 地址可由企业自己设定，为什么？DHCP 服务程序有哪些配置参数？

企业出于安全考虑,通常以局域网为边界划分安全等级。对于局域网中的服务器,如果从内网访问,没有什么限制。如果从外网访问,则有限制。例如,很多大学的文献资料库和教务管理系统,从内网访问没有任何问题,但从外网访问时,网页不能打开。这种控制的实现非常简单。从外网访问时,所有请求都要由网关服务程序中转,因此安全控制可由网关服务程序完成。这时,网关服务程序又充当了防火墙角色。这种安全控制也可放在服务器一端。在服务器端,网络连接记录了通信对方的 IP 地址、端口号和通信协议。对于服务器上的一个网络连接,如果通信对方的 IP 地址是网关的 IP 地址,便可判定它是来自外网的访问。

以局域网为边界划分安全等级,有利也有弊。对于企业员工,在外出差或者在家时,要通过外网访问,结果业务系统不能打开,影响办公。解决办法是:企业员工在自己的计算机上安装一个 VPN 客户端软件,便和在办公室访问业务系统没有任何差异。VPN 是 Virtual Private Network 的缩写。当然,仅有 VPN 客户端软件还不够,企业还需要构建一个 VPN 服务器,而且是外网能访问到的服务器。在外网通过 VPN 访问业务服务器,其通信由 4 个网络连接串联而成。第 1 个是客户程序与客户端网关的网络连接,第 2 个是客户端网关与服务器端网关之间的网络连接,第 3 个是服务器端网关与 VPN 服务器之间的网络连接,第 4 个是 VPN 服务器与业务服务器之间的网络连接。

上述 4 个网络连接串起来总称为 VPN 连接。VPN 连接的建立过程分两步:①与 VPN 服务器建立连接;②把要访问的业务服务器的 IP 地址和端口号,以及登录的用户名和密码发送给 VPN 服务器,由其建立起与业务服务器的连接。由于 VPN 服务器是内网中的一台机器,因此它对业务服务器的访问属于内网访问。从 VPN 连接的建立过程可知,它与通过网关访问外部计算机的过程其实一模一样。如果将通过网关访问外部计算机的过程看作一种模式,那么 VPN 连接的建立就是该模式的两次迭代:先以网关为代理与 VPN 服务器建立连接,再以 VPN 服务器为代理与业务服务器建立连接。

VPN 是一种访问业务服务器的方式。要使其对应用程序透明,需操作系统予以支持。这种支持可以放在支撑库一级实现。支撑库给应用程序提供有注册 VPN 的 API 函数 registerVPN。注册信息包括三项:①域名;②VPN 服务器 IP 地址和端口号;③登录 VPN 服务器的用户名和密码。VPN 客户端软件调用 registerVPN 函数把 VPN 信息注册到支撑库中。随后,当有应用程序要访问域名为 d 的计算机时,便要调用 createConnection 函数。在 createConnection 函数的实现中,先检查域名 d 是否在某个 VPN 域名下。如果不是,则按经典方式处理,否则使用 VPN 注册信息与 VPN 服务器建立一个网络连接,然后将域名 d 的 IP 地址和端口号发给 VPN 服务器。得到 VPN 服务器的响应后,整个网络连接便建立起来了。

对上述过程现举例说明。假定在计算机 A 上运行 VPN 客户端软件,往支撑库中注册的 VPN 信息为:域名是 hnu.edu.cn,VPN 服务器的 IP 地址和端口号是 127.6.92.79:84,登录用户名和密码分别是 2004213 和 1122。现用浏览器中访问 www.hnu.edu.cn,浏览器自然是以 www.hnu.edu.cn 为实参调用 API 函数 createConnection 创建网络连接。在 createConnection 的实现中,看到 www.hnu.edu.cn 是 VPN 域名 hnu.edu.cn 的子域名,于是以 VPN 方式访问 www.hnu.edu.cn。首先与 VPN 服务器建立网络连接(记为 conn1),然后将 www.hnu.edu.cn 的 IP 地址和端口号发给 VPN 服务器。收到响应结果后,便知道整个网络连接已建立,把 conn1 作为返回值返回给调用者(即浏览器)。

思考题 3-5:能否写出 registerVPN 函数的实现?能否对 createConnection 改进,使其支撑 VPN?

3.2.1 网络通信的抽象

网络是共享资源,因此有一个管理器。在一台计算机上,网络管理器是操作系统的组成部分,管理网络接口控制器(NIC,Network Interface Controller 的缩写,即网卡)。例如,网关机器上插有 2 块网卡,分别接入内网和外网,因此在网关机器上,网络管理器管理着两个 NIC。一个 NIC 对应一个网络,每个网络都有一个 IP 地址。从面向对象编程看,操作系统定义了网络和网络连接这两个类,设其类名分别为 Network 和 Connection。操作系统提供有获取 network 对象的 API 函数 getNetwork。Network 类有成员函数 createConnection。客户要使用网络访问某个服务器时,先调用 createConnection 函数创建一个网络连接对象,然后再调用网络连接对象的 send 成员函数发送请求数据,调用 recv 成员函数接收响应结果。

Network 类有成员变量 ipAddr 和 connectionList,分别存储 IP 地址和当前包含的 connection 对象。一个 network 对象可以包含多个 connection 对象,这就是所谓的多路复用。多路复用是呈现给客户的一种外部效果,即一台计算机上运行的多个程序在同时进行网络通信。在内部,数据包还是一个接着一个地通过网卡串联传输。网络传输是双工的,即发送和接收通过不同连线同时进行。

Connection 类有成员变量 port,protocol,oppositeIpAddr 和 oppositePort,分别存储己方端口号、通信协议、对方 IP 地址、对方端口号。一个 network 对象当前包含的 connection 对象,通过 port 和 protocol 标识。对于 Network 类的成员函数 createConnection,其功能为:创建一个网络连接类的实例对象,并给其 4 个成员变量赋值,然后将其添加到连接表 connectionList 中。createConnection 成员函数的实现如代码 3.7 所示。

代码 3.7 中第 2 行是调用 Network 的成员函数 getPort,为要创建的 connection 对象分配一个标识性的端口号。第 5 行是调用 Network 的成员函数 requestConnection,给服务器发送一个连接请求 IP 数据包。IP 数据包有成员变量 sourceIpAddr,sourcePort,protocol,destionationIpAddr 和 destionationPort。requestConnection 使用 Network 类的 ipAddr 成员变量和自己所带的 4 个形参给连接请求 IP 数据包的上述 5 个成员变量分别赋值。

服务方从侦听端口收到一个连接请求时,也创建一个网络连接实例对象与其对接。连接请求中包含了请求者的通信协议、IP 地址和端口号,对于服务方创建的网络连接对象来说,分别是成员变量 protocol、oppositeIpAddr 和 oppositePort 的值。服务方对连接请求的响应,就是将自己的网络连接对象的 port 值告诉请求者。对于请求者来说,服务方的 port 值就是自己的 oppositePort 值。这种处理如代码 3.7 中第 5 行和第 6 行所示。

代码 3.7 Network 类的成员函数 createConnection 的实现

```
(1) Connection * Network::createConnection( enum protocol, int serverIpAddr,
    int serverPort) {
(2)    int port = getPort(protocol);
```

```
    (3)    Connection * connection = new Connection(port, protocol, int serverIpAddr);
    (4)    connectionList->addItem(connection);
    (5)    int oppositePort = requestConnection(port, protocol, serverIpAddr, serverPort);
    (6)    connection ->setoppositePort(oppositePort);
    (7)    return connect;
    (8)  }
```

从全局看，一个网络连接对象用 ipAddr，port，protocol，oppositeIpAddr 和 oppositePort 标识。在客户方和服务方之间架起一条通信通道，其实就是在客户方和服务方分别创建一个网络连接对象。随后，无论是客户方还是服务方，在给对方发送数据时，都会在数据上附上连接信息。于是，数据能通过网络到达对方。分别位于客户方和服务方的两个网络连接对象的对应关系如图 3.1 所示。联网时，用一根网线把计算机和交换机连接起来。在做网线的接头时，也要这样搭接，其含义是：在一头发送，在另一头则是接收。

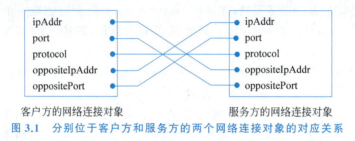

图 3.1　分别位于客户方和服务方的两个网络连接对象的对应关系

network 对象和 connection 对象都是网络管理器维护的对象，即内核对象。操作系统启动时会检测计算机上的网卡，并为每个网卡创建一个 network 对象。对于支持虚拟网络的操作系统，还提供有创建 network 对象的 API 函数。这种 network 对象为虚拟网络对象。如果操作系统要提供虚拟机功能，虚拟网络对象必不可少。Linux 操作系统提供的容器功能，其实就是虚拟机功能。虚拟网络将在 5.12 节详解。

对于网络通信编程，操作系统提供的经典 API 函数有 socket，bind，listen，accept，connect，send，recv，close，getsocketname 共 9 个。在这些函数中，没有明显的 network 对象和 connection 对象概念，只有 socket 概念。socket 函数的功能其实就是创建一个上述的 connection 对象。为了前后一致性，后面在讨论上述 9 个 API 函数时，把 socket 对象称作 connection 对象。bind 函数的功能是为一个 connection 对象绑定一个 network 对象。调用 bind 函数时，实参包括 ipAddr，port 和 protocol 这 3 项内容。ipAddr 是 network 对象的标识性属性。因此，给定 ipAddr，也就为 connection 对象绑定了 network 对象。

现有很多文献在讲网络通信函数的使用时，未把问题讲透。例如，对于客户端程序编程，说先调用 socket 函数，接着调用 connect 函数。这就带来了问题。socket 函数和 connect 函数都未为 connection 对象绑定 network 对象。当计算机上插有多块网卡分别连接不同网络时，创建的 connection 对象到底归属哪一个 network 对象？该情形下，调用 socket 函数之后接着调用 connect 函数显然不正确。正确的处理是：调用 socket 之后调用 bind 函数，然后再调用 connect 函数。

对于客户端程序编程，调用 socket 之后调用 bind 函数，有一个不知如何设定 port 值的问题。如果随意给定一个 port 值，则可能有冲突导致绑定不成功。正确的处理是将 port 参数设为 0。如果这样，network 对象会为该 connection 对象自动分配一个可用的端口号。这意味着，Network 类还有一个成员变量 sortedUsedPortList，记下当前已使用的端口号，并将它们排好序。每释放一个 connection 对象，就将其端口号从 sortedUsedPortList 中删除。当调用 bind 函数且 port 值为 0 时，就为 connection 对象分配一个没有出现在 sortedUsedPortList 中的端口号，然后将其添加到 sortedUsedPortList 中。也就是说，network 对象负责对端口号进行管理，确保其属下的 connection 对象在 protocol 值相同时有不同的 port 值。

由此可知，无论是服务程序还是客户程序，调用 bind 函数时，都有可能不成功。对于服务程序，调用 bind 函数时，如果给定的 port 值被已有的 connection 对象占用了，那么绑定就不会成功。对于客户程序，调用 bind 函数时通过将 port 值设为 0 来请 network 对象为其自动分配一个可用的端口号，也有可能不成功。其原因是：对于一个 network 对象，可用的端口号最多只有 65536 个。当全部分配完毕时，就会出现无空闲端口号可用的情形。由此可知，网络通信编程时，千万不要忘记 close 函数的调用。65536 这个整数是怎么来的？当初制定 IP 时，给 port 分配的存储单元为 2 字节，2^{16} 就是 65536。

为了更好地理解 bind 函数，现给出其实现，如代码 3.8 所示。这里为 IP 地址、通信协议和端口号分别定义了数据类型（见第 1 行代码）。其原因是：在 IP 定义中，IP 地址用 4 字节存储（即一个 32 位整数），于是既不能简单地将其定义成一个整数，也不能将其定义成一个字符串。对于整数，不同的机器有不同的处理方式，例如，16 位机用 2 字节存储一个整数，而 64 位机用 8 字节存储一个整数。Network 类有一个成员变量 connectionList，存放所拥有的 connection 对象，方便收到的网络数据往 connection 对象的分发（即数据上传）。Connection 类有一个成员变量 network，存放所属的 network 对象，方便网络数据的发送（即数据下传）。

对于归属于某个 network 对象的 connection 对象，用 port 和 protocol 标识。如果 protocol 值相同，自然就用 port 标识了。因此，在 bind 函数的实现中，会检查 connection 对象是否有冲突问题，即检查当前 connection 对象是否与其他 connection 对象可区分。如果不能区分，绑定便不成功。

在上述 bind 函数的实现中，第 14 行的功能是调用 network 对象的 addUsedPort 成员函数将端口号登记成 network 对象已用的端口号（记录于 sortedUsedPortList 中）。第 17 行的功能是调用 getAvailablePort 成员函数，基于 network 对象已用的端口号，为 Connection 对象分配一个可用的端口号。

代码 3.8　bind 函数的实现

```
(1)  bool bind(Connection * conn, IpAddr ipaddr, Protocol protocol, Port port) {
(2)    conn->protocol = protocol;
(3)    Network * network = networkList->getFirstItem();
(4)    while (network)    {
(5)      if (network->ipAddr == ipAddr)   {
(6)        if (port > 0)    {   //
(7)          Connection * connection = network->connectionList->getFirstItem();
(8)          while (connection)    {
```

```
(9)              if (connection->port == port && conn->protocol == protocol)
(10)                 return false;
(11)             connection = network->connectionList->getNextItem();
(12)         }
(13)         conn->port = port;
(14)         network->addUsedPort(protocol, port);
(15)     }
(16)     else {
(17)         conn->port = network->getAvailablePort(protocol);
(18)         if (conn->port == 0)
(19)             return false;
(20)     }
(21)     network->connectionList->addItem(conn);
(22)     conn->network = network;
(23)     return true;
(24) }
(25) network = networkList->getNextItem();
(26) }
(27) return false;
(28) }
```

在 sortedUsedPortList 的定义中,为了节省存储空间,表中每项并不是只记一个端口号,而是记下连续的一段端口号。其中每项有 from 和 to 成员变量,分别记下一段已用端口号的起始序号和结束序号。每释放一个 connection 对象,会释放一个端口号,于是要将其从 sortedUsedPortList 中删除。删除端口号 p 的处理有 3 种情形:① 如果 p 等于 sortedUsedPortList 表中某项的 from,只将该项的 from 做加 1 处理即可;② 如果 p 等于 sortedUsedPortList 表中某项的 to,只将该项的 to 做减 1 处理即可;③ 如果 p 位于 sortedUsedPortList 表中某项的 from 和 to 之间,就要将该项拆分成(from,p−1)和(p+1, to)两项。

思考题 3-6:为一个 Connection 对象分配一个可用端口号时,通常是分配一个最小的可用端口号,该端口号自然没有出现在 sortedUsedPortList 中。这就是 sortedUsedPortList 中的项要排序的原因。能否写出上述 Network 类成员函数 addUsedPort 和 getAvailablePort 的实现代码?

accept 函数专用于服务器程序,其功能是等待和处理客户的连接请求。一旦收到一个客户的连接请求,便会创建一个新的 connection 对象,用于随后与客户之间的交互。该新的 connection 对象就是 accept 函数的返回值。与其相对,connect 函数专用于客户程序,其功能是给服务器发送连接请求,得到响应结果,完成对客户端 connection 对象的初始化。在服务器一方,由调用 accept 函数而得到的 connection 对象已完成了初始化。于是随后客户与服务方便可进行业务交互了。业务交互采用 C/S 模式,即客户端调用 send 函数发送业务请求,然后调用 recv 函数获得响应结果。在服务器一方,则是调用 recv 函数获取客户的业务请求,然后调用 send 函数把响应结果发送给客户。

客户方和服务方彼此相互独立。独立性体现在如下 3 点:①服务方不知道什么时候才会收到客户方的请求(包括连接请求和业务请求);②客户方也不知道什么时候才能收到响应结果(包括连接请求的响应结果和业务请求的响应结果);③请求或者响应都有可能重复或者丢失。面对上述情形，要有应对措施。应对措施分为两级：①操作系统级；②应用程序级。

在操作系统级，为了表述的方便性，把网络通信的一方给另一方发送的请求或者响应叫作报文。对于网卡收到的报文，network 对象先检查是否有对应的 connection 对象与其关联。对于无关联的报文，直接将其废弃，然后给发送者回应一个错误报文。对于有关联的报文，则将其放到对应 connection 对象的接收缓冲区 receiveList 中。应用程序什么时候将其取走，那是应用程序的事情，network 对象无法掌控。当应用程序要发送一个报文时，先将其放到 connection 对象的发送缓冲区 sendList 中。至于什么时候能通过网卡将其发送出去，那时 network 对象负责的事情，应用程序无法掌控。总之，应用程序与网卡之间的不同步性通过报文缓存调和。

一个 connection 对象的发送和接收缓冲区大小不能无限制，否则有可能导致计算机上的内存被耗尽，影响整机的正常运行。因此，connection 对象的发送和接收缓冲区大小是一个可配置的参数，而且有上限。配置可通过调用操作系统 API 函数 setsocketopt 完成。对于服务方用于侦听连接请求的 connection 对象，它的接收缓冲区大小的单位不是字节，而是连接请求的条数。其大小配置不是通过 setsocketopt 函数完成，而是通过 listen 函数完成。正因为 connection 对象有发送和接收缓冲区大小概念，因此调用 send 和 recv 函数时，一定要检查其返回值，看实际的发送量或接收量为多少，以免出错。

对于报文的丢失，是通过超时机制处理的。对于客户程序，在发送请求之后便是调用 recv 函数等待响应结果。如果等待超时，便认为是出现了报文丢失情形。报文丢失可能发生在客户端，也可能发生在服务端，还可能发生在网络传输中。处理报文丢失的常见方法是重新发送请求。因此，超时时间大小是 recv 函数和 send 函数的另一个配置参数。该参数也是通过调用 setsocketopt 函数设置。

客户端可能重发请求，于是在服务端便会引发报文重复问题。对于连接请求，accept 函数对其处理时，先要对已有的 connection 对象进行检查，看要创建的 connection 对象是否已经存在。如果存在，就知该请求为重复请求，直接将其舍弃。对于业务请求，无法在 recv 函数中对其进行重复性识别，只能由服务程序负责。最常见的业务请求重复识别方法是：客户程序为业务请求附带一个序列号。服务程序处理业务请求时，跟踪和记录有效序列号。服务程序接收到一个业务请求，如果其附带的序列号不在有效序列号之列，便认为它是重复业务请求而将其舍弃。

思考题 3-7：对于连接请求的重复报文，不能由 network 对象，而应由 accept 函数负责处理，为什么？

对于从网卡收到的报文，network 对象要将其投递到相应 connection 对象的 receiveList 中。对于报文，它有成员变量 destinationIpAddr、destinationPort、protocol、sourceIpAddr 和 sourcePort，而且肯定都会赋值。对于 connection 对象，有 3 种情形：①服务端用于侦听连接请求的 connection 对象，其成员变量 oppositeIpAddr 和 oppositePort 的取值都为 null；②客户端用于发起连接请求的 connection 对象，其成员变量 oppositePort 的取值为 null；③双方建立起连接之后的 connection 对象，其所有成员变量都不为 null。因此，network 对象拿报文与自己拥有的 connection 对象进行匹配时，要检查 connection 对象的 oppositeIpAddr 以及 oppositePort 是否为 null。如果为 null，就省略该项的匹配。

由此可知，对从网卡收到的报文，network 对象先拿其 destinationIpAddr 与自己的 ipAddr 进行匹配。如果不相等，就废弃该报文，否则再和自己的 connection 对象逐一进行匹配，直至找到报文应归属的 connection 对象。匹配方法是：报文的 destinationPort 和 protocol 与 connection 对象的 port 和 protocol 分别匹配。如果相同，就找到了报文应归属的 connection 对象，否则进一步查找。找到报文应归属的 connection 对象之后，接下来再分别检查它的 oppositeIpAddr 和 oppositePort 是否为 null，不为 null 时，进一步执行匹配。后续匹配如果不通过，就废弃该报文，否则将报文投递到对应 connection 对象的 receiveList 中。

accept 函数和 recv 函数都是从所指 connection 对象的 receiveList 中取出一条报文，并进行相应处理。如果所指 connection 对象的 receiveList 中没有报文，便进入等待状态，直至等到有一个报文为止。对取出的报文，accept 的处理是：创建一个新的 connection 对象，并给其成员变量 oppositeIpAddr、oppositePort、protocol、sourcePort 赋值，使其与请求者一方的 connection 对象对接。接下来通过新创建的 connection 对象给请求者发送一个连接响应报文，再以新创建的 connection 对象作为返回值返回。accept 函数的实现如代码 3.9 所示。其中第 2 行调用的 fetchOutFirstItem 为同步函数，直至有一报文才会返回。recv 的处理是：将报文的数据部分复制至调用者提供的存储空间中，然后以数据部分的长度作为返回值返回。

代码 3.9　accept 函数的实现

```
(1)    Connection * accept(Connection * conn)    {
(2)        Message * msg = conn->receiveList->fetchOutFirstItem();
(3)        Connection * clientConn = new Connection ( );
(4)        clientConn->oppositeIpAddr = msg->sourceIpAddr;
(5)        clientConn->oppositePort = msg->sourcePort;
(6)        clientConn->protocol = msg->protocol;
(7)        clientConn->sourcePort = conn->network->getAvailablePort( msg->protocol );
(8)        clientConn->network = conn->network;
(9)        clientConn->network->connectionList->addItem(clientConn);
(10)       clientConn->send(CONNECTION_RESPONSE);
(11)       return clientConn;
(12)   }
```

客户方调用 connect 函数与服务方建立起连接。在 connect 函数的实现中，首先检查 connection 对象的成员变量 network 是否为 null。如果为 null，说明客户程序在前面没有调用 bind 函数，此时要将其绑定到计算机当前默认的 network 对象上，并完成其 port 成员变量初始化。接下来再完成 connection 对象的 protocol 和 oppositeIpAddr 成员变量初始化，然后给服务器发送一个连接请求报文，等待服务器的连接响应报文。收到连接响应报文后，再完成 connection 对象的 oppositePort 成员变量初始化。

为了明白连接过程及其特性，现举例说明。假设客户方在发送连接请求之前，其创建的 connection 对象绑定了 IP 地址为 168.16.120.3 的 network 对象，其成员变量 port、protocol、oppositeIpAddr、oppositePort 的取值分别为 2356、INET_IPV4、168.16.120.48、 null，此时oppositePort未知，因此为null。假定服务方的侦听端口号为80，对于客户方的连接请求报文，其5个成员变量sourceIpAddr，sourcePort，protocol，destionationIpAddr，destionationPort的值分别为168.16.120.3，2356，INET_IPV4，168.16.120.48，80。

服务器收到该连接请求后，创建一个connection对象，其成员变量port，protocol，oppositeIpAddr，oppositePort的取值分别为6848，INET_IPV4，168.16.120.3，2356，归属的network对象的IP地址自然是168.16.120.48。通过新创建的connection对象，发送连接响应报文，其上述5个成员变量的值分别是168.16.120.48，6848，INET_IPV4，168.16.120.3，2356。客户得到这个响应结果后，把自己的connection对象的成员变量oppositePort值设为6848。此时，网络连接建立完毕。此后客户发送业务请求时，其报文的上述5个成员变量的值分别为168.16.120.3，2356，INET_IPV4，168.16.120.48，6848。

当程序调用send函数发送一个数据时，connection对象会将其封装成报文。报文的上述5个成员变量由connection对象完成初始化。当network对象从网卡收到一个报文时，基于其上述5个成员变量的值，将其分发给对应的connection对象。如果找不到对应的connection对象，就将报文废弃。

当客户程序完成与服务器的业务交互后，应调用close函数释放网络连接。在close的实现中，先给对方发送一个关闭连接的报文，然后释放所指的connection对象。此时服务端通常处于recv等待状态。服务端的network对象从网卡收到一个关闭连接的报文时，会将对应connection对象的状态设为CLOSE。此时服务程序如果处于recv等待状态，会被唤醒返回，而且返回值为−1，表示出错返回。接下来服务程序应检查出错码，若为客户关闭连接，也应做相应关闭处理。服务程序如果不处于recv等待状态，那么随后调用recv函数或者send函数时，会当即返回，且返回值为−1。由此可知，编程中对recv和send函数的返回值进行检查是非常关键和重要的。

服务端感知客户端关闭了连接之后，自己也调用close函数。此时服务端无须给客户端发送关闭连接的报文，因为客户端的connection对象早已释放。服务器和客户端都是调用close函数，但表现不同。其原因是：客户端调用close函数时，所指connection对象的状态为NORMAL，但服务端调用close函数时，所指connection对象的状态为CLOSE。

思考题3-8：能否写出connect，recv，send和close函数的实现代码？

3.2.2 同步I/O和异步I/O

经典的accept，connect，send和recv函数都是同步函数，调用时要等到有结果才会返回。例如，服务端调用accept函数时，可能还没有连接请求到达，这时就没有结果。从另一面看，连接请求已经到达，但是服务端程序还没有执行到accept函数调用，此时连接请求被缓存到报文对应的connection对象的receiveList中。同步的含义是：调用函数时，如果输入数据还没有达到或者输出数据还未发送完毕时，进程就会等待，直至输入到达或者输出完毕。以recv为例，其功能是接收通信对方的数据。如果网络还未收到通信对方的数据，那么调用进程就会等待，直至收到通信对方的数据时函数才会返回。在等待期间，调用者进程处于等待态，不会往下执行。

对于send函数，其功能是把一个数据发送给对方。发送数据是I/O操作，本身需要时间。另外，对于多任务操作系统，可能有多个进程都要发送数据，但网卡只能一个一个地以串式方式发送。因此,当一个进程调用 send 函数时,网卡可能正忙于其他数据的发送。发送同步的含义是:直到数据被网卡发送完毕时,函数才会返回。

同步函数的实现其实简单,以 recv 函数为例,其实现如代码 3.10 所示。这里为了简洁,把 recv 改成了面向对象写法,省去了超时等出错处理。其处理流程就是先检查 connection 对象的 receiveList 中是否有数据。如果有,就取出一项返回;如果没有,就主动执行进程切换。切换前,将当前进程的状态改为 WAITING,将唤醒事件设置成网络收到数据。随后,当网卡收到数据时,便会产生输入硬件中断。在中断处理例程中,先基于收到报文的 destinationPort 和 protocol 值找到对应的 connection 对象,再将报文的数据部分添加到其 receiveList 中。connection 对象有 process 成员变量,记录与其关联的进程对象,再将关联的进程对象的状态改为 READY,于是进程便可在下一轮进程切换时恢复运行。

代码 3.10 同步函数 recv 的实现

```
(1)   Message * recv(Connection * conn)   {
(2)      while (1)   {
(3)         Message * msg = conn->receiveList->pickOutFirstItem();
(4)         if (msg == null)   {
(5)            currentProcess->waitEvent = NETWORK_RECEIVE;
(6)            currentProcess->state = WAITING;
(7)            INT 90;       //进程切换,见 2.2 节
(8)         }
(9)         else
(10)           return msg;
(11)     }
(12)  }
```

如果采用同步方式,那么服务器程序对每一个 socket 都要创建一个进程来负责与客户的交互(包括接收请求和发送响应)。当访问服务器的客户很多时,系统中创建的进程就会很多。创建一个进程对象要消耗一定的内存资源。另外,进程切换时,要对进程表扫描遍历一次,有 CPU 资源损耗。更为严重的问题是:进程切换时,要进行进程的上下文切换。由于寄存器和高速缓存都是共享存储器,存储着当前进程的上下文,进程切换时要把下位进程的上下文迁至内存中,再把上位进程的上下文从内存迁至寄存器和高速缓存中,因此进程切换有 CPU 开销。当进程多且切换频繁时,进程切换开销会显著增大,严重影响系统性能,于是便提出了异步 I/O 方案。

异步 I/O 的意图是减少进程数,免去进程切换开销。也就是说,用一个进程处理多个网络连接上的数据接收和发送。其方案是将同步 I/O 函数改造成异步 I/O 函数。应用程序调用异步 I/O 函数时,不会出现等待情形,而是立即返回,于是便能继续做其他事情。以 recv 函数为例,当应用程序调用它接收数据时,无论 connection 对象的 receiveList 中有无数据,都会立即返回。如有数据,就成功返回;如果没有数据,就错误返回。对于 send 函数,并不会等到数据被网卡发送出去之后才返回,而是立即返回。

这种方式带来了新问题。对于接收数据,如何让应用程序知道一个网络连接的 receiveList 中已有数据?对于发送数据,如何让应用程序知道数据已被网卡发送出去?这个信息对于应用程序非常重要。只有知晓数据已被网卡发送出去,应用程序才能再次调用

send 函数来发送下一个要发送的数据。为此,给 Connection 类增设两个成员变量:recvIndicator 和 sendIndicator。对于一个 connection 对象,其 recvIndicator 的值为 1 时,表明其 receiveList 中有数据。其 sendIndicator 的值为 1 时,表明前面请求发送的数据已被发送完毕,现处于可再次发送状态。

recvIndicator 和 sendIndicator 值发生改变的情形如下。当 connection 对象创建之初,recvIndicator 和 sendIndicator 分别被初始化成 0 和 1。当网卡收到一个报文时会触发硬中断,在中断处理例程中将其对应 connection 对象的 recvSemaphore 设为 1;当网卡发送完一个报文时会触发硬中断,在中断处理例程中将其对应 connection 对象的 sendSemaphore 设为 1。当 connection 对象的 receiveList 中只有一个数据,在应用程序调用 recv 函数将其取走之后,recvIndicator 值被修改为 0。在应用程序调用 send 函数之后,sendIndicator 值被修改为 0。

另外,操作系统提供 API 函数 poll 供应用程序调用,其功能是将所指 connection 对象的 recvIndicator 和 sendIndicator 值抄录一份作为返回值传给调用者,于是调用者知晓哪些 connection 对象有数据可读,以及哪些 connection 对象处于可发送状态。应用程序每次想接收数据或者发送数据时,都应先调用 poll 函数,检查哪些 connection 对象有数据可读,哪些 connection 对象处于可再次发送状态。如果期待的事件没有出现,则循环调用 poll 函数,不断轮询。

如果期待的事件长久没有出现,反复轮询显然浪费 CPU 资源,为此有必要将 poll 函数实现成同步函数。也就是说,检查所有 connection 对象的 recvIndicator 和 sendIndicator,如果全为 0,便让进程转入等待状态,并执行进程切换。在网卡硬中断处理例程中,检查对应 connection 对象关联的进程是否为 WAITING 状态。如果是,且等待事件为 NETWORK,则将其状态改为 READY,以便其随后被调度成上位进程,恢复运行。

上述异步实现方案与 2.11 节所述的异步实现方案没有本质上的差异。基于消息队列的方案是全局方案,即从进程与进程之间的交互这一高度建立异步处理的统一框架。而这里所述的异步 I/O 仅限于网络。在基于消息队列的方案中,将网络收到的数据,以及发送完毕的事件由网卡硬中断处理例程直接以消息方式放入进程的消息队列中。而在这里则将网络收到的数据放入 connection 对象的 receiveList 中,将发送完毕的事件记录在 sendIndicator 中。在基于消息队列的方案中有同步函数 pickOutMessage。与其相对,这里的同步函数为 poll。不过,基于消息队列的异步实现方案显得更为简洁,脉络也更为清晰。

思考题 3-9:对于 poll 函数,不同的操作系统取名不同,有的叫 select 函数。另外,还有 epoll 函数,它对 poll 函数进行了优化,e 是 enhanced 的首字符。请查阅资料,看这 3 个函数有什么联系和差异? epoll 相对于 poll 到底做了哪些优化? 然后对比基于消息队列的异步实现方案,分析哪种方案计算开销大一些? 具体反映在哪方面?

思考题 3-10:同步 I/O 函数和异步 I/O 函数,就函数定义而言,其实没有差异。其差异体现在 socket 的成员变量 mode 的取值上。当 mode 取值为 BLOCKING 时,I/O 函数就表现为同步 I/O,另一说法是 socket 工作在阻塞模式;当 mode 取值为 NONBLOCKING 时,I/O 函数表现为异步 I/O,另一说法是 socket 工作在非阻塞模式。model 取值的设置通过调用 setsocketopt 这个 API 函数完成。请查阅文献,看 socket 工作在非阻塞模式,且网卡还没有收到数据的情形下,调用 recv,其返回值和错误码分别是什么?

思考题 3-11：综合考虑同步方式和异步方式，能否给出 setsocketopt，accept，connect，send，recv，poll 这 6 个函数，以及网卡硬中断处理例程的实现？

思考题 3-12：libevent 是一个实现在应用层的异步网络通信编程支持库，对外开放有自己定义的网络编程接口。请查阅资料，了解 libevent 具有哪些功能？除屏蔽操作系统的差异外，其贡献具体体现在哪些地方？

3.2.3 网关服务器

为了更好地理解网络传输，现以网关服务器程序的实现展示如何编写网络通信程序。一个企业的网关机器上插有两块网卡，分别连接内网和外网。网关服务程序侦听来自外网和内网的网络连接请求。内网中对外开放的多个服务器，对于外网客户而言，尽管域名不同，但在外网中的 IP 地址却相同，即网关的外网 IP 地址。也就是说，在外网客户看来，一个企业就一台机器，运行其所有服务程序。同理，在内网中的客户看来，外网中的服务器都运行在网关这台机器上。实际上，对于来自外网的任一网络连接（记为 α），网关服务程序都要在内网中建立一个网络连接（记为 β）与其对接，以便通达内网中的服务器（这里指计算机）。反之亦然。

当从外网侦听到一个网络连接请求时，会在外网中创建一个 connection 对象（记为 α）。网关服务程序然后基于侦听端口号（即服务端口号），从网关配置参数中得到其业务服务器的名称，再基于服务器名到域名服务器中得到其内网 IP 地址。接下来以客户角色在内网中创建一个 connection 对象（记为 β），并向业务服务器发起连接请求。连接建立之后，再在内外连接映射表中添加一行记录 (β, α)，最后通过网络连接 α 向外网中的请求者发送一个连接响应数据包。外网中的请求者一旦收到连接响应数据包，整个连接就已建立完毕，接下来便可发送业务请求数据包。

当网关服务程序从内网中收到一个网络连接请求时，表明内网中的客户要访问外网中的服务器。网关首先在内网中创建一个与请求对应的网络连接对象（记为 α），并给请求者发送一个响应。随后，当从网络连接对象 α 收到一个中继连接请求数据包时，在外网中以客户角色创建一个网络链接对象（记为 β），并向目标服务器发起连接请求。然后在内外连接映射表中添加一行记录 (α, β)。当收到目标服务器的连接响应之后，通过网络连接 α 向内网中的请求者发送一个中继连接响应数据包。内网中的请求者一旦收到中继连接响应数据包，便知整个连接已建立完毕，接下来便可发送业务请求数据包。

随后，当网关服务器从某个外网连接（记为 α）收到一个业务数据包时，便基于 α 在内外连接映射表中查找对应行，得到与其对应的内网连接（记为 β）。接着将业务数据包从内网连接 β 转发出去。同理，当网关服务器从某个内网连接（记为 α）收到一个业务数据包时，便基于 α 在内外连接映射表中查找对应行，得到与其对应的外网连接（记为 β）。接着将业务数据包从外网连接 β 转发出去。

当网关服务器从某个外网连接（记为 α）收到一个关闭连接请求时，便基于 α 在内外连接映射表中查找对应行，得到与其对应的内网连接（记为 β）。接着通过内网连接 β 发送一个关闭连接请求。最后从内外连接映射表中删除行 (α, β)，并在外网和内网中分别释放网络连接对象 α 和 β。对于来自内网的关闭连接请求，处理完全类似。

基于消息队列的网关服务程序如代码 3.11 所示。该实现采用异步方式，所有事情由一个进程完成。当网卡收到一个 IP 数据包,或者完成一个 IP 数据包的发送之后,便会往进程的消息队列中发送消息。因此,网关服务程序的业务处理框架就是从消息队列中一个一个地取出消息,然后对其处理。

代码 3.11 基于消息队列的网关服务程序

```
(1)  int main (int argc, char **argv)  {
(2)    outerNetwork = getNetwork("outer");
(3)    innerNetwork = getNetwork("inner");
(4)    int port = getConfigureParam("GatewayPort");
(5)    Connection * conn = innerNetwork->createConnection( port, INET_IPV4);
(6)    conn->listen(5);
(7)    serverList = getConfigureParam("BusinessServer");
(8)    BusinessServer * server = servertList->getFirstItem();
(9)    while(server != null)  {
(10)     conn = outerNetwork->createConnection( server->port, INET_IPV4);
(11)     conn->listen(5);
(12)     server = servertList->getNextItem();
(13)   }
(14)   while (true)  {
(15)     Message * msg = pickOutMessage();
(16)     if (msg->id >= MIN_NETWORK_ID && msg->id <= MAX_NETWORK_ID) {
(17)       NetworkMessage * networkMsg = (NetworkMessage *)msg->content;
(18)       Network * network = (Network *)networkMsg->network;
(19)       Connection * connection = (Connection *)networkMsg->connection;
(20)       if (msg->id == CONNECTION_REQUSET)  {
(21)         ConnectionRequestHandler(network, connection, networkMsg->data);
(22)       }
(23)       else if (msg->id == CONNECTION_RESPONSE)  {
(24)         connectionResponseHandler(network, connect, networkMsg->data);
(25)       }
(26)       else if (msg->id == CONNECTION_RELAY)  {
(27)         connectionRelayHandler(network, connect, networkMsg->data);
(28)       }
(29)       else if (msg->id == CONNECTION_CLOSE)  {
(30)         closeConnectionHandler(network, connect, networkMsg->data);
(31)       }
(32)       else if (msg->id == BUSINESS_DATA_RECEIVE)  {
(33)         DataReceiveHandler(network, connect, networkMsg->data);
(34)       }
(35)       else if (msg->id == BUSINESS_DATA_SEND)  {
(36)         DataSendHandler(network, connect, networkMsg->data);
(37)       }
(38)     }
(39)   }
(40) }
```

代码 3.11 中第 2 行和第 3 行是调用操作系统 API 函数 getNetwork 获取外网和内网这两个网络对象,将其分别存储在全局变量 outerNetwork 和 innerNetwork 中。第 4~6 行是面向内网中的客户,作为服务器在内网中创建一个用于侦听连接请求的 connection 对象。

第 7～13 行是面向外网中的客户,代理内网中对外开放的每个业务服务器,在外网中分别创建一个用于侦听连接请求的 connection 对象。其中服务器表 serverList 中存储着内网中对外开放的服务器,也是一个全局变量,在消息处理中还要用到。第 14～38 行是循环从消息队列中提取网络消息,对其进行处理。网络消息分为 6 类,类别用消息 id 标识。

网络消息源于网卡。当网卡收到一个 IP 数据包,或者完成一个 IP 数据包的发送时,都会触发硬中断。每个网卡都有自己的硬中断处理例程,都对应一个 network 对象。在中断处理例程中,对于收到的 IP 数据包,会基于其中的 destinationPort 和 protocol 值找到对应的 connection 对象。对于一个网卡,在任何一个时刻都只能处理来自一个 connection 对象的发送任务。对于网络消息,应用程序应知晓它来自 network 对象中的哪个 connection 对象。因此,网络消息的内容包括 3 部分:①网络对象指针;②连接对象指针;③网络数据指针。对于网关,只有两个网络对象:outerNetwork 对象和 innerNetwork 对象。

思考题 3-13:当网卡完成一个 IP 数据包的发送后会触发硬中断,为了在网卡硬中断处理例程中知晓该 IP 数据包来自哪个 connection 对象,Network 类是不是应该还有成员变量 currentConnection,记下该 IP 数据包来自哪个 connection 对象?

网关收到的网络消息共 6 类,分别是:连接请求、连接响应、中继连接请求、连接关闭、业务数据发送完毕、业务数据收到。对于前 5 类,网络数据的结构由网络通信协议定义。对于收到的业务数据,其结构则由应用程序定义,网关并不关心。网关服务程序对收到的业务数据所作处理就是将其进行转发。

网关对收到的连接请求消息的处理如代码 3.12 所示。如果连接请求来自外网客户,便在 outerNetwork 对象中创建一个 connection 对象来对接客户的连接,如第 4 行所示。调用 createConnection 函数时,第一个实参为端口号,如果传递的值为 0,其含义就是叫 network 对象自动为其分配一个可用的端口号。对于内网中对外开放的服务器,是用端口号区分。接下来就是基于端口号找到内网中的服务器,如第 5 行所示。再基于服务器名到 DNS 服务器上找到其内网 IP 地址,如第 6 行所示。然后在内网中创建一个网络连接,如第 7 行所示。再给服务器发送一个连接请求,如第 8～14 行所示。最后,在内外连接映射表中添加一行,将两个连接关联起来,如第 15 行所示。注意:此时还不能给外网的请求者发送连接响应,要后延至内网连接建立之后。

代码 3.12　网关对收到的连接请求消息的处理

```
(1)   void connectionRequestHandler(Network * network, Connection * conn, void *
      data)  {
(2)     ConnectionRequest * request = (ConnectionRequest * ) data;
(3)     if ( network == outerNetwork )  {
(4)       Connection * conn1 = outerNetwork->createConnection( 0, request->
          protocol, request->sourceIpAddr, request->sourcePort);
(5)       Server * server = serverList->getItemByPort ( conn->getPort( ) );
(6)       int serverIpAddr = getIpAddrByNameFromDNS(server->name);
(7)       Connection * conn2 = innerNetwork->createConnection(0, request->
          protocol, serverIpAddr, server->port );
(8)       request = new ConnectionRequest(conn2);
(9)       if (innerNetworkSending == FALSE)  {
(10)        conn2->send( request );
```

```
(11)        innerNetworkSending = TRUE;
(12)      }
(13)    else
(14)        innerUrgentSendbufferList->addItem(conn2, request);
(15)        connectionMapList->addItem(conn2, conn1);
(16)    }
(17)  else if ( network == innerNetwork ) {
(18)    Connection * conn2 = innerNetwork->createConnection(0, request->
          protocol, request->sourceIpAddr, request->sourcePort );
(19)    ConnectionResponse * response = new ConnectionResponse(conn2->getPort());
(20)    if (innerNetworkSending == FALSE) {
(21)        conn2->send(response);
(22)        innerNetworkSending = TRUE;
(23)      }
(24)    else
(25)        innerUrgentSendbufferList->addItem(conn2, response);
(26)    }
(27) }
```

无论是内网还是外网,都可能建立有多个网络连接。每个网络连接都有数据要发送,但是网络只能一个一个地以串式方式发送它们。因此,当一个网络连接有数据要发送时,不一定能当即发送。如果网络正忙于发送,那么只能把要发送的数据缓存至发送队列中。为此,为 innerNetwork 对象和 outerNetwork 对象分别设置了全局变量 innerNetworkSending 和 outerNetworkSending,记录当前是否处于发送状态。另外,对于诸如网络连接请求,连接响应之类的数据,相较于业务数据,应该优先发送。于是,为每个网络设置了两个发送缓存队列。对于内网,分别是 innerUrgentSendbufferList 和 innerSendbufferList,分别缓存需紧急发送的数据和普通业务数据。外网也是如此。

如果连接请求来自内网客户,便在 innerNetwork 对象中创建一个 connection 对象与之对接,如第 18 行所示。然后通过创建的连接给客户发送连接响应,如第 19~25 行所示。

网关对收到的连接响应消息的处理如代码 3.13 所示。连接响应中带有对方的端口号信息,于是首先完成 connection 对象中 oppositePort 成员变量的初始化,如第 2 行和第 3 行所示。如果连接响应来自外网客户,说明在此之前是内网客户想要访问外网服务器。更具体地说,是网关收到内网客户发来的连接中继请求,接着给外网服务器发起连接请求,现在得到了外网服务器的连接响应。这时要做的工作是找到对应的内网连接,如第 5 行所示,然后给内网中的客户发送连接中继响应消息,如第 6~12 行所示。如果连接响应来自内网客户,说明在此之前是外网客户想要访问内网中的服务器,则找到对应的外网连接,然后给外网中的客户发送连接响应消息,如第 15~22 行所示。

代码 3.13 网关对收到的连接响应消息的处理

```
(1)  void connectionResponseHandler(Network * network, Connection * conn, void
     * data)  {
(2)    ConnectionResponse * response = ( ConnectionResponse * ) data;
(3)    conn->setOppositePort (response->port );
(4)    if ( network == outerNetwork )  {
```

```
(5)    ConnectionMapItem * map = connectionMapList->getItemByOuterConnection
       (conn);
(6)    RelayResponse * response = new RelayResponse( );
(7)    if (innerNetworkSending == FALSE)  {
(8)      map->innerConnection->send(response);
(9)      innerNetworkSending = TRUE;
(10)   }
(11)   else
(12)     innerUrgentSendbufferList->addItem(map->innerConnection, response);
(13)   }
(14) else if ( network == innerNetwork)  {
(15)   ConnectionMapItem * map = connectionMapList->getItemByinnerConnection
       (conn);
(16)   response = new ConnectionResponse(map->outerConnection->getPort());
(17)   if (outerNetworkSending == FALSE )  {
(18)     map->outerConnection->send(response);
(19)     outerNetworkSending = TRUE;
(20)   }
(21)   else
(22)     outerUrgentSendbufferList->addItem(map->outerConnection, response);
(23)   }
(24) }
```

网关对收到的连接中继请求消息的处理如代码 3.14 所示。连接中继请求肯定来自内网客户，说明在此之前是内网客户想要访问外网服务器，已给网关发送了连接请求，而且网关也已经给连接请求者发送了连接响应消息。于是，连接请求者按照网关访问协议再给网关发送连接中继请求（其中包含外网服务器的 IP 地址和端口号）。这时网关要做的工作是基于收到的连接中继请求，在外网中创建一个网络连接并给外网中的服务器发送一个连接请求消息，然后将两个连接关联起来，存入内外连接映射表中，如第 5～12 行所示。

代码 3.14　网关对收到的连接中继请求消息的处理

```
(1)  void ConnectionRelayHandler(Network * network, Connection * conn, void *
     data)  {
(2)    ConnectionRelay * relay = (ConnectionRelay * ) data;
(3)    if ( network == innerNetwork)  {
(4)      Connection * conn2 = outerNetwork->createConnection(0, relay->protocol,
         relay->ipAddr,  relay->port );
(5)      ConnectionRequest * request  = new ConnectionRequest(conn2);
(6)      if (outerNetworkSending == FALSE)  {
(7)        conn2->send( request);
(8)        outerNetworkSending = TRUE;
(9)      }
(10)     else
(11)       outerUrgentSendbufferList->addItem(conn2, request);
(12)     connectionMapList->addItem(conn,conn2);
(13)   }
(14) }
```

网关对收到的连接关闭请求消息的处理如代码 3.15 所示。在 C/S 模型中,关闭连接的请求肯定由客户发起。因此,如果关闭连接的请求来自外网,就要找到对应的内网连接,给内网中的服务器发送一个关闭连接的请求,如第 3~11 行所示。然后释放内网中对应的网络连接对象,以及外网中对应的网络连接对象,同时删除内外连接映射表中的对应行,如第 12~14 行所示。如果关闭连接的请求来自内网,处理过程与上述过程类似,如第 17~26 行所示。

代码 3.15　网关对收到的连接关闭请求消息的处理

```
(1)  void closeConnectionHandler(Network * network, Connection * conn, void *
         data)  {
(2)    ConnectionMapItem * map;
(3)    CloseConnectionRequest * request = new CloseConnectionRequest();
(4)    if ( network == outerNetwork)  {
(5)      map = connectionMapList->getItemByOuterConnection(conn);
(6)      if (innerNetworkSending == FALSE)  {
(7)        map->innerConnection->send(request);
(8)        innerNetworkSending = TRUE;
(9)      }
(10)     else
(11)       innerUrgentSendbufferList->addItem(map->innerConnection, request);
(12)     innerNetwork->closeConnection(map->innerConnection);
(13)     outerNetwork->closeConnection(conn);
(14)     connectionMapList->deleteItemByOuterConnection(conn);
(15)   }
(16)   else if ( network == innerNetwork)  {
(17)     map = connectionMapList->getItemByInnerConnection(conn);
(18)     if (outerNetworkSending == FALSE)  {
(19)       map->outerConnection->send(request);
(20)       outerNetworkSending = TRUE;
(21)     }
(22)     else
(23)       outerUrgentSendbufferList->addItem(map->outerConnection, request);
(24)     outerNetwork->closeConnection(map->outerConnection);
(25)     innerNetwork->closeConnection(conn);
(26)     connectionMapList->deleteItemByInnerConnection(conn);
(27)   }
(28) }
```

网关对收到的业务数据的处理自然是转发,其实现如代码 3.16 所示。如果收到的业务数据来自外网,就要找到对应的内网连接,如第 4 行所示。如果内网就发送数据而言处于空闲状态,就将其从内网转发出去,如第 5~6 行所示。如果内网就发送数据而言处于忙状态,就将业务数据存入内网的发送缓存队列 innerSendBufferList 中,如第 10 行所示。注意:缓存时不能只缓存数据,还要缓存 connection 对象指针。其原因是:随后转发时,是通过 connection 对象转发。如果收到的业务数据来自内网,处理过程与上述过程类似,如第 13~19 行所示。

代码 3.16　网关对收到的业务数据的处理

```
(1)  void DataReceiveHandler(Network * network, Connection * conn, void * data) {
(2)    ConnectionMapItem * map;
(3)    if ( network == outerNetwork)  {
(4)      map = connectionMapList->getItemByOuterConnection(conn);
(5)      if (innerNetworkSending == FALSE)  {
(6)        map->innerConnection->send(data);
(7)        innerNetworkSending = TRUE;
(8)      }
(9)      else
(10)       innerSendbufferList->addItem(map->innerConnection, data);
(11)   }
(12)   else if ( network == innerNetwork)
(13)     map = connectionMapList->getItemByInnerConnection(conn);
(14)     if (outerNetworkSending == FALSE)  {
(15)       map->outerConnection->send(data);
(16)       outerNetworkSending = TRUE;
(17)     }
(18)     else
(19)       outerSendbufferList->addItem(map->outerConnection, data);
(20)   }
(21) }
```

当网关收到 IP 数据包发送完毕消息时，所作工作自然是看对应的发送缓存队列中是否有待发数据，如果有，就继续发送，否则就将对应 network 对象的发送状态置为空闲。其实现如代码 3.17 所示。如果消息来自外网，选择待发数据时，优先选择 outerUrgentSendbufferList 队列中的数据，如第 4～13 行所示。如果没有待发数据，就将 outerNetworkSending 的值由 TRUE 改为 FALSE，表明网络就发送而言处于空闲状态，如第 12 行所示。如果消息来自内网，处理过程与上述过程类似，如第 16～25 行所示。

代码 3.17　网关对收到的 IP 数据包发送完毕消息的处理

```
(1)  void DataSendHandler(Network * network, Connection * conn, void * data) {
(2)    ConnectionMap * map;
(3)    if ( network == outerNetwork)  {
(4)      SendItem * sendItem = outerUrgentSendbufferList->pickOutItem();
(5)      if (sendItem != null)
(6)        sendItem->connection->send(sendItem->data);
(7)      else {
(8)        sendItem = outerSendbufferList->pickOutItem();
(9)        if (sendItem != null)
(10)         sendItem->connection->send(sendItem->data);
(11)       else
(12)         outerNetworkSending = FALSE;
(13)     }
(14)   }
(15)   else if ( network == innerNetwork)
(16)     SendItem * sendItem = innerUrgentSendbufferList->pickOutItem();
```

```
(17)      if (sendItem != null)
(18)        sendItem->connection->send(sendItem->data);
(19)      else {
(20)        sendItem = innerSendbufferList->pickOutItem();
(21)        if (sendItem != null)
(22)          sendItem->connection->send(sendItem->data);
(23)        else
(24)          innerNetworkSending = FALSE;
(25)      }
(26)    }
(27)  }
```

上述网关服务程序的实现只需一个进程就能处理两个网络上所有的客户请求,包括侦听连接、建立与客户的连接,以及处理所有网络连接上的数据接收和发送。在网络传输中,IP 数据包有长度限制。如果应用程序要发送的数据很大,网络管理器就会将其拆分成多段,然后将每段封装成一个 IP 数据包发送。对 IP 数据包限定长度,是为了不让网络被一个发送任务长久占用,以免影响诸如连接请求、连接响应之类的指令性数据及时发送,也为了网络带宽被均衡地分摊给每个网络连接。

硬件与进程之间的交互可视作进程与进程之间的交互。其原因是:硬中断处理例程独立于进程,一旦有硬中断触发,硬中断处理例程便会被 CPU 执行一趟。以网卡为例,当收到一个数据或者发送完毕一个数据时,都会触发网卡中断。在网卡硬中断处理例程中给相应进程的消息队列中发送一条消息,其实质是对内核空间中共享数据的访问。

当进程与进程之间的交互统一使用消息方式时,多任务并发执行便可通过一个进程以异步方式实现。上述网关服务程序就是如此。与其相对,在 3.2.2 节中所述网络通信的异步方式实现中,应用程序调用同步函数 poll 等待的内容仅限于网络事件(即收到数据事件或数据发送完毕事件)。这种处理只考虑了网络。如果应用程序还要等待除网络事件之外的其他事件时,那么仅通过一个进程不能实现多任务并发处理。其原因是:当进程调用 poll 函数等待网络事件时,其他事件(如键盘输入事件和鼠标输入事件)不能得到及时处理。

把进程与网络的交互以消息方式实现时,带来的收益是仅通过一个进程就能实现多任务并发处理,于是减少了进程数,优化了性能。付出的代价是:原来很多隐藏在操作系统中的一些处理现在要上浮到应用程序中处理。例如,连接请求、连接响应这类数据的发送和处理,原来隐藏在 accept 和 connect 这两个同步函数的实现中,现在要由应用程序处理。该情形在网关服务程序的实现中已被展示出来。

隧道贯通技术的实现在网关服务程序中也已给出,内网中对外开放的服务器尽管没有外网 IP 地址,也没有接入外网,但外部客户能对其进行访问。在外部客户看来,内网中对外开放的服务器有外网 IP 地址。该 IP 地址其实就是网关在外网中的 IP 地址。内网中对外开放的服务器共享一个外网 IP 地址,在网关中通过端口号区分。网关在其中扮演了中继角色,有时也说是路由角色。当然,这种路由是传输一级的路由,而不是网络一级的路由。在传输一级的路由中,对于从一块网卡接收的 IP 数据包,要将其数据部分提取出来,然后重新封装成一个新的 IP 数据包,再从另一网卡转发出去。与其相对,在网络一级的路由中,对于从一个网卡接收的 IP 数据包,则是原封不动地从另一网卡转发出去。

还有一种情形,一个企业里有多个对外开放的服务器要使用相同的端口号。例如,一所大学有一个 Web 服务器,其下属的每个学院也有自己的 Web 服务器。这些 Web 服务都使用 80 端口号,都是对外开放的服务器。这时隧道贯通技术便无能为力了。解决办法是:有 n 个对外开放的 Web 服务器,就要申请 n 个外网 IP 地址,其中包括了网关的外网 IP 地址。不过,所有对外开放的服务器并不是接在外网上,而是放在内网中,并且要求外部客户与内网中服务器的交互都要通过网关,以便在网关处实施总的安全管控和流量管控。这时该如何实施网络传输呢?该问题的解答涉及虚拟网络概念,将在第 5 章详解。

思考题 3-14:网关对内网客户访问外网服务器可实施流量控制。访问外网的带宽假定为 1000Mb/s,控制策略为轮流发送当前连接的 IP 数据包。假定当前的连接数为 100,于是每个连接能获得的带宽大致为 10Mb/s。当内网客户在计算机上安装一个高速下载控件,用它上传或下载大文件时,速度能提高好几倍。当然,这种提速要有后端服务器的支持才行。请问提速是怎么实现的?

思考题 3-15:ping 和 traceroute 是两个常用的网络检测应用程序。ping 用来测试网络可达性,traceroute 用来显示到达目的主机的路径。这两个应用程序在创建 socket 时,不是使用 TCP,而是使用 ICMP(Internet Control Message Protocol)。ICMP 是一种无连接协议,其含义是:在网络管理器收到这类数据包时,就会给请求者以响应,因此没有明显的服务器来处理这类数据包。请查阅资料,能否写出 ping 和 tracert 的实现代码?

3.2.4 应用层协议

上述 accept、connect、recv、send 这些函数工作在传输层。在传输层之上还有应用层,传输层最常见的通信协议是 TCP/UDP。应用层最常见的通信协议有 HTTP、FTP、DHCP、DNS、SMTP 和 POP3 等。应用层协议向上也提供 API 函数,供应用程序调用。那么,应用层协议要做什么工作呢?在传输层接收或者发送的数据,其类型为字节串(ByteString)。在应用层接收或者发送的数据,其类型不再是 ByteString,而是自己定义的数据类型,例如,在 HTTP 中就定义了 HttpPackage 这一数据类型。因此,在 HTTP 上接收的数据是 HttpPackage 对象。HTTP 要做的一件事情,就数据接收而言,就是将接收的一个或者多个 ByteString 对象转换成一个 HttpPackage 对象。就数据发送而言,就是将一个 HttpPackage 对象转换成一个 ByteString 对象。

思考题 3-16:由应用层协议的功能可知,应用层协议代码可以不是操作系统内核中的内容,可以放在支撑库中,为什么?而 network 对象和 connection 对象,是网卡中断处理例程中要访问的对象,因此必须是操作系统内核中的内容,该说法正确吗?

3.3 事务处理的并发控制

资源共享与访问冲突是一对共生共存的概念。操作系统内核空间中的全局变量被多个进程共享。由于硬中断独立于进程,因此把硬中断处理例程的一趟执行也视为一个进程。避免访问冲突的简单实现方式是:在中断处理例程的执行过程中屏蔽硬中断。这种处理方式能使得一个进程在调用操作系统 API 访问内核空间中的共享数据时,具有独占特性。只有访问完毕(即中断返回)后,才允许其他进程访问内核空间中的共享数据,这就是多进程并发控制的一种实现方法。

在分布式计算中,一个服务器中的数据被多个客户共享。运行时的服务器与客户呈一对多关系,即可能有多个客户同时访问服务器。通常将一个客户的一次业务请求称作一个事务(transaction)。服务器每收到一个客户的事务请求,就对其进行处理,把所得结果作为响应返回给客户。服务器对多个事务进行并发处理,能显著提高其处理性能。这一策略来源于如下观察:处理一个事务中,CPU 访问一项数据,从发出请求到得到响应结果需要时间。在这段时间中,CPU 处于闲置状态。于是可以让 CPU 处理另一个事务,以此提高 CPU 的利用率。当响应结果到达时,再让 CPU 跳转回去处理前一个事务。于是,从外部看来,就好像 CPU 在同时处理多个事务,这种情形被称作**多事务并发处理**。

多事务串行处理和多事务并发处理的对照如图 3.2 所示。从该图可知,完成 3 个事务的处理,在串行处理模式下需要的时间为 $t_1+t_2+t_3$,而在并发处理模式下需要的时间为 t_4。并发处理能大大提升数据处理效率。

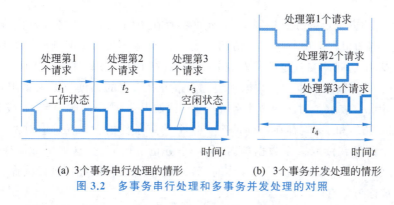

(a) 3个事务串行处理的情形　　　(b) 3个事务并发处理的情形
图 3.2　多事务串行处理和多事务并发处理的对照

并发处理策略在日常工作和生活中也常使用。比如,一个人在家里做菜的时候,为了提高效率,同时做几道菜。其做法是:当第一道菜要煮一段时间时,人就转去做第二道菜的清洗和切碎工作。当第一道菜煮好时,便停下做第二道菜的工作,转回去做第一道菜的装碗工作。于是,工作效率大大提高,做一桌菜的时间大大缩短。

并发处理在获得效率提升的同时,也引入了访问冲突问题,导致数据不一致和不正确。例如,第一个事务要获得数据 A 和数据 B 相加的结果,而第二个事务要对数据 A 做加 50 的处理,然后对数据 B 做减 50 的处理。第一个事务涉及 3 步操作,第二个事务涉及 6 步操作,如图 3.3(a)所示。在并发执行模式下,如下的处理过程完全是可能的:CPU 首先执行第一个事务的第 1 步,然后转去执行第二个事务的第 1~6 步,再转回执行第一个事务的第 2 和第 3 步,如图 3.3(b)所示。这个处理过程就有问题,导致第一个事务中获得的 A 和 B 不一致,响应结果错误,比真实结果小 50。

错误原因是:第一个事务和第二个事务都要访问数据 A 和 B。因为并发执行,所以第一个事务得到的 A 是第二个事务执行前的值,但 B 是第二个事务执行后的值。恰恰第二个事务对 A 和 B 都进行了修改。因此第一个事务得到的 A 和 B 是不一致的,导致结果错误。

以串行方式执行事务,就不会存在数据不一致或不正确的问题。因此,并发处理不能是无条件的,应该以保证数据的正确和一致为前提。对事务的并发执行要有控制,以保证数据正确和一致。并发控制可以基于访问冲突判定来实现。

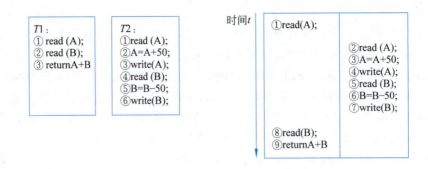

(a) 两个事务分别包含的数据操作　　　(b) CPU并发执行两个事务的时序

图 3.3　两个事务并发执行引发的冲突问题

3.3.1　基于访问冲突判定的并发控制

在基于访问冲突判定的并发控制中,只允许不存在访问冲突的事务并发执行,对存在访问冲突的事务,则约束它们串行执行。访问冲突的含义是什么？如何判断？如何调度事务的执行？这是基于访问冲突判定的并发控制要回答的问题。每个事务要访问的数据项集,可分为两部分:只读数据项集和写数据项集。对事务 T_α,它的只读数据项集用 α_r 表示,它的写数据项集用 α_w 表示。对于两个事务 T_α 和 T_β,如果 $\alpha_w \cap (\beta_r \cup \beta_w) \neq \varnothing$,或者 $\beta_w \cap (\alpha_r \cup \alpha_w) \neq \varnothing$,那么 T_α 和 T_β 就存在访问冲突。这个约束条件的含义是:①对两个并发执行的事务,当一个事务在读取某个数据项时,另一事务也可读取它,这种情形被称为**共享读**;②当一个事务要对一个数据项执行写操作时,就不能有其他事务对它执行读操作或者写操作,这种情形被称为**排它写**。

并发控制中,设当前等待处理的事务构成的集合为 $\{T_w\}$,正在处理的事务构成的集合为 $\{T_x\}$。对 $\{T_w\}$ 中的任一事务 T_w,如果它和 $\{T_x\}$ 中的所有事务都不冲突,就可调度事务 T_w 去执行。当服务器受理一个客户提交的事务请求时,如果它和 $\{T_x\}$ 中的所有事务都不冲突,就调度它去执行,并将其添加进 $\{T_x\}$ 中。否则,就将它加进 $\{T_w\}$ 中。当一个事务执行完毕后,就将它从 $\{T_x\}$ 中剔除,然后对 $\{T_w\}$ 中的事务逐一检查,调度那些与更新后的 $\{T_x\}$ 无冲突的事务去执行,并将其从 $\{T_w\}$ 中移入 $\{T_x\}$ 中。

思考题 3-17：设 $\{T_w\}$ 中的任一事务 T_w 都与 $\{T_x\}$ 冲突。当 $\{T_x\}$ 中的某个事务 T_x 执行完毕时,就要将其从 $\{T_x\}$ 中剔除。对于 $\{T_w\}$ 中的任一事务 T_w,如果 T_x 与 T_w 不冲突,T_w 就与更新后的 $\{T_x\}$ 冲突。为什么？请说明理由。

对于并发控制的实现,在服务器进程中,有多个线程在执行。其中主线程负责侦听和受理客户的事务请求,同时负责事务的并发控制。主线程会创建多个工作线程,并把受理的事务交给它们处理。主线程和工作线程之间通过消息交互。当主线程要把一个事务交给进程 T_i 处理时,就给进程 T_i 发送一个消息,消息内容就为要处理的事务。工作线程循环等待主线程的消息。每等到一个消息,就等于收到一个主线程下达的处理任务。工作线程每处理完一个事务之后,就给主线程发送一个消息,报告处理结果,然后等待下一个任务。主线程和工作线程要执行的代码分别如代码 3.18 和代码 3.19 所示。

代码 3.18　主线程要执行的代码

```
(1)  Network *network = getNetwork();
(2)  int port = getConfigureParam("ServerListenPort");
(3)  Connection *conn =network->createConnection( port, INET_IPV4);
(4)  conn->listen(5);
(5)  amount = getConfigureParam("workerThreadAmount");
(6)  for (int i =0; i++; i < amount)  {
(7)     int threadId = createThread( transactionHandler);
(8)     idleWorkerThreadIdList->addItem( threadId);
(9)  }
(10) transactionCount = 0;
(11) workingThreadCount = 0;
(12) mainThreadId = getThreadId();
(13) while (true)  {
(14)   Message *msg = pickOutMessage();
(15)   if (msg->id ==TRANSACTION_COMPLETITION)  {
(16)     transactionCompletitionHandler(msg->content);
(17)   }
(18)   else if (msg->id == NETWORK_BUSINESS_RECEIVE)  {
(19)     transactionAcceptanceHandler(msg->content);
(20)   }
(21)   else if (msg->id == NETWORK_BUSINESS_SEND)  {
(22)     transactionResultSendHandler(msg->content);
(23)   }
(24) }
```

代码 3.19　工作线程要执行的代码

```
(1)  int transactionHandler()  {
(2)    int threadId = getThreadId();
(3)    while (true)  {
(4)      Message *msg = pickOutMessage();
(5)      Transaction * transaction = (Transaction *)msg->content;
(6)      transaction->responseResult = HandleTransaction(transaction);
(7)      postMessage(mainThreadId, TRANSACTION_COMPLETION,(void *)transaction);
(8)    }
(9)  }
```

在代码 3.18 中，第 1~12 行是初始化工作：创建一个网络连接侦听客户的请求，然后创建多个工作线程，再对全局变量赋初值。全局变量 transactionCount 用于给处理的每个事务分配一个唯一的 id，既用来标识事务，也用来给事务排序。全局变量 workingThreadCount 记录当前有多少个工作线程在并发处理事务。工作线程的总数记录在全局变量 amount 中，也就是说最大并发度为 amount。如果所有工作线程都在处理事务，那么主线程受理的新事务即使与正在处理的事务都不冲突，其处理也需等待。设置最大并发度很有必要，太多的工作线程会导致拥挤问题，最终出现拥塞，谁也动弹不了。全局变量 mainThreadId 用于记录主线程的 id，以便工作线程能给主线程发送消息。

在代码 3.18 中，第 13~24 行是循环等待消息并处理收到的消息。消息源有 2 个：网络和工作线程。当网络收到一个事务请求时,会给主线程发送一个 NETWORK_BUSINESS_RECEIVE 消息。当网络发送完一个事务响应结果后,会给主线程发送一个 NETWORK_BUSINESS_SEND 消息。另外,当工作线程完成一个事务的处理后,会给主线程发送一个 TRANSACTION_COMPLETITION 消息。对于这 3 种消息,主线程分别调用 transactionAcceptanceHandler,transactionResultSendHandler,transactionCompletitionHandler 这 3 个函数进行处理。这 3 个函数的实现分别如代码 3.20~代码 3.22 所示。

代码 3.20　transactionAcceptanceHandler 函数的实现

```
(1)   voidtransactionAcceptanceHandler(void * data)  {
(2)     Transaction * transaction = new Transaction(data);
(3)     if (workingThreadCount < amount && conflict(activeTransactionList,
        transaction) == FALSE)  {
(4)       transaction->id = transactionCount ++;
(5)       workingThreadCount++;
(6)       activeTransactionList->addItem(transaction);
(7)       transaction->threadId = idleWorkerThreadList->pickOutItem( );
(8)       postMessage(transaction->threadId , ASSIGNMENT, (void *)transaction);
(9)     }
(10)    else
(11)      waitingTransactionList->addItem(transaction );
(12)  }
```

代码 3.21　transactionResultSendHandler 函数的实现

```
(1)   voidtransactionResultSendHandler(void * data)  {
(2)     delete data;
(3)     SendItem * sendItem = SendbufferList->pickOutItem();
(4)     if (sendItem != null)
(5)       sendItem->connection->send(sendItem->data);
(6)     else
(7)       isSending = FALSE;
(8)   }
```

代码 3.22　transactionCompletitionHandler 函数的实现

```
(1)   voidtransactionCompletitionHandler(void * data)  {
(2)   Transaction * transaction = (Transaction *)data;
(3)     if (isSending == FALSE)  {
(4)       transaction->connection->send( transaction->responseResult );
(5)       isSending = TRUE;
(6)     }
(7)     else
(8)       sendbufferList->addItem(transaction->connection, transaction->
          responseResult);
(9)     idleWorkerThreadIdList->addItem(transaction->threadId );
(10)    workingThreadCount--;
(11)    activeTransactionList->deleteItem(transaction);
(12)    delete transaction;
```

```
(13)    transaction = waitingTransactionList->getFirstItem();
(14)    while (transaction != null && workingThreadCount < amount )   {
(15)      if ( conflict(activeTransactionList, transaction) == FALSE ) {
(16)        transaction->id = transactionCount ++;
(17)        workingThreadCount++;
(18)        activeTransactionList->addItem(transaction);
(19)        transaction->threadId = idleWorkerThreadIdList->pickOutItem();
(20)        postMessage(transaction->threadId ,ASSIGNMENT, (void *)transaction);
(21)        transaction = waitingTransactionList->deleteItemAndGetNext
              ( transaction);
(22)      }
(23)      else
(24)        transaction = waitingTransactionList->getNextItem();
(25)    }
(26)  }
```

对于新受理的事务请求,只有 2 个条件都满足时才会被分配给一个工作线程去处理。首先要有空闲的工作线程,其次要与正在处理的事务不冲突,否则就会被搁置到等待队列中,直至 2 个条件都满足之后才会交给一个工作线程处理。正在处理的事务用全局变量 activeTransactionList 存储,而等待处理的事务用全局变量 waitingTransactionList 存储,这种处理如代码 3.20 所示。

当工作线程处理完一个事务后,就会给主线程发送一个 TRANSACTION_COMPLETITION 消息。主线程先看网络当前是否处于发送状态,如果不是,就发送事务处理结果。否则将事务处理结果放入待发队列 sendbufferList 中。接下来主线程把已完成处理的事务从 activeTransactionList 中删除,并把负责其处理的工作线程归入空闲线程表 idleWorkerThreadIdList 中。然后检查待处理的事务,如果没有冲突,就将其交给空闲工作线程去处理,这些处理如代码 3.22 所示。

注意:在上述事务并发处理的实现中,由于多线程缘故,全局变量成了共享变量。为了避免访问冲突,在工作线程中只使用了全局变量 mainThreadId。该变量仅由主线程在初始化时为其赋值,随后被工作线程读取,因此没有访问冲突问题。单从业务处理的时序看,transactionCompletitionHandler 函数也可以放在工作线程中调用。由于工作线程有多个,再加上在该函数中要对全局变量进行读写,因此不能在工作线程中调用该函数,否则会出现访问冲突问题。正是这个缘故,只好通过发消息的方式将该函数的调用转移到主线程中。

上述事务并发控制有一个前提条件,就是要能从事务请求中知晓事务要读的数据,以及要写的数据。只有这样才能判断两个事务是否存在访问冲突问题。具体来说,就是代码 3.20 第 3 行中,以及代码 3.22 第 15 行中调用的 conflict 函数该如何实现的问题。对于共享数据的管理,不同的服务器有不同的管理粒度。文件服务器的最小管理粒度为文件,对象服务器的最小管理粒度为对象,而数据库服务器的最小管理粒度为表中的行。

对于数据库服务器,客户的事务请求用 SQL 语句表达。如果事务请求中没有 SQL 嵌套操作,那么就能通过对 SQL 语句进行解析知晓事务请求要读或者要写的表,以及其中的行。于是在执行事务处理之前就能知晓两个事务是否存在访问冲突。如果事务请求中有 SQL 嵌套操作,那么外层 SQL 语句依赖于里层 SQL 语句的执行结果,这时只能保守地认为外层 SQL 语句针对的数据是整个表中的所有行。

为了访问冲突判定,事务要有成员变量 accessedObjectList,记录要访问的共享数据以及要对其执行的操作。accessedObject 有 objectId 和 accessMode 两个成员变量,其中 objectId 为数据项标识符,accessMode 为操作类型,其取值有读(R)和写(W)两种。事务对象基于事务请求创建,如代码 3.20 中第 2 行所示。在事务对象的构造函数中完成其成员变量 accessedObjectList 的初始化。如果事务请求以 SQL 语句表达,那么 accessedObjectList 的初始化就涉及 SQL 语句的解析。当每个事务的成员变量 accessedObjectList 被初始化之后,两个事务是否存在访问冲突的判定就轻而易举了。

思考题 3-18:对代码 3.20 第 3 行和代码 3.22 第 15 行调用的 conflict 函数,能否给出其实现?

上述基于访问冲突判定的并发控制,是将一个事务作为一个整体处理,可称为**粗粒度的并发控制**。深入到事务内部看,事务由操作构成。从操作一级看,在很多情况下,可以减短事务的等待时间。例如,事务 T_α 包含 3 个操作:读数据项 A、读数据项 B、写数据项 C;而事务 T_β 也包含 3 个操作:读数据项 A、读数据项 B、读数据项 C。从事务这一级看,事务 T_α 和事务 T_β 在访问数据项 C 上存在冲突。如果先调度事务 T_α 执行,那么事务 T_β 的执行就要等到事务 T_α 被处理完毕之后。如果从操作这一级看,事务 T_β 的执行可以提前,以增大事务执行的并发度。事务 T_β 的前两个操作,即读数据项 A 和 B,完全可以与事务 T_α 并发执行,因为彼此不存在冲突。只有在执行第 3 个操作,即读数据项 C 时,才需等待事务 T_α 被提交之后执行。在操作一级施行并发控制,常称为**细粒度的并发控制**。

3.3.2 细粒度的并发控制

在操作一级实施并发控制,与在事务一级实施并发控制相比,能提高事务处理的并发性。在操作一级的并发控制中,只要服务器收到一个客户的事务请求,就启动一个空闲的工作线程去执行它。对事务中包含的操作,工作线程依次逐个执行。通常,服务器中有多个工作线程在并发执行。一个工作线程 T_i 要对某个共享数据执行一次读或者写操作,它必须先给主线程发送一个消息,询问执行该操作是否有访问冲突问题,然后等待主线程的响应结果。这个过程在操作系统中被形象地称为上锁。不过,在这里锁管理器不是操作系统,而是主线程。所谓上锁,就是给主线程发送一个上锁消息。上锁的同步性体现在等待主线程的响应消息上。

在细粒度的并发控制中,工作线程有 3 种状态:①空闲态;②运行态;③阻塞态。初始时的工作线程处于空闲态。当主线程给一个空闲的工作线程下派一个事务处理任务时,该工作线程的状态由空闲态变为运行态。主线程给工作线程下派任务的方式为:给工作线程发送一个 ASSIGNMENT 消息。对于一个运行态的工作线程,当它要对某项共享数据进行操作时,会调用 postMessage 函数给主线程发送一个上锁请求消息,然后调用同步函数 pickOutMesssage 等待主线程的响应结果。此时该工作线程的状态发生改变,由运行态转变为阻塞态。当 pickOutMesssage 返回后,其状态再次发生改变,由阻塞态转变为运行态。当工作线程处理完一个事务之后,其状态会由运行态转变为空闲态。

这里所说的锁,其实就是一个 accessedObject 对象,记录了要访问的共享数据的 id 以及对其要执行的操作。以数据库为例,共享数据的 id 包括表名和查询条件,其中查询条件标识了要访问的行。操作有读和写两种类型。主线程每收到一个上锁请求时，先检查请求的 accessedObject 对象是否与当前活动事务所持有的 accessedObject 对象存在访问冲突。如果没有访问冲突，主线程便执行如下两项：①把请求的 accessedObject 对象添加至请求线程所处理的事务的 accessedObjectList 中；②给请求者发送一个上锁响应消息。如果有访问冲突，便将上锁请求信息添加至 blockedTransactionList 中。blockedTransactionList 是一个全局变量，记录所有被阻塞的事务及其请求的锁（即 accessedObject 对象）。

对于运行态的工作线程，在它完成对共享数据的访问之后，可以给主线程发送一个解锁请求消息，以增大整个服务器处理事务的并发度。当主线程收到一个解锁请求消息之后，便将其所指的锁（即 accessedObject 对象）从请求者线程的 accessedObjectList 中删除，表示不再持有该锁。然后对 blockedTransactionList 中所有项逐一进行检查，看其访问冲突问题是否已经消除。如果已消除，便把当前项的 accessedObject 对象添加至对应工作线程的 accessedObjectList 中，然后给对应工作线程发送一个上锁响应消息，于是该工作线程便会由阻塞态转变为运行态。

细粒度的并发控制相比于粗粒度的并发控制，其差异有两点。在细粒度的并发控制中，锁不是事先一次性全部申请，而是实时申请，而且一次只申请一个锁，事务有多少个锁，就会有多少次申请。在粗粒度的并发控制中，则是事先一次性申请所需的全部锁。申请一个锁自然要比申请全部锁容易获得成功，因此细粒度的并发控制能增大事务执行的并发度。就锁的释放而言，在粗粒度的并发控制中，锁是在事务处理完毕之后一次性全部释放。而在细粒度的并发控制中，锁是实时释放，即用完后马上释放。由于在细粒度并发控制中，锁的申请被后延，而锁的释放则提前，因此在整体上能增大服务器处理事务的并发度，有利于服务器处理性能的提升。

另外，当事务对共享数据的访问具有嵌套特性时，在细粒度的并发控制中，访问冲突的判断会更为精准，于是并发度也能得到提升。举例来说，假定访问数据库的事务请求为 UPDATE employee SET salary = salary + 200 WHERE employId IN（SELECT employId FROM work WHERE sumHour > 500 AND year = 2023）。该事务请求包含两项操作：①对 work 表执行读操作；②对 employee 表进行写操作。其特点是：后一项操作针对的数据依赖前一项操作的结果。在执行第 2 项操作时，第 1 项操作已经完毕，此时对 employee 表进行更新，就不用锁上整个表，只锁上要更新的行即可。与其相对，在粗粒度的并发控制中，由于事先并不知道第 1 项操作的结果，因此只好保守地认为第 2 项操作要对 employee 表中的所有行执行写操作。

在细粒度的并发控制中，当一个事务要对某项共享数据进行访问时，先调用 lock 函数对其上锁。该函数的实现如代码 3.23 中第 1～5 所示。要访问的数据 id 以及要执行的操作类型（读或者写）存储在形参 accessedObject 中，其实质就是锁。第 4 行调用的 pickOutMessage 是一个同步函数，直至上锁成功才会返回。访问完共享数据之后要调用 unlock 函数执行解锁操作。unlock 函数的实现如代码 3.23 中第 6～9 行所示。

代码 3.23　细粒度并发控制中上锁和解锁的实现

```
(1)    void * lock(Transaction * transaction, AccessedObject * accessedObject)  {
(2)        transaction->lock = accessedObject;
(3)        postMessage(mainThreadId, LOCK, (void *) transaction);
```

```
(4)     pickOutMessage();
(5) }

(6) void unlock(Transaction * transaction, AccessedObject * accessedObject)   {
(7)     transaction->unlock = accessedObject;
(8)     postMessage(mainThreadId, UNLOCK, (void *)transaction );
(9) }
```

主线程收到一个来自工作线程的上锁请求消息后，调用 lockHandler 函数对其进行处理。lockHandler 函数的实现如代码 3.24 所示。所作处理就是检查事务申请的锁与其他正在执行的事务持有的锁是否冲突。如果冲突，便将请求上锁的事务添加至全局变量 blockedTransactionList 中，否则将请求的锁变为持有的锁，并给请求者线程发送一个响应消息，表示上锁成功。将请求的锁变为持有的锁，就是将请求的 accessedObject 对象添加至事务的成员变量 accessedObjectList 中，如第 15 行所示。

代码 3.24 lockHandler 函数的实现

```
(1)  voidlockHandler(void * data)  {
(2)     Transaction * transaction = ( Transaction * )data;
(3)     bool conflicting = FALSE;
(4)     Transaction * transaction2 = activeTransactionList->getFirstItem();
(5)     while ( transaction2 != null)   {
(6)        if (transaction2->threadId != transaction->threadId && conflict
            (transaction2->accessedObjectList, transaction->lock) )  {
(7)           conflicting = TRUE;
(8)           break;
(9)        }
(10)       transaction2 = activeTransactionList->getNextItem();
(11)    }
(12)    if (conflicting)
(13)       blockedTransactionList->addItem(transaction);
(14)    else {
(15)       transaction->accessedObjectList->addItem(transaction->lock);
(16)       postMessage(transaction->threadId,LOCK_RESPONSE, null);
(17)    }
(18) }
```

当主线程收到一个来自工作线程的解锁请求消息时，调用 unlockHandler 函数对其进行处理。unlockHandler 函数的实现如代码 3.25 所示。主线程先将要释放的锁从事务的成员变量 accessedObjectList 中删除，以示不再持有该锁，如第 3 行所示。然后对被阻塞的事务（记录在 blockedTransactionList 中）逐一检查，看它们申请的锁能否上锁成功，如第 4~22 行所示。对于它们要执行的访问，在一个锁被释放之后，冲突问题可能已经消除，因此对它们要重新进行访问冲突判定。如果访问冲突已消除，就要把申请的锁转变为持有的锁，并给请求者线程发送一个响应消息，表示上锁成功。与此同时，还要将其从 blockedTransactionList 中删除。冲突消除之后的处理如第 16~18 行所示。

细粒度的并发控制与粗粒度的并发控制相比，差异主要体现在事务对象的初始化上。

事务对象被创建后，要执行初始化工作，其中包括对成员变量 accessedObjectList 的初始化，以及将事务请求翻译成操作指令序列。在细粒度的并发控制中，accessedObjectList 被初始化为空，操作指令序列中包含了上锁和解锁指令。与其相对，在粗粒度的并发控制中，则把全部锁都添加至 accessedObjectList 中，但操作指令序列中不再有上锁和解锁指令。

思考题 3-19：在细粒度的并发控制中，见代码 3.23～代码 3.25，一个事务的成员变量 accessedObjectList 中有多少项 accessedObject 对象？全局变量 blockedTransactionList 中记录的是被阻塞的事务，被阻塞的事务也是正在被处理的事务，因此肯定也在 activeTransactionList 中。请问什么时候 blockedTransactionList 中的项为空？

代码 3.25　unlockHandler 函数的实现

```
(1)   void unlockHandler(void * data)  {
(2)     Transaction * transaction = ( Transaction * )data;
(3)     transaction->accessedObjectList->deleteItem( transaction->unlock);
(4)     Transaction * transaction2 = blockedTransactionList->getfirstItem();
(5)     while (transaction2 != null)  {
(6)       bool conflicting = FALSE;
(7)       Transaction * transaction3 = activeTransactionList->getFirstItem();
(8)       while (transaction3 != null)  {
(9)         if ( transaction3->threadId != transaction2->threadId && conflict
              (transaction3->accessedObjectList, transaction2->lock) )  {
(10)          conflicting = TRUE;
(11)          break;
(12)        }
(13)        transaction3 = activeTransactionList->getNextItem();
(14)      }
(15)      if (conflicting == FALSE)  {
(16)        transaction2->accessedObjectList->addItem(transaction2->lock);
(17)        postMessage(transaction2->threadId, LOCK_RESPONSE, null);
(18)        transaction2 = blockedTransactionList->deleteItemAndGetNextItem
              (transaction2);
(19)      }
(20)      else
(21)        transaction2 = blockedTransactionList->getNextItem();
(22)    }
(23)  }
```

思考题 3-20：在细粒度的并发控制中，当主线程受理了一个新的事务请求时，只要还有空闲的工作线程，就会将其下派给某个空闲的工作线程去处理。由于锁的申请以及释放具有实时性，因此启动一个事务的处理时，其成员变量 accessedObjectList 中没有 accessedObject 对象。与其相对，在粗粒度的并发控制中，创建事务对象时，就将其要申请的全部锁都加入其成员变量 accessedObjectList 中。于是就有如下结论：粗粒度的并发控制中的 accessedObject 对象数量，与细粒度的并发控制中的 accessedObject 对象数量相比，一定会多一些。这个结论不一定正确，为什么？请举例说明。

思考题 3-21：主线程处理解锁请求时，对于被释放的锁，要将其从事务的 accessedObjectList 中删除。对于 blockedTransactionList 中的事务要申请的锁，在判定它与其他事务持有的锁是否存在访问冲突时,可以先判断它与要释放的锁是否存在访问冲突。如果不冲突,则不需要再检查了,可直接得出它与其他事务持有的锁肯定还有访问冲突这一结论,为什么?

上述细粒度的并发控制方案并不能保证事务具有原子性、一致性、隔离性,现举例说明。事务 T_α:读取共享数据 A 和数据 B,然后求取它们相加的结果;事务 T_β:对共享数据 A 做加 50 的处理,然后对数据 B 做减 50 的处理。事务 T_α 涉及 3 步操作:read(A),read(B),A+B。事务 T_β 涉及 6 步操作:read(A),A=A+50,write(A),read(B),B=B−50,write(B)。CPU 并发执行事务 T_α 和 T_β 时,共有 9 步操作。假定这 9 步操作被 CPU 执行的先后顺序是:T_α:read(A),T_β:read(A),T_β:A=A+50,T_β:write(A),T_β:read(B),T_β:B=B−50,T_β:write(B),T_α:read(B),T_α:A+B,那么 T_α 的执行结果自然不正确,因为 T_α 读到的 A 值是 T_β 执行之前的值,而读到的 B 值为 T_β 执行之后的值,出现了两者不一致的情形。现将该场景记为场景 1。

这 9 步操作被 CPU 执行的先后顺序也可以是:T_β:read(A),T_β:A=A+50,T_β:write(A),T_α:read(A),T_α:read(B),T_β:read(B),T_β:B=B−50,T_α:A+B,T_β:write(B)。现将该场景记为场景 2。假定 CPU 执行 T_β:write(B)时遇到了问题。于是就要回滚 T_β,即撤销事务 T_β 对共享数据所做的更新。这导致 T_β:write(A)这一操作也被撤销。结果 T_α 读了一个被撤销了的共享数据值,自然不正确。该问题叫 READ UNCOMMITTED 问题。

为了保障事务的原子性、一致性和隔离性,即克服上述场景 1 所述的不一致情形,需要强化事务的隔离性。一种办法是:将解锁操作延后,直至事务所需的锁全部获取成功后才允许解锁。也就是说,在第一次发送解锁请求消息之后,就不再允许发送上锁请求消息。这样,一个事务要访问的所有数据,在逻辑上就成了一个整体,保证了事务与事务之间无访问冲突。有此约束,那么在上述场景 1 中,事务 T_α 持有了数据 A 的读锁之后,在对数据 B 请求上读锁之前,不会释放数据 A 的读锁。于是事务 T_β 就会在请求对数据 A 上写锁之时转为等待状态,直至 T_α 释放数据 A 的读锁之后。此时,T_α 读到的数据项 A 和 B 都是 T_β 对其修改前的值。这种并发控制方案,在 MySQL 数据库中被称为 READ UNCOMMITTED 隔离级别。锁的延迟释放能解决一致性问题,但也具有副作用,会降低事务的并发性。

为了进一步克服上述场景 2 的 READ UNCOMMITTED 情形,需要进一步强化事务的隔离性。具体办法是:对一个事务的所有写操作,其锁的释放需进一步延迟到事务提交之后。在上述场景 2 中,事务 T_α 要获得数据项 A 的读锁,必须等到事务 T_β 处理完毕之后才能成功,因此也就不会发生 T_α 读了一个被撤销了的数据值。在 MySQL 数据库中,这种并发控制方案被称为 READ COMMITTED 隔离级。

在 READ COMMITED 隔离级,假定两个并发执行的事务 T_1 和 T_2 都要对数据项 A 和 B 执行写操作。T_1 写的顺序是先 A 后 B,T_2 写的顺序是先 B 后 A。如果 CPU 执行它们时的顺序是 T_1:write(A),T_2:write(B),T_1:write(B),T_2:write(A),就会出现如下现象:T_1 在执行 T_1:write(B)操作时将陷入永久等待状态,而 T_2 在执行 T_2:write(A)操作时也将陷入永久等待状态。其原因是:T_1 执行完 write(A)操作后,并不释放对数据 A 持有的写锁,于是 T_2 执行 write(A)时,上锁无法成功,一直等待。T_2 执行完 write(B)操作后,并不释放对数据 B 持有的写锁,于是 T_1 执行 write(B)时,上锁无法成功,一直等待。这样,T_1、T_2 就相互耗上了,都无法动弹,这种现象称为死锁。

思考题 3-22：死锁的必要条件什么？

为了避免死锁问题，一种简单直接的处理办法是将事务所需的全部锁当成一个整体（即原子体）来申请。如果成功，则获得所需的全部锁；如果不成功，则一个锁都不持有，这样也就退化成了事务一级的并发控制。在 MySQL 数据库中，这种并发控制方案被称为 SERIALIZABLE 隔离级。相比于 READ COMMITTED 隔离级，SERIALIZABLE 隔离级将加锁时间前移了。SERIALIZABLE 隔离级将所有加锁时刻前移到第一个读/写操作之前。

在 READ COMMITTED 隔离级，当要读/写一个数据项时，才向调度线程申请一个锁。主线程处理锁申请时，如果发现存在访问冲突，就会将申请搁置起来，让申请者等待。而在 SERIALIZABLE 隔离级，执行第一个数据读/写之时，就检查其包含的所有读/写操作，看是否有访问冲突。只要有一个读/写操作存在访问冲突，就要等待，直至整体冲突化解为止。因此，SERIALIZABLE 隔离级更为严格。为了和下面的方案对比，将该方案称作 A 方案。

在 SERIALIZABLE 隔离级，尽管事务是并发执行的，但从执行效果看，就像事务是串行执行似的。两个事务中，谁的锁申请成功在前，它就排在前面。

思考题 3-23：SERIALIZABLE 隔离级与粗粒度的并发控制，它们有何异同？请从加锁时刻和解锁时刻进行对比分析。益处的获取需要付出什么代价？

思考题 3-24：对于事务 T_A，它包含 3 个操作：Read(D1)；Read(D2)；Write(D3)。就 READ UNCOMMITED，READ COMMITED，SERIALIZABLE 3 种隔离级，分别补充 Lock 和 Unlock 函数，以实现相应的隔离级别。

上述 A 方案是通过强化锁的申请避免死锁。其实，死锁避免还可通过强化冲突判定条件来实现。其动机是：事务在有序情况下，主线程处理事务 T_c 的锁申请时，在决定给它分配锁时，确保其不会妨碍排在 T_c 前面的事务去获取所需的锁，这样就确保了排在首位的事务，在获取所需的锁上不会遇到任何障碍，因此死锁也就不会发生了。

3.3.3 通过强化冲突判定条件的死锁避免方法

在强化冲突判定条件方案中，每个事务申请锁时，还是如在 READ COMMITTED 隔离级一样，一个一个地申请，而不是将事务所需的全部锁当成一个整体来申请。不过，事务在初始化时，还是要将其全部锁都放在其成员变量 accessedObjectList 中。该方案对事务进行排序。当主线程将一个事务下派给某个空闲工作线程处理时，就给其分派一个序列号，即事务 id。序列号的大小表达了事务的先后顺序。对于事务的每个锁，在事务的生命周期中，会先后经历 3 种状态：首先是所需，然后是持有，最后是释放。为了便于描述冲突判定规则，设 T_x 为一个当前正在被处理的事务，它所需的全部锁用【T_x】表示。当前时刻的【T_x】可分成 3 部分：已经释放的锁【$T_{x,1}$】、当前已拥有的锁【$T_{x,2}$】、后续需要的锁【$T_{x,3}$】。

当事务 T_c 向主线程申请一个锁时，主线程予以分配的原则是：T_c 拥有该锁后，不会妨碍排在 T_c 前面的事务获取所需的锁。也就是说，对于 activeTransactionList 中的任一排在 T_c 前面的事务 T_x，要求申请的锁与【$T_{x,2}$】∪【$T_{x,3}$】中的任一个锁都不冲突。只有满足这个条件，锁申请才会成功，否则就只能等待。这个条件的含义是：要求申请的锁与 T_x 当前持有的锁（即【$T_{x,2}$】）不冲突，而且还要求与 T_x 后续所需的锁（即【$T_{x,3}$】）也不冲突。为了便于对比，将该方案称作 B 方案。

在细粒度的并发控制方案中,当释放一个锁之后,便将其从事务的 accessedObjectList 中删除,表示不再持有该锁。也就是说,事务 T_x 的成员变量 accessedObjectList 中存储的是【$T_{x,2}$】∪【$T_{x,3}$】,因此只需对细粒度的并发控制做 3 点修改,就能避免死锁。第 1 点修改是在创建事务对象时,将事务的全部锁添加至成员变量 accessedObjectList 中。第 2 点修改是将代码 3.24 所示 lockHandler 函数的实现第 6 行中 transaction2->threadId != transaction->threadId 修改为 transaction2->id < transaction->id。第 3 点修改是删除第 15 行,其原因是申请的锁已经在事务的成员变量 accessedObjectList 中。事务 id 的分配和排序在粗粒度的并发控制实现中就已给出,见代码 3.20。

对于释放锁的处理,相应地也要修改两处。首先是代码 3.25 所示 unlockHandler 函数中第 9 行,应将 transaction3->threadId != transaction2->threadId 修改为 transaction3->id < transaction2->id。第 16 行也应删除。其次还有一个地方可进行优化。对 blockedTransactionList 中的阻塞态事务重新检查访问冲突性时,无须全部检查,只检查一部分事务即可。其原因是:当事务 T_c 释放一个锁时,不会对排在 T_c 前面的事务有任何影响,只会对排在 T_c 后面的事务产生影响。因此,对 blockedTransactionList 中的阻塞态事务,如果排在 T_c 前面,就无须检查。

B 方案强化了冲突判定条件。它通过对事务排序,确保了 activeTransactionList 中排在首位的事务,在申请所需锁上不会遇到任何妨碍,因此它能顺利执行完毕,不会出现死锁现象。

为了比较上述各种方案在冲突判定条件上的差异,设事务 T_x 所需的全部锁为【T_x】。在时序上【T_x】可分成 3 部分:已经释放的锁【$T_{x,1}$】、当前拥有的锁【$T_{x,2}$】、后续需要的锁【$T_{x,3}$】。设事务 T_c 要申请锁。调度线程对申请执行冲突检查。在 A 方案中,冲突判定条件是:【T_c】与【T_x】是否冲突,这里 $x \neq c$。而在 B 方案中,则是【T_c】中的一个锁与【$T_{x,2}$】∪【$T_{x,3}$】是否冲突,这里的 T_x 是指排在 T_c 前面的事务。在粗粒度(事务一级)的冲突判定中,则是看【T_c】与【T_x】是否冲突,这里 $x \neq c$。在细粒度的冲突判定中,则是看【T_c】中的一个锁与【$T_{x,2}$】是否冲突,这里 $x \neq c$,【$T_{x,2}$】中只含一个锁。由此可见,在冲突判定条件上,A 方案与粗粒度(事务一级)的并发控制方案相同。

B 方案的本质是:对事务 T_c 的锁申请,调度线程予以分配的前提条件是 T_c 拥有所申请的锁,不会妨碍排在 T_c 前面的事务获取所需的锁。于是,对队列中排在首位的事务,申请所需的锁时不会遇到任何妨碍,都能成功。B 方案带来的另一个好处是:事务对拥有的共享锁的释放,不需要延迟到拥有所需的全部锁之后。

思考题 3-25:事务对拥有的共享锁的释放,不需要延迟到拥有所需的全部锁之后。为什么?另外,B 方案相比于 A 方案,能增大事务的并发度。这个结论正确吗?

3.3.4 基于时间戳的乐观性并发控制

在细粒度的并发控制中,可能发生不一致情形,也可能出现一个事务读了被回滚了的数据值,还可能出现死锁情形。这些都是问题,需要解决。将锁的释放延后,直至全部锁都获取成功,就能解决不一致问题。写操作的解锁时间延迟到事务提交之后,可以解决 READ UNCOMMITTED 问题。强化锁的申请,或者强化冲突判定条件,可以解决死锁问题。这些方法具有事先预防特性。也就是说,确保一个事务不会出现读/写不一致的情形,确保不

会出现 READ UNCOMMITTED 情形,确保不会出现死锁问题。解决该问题的另一个切入途径如下:

(1) 一个事务每读/写一个数据时,就检查其一致性。如果发现不一致,就回滚,然后从头重来;

(2) 一个事务要提交时,检测它是否读到了未提交的数据。如果是,就要延迟提交。延迟提交的最终结局要么是提交,要么是回滚。

例如,在上述场景 1 中,事务 T_α 和 T_β 共有的 9 步操作,被 CPU 执行的先后顺序假设为 T_α:read(A),T_β:read(A),T_β:A=A+50,T_β:write(A),T_β:read(B),T_β:B=B−50,T_β:write(B),T_α:read(B),T_α:A+B,那么,当 T_α 读数据 B 时,就会发现出现了不一致情形,于是 T_α 就要回滚,然后从头重来。在上述场景 2 中,9 步操作被 CPU 执行的先后顺序假设是 T_β:read(A),T_β:A=A+50,T_β:write(A),T_α:read(A),T_α:read(B),T_β:read(B),T_β:B=B−50,T_α:A+B,T_β:write(B),那么 T_α 要提交时,发现 T_β 还没有提交,就要等待。只有 T_β 提交后,T_α 才能提交。如果 T_β 回滚了,T_α 就不能提交了,也要回滚。T_α 的这种回滚被称作**连带回滚**。这种策略也能克服不一致问题、READ UNCOMMITTED 问题,以及死锁问题。

这种策略的特点是持乐观态度,认为读/写时出现不一致,或者一个事务在提交时读了未提交的数据,这两种情况都很少发生。另外,认为连带回滚也很少发生。于是,尽力放大并发性。如果真实情况也如此,这种策略就是好策略。另外,在这种策略中,死锁根本不会出现,因为每次读/写一个数据项时,才去为之申请上锁,读/写完之后,就马上释放了锁。其好处是:除无死锁问题外,事务执行的并发度也被显著增大。当然也有缺点,就是事务回滚明显增多。回滚等于前功尽弃。

接下来的问题是:如何检测一个事务在读/写一个不一致的数据,以及在要提交时是否读了未提交的数据? 时间戳可用来实现检测。在基于时间戳的并发控制中,数据库服务器受理客户的事务请求,将它们放入一个队列中,再依次取出,调度执行。每个事务在调度时都会附上一个时间戳,以此标识它们的先后顺序。并发执行的效果,与基于时间戳标识的顺序串行执行的效果应该一样。

基于此逻辑,对任意两个事务 T_α 和 T_β,如果 T_β 排在 T_α 后面,合情合理的情形应该是:T_β 读取 T_α 更新了的数据,T_β 对 T_α 已读取的数据进行更新。因为并发执行,所以可能出现如下情形:T_α 要读取 T_β 更新了的数据,或者 T_α 要对 T_β 已读取的数据进行更新。这两种情形便是冲突的具体表现形式,都是不允许的。冲突一旦出现,就表明 T_α 必须排在 T_β 之后才行。于是,处理冲突的办法便是:回滚 T_α,撤销 T_α 对数据库已做的更新,就像 T_α 没有被调度执行一样。然后再将 T_α 重新放进调度队列,重新调度执行,重新给定时间戳。这样,T_α 就排到了 T_β 之后。

接下来的问题是如何实现冲突检测,即如何判定 T_α 要读取 T_β 更新了的数据,或者 T_α 要对 T_β 已读取的数据进行更新? 实现办法是给每个数据项加配两个时间戳标签:一个为写时间戳;另一个为读时间戳。在冲突检测中,事务用其时间戳标识。数据项 A 的写时间戳(write time stamp)记为 A.wts,记录 A 的当前值由哪个事务所写。A 的读时间戳(read time stamp)记为 A.rts,记录读了它的最大事务。当事务 T_α 要读取数据项 A 时,如果合情合理,那么若 $ts(T_\alpha) >$ A.rts,就要设置 A.rts $=$ $ts(T_\alpha)$,这里 $ts(T_\alpha)$ 表示 T_α 的时间戳。

当事务 T_a 要写数据项 A 时，如果合情合理，那么若 $ts(T_a) >$ A.wts，也要设置 A.wts = $ts(T_a)$。有了这个前提，冲突的检测就是水到渠成的事情了，如代码 3.26 所示，其中 my_ts 是指事务的时间戳。

代码 3.26 基于时间戳的并发控制中一致性检查方法

```
读数据项 A:                      写数据项 A:
read(A)  {                      write(A, newvalue) {
  if(my_ts < A.wts)               if(my_ts < A.rts)
    rollback;                       rollback;
  else {                          else if(my_ts >= A.wts)  {
    if(my_ts > A.rts)               A.value = newvalue;
      A.rts = ts;                   A.wts = ts;
    return A.value;               }
  }                               return;
}                               }
```

为了防止 READ UNCOMMITTED，一个事务在读一个数据项时，要记录下其时间戳，即它所依赖的事务。在要提交时，只有在它所依赖的事务都提交之后，它才能提交。它所依赖的事务中，只要其中一个发生了回滚，那么它也要回滚。

思考题 3-26：上述基于时间戳的并发控制方案，是 SERIALIZABLE 隔离级的一种实现方案。为什么？请说明理由。

基于锁的并发控制是一种稳健型方案，确保在无冲突前提下进行数据操作。而基于时间戳的并发控制则带有冒险性质。它以细粒度并发控制为基础，让事务对能写的数据就写，能读的数据就读。这种处理方式可能导致其他事务随后要执行读/写一个数据项时，出现不一致情形。于是，在事务执行读/写一个数据项，获得所需锁的同时，还要进行一致性检查。如果发现不一致情形已成事实，就回滚事务，以此消解不一致。基于时间戳的并发控制能增大并发度，但是也带来了新的问题，那就是一旦发现不一致存在，便要回滚事务，导致被回滚的事务前功尽弃，浪费资源。另外，要对数据项设置读时间戳和写时间戳，一致性检查和控制变得复杂，无论是存储开销，还是处理开销都将增大。

3.3.5　基于锁的乐观性并发控制

基于时间戳的并发控制，是在细粒度并发控制的基础上再补充一致性检查。在上述基于锁的并发控制中，各种方案的不同之处仅在于冲突判定条件不同，它们的数据结构和处理框架则完全一样。基于时间戳的并发控制，也可使用上述基于锁的并发控制加以实现。

基于时间戳的并发控制有 3 个要求：①对事务进行排序，这一要求已经在上述基于锁的并发控制中加以实现；②基于细粒度的冲突判定，这一要求在基于细粒度的并发控制中也已实现；③一致性检查。一致性检查的内容包括 3 点：①事务 T_c 要执行读操作时，理应读排在它前面的事务所写的值。如果出现了读排在它后面的事务所写的值，自然就是不一致情况；②事务 T_c 要执行写操作时，排在它后面的事务理应读它写的数据。如果不是，就是不一致情况；③当 T_c 要执行写操作时，如果排在它后面的事务已经执行了写，理应覆盖 T_c 写的值。因此，T_c 要执行的写操作失去了意义，应该忽略。

上述一致性检查内容，也都能在基于锁的并发控制中加以实现。将锁 lock 针对的数据

对象记为 $lock.A$，要执行的操作类型记为 $lock.O$。$lock.O$ 的取值有两种：读（记为 R）和写（记为 W）。对于排在 T_c 后面的事务 T_x，它已经执行完毕的操作都记录在【$T_{x,1}$】中。而 T_c 要执行的数据操作，则记录在要申请的锁 $lock_c$ 中。设【$T_{x,1}$】中的一个锁为 $lock_x$。如果 $lock_c.A$ 与 $lock_x.A$ 存在交集，那么 3 种不一致情形基于锁来表述就是：①$lock_c.O=R$ 并且 $lock_x.O=W$，其含义是 T_c 要读排在它后面的事务已写的数据；②$lock_c.O=W$ 并且 $lock_x.O=R$，其含义是 T_c 要写排在它后面的事务已读的数据；③$lock_c.O=W$ 并且 $lock_x.O=W$，其含义是排在 T_c 后面的事务已经对 $lock_x.A$ 执行了写操作，现在 T_c 还要写它。

基于时间戳的并发控制，采用锁机制加以实现，就是在基于锁的细粒度并发控制基础上增加一致性检查。在代码 3.24 所示基于锁的细粒度并发控制中，每个事务当前持有的锁存储在成员变量 lock 中，为了兼容死锁避免的实现起见，也存储在成员变量 accessedObjectList 中，用于访问冲突判定。现在要增加一致性检查功能，成员变量 accessedObjectList 就只能用来存储已访问过的共享数据对象。访问冲突判定是检查申请的锁是否与当前 active 事务持有的锁冲突。而一致性检查则是看申请的锁与排在申请者之后的事务曾经持有过的锁之间是否不一致。在代码 3.24 基础上增加一致性检查功能的锁管理实现如代码 3.27 所示。

代码 3.27 增加一致性检查后的 lockHandler 函数实现

```
(1)   voidlockHandler(void * data)   {
(2)     Transaction * transaction = ( Transaction * )data;
(3)     bool conflicting = FALSE;
(4)     Transaction * transaction2 = activeTransactionList->getFirstItem();
(5)     while ( transaction2 != null)   {
(6)       if (transaction2->threadId != transaction->threadId && conflict
          (transaction2->lock, transaction->lock) )   {
(7)         conflicting = TRUE;
(8)         break;
(9)       }
(10)      transaction2 = activeTransactionList->getNextItem();
(11)    }
(12)    if (conflicting)   {
(13)      blockedTransactionList->addItem(transaction);
(14)      activeTransactionList->deleteItem(transaction);
(15)    }
(16)    else   {
(17)      transaction->checkResult = LOCK_RESPONSE;
(18)      consistenceCheck(transaction);
(19)      transaction->accessedObjectList->addItem(transaction->lock);
(20)      postMessage(transaction->threadId,transaction->checkResult, null);
(21)    }
(22)  }
```

代码 3.27 中第 17 行的含义是申请锁成功。在第 18 行调用 consistenceCheck 函数进行一致性检查。如果不一致，transaction->checkResult 会被重新设置成 ROLLBACK 或者 IGNORE。一致性检查函数 consistenceCheck 的实现如代码 3.28 所示。假设锁申请者为事务 T_c，要检查的事务为排在 T_c 之后的事务，它们既可能在 activeTransactionList 中，也可能在 blockedTransactionList 中。第 2～3 行以及第 21～24 行的含义就是从 activeTransactionList 和

blockedTransactionList 中检索排在 T_c 之后的事务。

代码 3.28　一致性检查函数 consistenceCheck 的实现

```
(1)   voidconsistenceCheck(Transaction * transaction) {
(2)     TransactionList * transactionList = activeTransactionList;
(3)     while(transactionList) {
(4)       Transaction * transaction2 = transactionList->getFirstItem();
(5)       while (transaction2 != null) {
(6)         if (transaction2-id > transaction->id) {
(7)           AccessedObject * lock2 = transaction2->accessedObjectList->
              getFirstItem();
(8)           if (lock2 != null && intersection(lock2->objectId, transaction->
              lock->objectId) ) {
(9)             if (transaction->lock->accessMode = WRITE and lock2->accessMode =
                READ) or (transaction -> lock -> accessMode = READ and lock2 ->
                accessMode = WRITE) {
(10)              transaction->checkResult = ROLLBACK;
(11)              return;
(12)            }
(13)            else if (transaction->lock->accessMode = WRITE and lock2->
                accessMode = WRITE) {
(14)              transaction->checkResult = IGNORE;
(15)              transaction->ignoreObjectId += intersection(lock2->objectId,
                  transaction->lock->objectId);
(16)            }
(17)          }
(18)        }
(19)        transaction2 = transactionList->getNextItem();
(20)      }
(21)      if (transactionList == activeTransactionList)
(22)        transactionList = blockedTransactionList;
(23)      else
(24)        transactionList = null;
(25)   }
(26) }
```

采用锁机制实现基于时间戳的并发控制，其优点是：并不对事务和数据项直接设置时间戳标记，但对基于时间戳的并发控制逻辑却丝毫没有打折扣。该方法的精妙之处就在于此。为了对比的方便性，该方案称作 C 方案。

C 方案还要解决的一个问题，也是最后一个问题，就是事务的提交时间控制。事务 T_c 如果读了排在它前面的事务 T_x 写的数据项，那么 T_c 就依赖于 T_x。T_c 的提交要以 T_x 的提交为前提。因此，当事务 T_c 向主线程提出对数据项 A 执行读操作的锁申请时，主线程在处理该请求时，要对排在 T_c 前面的事务 T_x 检查【$T_{x,1}$】，看 T_x 是否对 A 执行了写操作。如果是，就要将 T_x 添加到 T_c 的依赖集中。如果 T_x 的提交发生在 T_c 提交之前，主线程就在处理 T_x 的提交完成消息时，将 T_x 从 T_c 的依赖集中删除。主线程在处理 T_c 的提交请求消息时，首先检查 T_c 的依赖集是否为空，如果不为空，就不能给 T_c 发送提交响应消息。只有在 T_c 的依赖集变为空时，才能给 T_c 发送提交响应消息。

C方案与方案B相比,实现并发控制的数据结构几乎相同,并发控制的计算复杂性也相差无几。C方案带来的问题是:当出现不一致情况时,事务要回滚,而且还有连带回滚的问题。当一个事务 T_c 因为出现了不一致情况而回滚时,对于 T_c 已经执行了的写操作,如果排在 T_c 后面的 T_x 读了它,那么 T_x 也要回滚。T_x 的回滚是因为 T_c 回滚而引起。这种回滚和连带回滚都百害而无一益。

C方案以细粒度并发控制为基础,让每个事务能读就读,能写就写,只顾自己,不顾别人。这种处理带来的后果可能是既损人也害己。损人表现在:导致排在其前面的事务随后可能要回滚。害己则表现在自己被连带回滚。这就是基于时间戳的并发控制方法的根本特性。这种以别的事务回滚为代价增大并发性显然不可取,因为得不偿失。

B方案尽管是为了避免死锁而提出,它带来的另一附带好处是克服了C方案的弊端。在B方案中,当事务 T_c 向调度线程申请锁 $lock_c$ 时,对于排在 T_c 前面的事务 T_x,当 $lock_c$ 与【$T_{x,3}$】中的锁 $lock_x$ 冲突时,调度线程就会将申请搁置下来,让 T_c 等待。如果不这么做,带来的必然后果就是:随后 T_x 申请 $lock_x$ 时,出现不一致情形,T_x 被迫回滚。因此,C方案是一种不可取的方案,而B方案则是一箭双雕的方案。

B方案的另一优点是它以非常简单的方式实现了事务的原子性、隔离性、一致性。在B方案中,对于一个事务,只有当它提交后,才释放其持有的写锁。事务之间的依赖性,已经在冲突判定中得以体现,不需要另外跟踪、记录、处理。而在C方案中,则需要跟踪、记录、处理事务之间的依赖性。

由C方案可联想到对B方案的一个改进之处。在B方案中,当 $lock_c$ 与【$T_{x,3}$】中的锁 $lock_x$ 冲突时,主线程就会将申请搁置下来,让 T_c 等待。冲突的一种情形是:它们所指的数据项 $lock_c.A$ 和 $lock_x.A$ 存在交集,并且 $lock_c$ 和 $lock_x$ 都为写锁。其实,这种冲突在某种特殊情况下不算冲突。这种特殊情况是指:对于排在 T_x 与 T_c 之间的事务 T_y,在【$T_{y,3}$】中不存在一个读锁要读 $lock_c.A$ 中的数据。这种特殊情况的含义是:尽管 T_x 随后要对 $lock_c.A$ 和 $lock_x.A$ 的交集部分执行写操作,但这个写已经失去意义了,因为没有事务要去读它。因此,T_c 提前覆盖它是完全可以的。不过,这种覆盖要修改 $lock_x.A$,将其改成 $lock_x.A - lock_c.A$。也就是说,随后 T_x 对 $lock_x.A$ 执行写操作时,就不需要对 $lock_c.A \cap lock_x.A$ 部分执行写了。

3.4 事务处理与故障恢复

服务器管理的数据存在可靠性问题。数据可靠性根源于系统故障,如软件故障、硬件故障、停电,甚至地震、恐怖袭击等灾难性故障。故障会对服务器中的数据产生破坏性影响,引起数据丢失、数据不一致。故障具有不可避免性,为此提出了事务管理概念,并采取故障恢复策略取得数据的可靠性。故障恢复采用冗余策略:无故障时,客户的数据更新操作(添加、修改、删除),除了施加于服务器管理的数据库外,还记录在日志里。日志先是存储在内存中,然后写往日志磁盘,还可通过网络进一步传给异地的备用服务器。更新操作有了冗余记载后,当数据库中数据因故障受到损害时,就可使用日志对其进行恢复,以此提高数据可靠性。

接下来的3.4.1节介绍事务(Transaction)概念,3.4.2节对故障进行分类,并探讨故障恢复策略。基于日志的故障恢复技术将在 3.4.3 节展示。磁盘故障、灾难故障的恢复分别在 3.4.4 节和 3.4.5 节讲述。3.4.6 节简介 4 类故障的检测方法。

3.4.1 事务处理

对于客户提交的一次数据操作请求,服务器在执行处理的过程中,可能遇到故障,导致服务器的数据库中的数据丢失、不一致、不正确。例如银行交易服务器,其数据库中有一张账户表,如表 3.1 所示,其主键为 accountNo 字段。客户账号的余额记录在 balance 字段中。当客户取钱时,余额(balance 字段的值)会减少;当客户存钱时,余额会增多。客户给服务器发送业务请求。例如,客户周山要给其朋友汪兵还款 1000 元时,便会向服务器发送一个转账请求。

表 3.1 银行交易数据库中的账号表 Account

Name	accountNo	identityNo	balance
周山	2008043101	430104198010101010	400
汪兵	2008043214	430104197611111111	4500
张珊	2008043332	430104196912121212	137000

假定客户给服务器发送的业务请求以 SQL 表达,那么上述转账请求的 SQL 表达变为

```
UPDATE account SET balance = balance - 1000 WHERE accountNo = '2008043101';
UPDATE account SET balance = balance + 1000 WHERE accountNo = '2008043214';
```

该请求包含两条 SQL 语句。从业务逻辑看,当这个请求被服务器执行时,其包含的两条 SQL 语句应该是一个整体,不可拆分。但是,因为系统故障的不可避免性,客户请求的不可拆分性可能得不到满足。例如,在服务器执行完第一条更新语句后,出现停电故障。此时,第二条更新语句尚未来得及执行。当供电恢复后,服务器便会重启,恢复运行。恢复后,Account 表中的数据体现了周山出账 1000 元,但是没有体现汪兵进账 1000 元。这种情形是不可接受的。

从上述例子可知,系统故障会使客户请求的不可拆分性遭受破坏。为了合理地处理该问题,引入了事务概念。客户可将其业务请求定义为一个事务(Transaction)。业务要求事务必须具有 4 个属性:原子性、一致性、隔离性、持久性。这 4 个属性也是服务器与客户之间达成的一种共识协议。其含义是:客户向服务器提交事务请求,得到的响应要么是成功,要么是不成功。成功的含义是:事务被成功执行,随后无论发生何种故障,故障恢复后,该事务都会在恢复后的数据库中完整体现。不成功的含义是:服务器在处理事务的过程中遇到了故障,最终的结果就好像客户没有向服务器提交该事务请求一样。

客户得到一个不成功的响应,也能接受,因为请求不会带来不良后果。客户可以等到故障恢复后,再次向服务器提交该事务请求。将上述转账请求定义为一个事务,用 SQL 表达如下:

```
TRANSACTION BEGIN
UPDATE account SET balance = balance - 1000 WHERE accountNo = '2008043101';
UPDATE account SET balance = balance + 1000 WHERE accountNo = '2008043214';
END;
```

其中，TRANSACTION BEGIN 表示一个事务的开始，END 表示一个事务的结束。其中包含的 SQL 语句就是客户提交的业务请求。

上述事务处理方案，是一种客户和服务器相互妥协的折中结果。从客户方看，理想状态是服务器不会遇到故障，所有提交的事务都会被成功执行。从服务器方看，因为故障的不可避免性，事务的不可拆分性面临挑战，客户的期望无法满足，于是双方都各退一步。在客户一方，不再坚持自己提交的事务请求，服务器一定要成功执行，返回一个成功执行的响应结果。服务器可以返回一个执行不成功的响应结果。在服务器一方，在承诺事务的不可拆分性的同时，增加了一种不可拆分的表现形式。

客户期望的不可拆分性是指：事务请求被完整地执行完毕，随后持久有效，不会因为故障而受到影响。现在增加的另一种不可拆分性是指：当服务器给客户返回一个执行不成功的响应结果时，就等于服务器根本没有执行该事务。也就是说，不会出现一个事务中包含的多个操作，一部分被执行，而另一部分却没有执行的情形。

这种折中妥协，客户能接受。故障会给客户带来影响，但不会动摇事务的不可拆分性。事务的 4 个属性中，原子性是指事务的不可拆分性，即客户提交的一个事务请求，服务器要么完整地将其执行完毕，要么像根本没有执行它似的。一致性是指当事务的原子性没有得到保障时，会导致数据库中的数据不一致。对于上述转账请求，在转账前，周山和汪兵两人的账上余额之和，应该和转账之后两人账上余额之和相等。假设服务器执行完第一个操作，没来得及执行第二个操作时发生故障，那么故障恢复后，转账前后两人账上余额之和就不会相等，这就是不一致的表现。

事务的隔离性跟事务的并发执行相关。当服务器对客户的事务请求采用串行方式执行时，能保证执行结果正确。为了提升处理系统，服务器对客户的事务请求以并发方式处理。并发处理如果毫无约束和控制，会带来数据不正确的问题。事务的隔离性是指：多个事务以并发方式处理，所产生的效果和结果一定要如同以串行方式执行一样，不会存在差异。事务的并发执行及其带来的不正确问题已在 3.3 节中详细讲解。

事务的持久性是指：对于客户的一个事务请求，服务器一旦给客户返回了一个执行成功的响应结果，那么随后无论发生什么故障，该事务都会在故障恢复后的数据库中得到完整体现，不会因为故障而受到影响。也就是说，服务器给客户返回了一个执行成功的响应结果，不会因为随后发生故障而被撤销，变成一个执行不成功的响应结果。

事务的 4 个属性，也称作 ACID 属性，即 Atomicity（原子性）、Consistency（一致性）、Isolation（隔离性）、Durability（持久性）4 个英文单词的首字母。事务的 ACID 属性是服务器与客户之间达成的一种共识协议。接下来的问题是服务器如何兑现事务的 4 个属性。

3.4.2 系统故障及其恢复策略

在日常生活与工作中，人们会遇到一些意外情况。例如，家里的门钥匙通常都随身携带。随身携带可能会遇到一些意外情况，比如丢失、被偷。钥匙一旦被偷或者丢失，就会造成不能进家门的严重后果。为了应对这种情形，通常的做法是：在未丢失或被偷之前，拿着钥匙找人复制一份，然后将备份钥匙放在办公室。这样，万一随身携带的钥匙丢失，也不会造成严重后果，可用办公室的备份钥匙开门。通常将不常发生但一旦发生便会带来严重后果的事件称为故障。故障具有不可避免性。

故障恢复有两层含义：第一层含义指在故障尚未发生前采取的防备措施；第二层含义指在故障发生后采取的故障恢复措施。在上述案例中，故障发生前的防备措施是指复制一份钥匙，将备份钥匙放到办公室。故障恢复措施是指，去办公室取备份钥匙。防备措施是故障恢复的前提和基础。没有防备措施，故障恢复就无从谈起。

故障恢复有代价。在上述案例中，故障恢复的代价就是花钱找人复制一份钥匙，并将备份钥匙放到办公室。故障带来的影响从不能进家门这一严重后果降低到了多跑一趟办公室取备份钥匙。故障恢复是代价与收益的博弈。通常的情形是：防备时所付的代价越大，故障恢复时的补救收益也就越大。如果故障不发生，那么防备时所付的代价也就白付了。买保险也是类似的事情。

服务器中的故障可分为 4 类：事务故障、系统崩溃故障、磁盘故障、灾害故障。这 4 类故障从故障带来后果的严重程度看，依次增强；从故障发生的概率看，依次减小。事务故障是指服务器在处理一个事务请求的过程中，无法继续往下执行，也就无法完成。例如，对于上述转账请求，执行第一个操作没有问题，但执行第二个操作时可能会遇到问题。其原因是周山账上的余额不够，只有 400 元，不足以支付出账钱数 1000 元。于是事务无法正常完成。另一个例子是：求每个员工的平均月收入，算法为每月实际收入之和除以月份数。可能出现某个员工停薪留职，不发工资，于是会出现 0 除以 0 的情形，引发异常，事务也无法继续往下执行。

假设一个事务在故障前对数据项 A 执行了更新操作（添加、删除、修改），然后发生事务故障，那么数据项 A 就是受故障影响的数据。事务故障的恢复相对简单，就是给客户返回一个执行不成功的响应结果，然后撤销（Undo）已经执行了的更新操作，再放弃该事务。要能撤销已做的更新操作，需要有防备措施。

系统崩溃故障的特点是内存数据全部丢失，例如停电故障，因软件或硬件原因导致的蓝屏死机故障。磁盘故障的特点是磁盘数据丢失。灾害故障的特点是机房被毁，整机数据丢失，例如地震、火灾、水灾、恐怖袭击等。事务故障是经常发生的故障，系统崩溃故障只偶尔发生，磁盘故障可能几年才发生一次，灾害故障则更罕见。

3.4.3 基于日志的故障恢复

数据库中的数据通常使用磁盘存储。磁盘具有容量大、性价比高的特点，更为关键的是数据存储在磁盘上，即使停电，数据也不会丢失。但是磁盘也有它的短处：访问延迟大、速度慢，其原因是数据分布在盘面空间中，读写时要移动磁头，对位数据。为了减少磁头移动，提升数据处理性能，通常用内存缓存磁盘上的数据，如图 3.4 所示。服务器处理事务时，对于要读取的数据，会将其从数据库缓存区读取到私有缓存区。要写数据时，则将数据从私有缓存区写到数据库缓存区。数据从磁盘到数据库缓存区，称作预取（Prefetch），可以批量进行。更新了的数据，也缓存在数据库缓存区，通常并不会立即写往数据库磁盘，直至磁头顺路或者必要时，更新才会写往磁盘。

为了故障恢复，执行更新操作时，要对数据进行冗余备份。冗余备份操作也被称为日志（Logging），如图 3.4 所示。更新除作用于数据库缓存区外，还形成日志（Log），记录数据更新前的值和更新后的值，并写往日志缓存区。例如，假定数据项 A 的值为 4500，事务 T_a 要将数据项 A 的值做加 1000 处理，那么事务 T_a 先从数据库缓存区读取 A 的值（4500）到其

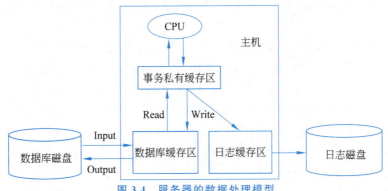

图 3.4　服务器的数据处理模型

私有缓存区,再做加 1000 处理,然后将其结果(5500)写往数据库缓存区。与此同时,形成日志记录<α,A：4500,5500>写往日志缓存区,以备故障恢复用。该日志记录中,α 为事务 id,A 为数据项 id,4500 表示更新前的值,5500 表示更新后的值。日志记录除了放在日志缓存区外,还可将其输出到日志磁盘,甚至远程的备份机上。

题外小知识：log 一词来自古时的航海日志。在古代,在茫茫大海中扬帆航行,没有钟表,没有向导,仅有一个指南针,稍不留神,就会偏离目的地,迷失在浩瀚的海洋中。航海全靠日志,把基于肉眼观察到的航速、方向、风标、海浪、气象、天文、时间记录下来,然后基于整个航程的日志记录和以往的经验估算位置,决定如何操控风帆,做到不偏航。正是因为积累了大量的航海日志,人们不断地从中总结规律和特征,才引发出了科技。可以说,是航海催生了科技的出现和发展。

当发生事务故障时,只是故障事务不能继续执行而已,其他部分依然正常,数据库缓存区和日志缓存区中的数据也都依然完好存在。假定事务 $T_α$ 在执行过程中发生事务故障,其恢复步骤如下：①给事务 $T_α$ 的请求者返回一个执行不成功的响应结果;②从日志缓存区中的日志中查取出事务 $T_α$ 的日志记录;③使用日志记录执行回滚(Rollback)操作:将数据库缓存区中数据项的值改回为更新前的值,这一操作也叫 Undo 操作;④放弃 $T_α$ 事务。这样,就好像根本没有处理事务 $T_α$ 一样。

注意：日志记录有顺序关系,其先后顺序就是事务执行更新操作的顺序。设事务 $T_α$ 先后对数据项 A,B,C 做更新操作,其日志记录如下：

```
<α, UPDATE, account, pk: '430125', balance: 4500, 5500>
<α, INSERT, account, pk: '430127', name: '杨一', balance: 0>
<α, DELETE, account, pk: '430129'>
```

在该例子中,第一条日志记录反映的是：数据项 A 是指 account 表中主键为'430125'的行,操作为更新,更新内容为 balance 字段,旧值为 4500,新值为 5500。第二条日志记录反映的是：数据项 B 是指 account 表中主键为'430127'的行,操作为添加行,name 字段赋值为'杨一',balance 字段赋值为 0。第三条日志记录反映的是：数据项 C 是指 account 表中主键为'430129'的行,操作为删除行。事务故障恢复中的回滚操作,是依据日志记录顺序,从最后一行开始,逆向依次执行 Undo 操作,恢复原来的形貌,就如同用 Word 做文本编辑时执行 Undo 操作。

注意：在数据库服务器的故障恢复中，数据项是指某个表中的某行，用表名加上主键的取值标识。

当发生系统崩溃故障时，整个内存中的数据都丢失，自然包括数据库缓存区和日志缓存区中的内容。如果日志仅存放在日志缓存区中，那么故障恢复就无从谈起。为了防备该类故障，日志缓存区中的日志记录还要输出到日志磁盘上，如图 3.4 所示。当成功处理完事务 $T_α$ 后，要写一个 $<α,COMMIT>$ 日志记录，然后将该事务的所有日志输出到日志磁盘。日志写入日志磁盘后，此时的事务状态被称为提交（COMMIT）状态，这时才能向客户返回"执行成功"的响应结果。只有这样，随后发生诸如系统崩溃之类的故障时，对"执行成功"的事务，才有可能兑现其持久有效性。

对于一个事务，在给客户返回"执行成功"的响应之前，其日志必须输出到日志磁盘。另外，即使一个事务还未执行完毕，它已更新的数据项也有可能从数据库缓存区输出到数据库磁盘。此时，其对应日志记录必须先输出到日志磁盘，然后才允许数据项输出到数据库磁盘。这种约束被称为 WAL 约束。WAL 是 Write After Log 的缩写。

当下列情形发生时，数据库缓存区的数据要输出到数据库磁盘。当数据库中的数据量超出数据库缓存区大小时，有些数据无法缓存。当某个事务要读取一个不在缓存中的数据时，就必须先在缓存中为其腾出一个空间。也就是说，要选择部分已缓存的数据，释放出其占用的缓存空间。如果被选的数据项是更新了的数据项，就要先将其输出到数据库磁盘，然后才能释放。因此，即使一个事务（$T_α$）并未成功执行完毕，日志磁盘上也可能有其日志记录，只是没有 $<α,COMMIT>$ 的记录。

当发生系统崩溃故障时，其恢复步骤如下：①重启数据库服务器；②读取日志磁盘上的日志记录；③从最后一条日志记录开始反向扫描，根据是否有 $<x,COMMIT>$ 标记，判断出已成功执行完毕的事务，以及执行未成功的事务；④从第一条日志记录开始，再顺向扫描，对已成功执行完毕的事务，依次做 Redo 操作，确保其持久有效性；⑤从最后一条日志记录开始反向扫描，对执行未成功的事务，依次做 Undo 操作，确保其如同没有发生一样。故障恢复之后，系统转为正常运行，开始受理客户的事务请求。

对于基于日志的故障恢复，现举例说明。假设银行交易数据库服务器受理了两个事务，其中一个为转账事务，另一个为取钱事务。服务器为每个事务指派一个标识序号，设两个事务分别为 T_0 和 T_1。要执行的操作如代码 3.29 所示。假设发生了系统崩溃故障，恢复时，从日志磁盘读取到的日志记录如代码 3.30 所示。由日志中的 commit 标记可知，事务 T_0 已经成功执行完毕，而事务 T_1 没有成功执行完毕，因此先对 T_0 执行 Redo 操作，将数据库中的数据项 A 的值设成 3500，将数据项 B 的值设为 3000，确保故障恢复后事务 T_0 的持久有效性。然后对 T_1 执行 Undo 操作，将数据项 C 的值设为 700，让 T_1 如同没有发生一般。

代码 3.29 2 个事务分别要执行的操作

```
T₀:  Read (A);              T₁:  Read (C);
     A = A - 1000;                C = C - 400;
     Write (A);                   Write (C);
     Read (B);
     B = B + 1000;
     Write (B);
```

代码 3.30　故障恢复时的日志记录

```
<T₀ start>
<T₀, A, 4500, 3500>
<T₀, B, 2000, 3000>
<T₀, commit>
<T₁ start>
<T₁, C, 700, 300>
```

在上例的故障恢复中,重启系统后,此时数据库磁盘上的数据项 A 的值是 4500,或者 3500,两者都有可能。即使 T_0 事务已经成功执行完毕,其更新可能只作用在数据库缓存区,并未输出到数据库磁盘上。发生崩溃故障时,数据库磁盘上的数据项 A 的值是更新前的值(3500)。当然,也可能在 A 值更新之后至崩溃故障发生这段时间中,数据项 A 所占缓存被腾空,其值输出到了磁盘。如果这样,那么故障重启后 A 的值是 4500。故障恢复时做 Redo 操作,能确保 T_0 事务持久有效。C 的值也一样,可能是 700,也可能是 300。尽管 T_1 事务还没有成功执行完毕,但在 C 值更新之后至崩溃故障发生这段时间中,数据项 C 所占缓存可能被腾空,其值输出到了磁盘。

从上述分析可知,尽管一个事务还没有成功执行完毕,但其已更新的数据项有可能从数据库缓存区输出到数据库磁盘。此时,其日志记录必须先输出到日志磁盘。这一约束条件是必要的。如果不这么做,那么在发生系统崩溃故障时,对没有成功执行完毕的事务,就无法做回滚操作,事务的原子性就得不到保证。

从上述系统崩溃故障的恢复过程可知,对已经成功执行完毕的事务,要做 Redo 操作,确保其更新持久有效。如果系统正常运行了很长时间,比如一个月,那么这一个月以来所受理的事务都要 Redo 一次。故障恢复时间就会很长很长,不可接受。为了加快故障恢复,可以让服务器定期做**检查点**(checkpoint)。做检查点的步骤如下:①增加一条日志记录 <checkpoint,当前尚未执行完毕的事务列表>;②将日志缓存区中的所有日志记录输出到日志磁盘;③将数据库缓存区中已更新的数据全部输出到数据库磁盘。

检查点使得之前的所有数据更新都输出到了数据库磁盘。因此,对于发生在检查点之后的系统崩溃故障,其恢复中的 Redo 操作就可只针对检查点后的更新操作,于是故障恢复时间大大缩短。例如,假设做检查点时有两个正在执行的事务,做检查点后又执行了 3 个事务,然后发生故障,如图 3.5 所示。故障恢复时,对日志记录的逆向扫描,只要达到 <checkpoint, (T_3, T_4)> 即可,对已经成功执行完毕的事务,只要对 T_3, T_4, T_5, T_6 做 Redo 操作。对检查点时刻前的 T_1, T_2 事务,不需要做 Redo 操作。Redo 完成后,再对 T_7 做 Undo 操作。

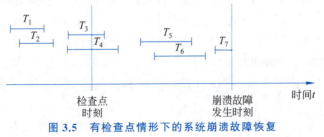

图 3.5　有检查点情形下的系统崩溃故障恢复

检查点的执行时刻和间隔时长是服务器的一个配置参数。检查点间隔太短,对性能有影响,间隔太长,对故障恢复时间有影响。因此,检查点间隔时间的选择要适当,通常选择在晚上数据库服务器负载小时执行,每天执行一次。

从上述日志方法看,日志数据和数据库数据既有联系,又有完全不同的特性。日志数据是数据更新的语义记载,不仅记下了更新前的值,还记下了更新后的值。数据库中包含着大量的数据项,它们散布在数据库磁盘的盘面空间中。每读/写一个数据项,都需要先移动磁头进行定位,然后才能执行读/写操作。因此,从磁盘读写数据项的时延大,性能低,要尽量减少磁盘读写。日志数据的特性完全不同。无故障运行时,日志数据不断生成,而且是只写不读。日志输出到磁盘有两个同步约束:①一个事务向客户提交前,其日志必须先输出到磁盘;②更新了的数据从缓存写入磁盘前,要先将其对应日志输出到磁盘。这两个同步约束导致日志数据输出到磁盘的频率非常高。

日志数据和数据库数据不要同盘存储。如果同盘存储,数据库服务器的性能就会变得非常差。假定磁头停在日志数据存储区记日志,当要读写数据库数据时,磁头就要移动到数据库数据存储区。输出日志时,磁头又要移回日志数据存储区。由于输出日志的频率非常高,因此磁头便会在数据库数据存储区和日志存储区之间来回不停地移动,导致磁盘访问效率低、时延大、性能差。

无故障运行时,日志数据输出到磁盘具有**只写不读性**,以及**高频性**。从这一特性可知,一定要配置专用的日志磁盘,只有这样,才能实现在连续的磁盘存储空间中让磁头专一地写日志数据,避免磁头来回移动,取得日志数据输往磁盘的高效性和快速性。

日志数据的磁盘存储位置是数据库服务器的另一项配置参数。通常安装服务器时,要求客户设置。系统有一个默认设置。安装服务器时,会提示安装者指定数据库管理系统的安装目录。日志的默认设置就是安装目录下的一个日志子目录,那么该默认设置为什么不是另外的专用磁盘呢?其原因是厂商遵循的是最小化安装使用原则,如果默认设置是专用的磁盘,那么只有一个磁盘的计算机就不能安装和运行其产品,这是厂商不愿意看到的情形。

如果日志数据和数据库数据同盘存储,就会严重影响系统性能。不过,这种影响在数据库投入上线运行的初期并不会显露出来。其原因是,运行初期的数据量不大,数据库缓存区能够容纳整个数据库中的数据。在这种情况下,查询操作所需的数据在数据库缓冲区中都有,更新操作带来的新数据在数据库缓冲区中都能容纳得下。于是,对于数据库而言基本上没有磁盘操作发生,只有写日志这一项事情要做。在该情形下,不会出现一会要读写数据库数据,一会又要转去写日志,即不会出现磁头在这两件事情之间不断来回切换的现象。

随着时间的推移,数据库中的数据量不断增大。当数据库缓冲区容纳不下整个数据库时,如果所需数据不在缓存中,就要往磁盘写数据,以便腾空释放空间,然后读数据。于是数据库数据的磁盘访问频率就会不断增高。这就会导致磁头在日志存储区与数据库存储区之间频繁地来回移动,性能开始下降。数据库中的数据量越大,性能下降越明显。

日志数据和数据库数据同盘存储,还存在另外一个问题,那就是只能容系统崩溃故障,不能容磁盘故障。一旦发生磁盘故障,日志数据和数据库数据同时丢失,故障恢复无从谈起。

思考题 3-27:对于一个事务,当其日志从内存输出到磁盘后,就将其从内存中删除。这样做可以吗？请说明理由。日志在内存中的生命周期直至事务被成功提交之后才结束，为什么？

3.4.4 磁盘故障的恢复

磁盘故障分为数据库磁盘故障和日志磁盘故障。数据库磁盘故障导致存储在它上面的所有数据都丢失。数据库服务器一旦检测到数据库磁盘故障，便对当前执行的事务放弃执行，给其客户回答执行不成功的响应结果，然后进行故障恢复。理论上，数据库磁盘故障的恢复，可以从数据库建立时刻至故障发生时刻这段时间所做的日志恢复，但恢复时间太长，不可接受。加快数据库磁盘故障恢复的办法是做**数据库备份**（Dump）。

数据库备份的步骤如下：①暂停受理客户请求，将当前执行的事务处理完毕；②把日志缓冲区中的日志全部输出到日志磁盘；③把数据库缓存区中所有更新了的数据输出到数据库磁盘；④把数据库磁盘复制一份，存档备用；⑤往日志磁盘写一条＜dump＞日志记录，标记磁盘备份；⑥恢复受理客户请求，转为正常运行。

数据库备份的执行时刻和间隔时长也是数据库服务器的一个配置参数。备份间隔太长，对故障恢复时间有很大影响。因此，数据库备份时间点的选择以及间隔时长的选择要适当。数据库备份通常会导致系统不可用或者性能显著下降，一般都选择在星期天的晚上1点，在数据库服务器负载最小时执行。也有很多数据库产品支持热备份。热备份将在灾害故障的恢复部分讲解。

数据库磁盘故障的恢复步骤如下：①对当前执行的事务，放弃其执行，给其请求客户返回一个执行不成功的响应结果；②关闭服务器系统；③取出最近的数据库备份磁盘，代替已出故障的数据库磁盘；④重启服务器系统，然后对日志从最后一条开始进行反向扫描，直至＜dump＞记录。从该记录开始，顺向扫描，对成功执行完毕的事务，执行 Redo 操作；⑤转为正常运行。

对于数据库磁盘故障的恢复，最近备份时刻以前的数据都在备份磁盘上。从备份时刻至故障发生时刻这段时间中所做的数据更新，都记录在＜dump＞之后的日志中。因此，在这段时间中成功执行完毕的事务，即在日志中带＜x，COMMIT＞标记的事务，都要做 Redo 操作，让数据库恢复到故障前时刻的状态。

思考：在数据库磁盘故障恢复中，对于日志中没有＜x，COMMIT＞标记的事务，不需要做 Undo 操作，为什么？

当日志磁盘发生故障时，其恢复步骤如下：①暂停受理客户请求，对当前未成功执行完毕的事务，放弃其执行，做回滚操作，给其客户返回执行不成功的响应结果；②将数据库缓存区中所有更新了的数据输出到数据库磁盘；③做数据库备份；④用一个新日志磁盘代替已出故障的日志磁盘；⑤写一条＜dump＞日志记录；⑥转为正常运行。

日志的用途是为了故障恢复，只有在数据库中的数据因为故障出现丢失时才会派上用场。因此，在只有日志磁盘发生故障，而其他都正常时，其恢复方法就是使得当前时刻的数据库数据随后不会因故障而丢失，这样就使得已做的日志不再需要。做数据库备份，能使已做的日志不再有用。

如果数据库磁盘和日志磁盘同时发生故障，就无法恢复了。因此，将日志保存在日志缓存区以及日志磁盘中，并不能保证系统绝对可靠，只是提高了系统的可靠性。可靠性到底提高到什么程度？可由理论计算量化。假定一个磁盘发生故障的概率为 p，那么两个磁盘同时发生故障的概率为 p^2。磁盘的正常工作时间在 5 年左右，即发生故障的概率 p 为 0.001 左右。于是 p^2 为 10^{-6} 左右，折算成时间，大概是 200 年。也就是说，可靠性从 5 年提高到 200 年。对单个磁盘，平均 5 年左右就能见到一次故障；两个磁盘同时发生故障，则要平均 200 年左右才能见到一次，因此说可靠性显著提高。两个磁盘同时发生故障是一个小概率事件。平时从新闻中听到某个防洪大堤加固扩建后，其抗洪能力从 20 年一遇提高到 100 年一遇。这两件事是同一道理。

思考题 3-28：做数据库备份时，要暂停对外提供服务。备份期间不受理客户的操作请求。能否做到在对外提供服务的同时，做数据库备份？

思考题 3-29：数据库备份因数据量大，需要一定时间才能完成。在备份期间通常不受理客户的业务请求。能否实现数据库的增量备份，以缩短数据库的备份时间？增量备份是指自上次备份以来，只有那些发生了更新操作的磁盘块才需要备份，那些没有发生更新操作的磁盘块数据，就以上次的备份为准，没有必要再次重写。增量备份能加快备份时间，缩短数据库不可用的时长。能否设计出一个数据库磁盘增量备份实现方案？

提示：数据库以块为单元访问磁盘，一个块的大小通常为 64KB。磁盘存储空间由块构成，每个块都由一个序号标识。也就是说，服务器读磁盘数据时，给定块号和内存起始地址，即把所指定的磁盘块读入指定的内存。写磁盘时也是如此，把指定内存中的数据写入指定的磁盘块。

3.4.5 灾害故障的恢复

灾害故障，如水灾、火灾、地震、恐怖袭击，尽管很少发生，但一旦发生，造成的后果最为严重。它使得整个机房都遭受破坏，数据库磁盘和日志磁盘都不可用。为了容灾，日志仅存储在日志缓存区和本地日志磁盘中还不够，必须输出到远程备份机上。远程备份如图 3.6 所示，日志除输出到日志磁盘外，还通过网络发送给远程备份机。

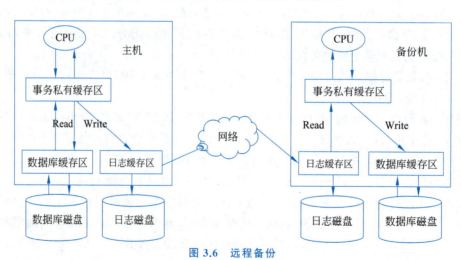

图 3.6 远程备份

远程备份机接受主机发送来的日志，将其输出到日志磁盘上，并用它更新自己的数据库，使其与主机数据库同步。一旦发生灾害故障，备份机便接替主机，向客户提供服务，这种备份称作**热备份**。远程主机也可以只保存日志,并不实时做数据库更新,这种备份称作**冷备份**。热备份的故障恢复时间很短,而冷备份的故障恢复时间要长很多。不过,冷备份的运行成本要低很多。

一个事务的日志只有到达远程备份机上,在随后的灾害故障恢复中,才能保证其持久有效性。因此,对于一个事务,只有收到日志磁盘和远程备份机两路的签收应答后,才能给客户回答成功执行完毕的响应结果,这就是 two-safe 提交协议。这种做法会使得数据库服务器的性能明显下降。其原因是:网络传输距离远,其延迟要比本地磁盘传输的延迟大很多。也就是说,给客户响应的时间点被明显延后,一个事务的处理时间被明显延长。

为了兼顾性能,也可采用 one-safe 提交协议。在该协议中,等待日志磁盘的签收应答后,就可给客户回答成功执行完毕的响应结果,并不等待远程备份机的签收应答。该协议弱化了可靠性。一旦发生灾害故障,可能出现远程备份机碰巧没有收到日志的情形,于是恢复出现不一致情形:客户被告知事务已成功执行完毕,但在故障恢复后的数据中并没有体现出来。尽管如此,one-safe 协议有它的可行性。首先是灾害故障不常见,另外远程备份机碰巧没有收到日志的情形也很少发生。再者,就算丢失了一两个事务的日志数据,其影响相对于灾害本身的影响要小很多,客户也会谅解,可协商解决。

3.4.6 故障检测及恢复的实现

客户使用应用程序访问数据库服务器。访问的过程是先以客户账号信息登录数据库服务器,建立起一个连接,然后向数据库服务器发送业务请求,等待响应结果。客户的业务请求以 SQL 语句形式表达,一个请求包含一个或者多个 SQL 语句。当客户提交一个事务请求时,数据库服务器如果处理成功,就提交该事务,否则就回滚该事务。无论成功与否,服务器都把处理结果返回给客户。

客户的一个请求通常为一个事务。对于每个请求,服务器通常安排一个**工作线程**处理它。数据库服务器的客户有很多。所有客户都要访问数据库,服务器以并发方式处理客户的业务请求。因此,在服务器进程中,会有多个**工作线程**并发执行。当两个并发执行的工作线程要访问同一数据项时,便会出现冲突。为了保证数据操作正确,需要进行并发控制,以此兑现事务的隔离属性。并发控制已在 3.3 节详细讲细讲解。

对于事务故障,可基于异常处理机制进行检测和恢复。工作线程处理事务的框架如代码 3.31 所示,其中对客户的事务请求的处理放在 try 语句块中。发生事务故障时,采取抛出异常的方式表达。在 catch 语句中捕获异常后,使用日志执行回滚,撤销已执行的操作,以此兑现事务的原子性。

代码 3.31 基于异常处理机制实现的事务故障检测和恢复

```
try {
    log->startTransaction();         //生成一条<t_id, start>日志记录
    handleTransactionRequest();
    log->commit();                   //生成一条<t_id, commit>日志记录,
                                     //并等待其所有日志都已写入日志磁盘
} catch exception(e)  {              //执行回滚:
    LogRow * curLogRow = log->lastRow();
    while (curLogRow)  {
```

```
            undo(curLogRow);
            curLogRow = log->prevRow();
        }
        log->abort( );                          //生成一条<t_id, abort>日志记录
        response.status = fail;
        response.detail = e.description;
    }
    response.status = success;
    response.detail = 'OK';
```

对系统崩溃故障的检测,可设置一个服务器崩溃标志参数,写在磁盘上。每次启动服务器时,服务器主线程从磁盘读取该参数,并检查其值。如果它的值为 CRASH,表明在此之前发生了系统崩溃故障,需要执行系统崩溃故障的恢复。如果它的值为 NORMAL,表明在此之前没有发生系统崩溃故障,此时要将其值改成 CRASH,写入磁盘,即默认情形是 CRASH。当对服务器执行正常关闭操作时,服务器将数据库缓存区中的更新写入磁盘后,将该参数的值改成 NORMAL,写入磁盘。如此处理,能使服务器在启动时知晓在此之前是否发生了系统崩溃故障。

对于磁盘故障,当服务器访问磁盘时,便能感知出来。服务器一旦感知出有磁盘故障发生,便马上启动磁盘故障恢复程序,自动进行恢复。对于灾害故障,则由远程备份机探测和感知,并通知网关切换路由,把客户的请求转投给备份机。

思考题 3-30:客户到银行申请开户时,需提供手机号码和 E-mail。提供手机号码和 E-mail 可以起到什么作用?假定客户在 ATM 上取钱,可能因为 ATM 突然停电而看不到自己的业务请求的响应结果。银行服务器遇到这种情形时,该如何帮助客户,使其知晓响应结果?

思考题 3-31:导致事务故障的原因有哪些?

3.4.7 事务处理与故障恢复小结

数据库服务器中的数据用磁盘存储。由于数据量巨大,数据库中的数据散布在整个磁盘空间中,而且既要读,又要写。客户对数据的更新,如果每次都要输出到磁盘,那么磁头就会在整个盘面上到处移动,导致效率低,延时大,性能差。与数据库中的数据相比,日志数据具有完全不同的特性。系统无故障运行时,日志数据输出到磁盘具有只写不读性,以及高频性。从这一特性可知,数据库数据与日志数据不能同盘存储,一定要配置专用的日志磁盘。只有这样,才能取得日志数据输往磁盘的高效性和快速性。

数据库面临的故障分为 4 类:事务故障、系统崩溃故障、磁盘故障、灾害故障。从后果的严重程度看,4 类故障依次增强。从发生概率看,4 类故障依次变小。事务故障导致事务无法成功执行完毕,系统崩溃故障导致内存中的数据全丢失,磁盘故障导致磁盘上的数据全丢失,灾害故障导致整机数据丢失。故障恢复采用冗余策略。做日志能实现故障恢复,也就是说,能容错。日志存储在内存中,能容事务故障。日志存储在磁盘中,能容系统崩溃故障。如果日志数据与数据库数据分磁盘存储,那么就能容单磁盘故障。日志存储到远程备份机上,能容灾害故障。从性能看,日志存储到内存中的开销最小,存储到磁盘的开销次之,存储到远程备份机的开销最大。

做检查点能加快系统崩溃故障的恢复,做数据库备份能加快数据库磁盘故障的恢复。日志存储位置、检查点执行时刻点以及间隔时长、数据库备份执行时刻点以及间隔时长都是数据库服务器的配置参数。

3.5 分布式事务处理

3.5.1 分布式服务器

分布式服务器是指:将多个同类服务器以邦联形式组合成一个服务器,形成一个对外服务窗口,为客户提供服务。例如,每个大学都有自己的教务管理数据库服务器,现在要建立一个高校教务管理数据库服务器,其数据涵盖全国所有大学。那么,这个高校教务管理数据库服务器就是一个分布式服务器。它把全国所有大学的教务管理数据库服务器组合起来,形成一个数据库服务器。假定每个大学的教务管理数据库都是关系数据库,那么在客户看来,高校教务管理数据库也是一个关系数据库。其中的数据模型没有变化,还是只有一个学生表,其中包含了所有大学的学生数据。

下面以分布式数据库服务器为例阐释分布式服务器的构成特性。分布式数据库服务器的构成如图 3.7 所示。它由一个分布式数据库管理系统(DDBMS),以及其旗下的多个数据库服务器组成,它们之间通过网络连接起来。DDBMS 是 Distributed DBMS 的缩写,它是一个服务器程序,其对外服务接口与 DBMS 的对外服务接口完全相同。因此,当客户访问 DDBMS 服务器时,并不知道它是一个 DDBMS,还是一个 DBMS。从内部看,DDBMS 是一个中介,它自己并不管理业务数据。业务数据由它旗下的 DBMS 服务器管理。在分布式数据库服务器 DDBMS 中,其旗下的 DBMS 服务器被称作实体数据库服务器,也称成员数据库服务器。

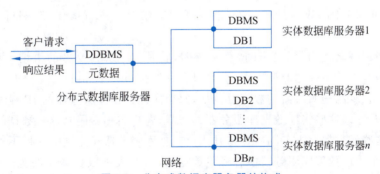

图 3.7 分布式数据库服务器的构成

当 DDBMS 受理了一个来自客户的业务请求(即 SQ 请求)时,先解析该请求,检查它涉及的数据分布在哪些实体数据库服务器中,然后将该请求分解成多个子请求,分别交由对应的成员数据库服务器处理。对于成员数据库服务器而言,DDBMS 就是它的一个客户。当 DDBMS 给成员数据库服务器派发子请求时,其实就是给它发送一个业务请求(即 SQL 请求)。当 DDBMS 收到来自成员服务器的所有响应结果后,再将其汇总,然后把汇总结果作为响应结果返回给客户。

建立分布式数据库服务器,可带来如下 3 个好处。首先,为客户屏蔽了数据的物理存储概念,实现了数据操作的简单性。客户只管依照关系模型专注于业务,不用关心数据来自哪个服务器以及数据该存放在哪里。第二个好处是能提升处理性能。当一个数据库服务器中的数据量增多而不能满足性能需求时,便可对其进行拆分,将其分解成多个数据库服务器,通过多台计算机并行处理增大吞吐量和缩短响应时间。第三个好处是能提升系统的可靠性和可用性。其实现途径是复制,即把一个数据库服务器复制成多个数据库服务器,形成多个副本。当某个副本服务器因维修、升级、或者故障而不可用时,其他运行正常的副本服务器可代替其工作,保持服务不间断。

上述3个好处的另一种说法称为网络透明、分段透明、复制透明,这都是针对客户而言。有了DDBMS,对于数据的物理存储问题,客户既不用关心,也不用知晓。客户只需依照关系模型专注于业务处理,对语义数据的操作使用SQL表达即可。数据到底该存放在哪台服务器上,全由DDBMS负责。网络透明是指数据的物理存储结构不用客户关心,也不用客户知晓。分段透明是指客户见到的数据表,其实被切分成了多个数据子表,分散存储在不同的实体数据库服务器上。

分段有水平分段和垂直分段两种形式。水平分段就是将一个数据表水平切分成多个子表,每个子表只存一部分行。所有子表做并运算,就得到全表。例如,上述高校教务管理数据库中的学生表,就由每所大学的学生子表组合而成。垂直分段则是将一个数据表垂直切分成多个子表,每个子表只存一部分列。所有子表做自然连接运算,就得到全表。举例来说,学生的学费缴纳数据存储在财务数据库服务器中,而学习成绩数据则存储在教务管理数据库服务器中,要得到学生的完整信息,就要使用财务数据库服务器中的学生表与教务管理数据库服务器中的学生表做自然连接运算。

复制透明是指复制对客户不可见。为了提高吞吐量,提升可靠性和可用性,常常将数据复制到多个实体数据库服务器中,形成多个副本。当对一个数据更新时,就要对所有副本都更新。当读取一个数据时,只需从一个副本处读取。有了DDBMS,客户不用关心复制。在客户看来,DDBMS中的数据只有一份,能在任何时候对其进行操作,时刻可用,而且响应及时。

对客户实现网络透明、分段透明、复制透明,就是DDBMS要做的事情,也是其功能所在。在DDBMS中并不存储业务数据,而是只存元数据(meta data)。元数据就是实现网络透明、分段透明、复制透明所需的数据。例如,每个实体数据库服务器的IP地址、端口号、数据库名字,以及登录这些实体数据库服务器的账号(客户名和密码),这些数据就是元数据的内容之一。这些元数据对于DDBMS与其成员数据库服务器建立网络连接不可缺少。

另外,每个成员数据库服务器中有哪些数据表,以及表中数据涵盖的范围,这些内容也都是元数据。这些元数据对于DDBMS将客户请求分解成多个子请求必不可少,也为汇总成员数据库服务器的响应结果提供了支撑。例如,如果是水平分段,DDBMS做汇总时就要做并运算;如果是垂直分段,就要做自然连接运算。当有复制时,元数据记录了数据有几个副本,分别存储在哪些成员数据库服务器中。这些元数据为复制透明提供支持,以便对客户的请求进行解析,生成多个子请求,分别派发给相应的成员数据库服务器处理。

分布式服务器的一个显著特点是它为一个邦联式系统。邦联式的含义就是每个个体具有独立自治性,个体之间又具有可对接组合性,能协同工作。个体的独立自治性是指功能的内部实现,也就是说具体如何做一件事情,可以自己决定,以便充分调动个体的能动性。内部做得好,在同类中就具有竞争力。可对接组合性是指与外部的交互,也就是说访问外部服务要遵循标准,自己对外提供服务也要遵循标准。就数据库服务器的访问而言,现已经建立了标准:表达数据操作的 SQL,以及表达访问过程的 ODBC/JDBC 编程接口。现有的 DBMS 和 DDBMS 都遵循这个标准。

由此可知,构建一个分布式数据库服务器时,对成员数据库服务器不会有任何额外的特殊要求。任何一个数据库服务器都可以自然地成为一个分布式数据库服务器中的一个成员。因此,搭建一个分布式数据库服务器很简单,只需安装一个 DDBMS 服务器软件,然后提供网络透明、分段透明、复制透明的配置信息,即元数据。在外部客户看来,DDBMS 也是一个 DBMS。一个 DDBMS 也可以成为另一个 DDBMS 中的一个成员。因此,邦联式系统具有很好的可扩展性。

分布式服务器发挥了群体效应,与单个实体服务器相比,具有完全不同的特质。在客户看来,分布式服务器有超大的存储空间、极强的算力,而且从不发生故障,时刻都可用,响应及时。这些特质正是客户期望的系统特性。这些特质对于单个实体服务器来说,不可能具有。

群体效应有广泛的运用。例如,公交公司就是利用群体效应提供不间断公交服务。对于公交公司的一个汽车司机来说,他可能因生病,或者意外事故而不能正常上班。对于公交公司的一辆公交车,它也可能因故障,或者事故而不能正常投运。因此,对于个体,它无法保证服务不间断。但是,对于一个公司,就能实现服务从不间断。当一个汽车司机不能正常上班时,公司就会安排另一个在休假的员工顶替,当一辆公交车不能正常投运时,公司就会调度另一辆备用车顶替。

这种可协作性只有群体才具有,而且群体规模越大,容错能力越强。举例来说,假定共有 10 条公交车线路,每天提供 24 小时不间断服务。另外,一个员工一天工作 8 小时,一周工作 5 天。以一周时间算,公司要聘用 40 个汽车司机,每天安排 30 个汽车司机上班,另有 10 个司机休假。从 10 个休假员工中找出一位顶替生病司机,是完全不会有问题的。假设只有 1 条线路,那么就只聘请 4 个汽车司机,每天安排 3 个司机上班,1 个司机休假。当一个司机生病时,休假的那个司机也可能恰巧不能出班顶替,这样就不能实现不间断服务。

对于分布式服务器,要能发挥群体效应,其前提是下情上达和上情下达。DDBMS 要及时掌握各成员服务器的运行状态。一旦发现有成员服务器因故障而不能履职时,就要将其分担的工作交由其他实体数据库承担,以实现对外提供不间断服务。当故障消除后,还要进行故障恢复。DDBMS 通常采用心跳法(Heart-beat)监测各成员服务器的运行状态,即每隔一定时间就对成员服务器询问一次,看其是否正常。这种方法也常称作看家狗(Watch-dog)方法。一旦发现有故障出现,DDBMS 就要对元数据进行调整,将故障成员服务器隔离开,以实现容错。当故障成员服务器恢复之后,就通知 DDBMS。DDBMS 一旦收到恢复通知,就启动故障恢复程序,让故障成员服务器将自己的数据恢复到与系统一致的状态。

3.5.2 分布式服务器中的事务处理和故障恢复

在分布式数据库服务器中,客户将一个事务请求提交给 DDBMS 执行。DDBMS 对客户提交的事务进行解析,并依据元数据,将其分解成多个子事务,然后分别将它们提交给对应的成员服务器处理。成员服务器把子事务的执行结果返回给 DDBMS。当每个子事务都被成功处理之后，DDBMS 再通知每个子事务的承担者，让它们提交所负责的子事务。当 DDBMS 从成员服务器收到成功提交的反馈结果后，便把汇总结果返回给客户，告之事务提交成功。上述过程包括两个阶段：第一个阶段为执行阶段；第二个阶段为提交阶段。如果在第一阶段出现某个子事务执行不成功，那么 DDBMS 收到这一响应后，就立即通知每个子事务的承担者，叫它们都放弃所承担的子事务。与此同时，也通知客户，告之事务提交不成功。

分布式数据库服务器中的事务提交，被称为两阶段事务提交协议，它是在分布式服务器中实现事务 ACID 属性的解决方案。在讨论分布式服务器的故障恢复之前，先介绍数据库服务器的自动提交模式与非自动提交模式。当客户与数据库服务器建立一个连接后，可调用连接接口提供的 setAutoCommit 函数，将提交方式设为非自动提交模式。在非自动提交模式下，当客户提交一个事务请求时，数据库服务器返回执行结果，但并没有提交该事务。当客户收到一个成功执行的返回结果后，要再给数据库服务器发送一个 Commit 请求，数据库服务器才提交该事务。当然，客户也可以给数据库服务器发送一个 Rollback 请求，叫数据库服务器放弃该事务。

DBMS 的默认模式为自动提交模式。在自动提交模式下，当客户提交一个事务请求时，数据库服务器处理完该请求，就把执行结果返回给客户。如果是成功处理，就提交该事务；否则就放弃该事务。客户不用再给数据库服务器发送 Commit 请求或者 Rollback 请求。

在非自动提交模式下，当 DBMS 正在执行一个事务 T_i 时，该事务所处状态被称作活跃状态。当 DBMS 成功执行完一个事务后，再往日志中添加一行 <T_i, READY> 记录，标识该事务已成功执行完毕。紧接着将日志缓冲区的日志刷新到日志磁盘。刷新之后才可给请求者发送响应结果。此时事务所处状态被称作半提交状态。对一个处于活跃状态的事务 T_i，当遇到事务故障时，DBMS 会在日志中添加一行 <T_i, ABORT>，标识该事务处于被放弃状态。对于一个处于半提交状态的事务，当 DBMS 从客户那里收到一个 Commit 请求时，就再往日志中添加一行 <T_i, COMMIT> 记录，标识该事务被提交，此时事务的状态叫提交状态。如果 DBMS 从客户那里收到的是 Rollback 请求，就往日志中添加一行 <T_i, ABORT> 记录，标识该事务处于被放弃状态，并执行回滚，取消（UNDO）事务 T_i 对数据库所做的更改。

在分布式数据库服务器中，DDBMS 与成员服务器建立的连接要设置成非自动提交模式。当一个子事务被成功处理后，它就处于半提交状态。当 DDBMS 得知所有子事务都在半提交状态后，就给它们的承担者都发送 Commit 请求，通知提交事务。当 DDBMS 得知某个子事务执行不成功时，就给所有子事务的承担者都发送 Rollback 请求，通知放弃事务。

每个成员服务器，随时都有可能出现故障。在故障发生时刻，对于一个事务，它可能处于活跃状态，也可能处于放弃状态，或者处于半提交状态，或者处于提交状态。4 类故障中，只有事务故障能当即检测出来，当即处理。事务只有处于活跃状态时，才有可能发生事务故障。假定子事务 T_i 在处理过程中发生故障，其承担者便给 DDBMS 发送处理不成功的响应结果。DDBMS 收到处理不成功的响应结果后，就给所有子事务的承担者都发送 Rollback 请求，通知放弃执行所承担的子事务。成员服务器一旦接到 Rollback 请求，便放弃执行子事务，向日志中添加 <T_i, ABORT> 记录，然后使用 T_i 的日志执行回滚操作，取消T_i对数据库已做的更改。DDBMS也给客户发送响应结果,通知事务执行不成功。于是,事务故障便得到了处理。客户收到响应结果后,根据反馈回的执行不成功原因,要么修改事务请求内容,然后再次提出事务请求,要么直接放弃。

当发生系统崩溃故障时,整个服务器突然失效。DDBMS会因等待超时,或者通过心跳检测,感知出某个成员服务器发生了故障。此时,对于DDBMS,它可能处于如下两种状态。第一种状态是:DDBMS已经给故障服务器下发了一个子事务T_i,但还没有收到其执行结果。这种情况下,事务处于第一阶段,DDBMS没有收到故障服务器的执行结果。于是DDBMS可以保守地假定故障服务器执行不成功,给所有子事务的承担者都发送Rollback请求,放弃该事务,并将不成功的结果返回给客户。事务就此处理完毕。这样处理没有问题,原因是还没有进入提交阶段,DDBMS有权做出决定。第二种状态是:DDBMS给故障服务器下发了一个子事务T_i,并已收到其执行结果。在这种情况下,DDBMS依旧按照两阶段提交协议处理。把要发给故障服务器的指令,输出到自己的故障恢复日志中,以备故障服务器日后恢复用。

在分布式服务器中,如果没有给成员服务器配置复制,那么当某个成员服务器发生系统崩溃故障之后,其服务就中断了。随后,DDBMS收到的客户请求如果与故障服务器无关,那么DDBMS照常可以处理。当客户请求与故障服务器有关时,DDBMS就直接给客户发送不能执行的响应结果,并给出原因为服务器故障。客户要等待故障恢复后才能再次请求。

故障服务器在故障解除后重新启动并接入系统。例如,如果是停电,那么等到再来电时,故障便被解除;如果是器件故障,那么更换器件后故障便被解除;如果是软件故障,那么升级之后故障便被解除。DDBMS重新与恢复后的成员服务器建立起连接,并检查故障恢复日志中是否存在与其相关的Commit或Rollback请求。如果有,就将其抽取出来,发送给故障服务器处理,使其恢复到与系统一致的状态。

恢复后的成员服务器重启DBMS后,会首先检查自己日志磁盘中的日志,并使用其日志进行故障恢复,其过程已在3.4节中讲解。只是在非自动提交模式下,在事务T_i的日志中,会多一个<T_i,READY>记录。如果发现某个事务T_i的日志中有<T_i,READY>记录,但其后既没有<T_i,COMMIT>记录,也没有<T_i,ABORT>记录时,便要等待DDBMS的恢复指令,并将其补充到日志中,然后就可决定对其是执行REDO,还是执行UNDO。

在分布式服务器中,如果给成员服务器配置了复制,那么当它发生系统崩溃故障之后,其服务就不会间断。设成员服务器D_i有两个副本$D_{i,1}$和$D_{i,2}$。当DDBMS要将某个子事务T_i交由成员服务器D_i执行时,就应将T_i既发送给$D_{i,1}$,也发送给$D_{i,2}$,让它们都执行。给$D_{i,1}$发送时,先检查$D_{i,1}$的状态。如果$D_{i,1}$是正常状态,就把T_i发送给$D_{i,1}$执行。如果$D_{i,1}$是故障状态,DDBMS就把<$D_{i,1}$,T_i>记录存到故障恢复日志中,以后备用。当$D_{i,1}$的故障被解除,并重新接入系统后,DDBMS从故障恢复日志中提取出原本要发送给$D_{i,1}$执行的子事务,发送给$D_{i,1}$执行,以使$D_{i,1}$恢复到与系统一致的状态。在$D_{i,1}$的故障期间,其服务并未间断,因为有$D_{i,2}$在提供服务。对$D_{i,2}$的处理也是如此。

注意:上述过程中,存到故障恢复日志中的<$D_{i,1}$,T_i>记录,也有可能随后被DDBMS删除,原因是子事务T_i有可能被DDBMS放弃。如果T_i被放弃,就要从故障恢复日志中删除<$D_{i,1}$,T_i>记录。

思考题3-32:对于应用程序,连接数据库服务器时要严格管理,通常不允许设置成非自动提交模式,为什么?请从安全角度和处理性能角度分析原因。非自动提交模式通常只在 DDBMS 与 DBMS 建立连接时才使用,为什么?

DDBMS 服务器也可能发送故障。当发生故障时,服务变得不可用。不过,DDBMS 服务器与成员服务器具有完全不同的特质,发生故障的概率要低很多。首先,DDBMS 服务器要处理的事情相对简单,因此程序代码量小。简单的东西可靠性高,因此 DDBMS 服务器发生故障的概率低。另外,DDBMS 服务器维护的状态数据少,故障恢复相对容易,恢复时间也短。为了提高 DDBMS 服务器的可用性,也可为其设置副本。

谁负责 DDBMS 服务器的故障感知和故障恢复?服务的客户给 DDBMS 服务器发送请求,得到响应结果。因此,服务的客户能感知 DDBMS 服务器故障,不过对故障恢复却无能为力。DDBMS 服务器由服务运营商的集群/云管理器负责启动运行,因此应由集群/云管理器负责 DDBMS 服务器的故障感知和故障恢复。故障感知可用心跳检测法。集群/云管理器是顶级管理器,必须保证时刻可用,实现办法依然是多副本。不同之处是:集群/云管理器的上面再没有管理者了,因此集群/云管理器的各副本之间要相互感知故障。

3.6　本章小结

分布式计算由单机计算演进而来,把资源共享提升到了新高度。在网络通信的支撑下,资源共享的边界概念已被打破,实现了无边界共享。计算方式的演进是变与不变的辩证统一。不变性表现在共享模式上面,变化性表现在共享边界被扩展和延伸,以及服务质量的提高上面。共享模式不变,表明实现共享的门槛并未提高。作为服务提供方,关注的问题依旧是服务接口的定义和服务函数的实现。作为服务客户方,关注的问题依旧是服务函数的调用。分布式计算能使服务从不间断,能做到对客户请求及时响应。

资源共享中,访问冲突问题始终是最根本的问题。服务器中的共享资源被多个客户共享,必须进行管理,确保有序共享。其中数据共享又是最具代表性,也是最常见的一种共享方式。在分布式计算中,数据的一致性是最关键的问题。在一个服务器中,通过并发控制解决访问冲突问题,通过事务处理和故障恢复确保数据的一致性和持久性。因此,在分布式计算中,数据一致性、并发控制、事务处理、故障恢复是最核心的概念。

跨计算机边界的交互是两个运行在不同计算机上的进程之间的交互,其中一个充当客户,另一个充当服务器。跨计算机边界的函数调用也被称为远程过程调用。在远程过程调用的实现中,在客户端引入了代理概念,在服务器端则引入了存根概念。客户调用代理函数,服务函数由存根调用。这种结构化处理带来的好处是:使得跨计算机边界的函数调用对程序员透明。由于代理和存根的功能明确且固定,因此其源代码可由开发工具基于函数的定义自动生成。

运行在不同计算机上的两个进程通过网络连接来交互。网络连接是一条连接客户和服务器的逻辑通信通道。对于要传输的数据,给它加上网络连接信息就等于给它贴上了发送者的地址和接收者的地址。网络通信中有路由器、网关、交换机、网桥这 4 种传输设备。这 4 种传输设备其实都是一台计算机,只不过它们运行的应用程序不同而已,分别运行路由程序、网关程序、交换程序和网桥程序。如果为一个局域网配置了 DHCP 服务器、DNS 服务器,以及网关服务器,那么局域网中计算机联网就无须手工配置,能做到即插即用。这一特性对于数据中心或者云服务商来说至关重要。

服务器与客户之间呈一对多关系,因此服务器的负载通常都很重。为了提升处理性能和效率,服务器采取并发执行策略同时处理多个请求,这就引发出访问冲突问题。并发控制就是要使并发执行的效果与以串式方式执行的效果完全一样,以此保证数据正确与一致,为此提出了事务处理这一概念。事务具有原子性、一致性、隔离性、持久性。并发控制只是确保了事务的原子性和隔离性。事务处理和故障恢复才确保了事务的一致性与持久性。故障有 4 类:事务故障、系统崩溃故障、磁盘故障,以及灾难故障。当系统不可靠出现的概率非常小时,通常就认为系统可靠。

在分布式计算中,可把多个关系紧密的服务器组合成一个更大的服务器,这种服务器叫分布式服务器。分布式服务器具有邦联特性,其中每个成员服务器都具有独立自治性。分布式服务器具有良好的可扩展性,能对客户实现网络透明、分段透明、复制透明。在客户看来,分布式服务器具有超大的存储容量,极强的算力,服务从不间断,响应及时。这些特质深受客户欢迎。在分布式服务器的内部,这些特质是通过并行计算和复制取得的。分布式服务器使用两阶段提交协议确保事务的 4 个属性。

习题

1. 对于创建网络连接函数,假定其定义为 Connection * CreateConnection(char * domainName,int port)。在该函数的实现中,先要检查 VPN 注册表,看要连接的域名是否属于某项注册的 VPN。如果是,则按 VPN 处理。如果不是,则看本地的 hosts 文件中是否有记录行。如果有,就得到了其 IP 地址。如果没有,则访问 DNS 服务器,查出域名的 IP 地址。接下来在 host 文件中添加一行,记下映射关系。再判断所得 IP 地址是本地 IP 地址,还是外网 IP 地址。如果是外网 IP 地址,则先与网关建立连接,并按照网关协议,在建立连接之后,把要连接的 IP 地址和端口号发送给网关,在得到网关的响应之后,网络连接就建立起来了。如果是内网 IP 地址,则直接建立与服务器的网络连接。请基于上述描述,写出操作系统支持库中 CreateConnection 函数的实现。

2. 在代码 3.30 所示的事务执行框架中,从其开始执行,直至执行 logCommit( )之前,其前面的数据更新日志已写入日志磁盘,有可能吗?在这期间,那些已写入日志磁盘的日志记录,能从日志缓存区删除吗?请说明理由。logCommit( )不只是给日志缓存区添加一条<t_id,COMMIT>日志记录,还要等待,直至其所有日志记录被写入日志磁盘为止,为什么?对于 logAbort( ),它只是给日志缓存区添加一条<t_id, ABORT>日志记录,但并不需要等待,为什么?当一个事务被放弃,其所有日志记录还需要写入日志磁盘吗?请说明理由。

3. 对于分布式数据库服务器 DDBMS,能否写出有关成员数据库、与数据库建立连接,以及数据库复制、数据分段(包括水平分段和垂直分段)这些元数据的数据结构定义?然后基于所定义的数据结构以及系统中包含的元数据,写出对客户 SQL 请求的分解算法,得出子请求,将子请求下派给成员服务器去处理。最后写出对成员服务器的响应结果执行汇总的处理方法。

4. 能否写出分布式数据库服务器中的事务处理与故障恢复两阶段提交协议的实现代码?考虑故障恢复的实现。

第 4 章

去中心化计算

传统的互联网服务,通常由一家公司提供给客户。例如,每家银行作为服务提供方,建有自己的银行服务系统。这种系统为中心化系统,其特点是服务提供方只有一个,客户基于对服务提供方的信任使用其服务系统。以银行服务为例,客户基于对银行的信任,将自己的钱存入银行的服务系统中,并通过服务系统进行交易。银行服务系统其实就是一个数据库系统。客户存入银行的钱以数据库中的一个数据表示。数据的维护由服务提供方负责。数据的正确性,以及交易的公平性都以客户信任服务提供方作为前提。交易的公平性存在于诸如股票交易之类的服务系统中。在客户看来,在同等条件下,交易请求应该先到先成交,这才算公平。

中心化服务系统由单一服务提供方掌控。服务提供方有能力篡改系统中的交易数据,也有能力将某个交易请求从队列的后面提到前面。另外,服务由单点提供,一旦出现单点故障,服务对客户便不可用。面对中心化服务系统存在的这些问题,出现了去中心化(Decentralization)的解决方案。其想法就是服务不再由单一的服务提供方提供,而是由多个服务提供方共同提供。从系统构成看,系统不再由单个节点构成,而是由多个节点构成。不同的节点归属不同的服务提供方。每个节点运行同样的程序,存储同样的数据,具有同一性,因此去中心化系统中的节点也叫副本(Replica)。

去中心化系统相比于中心化系统,有两个明显的新特质:①任何事情不再由单一的服务提供方说了算,而是由多个服务提供方共同商议决定;②任何一个副本(或者说任何一个服务提供方)对于服务而言不再是必不可少,而是可有可无。只要超过半数的副本正常,系统就保持对客户可用。

去中心化系统深受客户欢迎。比特币(Bitcoin)和以太坊(Ethereum)就是以去中心化理念构建的两个交易服务系统。在这两个系统中,任何一个企业都可随时成为服务的一个提供方。要成为服务的一个提供方非常简单,只需提供计算机(包括计算资源和存储资源)、下载服务软件和运行服务程序。服务程序启动之后,便执行同步操作,从现有节点读取已有数据。同步操作完成之后,便成为系统中的一个新副本。服务软件通过开源向客户证明其可信和可行。系统还设计了一套激励机制,招引企业加盟,成为服务提供方。交易提成作为提供服务获得的收益,按照贡献大小被自动分配给服务的各个提供方。

去中心化是提升服务可用性的一条有效途径。对于单点服务,一旦发生故障,服务便对客户不可用。与其相对,由3个副本组成的服务系统,其中任何一个副本出现故障,服务依旧对客户可用。于是服务的可用性明显提升。也就是说,系统容错能力得到明显提升。从另一角度看,只有两个副本同时发生故障,服务才不可用。假定一个副本发生故障的概率是

p，那么两个副本同时发生故障的概率就是 p^2。对于由 5 个副本组成的服务系统，只有当 3 个副本同时发生故障时，服务对客户才不可用。3 个副本同时发生故障的概率为 p^3。由此可知，副本数越多，系统不可用的概率就越低。从正面来讲，副本数越多，系统的可用性就越高。

在去中心化系统中，共同商议决定被称作共识（Consensus）。共识是各副本保持同一性的前提条件。副本的同一性也被称作一致性（Consistency）。达成共识的具体操作流程被称作共识协议，有时也称共识算法。Paxos 是著名的共识协议，由莱斯利·兰伯特（Leslie Lamport）于 1990 年提出，广泛应用于各种服务产品中，如 ZooKeeper 等。兰伯特也因这一贡献于 2013 年获得了图灵奖。弄懂 Paxos 协议并不容易。其原因是：其中的概念过于抽象，难于理解。由于 Paxos 协议的难懂性，在其被提出之后的 16 年中并未引起人们的重视。直至 2006 年，Google 公司使用 Paxos 理念实现了去中心化的分布式系统，其价值才彰显出来。

讲解 Paxos 协议的文献有很多，不过大多依旧抽象难懂，讲解不透彻，难以令人信服。看 Paxos 协议的源代码，是另一条学习之路，不过依旧困难重重，其原因是：考虑的细节多，代码量大，逻辑复杂，非常人能读懂。本书作者经过长久探究，终于找到了一个实用案例，化解了其抽象性，明白了抽象概念的真实含义。随后以问题作为驱动，逐步求解，终于把 Paxos 协议的真面目展示出来了。攻克了 Paxos 协议这个堡垒，再学习去中心化中的其他共识协议，就无拦路虎了。例如，搞懂了 Paxos 协议，再学习 PBFT 共识协议，就有水到渠成之感。PBFT 是 Practical Byzantine Fault Tolerance 的缩写，即实用拜占庭容错协议。接下来的 4.1 节和 4.2 节将讲解 Paxos 共识协议，4.3 节将讲解 PBFT 共识协议，4.4 节是本章小结。

4.1 Paxos 共识协议

去中心化中会遇到什么问题？求解思路是什么？现举例说明。假定一个去中心化的数据库服务器由 $2f+1$ 个副本构成，其中 f 为正整数。每个副本都是对外提供服务的窗口，即每个副本都可受理客户的事务请求。无论是哪个副本受理的事务请求，都要广播给系统中的每个副本去处理。初始时，每个副本的状态都相同，记为 s_0。当所有副本都处理了事务 trx_1 之后，它们的状态都由 s_0 变为 s_1。处理完事务 trx_1 之后，所有副本的状态都相同。由此可知，对于系统中每个副本各自受理的事务请求，要在系统中排出一个顺序，然后每个副本都按照该顺序逐个处理事务。如果能做到这一点，就说系统中的副本一致。如果去中心化系统中的副本能做到一致，就等价于只有一个副本，和中心化系统在功效逻辑上无差异。

现在遇到的问题是：对每个副本各自受理的事务请求，如何做才能在系统中排出一个先后顺序？当一个副本收到来自客户的一个事务请求时，就将其广播给其他副本。这样做尽管能使每个副本收到所有来自客户的事务请求，但是不能保证每个副本收到的顺序都相同。例如副本 R1 广播事务 T_1，副本 R2 广播事务 T_2。对于副本 R1，是先收到 T_1，后收到 T_2。与其相对，对于副本 R2，是先收到 T_2，后收到 T_1。副本 R1 和 R2 收到事务的顺序不一样。如果副本 R1 先处理事务 T_1，再处理事务 T_2，而副本先处理事务 T_2，再处理事务

T_1,那么 R1 和 R2 就有可能变得不一致。所有副本以相同的顺序处理事务,是保证它们一致的必要条件。如果处理顺序不同,就可能出现不一致问题。

副本对事务的处理顺序不同,就会引发不一致问题,现举例说明。企业 α 是银行数据库的一个客户,有账号 a。企业 α 的两个财务人员各自在处理自己的业务。其中一个在办理入账业务,往账号 a 存入 100 元。另一个在办理出账业务,从账号 a 转出 200 元。于是银行数据库会收到两个事务请求:入账请求和出账请求。假定副本 R1 先处理入账请求,后处理出账请求,而副本 R2 则是先处理出账请求,后处理入账请求。现假定账号 a 上原有的余额为 180 元,这时副本 R1 对两个事务请求都能成功处理,执行之后账号 a 上的余额为 80 元,而副本 R2 在处理出账请求时不会成功,因为余额不够 200 元。回滚之后再处理入账请求,执行之后账号 a 上的余额为 280 元。副本 R1 与副本 R2 明显出现了不一致问题。

在去中心化系统中,必须保证每个副本处理事务的顺序都一样,才能保证所有副本一致。求解思路是:当副本收到一个客户的事务请求时,就给其分配一个全局唯一的 id。当事务请求有了 id 之后,它们的先后顺序也就确定了。尽管每个副本收到事务的顺序不相同,但按 id 大小排序之后,顺序就相同了。具体处理方法是:每个副本都有一个接收队列 receiveQueue,用于存放从客户那里收到的事务请求。另外,每个副本还有一个全局队列 globalQueue,用于存放排好顺序的事务。对于 receiveQueue 中的每个事务,副本要为其申请一个全局唯一的 id。事务有一个 id 属性,记录给它分配的全局唯一 id。副本一旦为一个事务分配好 id 之后,就将其从 receiveQueue 中移到 globalQueue 中,并将其广播给其他副本。

一个副本一旦收到其他副本发送来的带 id 的事务,就将其放入 globalQueue 中。globalQueue 中的事务按其 id 大小排序。注意:一个副本接收其他副本发送来的事务,收到的先后顺序并不一定和事务的先后顺序相同。举例来说,副本 R1 受理了事务请求 α,给其申请到的全局唯一 id 为 8;副本 R2 受理了事务请求 β,给其申请到的全局唯一 id 为 9。对于副本 R3 来说,有可能先收到 id 为 9 的事务请求 β,后收到 id 为 8 的事务请求 α。其原因是:传输延迟不一样。当事务请求 β 的传输延迟小,而事务请求 α 的传输延迟大时,就会出现上述情形,因此将一个带 id 的事务放入 globalQueue 时,不是简单地将其添加至队尾,而是将其放入正确的位置,使事务按 id 大小排序。

对于上述 id 分配以及将带 id 的事务放入 globalQueue 中,现举例说明。假设系统中有 3 个副本,它们各自从客户那里受理了 2 个事务请求,放到了自己的 receiveQueue 中。于是系统共受理了 6 个事务请求。假设副本 R1 申请到的 2 个全局唯一 id 为 1 和 6,副本 R2 申请到的 2 个全局唯一 id 为 2 和 3,副本 R3 申请到的 2 个全局唯一 id 为 4 和 5,这 6 个带 id 的事务都会进入 3 个副本的 globalQueue 中,而且都是按照 1,2,3,4,5,6 的顺序在 globalQueue 中排队。每个副本都按 id 大小依次处理 globalQueue 中的事务,于是 3 个副本一致。

问题现在转换成一个副本如何做才能获得一个全局唯一的 id。Paxos 协议就是用来回答该问题的。Paxos 协议本身有些抽象,难于理解。有了上述案例,就能将 Paxos 协议落到实处。上述案例中的 id 就是 Paxos 协议中的 proposal 编号,事务就是 Paxos 中与 proposal 编号对应的值(value)。副本要为其受理的每个事务请求都申请一个全局唯一 id,对应 Paxos 中一次 proposal 的发起。就一次申请而言,申请者对应为 Paxos 中的 proposer 角色,其他副本充当 acceptor 角色。申请成功对应 Paxos 中 proposal 得到了超过半数的赞同,如果通过,即共识达成。有了该案例,Paxos 中的那些抽象概念就容易理解了。

4.1.1 无故障时的 id 申请

每个副本执行相同的程序。设副本用 idCount 这一变量记录最后一个已经分配了的 id，那么当副本要申请一个全局唯一 id 时，这个 id 就为 idCount ＋ 1。申请时，在系统中广播一个 proposal 消息，附带要申请的 id，即自己的 idCount ＋ 1 值。Acceptor 收到 proposal 消息后，检查其申请的 id 是否等于自己的 idCount ＋ 1。如果等于，说明申请合理，于是给申请者投赞成票。申请者只要收到超过半数的赞成票，便认为申请成功。一旦申请成功，申请者便把带 id 的事务广播给其他有副本。其他副本将带 id 的事务放入 globalQueue 中，并更新自己的 idCount，即做增 1 处理。由此可知，共识的功能有两个：①确保申请到的 id 具有全局唯一性；②使得每个副本知道下一个可申请的 id 是多少。

要使申请到的 id 具有全局唯一性，其措施是：任何一个副本，对任何一个 id 的申请，有且仅有一张赞成票，这就保证了当有多个副本同时申请同一个 id 时，不会出现 2 个申请者都能得到超过半数的赞成票，于是也就不会出现有 2 个申请者都申请成功的情形。当多个副本同时收到来自客户的事务请求时，就会出现它们同时申请同一个 id 的情形。对于一个充当 acceptor 角色的副本来说，是依次处理收到的 proposal 消息。对首先收到的 proposal 消息，acceptor 会把赞成票投给它。对后收到的 proposal 消息，手中已无赞成票了，因此也就无赞成票可投。对于申请者而言，只要求得到的赞成票超过半数，就表示申请成功。相比于得到所有副本的赞成票，这个门槛低很多。其含义是：由 $2f＋1$ 个副本组成的系统中，可以容忍 f 个副本同时发生故障。

当一个全局唯一 id 申请成功之后，申请者把该 id 分配给自己收到的一个事务请求，这个事务请求就成了 Paxos 协议中与该 id 对应的值。申请者再把该带 id 的事务以 decision 消息广播给所有副本。对于一个副本，一旦收到一个 decision 消息，便知道它附有一个带 id 的事务，应该将其放入 globalQueue 中，另外也知道该事务的 id 是一个已分配的 id，因此应更新自己的 idCount 值，即做增 1 处理，使自己知道下一个可分配的全局 id。一个 id 对应一个 decision 消息。每个 decision 消息驱动每个副本的 idCount 增 1。这种情形暗示了一个副本从收到 proposal 消息至收到 decision 消息的这段时间中，不允许发起新的 id 申请，否则就有可能出现如下情形：一个副本先收到 id 为 9 的 decision 消息，后收到 id 为 8 的 decision 消息。

为了协议描述得简洁、清晰起见，采用状态机描述副本。副本的开始状态为 FREE。如果一个副本在 FREE 状态，而且其 receiveQueue 队列不为空，便发起 id 申请，广播一个 proposal 消息。这时副本状态由 FREE 变为 PROPOSING。在 FREE 状态的一个副本如果收到一个 proposal 消息，其状态就由 FREE 变为 VOTING。只有在 FREE 状态时，才允许发起 id 申请。有多个副本同时申请同一个 id，完全有可能。该情形被称作竞争，即多个申请者竞争同一个 id。为了使得有一个申请者能得到超过半数的赞成票，需引入优先级概念。假设系统中的副本用序号标识，为了简单起见，假设序号越大，优先级就越高。

由上述状态变迁可知，只有申请者才会处于 PROPOSING 状态。副本用变量 agreeNum 存储自己当前获得的赞成票数量。一个申请者在系统中广播 proposal 消息之后，将其 agreeNum 值初始化为 1，表示这张赞成票来自自己。随后将收到的赞成票都累加至 agreeNum 中。一旦 agreeNum 值达到 $f＋1$，即表明获到的赞成票已超过半数，申请成功，此时申请者的状态由 PROPOSING 变为 DECIDING。

对于一个处于 PROPOSING 状态的副本,如果收到了一个来自另一副本的 proposal 消息,便表明出现了 id 竞争情形。每个 proposal 消息都有 senderId 属性,记录申请者的序号。如果发现竞争者的优先级比自己高,就要把自己持有的赞成票全部转给对方,使其尽快得到超过半数的赞成票,然后将自己的角色由 proposer 改为 acceptor,即状态由 PROPOSING 变为 VOTING。

当一个副本的状态由 PROPOSING 变为 VOTING 之后,它有可能还会收到赞成票。例如,在图 4.1 所示消息传递情形下,副本 R3 首先是一个 id 申请者,在系统中广播了一个 proposal 消息。图中,proposal 消息的传递用实线箭头表示。对 proposal 消息的响应被称作 vote 消息,其传递用虚线箭头表示。在 R3 收到副本 R4 的 proposal 消息之后,其状态就由 PROPOSING 变为 VOTING。随后 R3 还会收到副本 R5 和 R1 的赞成票。其原因是 R5 和 R1 先收到 R3 的 proposal 消息,因此会给 R3 投赞成票。这种情形下,R3 要把 R5 和 R1 投来的赞成票转交给 R4,使得 R4 尽快得到超过半数的赞成票。

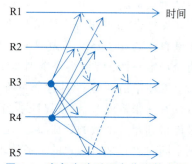

图 4.1 竞争失败后还会收到赞成票

在 VOTING 状态的副本,有可能还会收到 proposal 消息。例如,在图 4.2 中,副本 R3 首先是一个申请者。因为收到了副本 R4 的 proposal 消息,R3 的角色由 proposer 改为 acceptor,其状态变成了 VOTING,并把自己持有的 2 张赞成票转给了 R4。这 2 张赞成票中,一张来自 R3 自己,另一张来自 R2。随后 R3 又收到 R5 的 proposal 消息。由于 R5 的优先级比 R4 高,因此当 R3 随后收到来自 R1 的赞成票时,不应再转投给 R4,而应该转投给 R5。由此可知,副本应有一个变量 votee,用来记录当前自己所知的优先级最高的申请者。对于 R3 来说,当它收到 R4 的 proposal 消息时,其 votee 值应改为 4。当 R3 随后又收到 R5 的 proposal 消息时,其 votee 值应再改为 5。

尽管 id 申请存在竞争,并有优先级,但对于优先级低的申请者来说,也存在申请成功的可能。如果一个优先级低的申请者在收到其他申请者的 proposal 消息之前,已经获得了超过半数的赞成票,那么它的申请就成功了。该情形如图 4.3 所示。图中,副本 R3 尽管优先级低于 R4,但它在收到 R4 的 proposal 消息之前,已经收到了 R1 和 R2 的赞成票,加上自己的赞成票,已经超过半数,于是 R3 的申请成功。

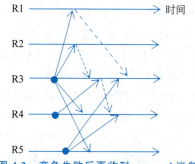

图 4.2 竞争失败后再收到 proposal 消息

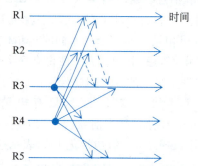

图 4.3 优先级低的申请者也能申请成功的情形

4.1.2 故障对 id 申请的影响

故障有两种情形：①副本失效；②因网络故障使得副本之间不能通信。网络故障可能导致系统中的副本被割裂成 2 个或者多个分区。系统对用户可用是指最大分区中的正常副本数超过了系统中副本数的一半。因此，一个副本能否继续工作，首先要看它是否在最大分区中。不在最大分区中的副本不能继续工作。无论是副本故障，还是网络故障，都要待故障排除之后，先执行故障恢复，再并入系统。

故障对 id 申请带来的影响是指故障对最大分区中的副本造成的影响。这种影响包括两方面：①在 PROPOSING 状态的申请者因得不到超过半数的赞成票，长久滞留在 PROPOSING 状态，出现阻塞情形；②在 VOTING 状态的副本因收不到申请者的 decision 消息，长久滞留在 VOTING 状态，也出现阻塞情形。在 PROPOSING 状态的申请者得不到超过半数的赞成票，其原因是：赞成票被故障吞噬了。在 VOTING 状态的副本因收不到申请者的 decision 消息而滞留在 VOTING 状态，其原因有两个：①申请者在广播 decision 消息之前发生故障；②申请者在最大分区中，但得不到超过半数的赞成票。

先看申请者并未发生故障，而且在最大分区中的情形。当有优先级低的申请者获得了赞成票，但因故障并未成功地把赞成票转给优先级高的申请者，这时就可能造成优先级高的申请者无法获得超过半数的赞成票。这种情形也可说成赞成票被故障吞噬了，现举例说明。在图 4.4 中，副本 R3、R4 和 R5 同时申请同一个 id。副本 R1 先收到 R4 的 proposal 消息，因此把赞成票投给了 R4。R2 先收到 R3 的 proposal 消息，因此把赞成票投给了 R3。R3 得到 R2 的赞成票之后，出现了故障。R4 收到 R1 的赞成票之后，也发生了故障。它们各自吞噬了 2 张赞成票。该情形下，最大分区中的正常副本有 R1、R2 和 R5，数量超过了系统总数的一半。R5 尽管优先级最高，也没有发生故障，但始终无法得到超过半数的赞成票。

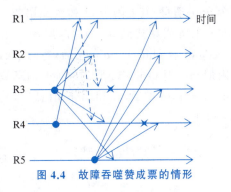

图 4.4 故障吞噬赞成票的情形

4.1.3 故障对系统一致性的影响

一个副本受理了客户的一个事务请求，要给客户响应一个处理结果。因为有故障，对于一个事务，受理者必须确保它已经进入 $f+1$ 个副本的 globalQueue 队列中，才能处理它，给客户响应处理结果。只有这样，才能确保系统在客户面前具有一致性，否则就可能出现不一致情形，现举例说明。假定副本 R1 给事务 T 分配了 id，然后将其广播给了 f 个副本（其中包括自己），接着处理事务 T，并将成功处理的结果返回给客户。如果此时恰好这 f 个副本都发生了故障，那么系统对该客户就会表现不一致。这 f 个副本发生故障并不代表客户不能访问系统，客户还可以通过其他正常副本继续访问系统。问题在于：由于另外 $f+1$ 个正常副本都没有收到 R1 发来的事务 T，因此客户看不到事务 T 被成功处理的结果。

由上述分析可知，只获得一个全局唯一 id 还不够。广播 decision 消息的副本必须确保至少要有 $f+1$ 个副本（包括自己）已把带 id 的事务放入 globalQueue 之后，才允许处理该事务,并把处理结果发送给客户。如果没有给客户响应结果,那么客户请求的最终结局无论是被成功处理还是未被处理,客户都能接受。如果未被处理,就相当于前面未提交该事务请求,客户可以再次提交该请求。最大分区中只要有 1 个正常副本已把事务 T 放入 globalQueue 中,情形就不一样。随后,客户通过另一正常副本查询结果的时候,给查询请求分配的 id 大于事务 T 的 id。也就是说,系统先处理事务 T,然后才会处理查询请求,因此能保证前后结果的一致性。

为了取得系统的一致性,每个收到 decision 消息的副本要给出响应,即回复 ack 消息。decision 消息的发送者只有在收到 $f+1$ 个 ack 消息之后,才允许处理该事务。当然,也有可能前面的事务还没有处理完毕,并不能马上处理该事务,为此给事务增设一个 validation 属性。只有该属性值为 TRUE 的事务才允许被处理。收到的 ack 消息一旦达到 $f+1$ 个,就将 globalQueue 中对应事务的 validation 属性值改为 TRUE,并在系统中广播一个 validation 消息,通知其他正常副本也将该事务的 validation 属性值改为 TRUE。于是一个事务从接收到具有可处理性要经历 3 个阶段:①申请全局唯一 id;②放入每个副本的 globalQueue 中;③具备可处理性(即 validation 属性为 TURE)。

事务从接收到具有可处理性的过程如图 4.5 所示。首先是申请者(即 proposer)广播一个 proposal 消息,其上附带要申请的全局唯一 id。acceptor 收到 proposal 消息之后,响应一个 vote 消息,其上附带 id 和赞成票数。赞成票数的取值有 0、1,或者大于 1。当 proposer 收到的赞成票达到 $f+1$ 时,广播一个 decision 消息,其上附有带 id 的事务(即 value)。acceptor 收到 decision 消息后,将附带的事务放入 globalQueue 中,响应一个 ack 消息,其上附带 id。当 proposer 收到的 ack 消息数达到 $f+1$ 时,广播一个 validation 消息,其上附带 id。acceptor 收到 validation 消息后,将 globalQueue 中对应事务的 validation 属性设为 TRUE。

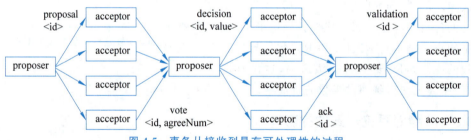

图 4.5 事务从接收到具有可处理性的过程

副本的状态变迁情形如下。当一个副本需要为一个收到的事务申请 id,且在 FREE 状态时,会广播一个 proposal 消息,并变迁到 PROPOSING 状态。当申请者在 PROPOSING 状态收到的赞成票达到 $f+1$ 时,会广播一个 decision 消息,并变迁到 DECIDING 状态。当申请者在 DECIDING 状态收到的 ack 消息数量达到 $f+1$ 时,会广播一个 validation 消息,并回到 FREE 状态。与其相对,当处于 FREE 状态的副本收到一个 proposal 消息时,会响应一个 vote 消息,并变迁到 VOTING 状态。当处于 VOTING 状态的副本收到一个 decision 消息时,会响应一个 ack 消息,并变迁到 VALIDATING 状态。当处于 VALIDATING 状态的副本收到一个 validation 消息时,会将 globalQueue 中对应事务的 validation 属性设为 TRUE,并回到 FREE 状态。

由于存在申请竞争的情形，当一个申请者竞争失败时，其角色会由 proposer 变为 acceptor。具体情形是：当处于 PROPOSING 状态的副本收到一个优先级更高的 proposal 消息时，会把自己持有的赞成票转投给竞争胜利者，并变迁到 VOTING 状态。随后，当收到赞成票时，也应立即转给竞争胜利者，于是副本有如图 4.6 所示的状态机。

图 4.6　副本的状态机

4.1.4　有故障情形下副本一致性的实现

从上述分析可知，因为故障，事务从接收至具有可处理性需要经历 3 趟消息交互才能达成。故障带来的危害表现为：①故障会吞噬赞成票，使得正常的申请者有可能等不到足够的赞成票而陷入等待状态；②当申请者发生故障，或者等不到足够赞成票时，会使正常的投票者有可能等不到 decision 消息而陷入等待状态；③如果申请者故障或者网络故障使得申请者不在最大分区时，还会使得正常的投票者有可能等不到 validation 消息而陷入等待状态。系统不能因故障而陷入阻塞停滞状态。处理办法是：设置超时机制。当应该发生的事情在规定的时间内未发生时，便认为是故障所致。一旦超时，便收集状态信息，采取措施来了结当前 id 的申请，使正常副本回到 FREE 状态，能继续工作。

了结当前 id 申请也是系统全局的事情，需要在系统中达成共识。因此，了结当前 id 申请只会成功于最大分区中。了结的思路是：针对当前 id，首先检测最大分区中是否有正常副本已经收到 validation 消息。如果有，则直接广播一个 validation 消息，以此弥补被故障吞噬了的 validation 消息，便了结了当前 id 的申请。如果没有，则检测最大分区中是否有正常副本已经收到 decision 消息。如果有，则知晓了当前 id 对应的值，在系统中广播 decision 消息，代替已出故障的申请者，把余下的后续事情做完。如果都没有收到 decision 消息，则将当前 id 对应的值设为空（即 null），也把余下的后续事情做完。

对于一个 id 申请，副本超时可归纳为等待 decision 消息超时和等待 validation 消息超时这两种情形。如果是等待 decision 消息超时，则要先得出 decision，然后广播 decision 消息，再广播 validation 消息，涉及一个完整的表决过程。如果是等待 validation 消息超时，则只以 proposer 角色在系统中广播 decision 消息，在知晓 $f+1$ 个副本收到 decision 之后，再广播 validation 消息。

在最大分区中，一个副本等待 decision 消息超时，其他副本有两种可能情形：①也没有收到 decision 消息；②已收到 decision 消息。第 1 种情形很好理解，其原因是 proposer 出现故障或者得不到足够的赞成票。第 2 种情形表明 proposer 在广播 decision 消息的过程中发生了故障,导致一部分副本收到了 decision 消息,另一部分副本未收到 decision 消息。在最大分区中,不可能出现一个副本未收到 decision 消息,而另一副本却收到了 validation 消息。

在最大分区中,一个副本等待 validation 消息超时,其他副本有 3 种可能情形:①未收到 decision 消息;②已收到 decision 消息;③已收到 validation 消息。当 proposer 在广播 decision 消息的过程中发生了故障,导致一部分副本收到了 decision 消息,另一部分副本未收到 decision 消息。因此,前两种情形很好理解。第 3 种情形表明 proposer 在广播 validation 消息的过程中发生了故障,导致一部分副本收到了 validation 消息,另一部分副本未收到 validation 消息。

一个副本一旦超时,先检查是在等待 decision 消息超时,还是在等待 validation 消息超时。如果是后一种情况,就代替已故障的 proposer 广播一个 decision 消息。如果能收到 $f+1$ 个 ack 消息,接着广播 validation 消息。如果不能收到 $f+1$ 个 ack 消息,只能说明超时副本不在最大分区中。等不到足够的 ack 消息,相当于等不到 validation 消息。出现该场景时,便会陷入等待循环中,直至网络故障解除。

一个副本如果因等待 decision 消息而超时,则广播一个 termination 消息,以了解其他副本是否收到了 decision 消息。对于其他副本来说,一旦收到一个 termination 消息,便检查自己是否收到了 decision 消息。如果收到,就能从 termination 消息得知原有 proposer 出现了故障,该自己代替原有 proposer,广播 decision 消息,完成后续的处理。如果没有收到 decision 消息,则给 termination 消息的发送者回应一个响应消息。

在上述处理中,如果最大分区中有多个副本收到了 decision 消息,那么它们都会代替已出故障的 proposer,广播一个 decision 消息。这种情形不存在任何问题,因为它们都是一致的,即当前 id 的值相同。另外,对于未收到 decision 消息的副本,它们可能同时超时,都广播 termination 消息。在最大分区中,如果所有副本都未收到 decision 消息,那么当前 id 的值就设为 null。为达到此目的,termination 消息的发送者要等待一段时间,即再次超时,以便最大分区中所有副本都收到自己的 termination 消息,并送回响应结果。注意:对于任一副本,它并不知道当前时刻在最大分区中有多少个副本。

副本在 PROPOSING 状态或者 VOTING 状态超时后,广播 termination 消息,其含义是:充当 proposer 角色发起一个将当前 id 的值设为 null 的议案。广播 termination 消息之后,如果收到一个 decision 消息,那么议案自然就终结了。角色也发生了改变,由 proposer 变成 acceptor。状态由 PROPOSING 变为 VALIDATING,即等待 validation 消息。有多个副本同时广播 termination 消息,不会有问题,因为议案相同。

对于因网络故障不在最大分区中的副本,广播 termination 消息后,因为无法收到 $f+1$ 个响应,也就无法形成 decision 消息,因此会陷入超时循环,始终无法形成 decision 消息。如果是因等待 validation 消息而超时,那么广播 decision 消息之后,因为无法收到 $f+1$ 个 ack 消息,也就无法形成 validation 消息,也会陷入超时循环。由此可知,不在最大分区中的副本会出现停滞不前的情形。要等到网络故障解除之后,先执行故障恢复,把漏失的定案补齐,追上系统全局状态之后,即完成故障恢复之后才会成为正常副本。

在最大分区中,当前 id 申请一旦被了结,表示共识达成,于是正常副本回到 FREE 状态,可启动下一个 id 的申请。举例来说,假定当前申请的 id 为 8,在申请的过程中发生了故障,导致申请者等待赞成票超时,或者投票者等待 decision 消息超时。超时事件一旦发生,便启动了结议案,了结议案一旦通过,所有正常副本回到 FREE 状态,便可启动 id 为 9 的申请。

上述方案能保证系统的一致性。在最大分区中,对于当前 id,如果没有一个副本收到 decision 消息,那么 proposer 在故障之前就不可能收到 $f+1$ 个 ack 消息。因为如果收到 $f+1$ 个 ack 消息,那么其中至少一个来自最大分区。也就是说,最大分区中至少有一个副本收到了 decision 消息。现在最大分区中没有一个副本收到 decision 消息,因此可推断出:proposer 还没有收到 $f+1$ 个 ack 消息。proposer 要处理对应事务的前提条件是:收到了 $f+1$ 个 ack 消息。于是可进一步推断出:proposer 还没有处理当前 id 对应的事务,也就没有把处理结果发送给客户。

在该情形下,系统将当前 id 对应的值设为 null,不会产生不一致情形。客户在没有得到响应结果的情况下,其事务请求的最终结局无论是被处理了,还是未被处理,客户都能接受。未被处理相当于被驳回。现在系统将当前 id 对应的值设为 null,就相当于客户的事务请求被系统驳回。

在最大分区中,对于当前 id,如果至少有一个副本收到了 decision 消息,那么 proposer 在故障之前就有可能收到了 $f+1$ 个 ack 消息,并执行了对应事务,把处理结果发送给了客户。在这种场景下,与 id 对应的事务被放入最大分区中每个副本的 globalQueue 中,并具有了可处理性。两者一致。当然,也有可能 proposer 在处理对应事务之前就发生了故障,没有给客户发送响应结果。客户在没有得到响应结果时,还会通过其他副本继续访问系统,了解前面事务的最终结局。现在系统对其事务请求完成了处理,客户不会有意见。

由此可知,一个副本 R 在为一个收到的事务 T 申请 id 的过程中,如果网络故障致使其不在最大分区中,那么它就会超时,并且无法了结此 id 申请。事务 T 自然也不会被副本 R 处理。出现这种情形时,副本 R 不能将事务 T 一直保留,直至网络故障被解除,再为其重新申请 id。其原因是:客户可能因为得不到响应结果,出现超时。超时之后,客户可能通过系统中的其他副本询问该事务的最终结局。在最大分区中,可能没有副本收到有关该事务的 decision 消息,于是给客户的响应结果是未被处理。因此,一个副本只要发现自己不在最大分区中,在故障恢复之后,就要将 receiveQueue 中所有事务,以及 globalQueue 中 validation 属性值不为 TRUE 的事务全部废弃,以求保持系统的一致性。

4.1.5 协议的特性分析

上述共识达成方案并不要求消息的传递一定可靠。也就是说,广播或者发送一个消息时,不用关心接收者是否收到。这种假设更切合实际。当发生网络故障时,接收者就收不到消息。接收者发生故障时,自然也不会接收消息。对于消息传递的延迟,假定系统无故障时,消息的一趟来回时间不会大于某个值。如果大于这个值,便认为是发生了故障,这就是设置超时机制,使得共识达成不会因为有故障而出现卡滞的依据。这种共识的特性是:$2f+1$ 个副本中,只要有 $f+1$ 个副本在正常工作状态,能相互通信,系统就能正常提供服务。在此前提下,任何一个副本都可有可无,任何故障都不会阻塞系统的正常服务,这就是去中心化的本质特性。

知晓上述系统特性后,下面情形都有可能出现。当一个副本收到一个 proposal 消息时,发现其附带的 id 比自己的 idCount+1 小。这种情形表明申请者因为故障原因,漏过了定案消息的接收,导致申请的 id 是一个落伍的 id,因此应将这一情况通过 vote 消息告诉申请者,以便申请者放弃申请,执行故障恢复,直至与系统一致之后再进行申请。对收到的 proposal 消息,其附带的 id 有可能比自己的 idCount+1 大。这种情形表明自己因为故障原因,漏过了定案消息的接收,导致自己已经落伍于系统全局状态,此时可对 proposal 消息置之不理,先自己进行故障恢复。

对于一个 id 申请,没有收到 proposal 消息,直接收到 decision 消息,甚至直接收到 validation 消息也有可能。这种情形因网络暂时性故障所致。网络暂时性故障导致消息丢失。申请者并不需要收到所有副本的赞成票,只需收到 $f+1$ 张赞成票,就可广播 decision 消息。也无须收到所有副本的 ack 消息,只收到 $f+1$ 个副本的 ack 消息,就可广播 validation 消息。这正是一个副本可有可无,以及故障无碍系统正常服务的具体体现。更有甚者,收到的 decision 消息或者 validation 消息,其 id 也有可能比自己的 idCount+1 大,或者小,这都是因故障所致。

Paxos 协议的共识表决分为两个阶段,即 pre-prepare 阶段和 prepare 阶段。validation 阶段的有无与消息传递的可靠性假设有关。当基于 TCP 通信时,有网络连接概念。在基于网络连接的通信中,发送一个消息时,对方的网络传输层就会给出响应,因此消息的可靠传输由网络通信子系统负责。当基于 UDP 通信时,无网络连接概念,消息的可靠传输由应用程序负责。也就是说,发送一个消息时,由对方的应用程序给出响应。本文假定消息传递不要求可靠,对应于 UDP 通信,由应用程序对收到的消息做出响应。在该情形下,validation 阶段必不可少。如果采用 TCP 通信,那么 proposer 广播 decision 消息时,就可知道有多少个副本收到了该消息,这相当于在广播中就得到了 ack 消息,因此不需要另外的 validation 阶段。

在消息传递不一定可靠的情形下,为了协议具有非阻塞性,广播 validation 消息很有必要。一个副本收到 decision 消息,并不代表至少有 $f+1$ 个副本收到了该 decision 消息。例如,假定副本 R1 收到 $f+1$ 张赞成票后出现了网络故障,副本 R2 能收到 R1 的 decision 消息,但最大分区收不到 R1 的 decision 消息,这时 R2 就不能处理 decision 消息上附带的事务,否则就会与最大分区不一致。R2 只有收到 validation 消息,才能断定最大分区肯定会为该 id 申请做出定案,对应的事务才具有可处理性。

对于因网络故障不在最大分区中的副本,当它发起议案时,因为得不到 $f+1$ 个副本的响应,也就无法得出定案。另外,它又收不到最大分区的定案,因此它会一直处于阻塞状态,即陷入超时循环,直至网络故障被解除为止。

最大分区中至少有 $f+1$ 个正常副本,所以不会因为有故障而被阻塞。当 id 申请者发生故障时,如果最大分区中没有副本收到 decision 消息,就可推断出申请者肯定没有得到 $f+1$ 个 ack 消息,因此最大分区就可将 id 对应值设为 null。这种决定不会造成不一致情形。因为申请者没有得到 $f+1$ 个 ack 消息,就肯定没有处理对应的事务,也就没有给客户响应结果。只要未给客户响应结果,系统就可将客户的事务请求废弃。客户随后还会继续通过其他副本访问系统,查询前面事务的最终结局。最大分区将 id 对应值设为 null,相当于废弃了客户的事务请求。废弃的前提条件是:最大分区中没有副本收到相应的 decision 消息。

4.1.6 故障副本的恢复

对于一个副本,无论是自身出现故障,还是遭遇网络故障,都会漏掉定案消息的接收,使得自己落伍于全局状态。网络故障被解除的标志是收到了来自最大分区的消息。如果是副本自身出现故障,那么在故障排除之后,副本会重启。重启之后,先检查自己已处理了的事务日志,得到最后一个定案的 id,然后广播一个 recovery 消息,以便从正常副本那里得到系统最新定案的 id。当收到的响应消息能达到 $f+1$ 时,便表明自己是在最大分区中,而且知晓自己缺失了哪些 id 的定案。在此之后,找一个正常副本,向其发送 fetch 消息,请求获取定案。一旦缺失的定案被全部补齐,副本便又成为一个正常的副本。其标志是自己的 proposal 消息未被其他副本否决,或者收到的消息 id 等于自己的 idCount+1。

当一个副本发生故障时,不但其 globalQueue 中的事务全部丢失,而且正在被处理的事务也未至提交状态,因此故障排除后的副本重启,其 receiveQueue 和 globalQueue 都为空。此时要检查已处理了的事务日志,看哪一个事务是自己最后提交的事务。对于自己因故障而缺漏了的定案,都要补齐,这就是故障恢复要做的事情。只有在自己与系统一致之后,才会重新成为一个正常副本。

当一个副本收到的消息 id 大于自己的 idCount+1 时,便知道自己因网络故障漏掉了定案消息的接收。这时如果收到的消息 id 等于自己的 idCount+2,而且自己在 VALIDATING 状态,就可推断出自己只是缺失了一个 validation 消息的接收,此时可假想收到了一个 validation 消息,然后才收到上述消息。如果不是上述情形,则对收到的消息置之不理,转而向消息的发送者请求获取定案,执行故障恢复。完全恢复的标志和上述副本故障的恢复一样,即自己的 proposal 消息未被其他副本否决,或者收到的消息 id 等于自己的 idCount+1。

在执行故障恢复的过程中,副本 R1 向另一副本 R2 发送 fetch 消息之后,有可能因为 R2 发生故障或者网络故障,导致 R1 等不到响应结果,这时 R1 会超时。一旦超时,R1 就在系统中广播一个 recovery 消息。如果收到的响应消息能达到 $f+1$ 时,便表明自己在最大分区中,而且知晓自己缺失了哪些 id 的定案。在此之后,再找另一个正常副本,向其发送 fetch 消息,请求获取定案。如果等不到 $f+1$ 响应消息,便会陷入等待超时的循环中,直至故障解除或者收到一个来自其他副本的消息。

4.2 Paxos 协议的具体实现

去中心化系统中的每个副本都是服务器,受理客户的事务请求。对于受理的事务,处理流程是:①为其申请一个全局唯一 id,然后将其广播给其他副本;②事务被放入至少 $f+1$ 个副本的 globalQueue 中后,才具有可处理性(即 validation 属性值为 TRUE);③每个副本对 globalQueue 中 validation 属性值为 TRUE 的事务,按照其 id 大小依次处理,保持一致性。在上述处理过程中,对于申请 id 的副本,又要充当客户角色(即 proposer)向其他副本广播 proposal/decision/validation 消息。其他副本则充当服务器角色(即 acceptor),对收到的 proposal 和 decision 消息,分别用 vote 消息和 ack 消息予以响应。

对于 proposer 来说,广播 proposal 消息之后,就在 PROPOSING 状态等待 vote 消息。

对于 acceptor 来说，处理完 proposal 消息之后，就在 VOTING 状态等待 decision 消息。无论是 proposer 还是 acceptor，一旦等待超时，就会进入 EXPIRING 状态，广播 termination 消息，以了结当前 id 申请。当副本收到一个 termination 消息时，响应一个 outcome 消息。另外，当副本因故障而重启，或者发现自己已经落伍时，会广播 recovery 消息，以获得系统最新进展，执行故障恢复。故障恢复过程中，副本会发送 fetch 消息，向正常副本索取自己缺失的定案。当一个副本收到一个 recovery 消息时，会给请求者响应一个 progress 消息。当一个副本收到一个 fetch 消息时，会给请求者响应一个 item 消息。

Paxos 协议中，用状态机刻画副本的状态。副本共有 7 种状态：①FREE；②PROPOSING；③DECIDING；④VOTING；⑤VALIDATING；⑥EXPIRING；⑦RECOVERING。前 5 种状态是无故障时的工作状态，后两种状态因故障而引入。副本的初始状态为 FREE。一个副本只有在 FREE 状态时，才允许启动全局 id 的申请。启动 id 申请，就是给系统中的其他副本广播一个 proposal 消息，然后将状态从 FREE 变迁到 PROPOSING。Paxos 协议中副本的状态机如图 4.7 所示。该图是对图 4.6 所示状态机的扩展，补充了有故障时的处理。其中，红色部分表达了正常副本如何应对系统中的故障，而黑色部分表达了故障恢复。

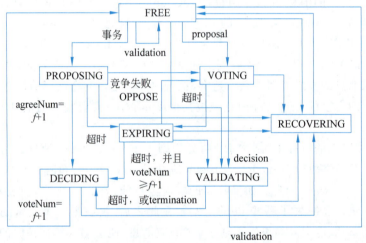

图 4.7 Paxos 协议中副本的状态机

Paxos 协议的实现就是对上述 12 种消息的处理。假定客户的事务请求也是以消息形式发送给副本，那么 Paxos 协议的实现就如代码 4.1 所示。每个副本都执行该代码，每收到一个消息，就对其进行处理。副本的起始状态为 FREE，起始消息肯定是客户的事务请求。副本收到一个事务请求时，就调用 processTransactionArrival 函数对其进行处理。该函数的实现如代码 4.2 所示。副本首先将收到的事务放入 receiveQueue 中，然后检查自己的状态，如果处于 FREE 状态，就会充当 proposer 角色为收到的事务申请一个全局唯一的 id，具体实现就是调用 startupConsensus 函数。

代码 4.1　Paxos 协议的实现

```
(1)    while(1)   {
(2)        Message * msg = waitForMessage();
```

```
(3)    if (msg->type == TRANSACTION)
(4)      processTransactionArrival( (Transaction * )msg->content);
(5)    else if (msg->type == PROPOSAL)
(6)      processProposal((Proposal * )msg->content);
(7)    else if (msg->type == VOTE)
(8)      processVote((Vote * )msg->content);
(9)    else if (msg->type == DECISION)
(10)     processDecision((Decision * )msg->content);
(11)   else if (msg->type == ACK)
(12)     processAck((Ack * )msg->content);
(13)   else if (msg->type == VALIDATION)
(14)     processValidation((Validation * )msg->content);
(15)   else if (msg->type ==TIMEOUT)
(16)     processTimeout( );
(17)   else if (msg->type ==TERMINATION)
(18)     processTermination((Termination * )msg->content);
(19)   else if (msg->type ==OUTCOME)
(20)     processOutcome((Outcome * )msg->content);
(21)   else if (msg->type ==RECOVERY)
(22)     processRecovery((Recovery * )msg->content);
(23)   else if (msg->type == PROGRESS)
(24)     processProgress((Progress * )msg->content);
(25)   else if (msg->type ==FETCH)
(26)     processFetch((Fetch * )msg->content);
(27)   else if (msg->type ==ITEM)
(28)     processItem((Item * )msg->content);
(29) }
```

代码 4.2 processTransactionArrival 函数的实现

```
(1) void processTransactionArrival( (Transaction * transaction)  {
(2)   receiveQueue->addItem(transaction);
(3)   if (state == FREE)  {
(4)     startupConsensus();
(5)   }
(6)   return;
(7) }
```

startupConsensus 函数的实现如代码 4.3 所示。其中全局变量 myselfId 用来存储副本自身的标识号。系统中的每个副本都有唯一的标识号。全局变量 idCount 用来存储最新定案的 id。因此，当副本要为一个事务申请一个全局唯一的 id 时，该 id 的值就为 idCount＋1。全局变量还有 state、voteNum、agreeNum，以及 timer，分别存储副本的当前状态、收到的票数、收到的赞成票数量，以及定时器。因为申请 id 存在竞争情形，所以用全局变量 votee 存储自己当前在给谁投票。启动申请时，首先给系统中的其他副本广播一个 proposal 消息，其上附带申请者的标识号以及要申请的 id 值。然后将 state 值修改为 PROPOSING，表示副本当前已进入 PROPOSING 状态。

代码 4.3   startupConsensus 函数的实现

```
(1)    void startupConsensus()  {
(2)        broadcast(PROPOSAL, myselfId, idCount + 1);
(3)        state = PROPOSING;
(4)        votee = -1;
(5)        voteNum = 1;
(6)        agreeNum = 1;
(7)        timer->restart();
(8)        return;
(9)    }
```

启动 id 申请时,将 voteNum 和 agreeNum 都设为 1,表示自己的投票以及来自自己的赞成票。将 votee 设为 −1,表示当前未给其他副本投票,即无受票者。一旦启动 id 申请,就调用定时器 timer 的成员函数 restart 开始计时。如果在规定的时间内未收到足够的票数以及足够的赞成票,那么一定是发生了故障,要做 id 申请了结处理。

4.2.1 对 proposal 消息的处理

当一个副本收到一个 proposal 消息时,调用 processProposal 函数对其进行处理。该函数的实现如代码 4.4 所示。正常情形下,proposal 消息上附带的 id(即申请的 id)应该等于自己的 idCount+1。因为已申请的最大 id 为 idCount,所以接下来要申请的 id 自然为 idCount+1。在消息传递延迟时间随机的情形下,有可能出现如图 4.8 所示的场景:副本 R2 广播 validation 消息后,副本 R3 相较于 R1 先收到 validation 消息。R3 处理完 validation 消息之后回到 FREE 状态,

图 4.8 消息传递延迟时间随机引发的接收顺序颠倒

然后发起 id 申请,广播 proposal 消息。对于副本 R1 来说,有可能先收到 R3 的 proposal 消息,后收到 R2 的 validation 消息。

出现上述情形时,R1 在处理 R3 的 proposal 消息时,会发现其所带 id 等于 idCount+2,而且自己在 VALIDATING 状态。此时,R1 能从 proposal 消息推断出,自己应该先了结 idCount+1 的申请,回到 FREE 状态,再处理 proposal 消息。这就是代码 4.4 中第 2~9 行的由来。

当 proposal 消息上附带的 id 等于 idCount+1 时,副本只有在 FREE 状态,或者 PROPOSING 状态,或者 VOTING 状态,才需要对 proposal 消息进行处理。如果副本在 PROPSING 状态,说明出现了竞争情形,此时要判断谁优先。如果 proposal 消息的发送者的标识号大于自己的标识号,那么自己竞争失败,应该由 proposer 角色变换成 acceptor 角色,同时把自己持有的所有赞成票都投给对方。该处理如第 12~18 行所示。如果竞争获胜,则给对方投反对票,如第 19~20 行所示。如果副本在 FREE 状态,则把自己的这张赞成票投给申请者,角色自然就成了 acceptor,其处理如第 22~28 行所示。

代码 4.4   函数 processProposal 的实现

```
(1)    void processProposal(Proposal * proposal)  {
(2)        if(state == VALIDATING && proposal->id == idCount + 2)  {
```

```
(3)         transaction * trx = globalQueue->getItemById(idCount + 1);
(4)         if (trx != null) {
(5)           trx->validation = TRUE;
(6)           idCount++;
(7)           state = FREE;
(8)         }
(9)      }
(10)     if (proposal->id == idCount + 1) {          //合理
(11)       if (state == PROPOSING) {                 //表明出现了竞争者
(12)         if (proposal->senderId > myselfId) {    //遇到更强的竞争者
(13)           response(proposal->senderId, VOTE, proposal->id, AGREE, agreeNum);
(14)           state = VOTING;
(15)           agreeNum = 0;
(16)           votee = proposal->senderId;
(17)           timer.restart();
(18)         }
(19)         else if (proposal->senderId < myselfId)
(20)           response(proposal->senderId, VOTE, proposal->id, DISAGREE, 0);
(21)       } // (11)
(22)       else if (state == FREE) {
(23)         response(proposal->senderId, VOTE, proposal->id, AGREE, 1);
(24)         state = VOTING;
(25)         agreeNum = 0;
(26)         votee = proposal->senderId;
(27)         timer.restart();
(28)       }
(29)       else if (state == VOTING) {               //表明出现了竞争
(30)         if (proposal->senderId > votee) {       //此申请者比前一申请者的优先级高
(31)           response(proposal->senderId, VOTE, proposal->id, AGREE, 0);
(32)           votee = proposal->senderId;
(33)           timer.restart();
(34)         }
(35)         else if (proposal->senderId < votee)
(36)           response(proposal->senderId, VOTE, proposal->id, DISAGREE, 0);
(37)       } // (29)
(38)     } // (10)
(39)     else if (proposal->id > idCount + 1)        //自己落伍
(40)       processOutdating(proposal->senderId, proposal->id);
(41)     else if (proposal->id < idCount + 1)        //申请者落伍
(42)       response(proposal->senderId, VOTE, proposal->id, OPPOSE, idCount);
(43)     return;
(44)   } //(2)
```

如果副本在 VOTING 状态收到 proposal 消息,则表明出现了竞争情形,此时也要判断谁优先。如果 proposal 消息的发送者的标识号大于 votee,说明遇到了优先级更高的申请者,此时要更新 votee 的值。在 VOTING 状态的副本,其手中不持有赞成票,因此投出的赞成票数为 0,该处理如第 29~37 行所示。

当 proposal 消息上附带的 id 大于 idCount+1 时,说明自己因故障遗漏了 validation 消息的接收，落伍于系统状态，此时应调用 processOutdating 函数进行故障恢复，如第 39～40 行所示。当 proposal 消息上附带的 id 小于 idCount＋1 时，说明 proposal 消息的发送者遗漏了 validation 消息的接收，落伍于系统状态，这时就应将自己的 idCount 告诉 proposal 消息的发送者，让其进行故障恢复，该处理如第 41、42 行所示。

函数 processOutdating 的实现如代码 4.5 所示。首先判断自己是否处于 RECOVERING 状态。如果不是，则变迁至 RECOVERING 状态。在 RECOVERING 状态，要用到 3 个全局变量：lastRecoveryLine、fetching 和 provider。lastRecoveryLine 用来存储自己最后收到的定案 id，于是故障恢复中要从其他副本那里索取的下一个定案的 id 为 lastRecoveryLine＋1。故障恢复中，每索取到一个定案，都会更新 lastRecoveryLine。当 lastRecoveryLine 等于 idCount 时，表示故障恢复完毕。fetching 用来记录自己当前是否正在索取缺失的定案。刚进入 RECOVERING 状态，fetching 的取值自然为 FALSE。全局变量 provider 用来记录故障恢复中该从哪一个副本那里索取自己缺漏的定案。其中第 10 行的含义是向 provider 索取想要的定案。

代码 4.5 函数 processOutdating 的实现

```
(1)   void processOutdating(int senderId, int newestId)   {    //处理落伍：故障恢复
(2)     if (state != RECOVERING)   {
(3)       state = RECOVERING;
(4)       fetching = FALSE;
(5)       lastRecoveryLine = idCount;
(6)     }
(7)     idCount = newestId - 1;
(8)     provider = senderId;
(9)     if (fetching == FALSE)   {
(10)      request(provider, FETCH, lastRecoveryLine + 1, null );
(11)      fetching = TRUE;
(12)      timer->restart();
(13)    }
(14)    return;
(15)  }
```

4.2.2 对 vote 消息的处理

vote 消息是 acceptor 对 proposal 消息的响应。Proposer 收到 vote 消息后，调用 processVote 函数对其进行处理，其实现如代码 4.6 所示。对于 proposer 收到的 vote 消息，其类别记录在其成员变量 option 中，共有 4 种：①OPPOSE；②AGREE；③DISAGREE；④TRANSFER。当 vote 消息的类别为 OPPOSE 时，说明 id 申请落伍于系统状态，申请者应该执行故障恢复。对 OPPOSE 类别的处理如第 2～3 行所示。只有 vote 消息上附带的 idCount 大于自己的 idCount 时，才需处理，其原因是有可能收到多个 OPPOSE 类别的 vote 消息。当收到第一个 OPPOSE 类别的 vote 消息时，上述条件满足，副本调用 processOUTdating 函数转入故障恢复状态。对后续收到的 OPPOSE 类 vote 消息，上述条件就不满足了，无须再进行处理。

代码 4.6　函数 processVote 的实现

```
(1)   void processVote((Vote * vote)  {
(2)    if (vote->option == OPPOSE && idCount < vote->idCount))      //处理落伍
(3)       processOutdating(vote->senderId, vote->idCount);
(4)    else if(vote->id == idCount+1 && (state == PROPOSING || state == VOTING))  {
(5)      if (state == PROPOSING)  {
(6)        if (vote->option != TRANSFER)
(7)          voteNum++;
(8)        agreeNum += vote->agreeNum;
(9)        if (voteNum >= f+1 && agreeNum >= f +1 )  {
(10)         Transaction trx * = receiveQueue->pickOutItem( );
(11)         trx->id = vote->id;
(12)         trx->senderId = myselfId;
(13)         trx->validation =FALSE;
(14)         globalQueue->addItem(trx);
(15)         broadcast(DECISION, myselfId, vote->id, trx);
(16)         state = DECIDING;
(17)         voteNum = 1;
(18)         timer.restart( );
(19)       }
(20)     }
(21)     else if(state == VOTING && vote->agreeNum> 0)
(22)       response(votee, VOTE, vote->id, TRANSFER, vote->agreeNum );
(23)   }  //(11)
(24)   return;
(25) }
```

vote 消息是对 proposal 消息的响应,这种对应性通过附带的 id 表达。因此,对于其他 3 种类别的 vote 消息,只有在其附带的 id 等于自己的 idCount+1,而且自己在 PROPOSING 状态或者 VOTING 状态时,才需对其执行处理,否则将其忽略。这种处理如第 4～23 行所示。收到 vote 消息时,副本可能在 VOTING 状态,其原因是:副本原本是 proposer,后因竞争失败而变成了 acceptor,于是就在 VOTING 状态。如果是这种情况,而且 vote 消息上附带了赞成票(即其成员变量 agreeNum 大于 0),就应该将赞成票转交给竞争的胜出者,这种处理如第 21～22 行所示。

如果副本状态为 PROPOSING,则累计投票数和赞成票数。TRANSFER 类别的 vote 消息不是投票,而是中转赞成票,因此不要将其记入投票中,只需记入赞成票中,这就是第 6～8 行的由来。注意:对于 DISAGREE 类别的票,其 agreeNum 肯定为 0。对于 AGREE 类别的票,其 agreeNum 可能为 0,也可能为 1,因此赞成票的统计可写成第 8 行所示方式。如果接收的投票数和得到的赞成票数都达到了 $f+1$,则表示 id 申请成功。于是广播一个 decision 消息,并且状态变迁至 DECIDING。这种处理如第 9～19 行所示。第 24 行对 voteNum 赋值为 1,其用意是:随后用该变量对收到的 ack 消息进行计数。

4.2.3　对 decision 以及 ack 和 validation 消息的处理

proposer 申请 id 成功之后,给系统中其他副本广播 decision 消息。其他副本收到

decision 消息之后,调用 processDecision 函数对其进行处理。该函数的实现如代码 4.7 所示。正常情形下,是将消息附带的事务放入自己的 globalQueue 中,将自己的状态变迁为 VALIDATING,然后回应一个 ack 消息。这种处理如第 2~10 行所示。在有故障情形下,正常副本可能收到多个 decision 消息。例如,proposer 在广播 decision 消息的过程中发生故障,导致仅一部分副本收到了 decision 消息。其结局是:收到 decision 消息的副本在 VALIDATING 状态超时,随后广播 decision 消息。于是一个副本有可能收到多个 decision 消息。每次收到 decision 消息时,只要自己不在 RECOVERING 状态,便回复一个 ack 消息,如第 9 行所示。

代码 4.7 函数 processDecision 的实现

```
(1)   void processDecision(Decision * decision)   {
(2)    if ( decision->id == idCount + 1 && decision->senderId != myselfId)   {
(3)      if (state == FREE||state==PROPOSING||state==VOTING||state==
           EXPIRING))   {
(4)        globalQueue->addItem(decision->transaction);
(5)        state = VALIDATING;
(6)        timer->restart();
(7)      }
(8)      if (state != RECOVERING)
(9)        response(decision->senderId, ACK, decision->id);
(10)   }
(11)   else if (decision->id > idCount + 1)         //自己落伍
(12)     processOutdating(decision->senderId,decision->id);
(13)   return;
(14) }
```

对于收到的 decision 消息,如果其附带的 id 大于自己的 idCount+1,说明自己因故障漏掉了定案消息的接收,这时就应转入故障恢复状态,其处理如第 11~12 行所示。不像 proposal 消息,decision 消息附带的 id 不可能小于自己的 idCount+1。其原因是:proposal 消息附带的 id 是申请者自己的 idCount+1 值,而 decision 消息则是在系统取得共识后才发出的消息,附带的 id 是全局信息。

Proposer 在广播 decision 消息之后,便在 DECIDING 状态等待 ack 消息,并对其进行统计。对 ack 消息的处理如代码 4.8 所示。当收到的 ack 消息达到 $f+1$ 个时,便广播 validation 消息,然后回到 FREE 状态。一旦回到 FREE 状态,便要检查 receiveQueue 是否为空。如果不为空,就启动下一个全局 id 的申请。回到 FREE 状态之后,要将定时器关闭,如第 8 行所示。其原因是在 FREE 状态没有超时概念。

代码 4.8 函数 processAck 的实现

```
(1)   void processAck(Ack * ack)   {
(2)    if (state == DECIDING && ack->id == idCount + 1)   {
(3)      voteNum ++;
(4)      if (voteNum == f+1)   {
(5)        Transaction * trx = globalQueue->getItemById(ack->id);
(6)        trx->validation = TRUE;
```

```
(7)            broadcast(VALIDATION, myselfId, ack->id, trx);
(8)            timer->stop();
(9)            idCount ++;
(10)           state = FREE;
(11)           if ( not receiveQueue->isEmpty())
(12)              startupConsensus();
(13)       }
(14)    }
(15)    return;
(16) }
```

Acceptor 收到 decision 消息之后,便在 VALIDATING 状态等待 validation 消息。对 validation 消息的处理如代码 4.9 所示。注意:proposer 广播 validation 消息时,再次把事务带上,是为了方便那些没有收到 decision 消息的副本。例如,当网络出现暂时性故障时,可能导致某个或某些副本没有收到 decision 消息,但收到了 validation 消息。另外,前面收到的 decision 消息与后面收到的 validation 消息可能不一致。例如,假设 proposer 在广播 decision 消息的过程中发生网络故障,导致最大分区中没有一个副本收到 decision 消息。随后最大分区发生等待超时,了结当前 id 申请。对于了结中的 validation 消息,其事务为 null,这时就出现了 validation 与 decision 不一致的情形,这就是第 5、6 行的由来。

对于 validation 消息,只有副本不在 RECOVERING 状态时,才将其附带的定案放入 globalQueue 中。如果处于 RECOVERING 状态,则只对 idCount 更新,如第 3 行所示。故障恢复中,会依次索取缺失的定案。这种处理带来的好处是,globalQueue 中的定案依次排列,中间不会出现空缺情形。另外,收到 validation 消息时,其附带的 id 也有可能大于自己的 idCount+1。这种情形是故障所致。副本应转入故障恢复状态,如第 13、14 行所示。

代码 4.9　函数 processValidation 的实现

```
(1)  void processValidation( Validation * validation)   {
(2)    if (validation->id == idCount + 1 && validation->senderId != myselfId)
(3)       idCount ++;
(4)       if (state != RECOVERING)   {
(5)          globalQueue->deleteItemById(validation->id);
(6)          globalQueue->addItem(validation->trx);
(7)          timer->stop( );
(8)          state = FREE;
(9)          if (not receiveQueue->isEmpty())
(10)            startupConsensus();
(11)      }
(12)   }
(13)   else if (validation->id > idCount + 1)        //自己落伍
(14)      processOutdating(validation->senderId, validation->id + 1);
(15)   return;
(16) }
```

4.2.4　对 termination 消息和 outcome 消息的处理

如果副本在 PROPOSING 状态超时,说明要么自己不在最大分区中,要么赞成票被故障吞噬了。如果副本在 VOTING 状态超时,则有 3 种可能:①自己不在最大分区中,收不到 decision 消息;②proposer 出现故障,没有发出 decision 消息;③proposer 因收不到足够的赞成票,而发不出 decision 消息。总之,在 PROPOSING 状态或者 VOTING 状态超时,都看不到 decision 消息。于是就广播 termination 消息,其动机是了结当前 id 申请。当一个副本收到 termination 消息时,调用 processTermination 函数对其处理,其实现如代码 4.10 所示。未收到 decision 消息的状态有 FREE、PROPOSING、VOTING 以及 EXPIRING,因此在这些状态时,对 termination 消息回复一个 outcome 消息,其选项为 AGREE,如第 3~6 行所示。

如果是在 VALIDATING 状态收到 termination 消息,意味着自己在此之前已经收到 decision 消息,但 termination 消息的发送者没有收到。这表明 proposer 在发送 decision 消息的过程中发生了故障,因此应顶替 proposer 广播 decision 消息,这就是第 7~14 行的由来。可能出现多个副本同时超时,因此一个副本可能收到多个 termination 消息。当收到第一个 termination 消息时,状态由 VALIDATING 变成 DECIDING。因此,如果是在 DECIDING 状态收到 termination 消息,只回复一个选项为 OPPOSE 的 outcome 消息即可,如第 15~16 行所示。

对于 termination 消息的发送者,广播 termination 消息之后,会收到 outcome 消息。对 outcome 消息的处理如代码 4.11 所示。outcome 消息上附带的 option 值只有两种:①AGREE;②OPPOSE。如果是 OPPOSE,将自己的状态变为 VOTING 即可,因为随之而来的消息将会是 decision。如果是 AGREE,则用变量 voteNum 对其进行计数。当再次超时,如果还是在 EXPIRING 状态,而且 voteNum 值大于或等于 $f+1$,则表明自己是在最大分区中,而且没有副本收到 decision 消息,于是共识达成:将与 id 关联的事务设置成 null。

代码 4.10　函数 processTermination 的实现

```
(1)    void processTermination(Termination * termination ) {
(2)      if( termination->id == idCount +1 )   {
(3)        if (state == FREE || state == PROPOSING || state == VOTING || state ==
           EXPIRING) {
(4)          response(termination->senderId, OUTCOME, termination->id, AGREE);
(5)          timer->restart();
(6)        }
(7)        else if (state == VALIDATING)   {
(8)          response(termination->senderId, OUTCOME, termination->id, OPPOSE);
(9)          Transaction * trx = globalqueue->getItemById(termination->id);
(10)         broadcast(DECISION, myselfId, termination->id, trx);
(11)         voteNum = 1;
(12)         state = DECIDING;
(13)         timer->restart();
(14)       }
(15)       else if (state == DECIDING)
(16)         response(termination->senderId, OUTCOME, termination->id, OPPOSE);
(17)     }
(18)     return;
(19)   }
```

代码 4.11　函数 processOutcome 的实现

```
(1)  void processOutcome(Outcome * outcome)  {
(2)    if (outcome->id == idCount +1 && state == EXPIRING)  {
(3)      if (outcome->option == AGREE)
(4)        voteNum ++;
(5)      else  {
(6)        state = VOTING;
(7)        timer->restart();
(8)      }
(9)    }
(10)   return;
(11) }
```

4.2.5　对 timeout 消息的处理

timeout 消息不是来自某个副本，而是来自定时器。副本共有 7 个状态：FREE、PROPOSING、VOTING、DECIDING、VALIDATING，以及 EXPIRING 和 RECOVERING。除 FREE 状态外，其他状态都有时限概念。时限用定时器 timer 计时。一旦超时，定时器就会送来一个 timeout 消息。对 timeout 消息的处理如代码 4.12 所示。如果副本是在 PROPOSING 或者 VOTING 状态超时，所做处理就是将状态变为 EXPIRING，然后给系统中其他副本广播 termination 消息，如第 2～7 行所示。如果是在 EXPIRING 状态超时，则要看收到的赞成票是否大于或等于 $f+1$。如果是，则表示共识达成，于是广播 decision 消息，如第 8～15 行所示。其中第 9 行是构造一个内容为空的事务，其 id 值为 idCount＋1，validation 值为 FALSE。

代码 4.12　函数 processTimeout 的实现

```
(1)  void processTimeout( )  {
(2)    if (state == PROPOSING || state == VOTING)  {
(3)      broadcast(TERMINATION, myselfId, idCount + 1);
(4)      state = EXPIRING;
(5)      voteNum = 1;
(6)      timer->restart( );
(7)    }
(8)    else if (state == EXPIRING && voteNum >= f+1)  {
(9)      Transaction trx * = new Transaction( null, idCount+1, FALSE);
(10)     globalQueue->addItem(trx);
(11)     broadcast(DECISION, myselfId, idCount + 1, trx);
(12)     voteNum = 1;
(13)     state = DECIDING;
(14)     timer->restart( );
(15)   }
(16)   else if (state == VALIDATING)  {
(20)     Transaction * trx = globalqueue->getItemById(idCount +1);
(17)     broadcast(DECISION, myselfId, idCount + 1, trx);
(18)     voteNum = 1;
```

```
(19)        state = DECIDING;
(20)        timer->restart();
(21)    }
(22)    else if ((state == EXPIRING && voteNum < f+1) || state == DECIDING) {
(23)        state = RECOVERING;
(24)        lastRecoveryLine = idCount;
(25)        fetching = FALSE;
(26)        timer->restart();
(27)    }
(28)    else if (state == RECOVERING)  {
(29)        broadcast(RECOVERY, myselfId, lastRecoveryLine);
(30)        voteNum = 1;
(31)        fetching = FALSE;
(32)        timer->restart();
(33)    }
(34)    return;
(35) }
```

如果一个副本在 VALIDATING 状态超时，则表明 proposer 发生了故障或者不在最大分区中，使得自己收不到 validation 消息，因此应顶替 proposer 完成剩下的工作，如第 16～21 行所示。首先广播 decision 消息，其意图是使未收到 decision 消息的副本能收到它。随后当收到的 ack 消息达到 $f+1$ 个时，再广播 validation 消息，于是就了结了当前 id 的申请。

副本在 EXPIRING 状态期间，只要收到 option 值为 OPPOSE 的 outcome 消息，便会变迁到 VOTING 状态。因此，在 EXPIRING 状态超时，说明已收到的 outcome 消息，其 option 值全为 AGREE。AGREE 类别的 outcome 消息数少于 $f+1$ 时，表明自己因网络故障不在最大分区中。不在最大分区中的副本因收不到定案消息，便会落伍于系统状态，因此应转入故障恢复状态，这种处理如第 22～27 行所示。当一个副本在 DECIDING 状态超时，是因为收不到足够的 ack 消息。于是可推断自己不在最大分区中，也应执行第 22～27 行所示代码。这两种情形都会使副本变迁至 RECOVERING 状态，如第 23 行所示。

副本变迁至 RECOVERING 状态，有两种情形：第一种情形如上所述，是副本充当 proposer 角色，因收不到足够的响应消息，推断出自己因网络故障不在最大分区中。在这种情形下，一旦在 RECOVERING 状态超时，就应尝试广播 recovery 消息，主动试探网络故障是否已经解除。这种处理如第 28～33 行所示。另一种情形是：副本充当 acceptor 角色，收到 proposal 消息，或者 decision 消息，或者 validation 消息，发现其附带的 id 大于自己的 idCount+1。这种情形表明自己因故障缺失了定案消息的接收。这时如果自己不在 RECOVERING 状态，则应变迁至 RECOVERING 状态，并且向上述消息的发送者索取缺失的定案消息。这种处理放在 processOutdating 函数的实现中，如代码 4.5 所示。

4.2.6 对 recovery 和 progress 消息的处理

副本在 RECOVERING 状态超时，便会给系统中其他副本广播一个 recovery 消息。对于其他副本来说，一旦收到 recovery 消息，便调用 processRecovery 函数对其处理。该函数的实现如代码 4.13 所示。处理很简单，就是响应一个 progress 消息，并附带自己的 idCount 值。

代码 4.13　函数 processRecovery 的实现

```
(1)  void processRecovery(Recovery * recovery)  {
(2)    if (recovery->senderId != myselfId)
(3)        response(recovery->senderId, PROGRESS, idCount);
(4)    return;
(5)  }
```

在 RECOVERING 状态的副本广播 recovery 消息之后,便会收到响应消息 progress。对 progress 消息的处理如代码 4.14 所示。首先对 progress 消息计数,并存于全局变量 voteNum 中。计数的用意是确定自己是否在最大分区中。只有自己在最大分区中,才有可能完成故障恢复,重新成为一个正常副本。另外,对收到的 progress 消息,也应检查其附带的 idCount 值是否大于自己的 idCount 值。如果是,说明自己缺失了定案消息的接收,应该对自己的 idCount 进行更新,同时也应更新 provider 值,这种处理如第 6～9 行所示。

代码 4.14　函数 processProgress 的实现

```
(1)  void processProgress(Progress * progress)  {
(2)    if (state == RECOVERING)  {
(3)      voteNum ++;
(4)      if ( progress->idCount > lastRecoveryLine )
(5)        provider = progress->senderId;
(6)      if ( progress->idCount > idCount )  {
(7)        idCount = progress->idCount;
(8)        provider = progress->senderId;
(9)      }
(10)     if ( voteNum == f+1 )  {
(11)       if (lastRecoveryLine == idCount)  {
(12)         timer->stop();
(13)         state = FREE;
(14)         receiveQueue->clear();
(15)       }
(16)       else if (lastRecoveryLine < idCount && fetching == FALSE)  {
(17)         request(provider, FETCH, lastRecoveryLine + 1);
(18)         fetching = TRUE;
(19)         timer->restart();
(20)       }
(21)     }
(22)   }
(23)   return;
(24) }
```

对收到的 progress 消息,如果数量达到 $f+1$ 个,说明自己在最大分区中,此时如果 lastRecoveryLine 值等于 idCount 值,说明并未缺失定案的接收。于是故障恢复完毕,变迁到 FREE 状态,如第 11～15 行所示。故障恢复后,应该把 receiveQueue 中的事务全部清除,如第 14 行所示,其原因是:这些事务因故障失去了时效性。此时的客户端也应该出现了等待超时。如果 lastRecoveryLine 值小于 idCount 值,说明自己缺失了定案的接收,应该向 provider 索取,这种处理如第 16～20 行所示。

4.2.7 对 fetch 和 item 消息的处理

当在 RECOVERING 状态的副本发现自己缺失定案的接收时,会向 provider 发送 fetch 消息,请求指定的定案。因此,当副本收到 fetch 消息时,便调用 processFetch 函数对其处理,其实现如代码 4.15 所示。处理很简单,就是响应一个 item 消息,附带请求者所需的定案。具体来说,就是基于 fetch 消息上附带的 id,从 globalQueue 中查找出对应的事务,如第 2 行所示。

代码 4.15　函数 processFetch 的实现

```
(1)  void processFetch(Fetch * fetch) {
(2)    Transaction * trx = globalQueue->getItemById(fetch->id);
(3)    response(fetch->senderId, ITEM, fetch->id, trx);
(4)    return;
(5)  }
```

在 RECOVERING 状态的副本一旦收到 item 消息,便调用 processItem 函数对其处理,其实现如代码 4.16 所示。所做工作就是将消息上附带的定案放入 globalQueue 中,然后检查是否恢复完毕。如果恢复完毕,就变迁至 FREE 状态,如第 5~9 行所示,否则继续索取下一个缺失的定案。

代码 4.16　函数 processItem 的实现

```
(1)  void processItem(Item * item) {
(2)    if (state == RECOVERING && item->id == lastRecoveryLine + 1) {
(3)      globalQueue->deleteItemById(item->id);
(4)      globalQueue->addItem(item->trx);
(5)      if (lastRecoveryLine +1 == idCount) {
(6)        timer->stop();
(7)        state = FREE;
(8)        receiveQueue->clear();
(9)      }
(10)     else {
(11)       lastRecoveryLine++;
(12)       request(provider, FETCH, lastRecoveryLine + 1);
(13)       timer->restart();
(14)     }
(15)   }
(16)   return;
(17) }
```

副本发出一个 fetch 请求后,有可能因为定案的提供者出现故障,而接收不到响应消息 item,于是便会在 RECOVERING 状态出现超时。一旦超时,副本又会广播 recovery 消息,以便重新找一个定案的提供者,然后向其索取自己缺失的定案,这种处理如代码 4.12 中第 28~33 行,以及代码 4.14 行中第 4~9 行所示。

4.2.8 实现的特性分析

副本总是处于 7 个状态中的某一个状态,且只有在 FREE 状态时才无时限概念。当一个副本因网络故障不在最大分区中,只要它不在 FREE 状态,总会收到超时消息 timeout,而且回不到 FREE 状态。如果是在 PROPOSING 状态或者 VOTING 状态超时,则变迁至 EXPIRING 状态。在 EXPIRING 状态超时,会因收不到 $f+1$ 个 outcome 消息,而变迁至 RECOVERING 状态。如果是在 VALIDATING 状态超时,则会变迁到 DECIDING 状态。在 DECIDING 状态,则会因收不到 $f+1$ 个 ack 消息而超时,变迁至 RECOVERING 状态。在 RECOVERING 状态,则会因收不到 $f+1$ 个 progress 消息而陷入超时循环。

最大分区不会因为系统故障而出现阻塞情形。如果因故障导致最大分区中没有收到 decision 消息时,最大分区中的副本会在 PROPOSING 状态或者 VOTING 状态超时,变迁至 EXPIRING 状态。在 EXPIRING 状态超时,则会因为能收到 $f+1$ 个 outcome 消息,变迁至 DECIDING 状态,或者随后收到 decision 消息而变迁至 VALIDATING 。在 DECIDING 状态,则因为能收到 $f+1$ 个 ack 消息,会变迁至 FREE 状态。在 VALIDATING 状态,则因为能收到 validation 消息,会变迁至 FREE 状态。

一个副本在故障排除之后,一定能完成故障恢复,重新成为最大分区中的一个正常副本。如果是副本故障,那么它在故障排除之后会重启。重启之后做的第一件事就是在 RECOVERING 状态广播 recovery 消息。如果是网络故障,那么副本会在 RECOVERING 状态不断超时,不断广播 recovery 消息。广播 recovery 消息之后,首先收到的 $f+1$ 个 progress 消息中,必定至少有一个来自最大分区。因此,在收到 $f+1$ 个 progress 消息之后,便能使得自己的 idCount 恢复至系统最新状态。在随后索取定案的过程中,可能因定案的提供者发生故障,导致定案索取超时。一旦超时,副本会再次广播 recovery 消息,重新找一个定案的提供者,因此总能完成定案的索取。故障恢复完毕的标志是副本状态由 RECOVERING 变迁至 FREE。

4.3 实用拜占庭容错协议

实用拜占庭容错协议简称 PBFT 协议。PBFT 是 Practical Byzantine Fault Tolerance 的缩写。在上述 Paxos 协议中,当一个副本申请到一个全局唯一 id 之后,就将其连同其值(即事务)以 decision 消息形式广播给其他副本,以此取得系统的一致性。在诸如比特币这样的系统中,任何企业都可加盟,往系统中添加副本。就系统对外提供服务而言,在超过半数的副本能相互通信且正常工作的前提下,Paxos 协议能使每个副本可有可无。Paxos 协议取得的系统一致性,有一个前提条件,那就是副本不作恶。如果副本作恶,系统一致性便是一纸空文。例如,副本 R 在广播 decision 消息时,给副本 R1 传送的 id 值为事务 T_1,给副本 R2 传送的 id 值为事务 T_2,那么系统一致性就荡然无存。

在 Paxos 协议框架下,即使系统中有一个或者多个作恶的副本,也无法破坏系统的一致性。能不能做到这一点? 如何做到这一点? 这就是 PBFT 协议要回答的问题。副本作恶具有可行性。例如,像比特币这样的去中心化系统,任何企业都可加盟,往系统中增加副本。副本运行的程序开源,因此企业可修改程序,加入恶意代码,然后让自己拥有的副本来运行它。举例来说，Paxos 协议中，原本规定每个副本对于一个 id，有且仅有一张赞成票。企业可修改程序，对每个收到的 proposal 都投赞成票，恶意捣乱系统规则。在原有协议中，proposer 通过 decision 消息传给每个副本的 id 值（即事务）都相同。企业可修改程序，给不同副本传送不同的事务，有意破坏系统中副本的一致性。

在副本可能作恶的情形下，去中心化系统中的副本分为两类：①正常副本；②故障副本。正常副本不会作恶，且能正常履行协议所规定的工作。故障副本也叫拜占庭副本，既包括因故障而不工作的副本，也包括能工作但作恶的副本。作恶故障也被称作拜占庭故障。在 PBFT 协议中，当系统中副本数为 $3f+1$ 时，能够容忍的故障副本数最多为 f 个。也就是说，即使有作恶副本，只要其数量不超过 f 个，系统不会因为故障副本的捣乱而出现不一致情形，依旧能正常提供服务。这里的一致是指正常副本的一致。

在 PBFT 协议中，副本作恶，其用意是捣乱系统的一致性。副本不受理客户的事务请求，并不能达到捣乱系统的目的。假定客户通过副本 R 访问系统，如果 R 不接受其事务请求，那么客户就不能从其那里得到响应结果。这时客户会认为 R 出现了故障，于是会选择其他副本再访问系统。副本也不能通过篡改客户的事务请求捣乱系统。因为客户在发送事务请求之前，使用了私钥对其加密。非对称加密技术能使事务请求具有不可篡改性。副本可以不按事务请求到达的先后顺序依次分配 id。这种操作只会破坏系统服务的公平性，并不能破坏系统的一致性。副本可以错误地处理一个事务。这也不能破坏系统的一致性。因为其处理结果和其他正常副本处理的结果不一致，不会得到客户和正常副本的认可。

Paxos 协议中，每个副本对于一个 id，有且仅有一张赞成票。对于该规则，副本作恶有两种方式：①不投自己的赞成票；②到处乱投赞成票。为此，在 PBFT 协议中，当一个副本申请 id 时，要求获得的赞成票数不再是超过 1/2，而是要求超过 2/3。因为增加了作恶故障，所以门槛也提高了。作恶副本不投赞成票，相当于发生了不工作故障。Paxos 协议已考虑了该情形。作恶副本重复乱投赞成票，即给 2 个呈竞争关系的 proposer 都投赞成票时，那么这 2 个竞争的 proposer 一共获得的赞成票数最多为 $4f+1$。其中 $3f+1$ 张来自一人一票，另外的 f 张来自 f 个故障副本的重复投票。赞成票数最多为 $4f+1$ 时，不可能出现两个竞争的 proposer 都能得到 $2f+1$ 张赞成票的情形，这就是要求获得的赞成票达 $2f+1$ 的由来。

在 PBFT 协议中，acceptor 对收到的 decision 消息要进行合法性验证，以防 proposer 作恶，这就要求 proposer 在广播 decision 消息时，额外附带上其所获得的 $2f+1$ 张赞成票。为了验证一人一票，副本在投票时，要对自己投出的赞成票使用私钥加密，以防被别的副本篡改。使用私钥加密后的赞成票，也叫签名赞成票。acceptor 一旦收到来自 proposer 的 decision 消息，就对其附带的 $2f+1$ 张赞成票逐一进行检查，确保其正确且无重复票。检查方法是：对每张签名赞成票，使用签发者的公钥进行解密，得到投票者的标识号和所投的 id 值。只有在确认每张赞成票都合法且无重复票时，才认定该 decision 消息合法。

proposer 作恶的另一手段是为申请到的全局唯一 id 分配不同的值，即不同的事务。假设作恶副本 R 申请到全局唯一 id 为 9。它给系统其他 3 个正常副本 R1、R2 和 R3 广播 decision 消息时，传送的 id 值分别为事务 T_1、T_2 和 T_3，这就造成了正常副本 R1、R2 和 R3 彼此不一致。为了使正常副本能甄别这种不一致，PBFT 协议要求：proposer 在广播 decision 消息时，对其内容（即 id 及其值）用私钥加密，形成签名 decision。然后加上获得的签名赞成票,广播给系统中的其他副本。收到 decision 消息的 acceptor 副本,给 proposer 响应一个 ack 消息。ack 消息的内容是:使用自己的私钥对收到的签名 decision 再签名。当 proposer 收到 $2f+1$ 个 ack 消息后,便广播 validation 消息。validation 消息附带所收到的 $2f+1$ 个 ack。

  proposer 对 decision 内容签名,其用意是:将其发给 acceptor 之后,acceptor 无法对其篡改。acceptor 对收到的签名 decision 再签名,其目的是:将其发给 proposer 之后,proposer 无法对其篡改。于是,当 acceptor 收到 validation 消息之后,就知道了 proposer 发给 $2f+1$ 个 acceptor 的 decision 内容。这就迫使 proposer 在广播 decision 消息时,不能随意给不同的 acceptor 设置不同的 id 值,否则在广播 validation 消息之后,它的这种恶意行为就会被 acceptor 知晓。对于 validation 消息上附带的 $2f+1$ 个 ack,acceptor 分别先用 ack 发送者的公钥对其解密,得到签名 decision,再使用 proposer 的公钥对签名 decision 解密,得到 decision 内容。如果 $2f+1$ 个 decision 内容都相同,就接受 validation 消息,否则拒绝它。

  对于副本数为 $3f+1$ 的系统,proposer 附带在 validation 消息上的 ack 数量,PBFT 协议要求超过 2/3(即 $2f+1$ 个),而不是超过 1/2。现举例说明该条件的必要性。为了表述方便,将 $2f+1$ 个正常副本分为 A 和 B 两组,其中 A 组有 $f+1$ 个正常副本,B 组有 f 个正常副本。proposer 为故障副本,广播 decision 消息时,给 A 组传的 id 值为事务 T_1,给 B 组和另外 $f-1$ 个故障副本传的 id 值为事务 T_2。由于 B 组加 f 个故障副本的数量超过了半数,因此 proposer 在广播 validation 消息时,可以故意只选择 B 组和 $f-1$ 个故障副本的 ack 消息,而且故意把 validation 消息只广播给 B 组和 $f-1$ 个故障副本。于是 B 组和 f 个故障副本就接受了 proposer 的 validation 消息,其 id 值为 T_2。

  随后,A 组的正常副本会出现等待 validation 消息超时,于是断定 proposer 出现了故障,代替 proposer 广播 decision。这时的 id 值为 T_1。A 组和 f 个故障副本加起来也超过了半数。这时假定 f 个故障副本都作恶,也都响应 ack 消息。假定在收到来自 B 组的响应之前,来自 A 组和 f 个故障副本的 ack 消息超过了半数,那么又会形成一个新的 validation 消息,其 id 值为 T_1,并被 A 组接受,这就导致 A 组和 B 组不一致。如果 ack 数量要求为 $2f+1$,那么 B 组加 f 个故障副本的数量就不够 $2f+1$,没法形成 validation 消息。

  对于上述情形,现举例说明。假设 f 等于 1,proposer 为故障副本 R,广播 decision 消息时,给正常副本 R1、R2 和 R3 传递的 id 值分别为事务 T_1、T_1 和 T_2。广播 validation 消息时,只发给 R1 和 R2,附带的 $2f+1$ 个(即 3 个)ack 分别来自 R、R1 和 R2。于是 validation 合法,被 R1 和 R2 接受。随后,R3 等待 validation 消息超时,顶替 proposer 广播 decision 消息,这时的 id 值为事务 T_2。副本 R 尽管已接受了 validation,但它作恶,给 R3 响应一个 ack 消息。这时 R3 只能得到 2 个 ack,分别来自 R 和 R3 自己,达不到 $2f+1$ 个,无法形成新的 validation。对 R3 的 decision,R1 和 R2 都会响应一个 validation 消息。因为 R1 和 R2 发来的 validation 消息合法,所以 R3 会接受。该情形下,尽管 R 作恶 3 次,但正常副本 R1、R2 和 R3 依旧保持了一致性。

  思考题 4-1:上述举例中,R 作恶 3 次,具体指哪 3 次作恶?

  由此可知,在 PBFT 协议中,系统中的每个客户,以及每个副本都有自己的私钥,用于签名。每个副本都存有每个客户以及其他副本的公钥。客户对自己的事务请求要用私钥签名,副本对自己投出的赞成票以及 ack 消息也都要用私钥签名,以防故障副本对其篡改。另外,proposer 广播 decision 消息时,要附带所获得的 $2f+1$ 个签名赞成票;广播 validation 消息时,要附带所获得的 $2f+1$ 个签名 ack。附带这些内容的目的是便于 acceptor 对其进行合法性验证。

解决了一致性之后,事务会被每个副本执行。最后一个问题是如何给客户返回执行结果。每个副本把事务的执行结果,使用私钥签名,得到签名 reply,以防 proposer 对其篡改。然后将签名 reply 作为对 validation 消息的响应结果发送给 proposer。proposer 收到签名 reply 之后,使用签发者的公钥对其解密,得到执行结果。一旦收到 $f+1$ 个相同的 reply,proposer 就将其连同 $f+1$ 个签名 reply 发送给客户。至此,整个事务处理完毕。这个过程的处理,proposer 无法作恶。因为一旦作恶,就被客户知晓。假设 proposer 不给客户发送 reply,就会导致客户超时。客户一旦超时,就会通过其他副本查询事务请求的最终结局。$f+1$ 个签名 reply 表明其中至少一个来自正常副本。$f+1$ 个 reply 都相同,说明 reply 正确。

由上分析可知,PBFT 协议是在 Paxos 协议的基础上增加了验证功能,以防作恶的副本不遵守协议,捣乱系统。PBFT 协议使得作恶副本无法捣乱系统的一致性,即容拜占庭故障。在 PBFT 协议中,处理一个客户的事务请求涉及 3 趟消息交互,如图 4.9 所示。PBFT 协议对 Paxos 协议的增强体现在如下 6 点:①acceptor 在对 proposal 投赞成票时,要对赞成票签名;②acceptor 对 decision 消息回复 ack 时,要对收到的 decision 签名;③proposer 广播 decision 消息时,要附带 $2f+1$ 个签名的赞成票;④proposer 广播 validation 消息时,要附带 $2f+1$ 个签名的 ack;⑤acceptor 在给 proposer 回复处理结果时,要对处理结果(reply)签名;⑥proposer 给客户回复响应结果时,要接收 $f+1$ 个相同的 reply,给客户回复 $f+1$ 个签名 reply。

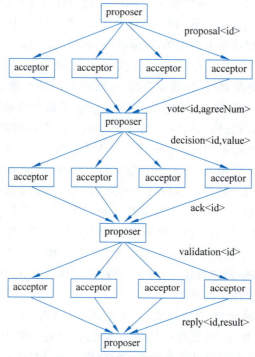

图 4.9　PBFT 协议中副本的交互过程

4.4　PBFT 协议的实现

4.3 节所述 PBFT 协议使用私钥签名方法,其目的有 2 个:①使得恶意副本无法篡改;②迫使恶意副本不得不遵守协议。这种方法带来的好处是:只需对 Paxos 协议做增强处理就实现了 PBFT 协议。不过,使用私钥加密和使用公钥解密的计算开销都非常大,当要加密的数据量大时尤为如此。签名要解决的问题其实也可通过广播解决。例如,对 proposal 投赞成票时,不再是只给 proposer 发送一个 vote 消息,而是把 vote 消息广播给系统中的每个副本。于是每个副本都知道每张赞成票的去向。这同样可以迫使恶意副本不得不遵守协议,也无法篡改。同理,对 decision 回复 ack 时,不再是只给 proposer 发送一个 ack 消息,而是把 ack 内容广播给系统中的每个副本。于是每个副本都知道了 proposer 发给每个副本的 decision 内容。

为了防止客户的事务请求被 proposer 篡改,客户可把事务请求发送给 $f+1$ 个副本。为了使系统中的正常副本能收到未被篡改的事务请求,可要求收到客户事务请求的这 $f+1$ 个副本在投赞成票时,将事务带上,广播给系统中的其他副本。于是每个副本都能收到 $f+1$ 个 id 值。这 $f+1$ 个 id 值中至少一个来自正常副本,未被篡改。每个副本对自己接收的这 $f+1$ 个 id 值,检查其是否都相同。只有全相同时,才接受该 id 值,否则就拒绝该 id 值,这就确保了事务请求能不被篡改地到达每个正常副本。这也迫使恶意副本不敢篡改客户的事务请求。一旦篡改,便被其他副本发现。

上述方法有一个前提条件:副本收到一个 proposal 消息时,要知道自己已从客户那里收到了 id 值,为此给事务增加一个 index 属性。index 属性值能在全局标识事务请求,其中包含客户 id 和时间戳。由客户负责给事务的 index 属性赋值。另外,proposer 广播 proposal 消息时,要附带事务的 index 值。当副本收到一个 proposal 消息时,如果能投赞成票,就要基于 proposal 上附带的 index 值到自己的 receiveQueue 中查找,看是否有该 index 值的事务,如果有,就要把该事务附带在赞成票上,再广播 vote 消息。

事务的 index 属性值除上述用途外,还能用来解决另一问题。客户提交事务请求之后,如果未得到响应结果,或者发现响应结果不一致时,会通过其他副本再访问系统,查询事务的最终结局。此时客户要能出示事务标识信息。事务的 index 属性值由客户指定,客户自然知道。因此,事务的 index 属性值还可作为事务的标识信息,被客户用来访问系统,查询事务的最终结局。

为了防止事务的执行结果被恶意副本篡改,可要求收到客户事务请求的这 $f+1$ 个副本都把自己的执行结果返回给客户,以便客户验证执行结果未被篡改。这 $f+1$ 个返回的执行结果中,至少一个来自正常副本,其执行结果正确。客户检查这 $f+1$ 个返回结果,如果出现不全相同的情形,便知有拜占庭故障。这种处理既能确保执行结果不被篡改,又能迫使恶意副本不敢作恶。因为一旦作恶,便被客户检测出来。

PBFT 协议中基于消息广播的防篡改实现如图 4.10 所示。该例中的系统由 4 个副本 R1、R2、R3 和 R4 构成,因此 f 值为 1。客户把事务请求发送给 2 个副本。图中的 R2 对 proposal 投赞成票时,广播的 vote 中包含了 id 值,即事务请求的内容。由于 proposal 消息上附带了 id 值,加上 vote 消息是广播给系统中的其他副本,因此每个副本只要自己收到了

$2f+1$ 张赞成票,并且收到了 $f+1$ 个相同的 id 值,就可得出 decision,然后广播 ack 消息。由于 ack 消息采用了广播方式,因此每个副本只要自己收到了 $2f+1$ 个 ack 消息,就可得出 validation。由此可知,当 vote 和 ack 采用广播方式之后,就省去了 decision 消息和 validation 消息的广播和接收。

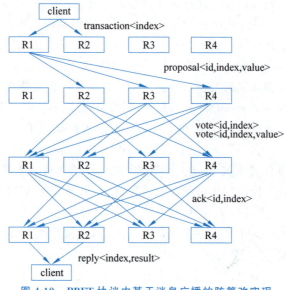

图 4.10　PBFT 协议中基于消息广播的防篡改实现

4.5　本章小结

中心化系统由单一服务提供方掌控。客户基于对服务提供方的信任使用其服务系统。数据的维护由服务提供方负责。数据的正确性,以及服务的公平性都以客户信任服务提供方作为前提。另外,服务由单点提供,一旦出现单点故障,服务对客户不可用。与其相对,去中心化系统不再由单个节点构成,而是由多个副本构成。不同的副本归属不同的服务提供方。去中心化系统相比于中心化系统,有 3 个新特质:①任何事情不再由单一的服务提供方说了算,而是由多个服务提供方共同商议决定;②在正常副本超过半数的前提下,任何一个副本(或者说任何一个服务提供方)对于服务的提供而言不再是必不可少,而是可有可无;③系统中即使存在恶意副本,想通过捣乱破坏系统一致性,也不会得逞。

在 Paxos 协议中,只要正常副本超过半数,那么任何故障都不会阻塞系统的正常服务。在 PBFT 协议中,由 $3f+1$ 个副本构成的系统,即使拜占庭故障副本数达到 f 个,系统的一致性依旧能得以保证。也就是说,系统能容 f 个拜占庭故障。容错通过共识实现。在 Paxos 协议中,任何决定只需超过半数的副本同意即可,并不要求全体同意。在 PBFT 协议中,由于增加了拜占庭故障,共识的门槛由超过半数提升到超过三分之二。去中心化的事务提交协议包括 3 方面内容:①无故障时的事务提交协议;②在有故障时正常副本如何继续工作的协议(即终止协议);③故障恢复协议。

习题

1. 在 PBFT 协议中,在有故障情形下,正常副本如何应对？故障副本又如何进行故障恢复？请参照 4.2 节中 Paxos 协议的具体实现,写出 PBFT 协议的实现代码。

2. 去中心化取得的收益要付出哪些代价？

3. 在 4.2 节给出的 Paxos 协议实现中,当出现竞争时,简单地以副本的标识号大小决定谁优先。请查阅资料,看比特币、以太坊、conflux 这 3 种区块链的去中心化实现中,是以什么决定谁优先的？

4. 区块链是一种去中心化的分布式数据库,分为三类：①公有链；②联盟链；③私有链。典型的公有链有比特币和以太坊,国内有 Conflux,其特点是：任何企业都可自由地往系统中加入副本,副本数多。对于公有链,要考虑拜占庭故障吗？为什么？私有链通常由一个企业管理和维护,副本由其各个部门提供。对于私有链,要考虑拜占庭故障吗？为什么？联盟链相对于公有链和私有链,有什么区别？

5. 私有链和 3.5 节中讲解的分布式数据库有什么区别？

6. 查阅资料,看比特币的出块时间需要多长？为什么比特币的事务吞吐量这么小？请分析原因。

第 5 章

虚拟化与云计算

云计算的含义是云服务商给企业客户提供平台服务，使得企业客户在信息化建设中无须自己考虑诸如机房、网络、服务器之类的基础设施，也无须雇佣业务信息系统运维人员，从而减少信息系统建设和运维的开销。企业客户将自己的业务信息系统迁移至云上运行，交由云服务商运维，不仅能显著降低成本，而且能得到更好的服务质量。对于云服务商来说，通过深化资源共享来提高资源的利用率，通过规模效应和集约效应来降低成本，使得云服务价廉物美。

业务信息系统是应用程序及其数据的总称。常见的业务信息系统有两个应用程序：一个是 Web 应用程序，也叫 Web 服务器；另一个是数据管理应用程序，也叫数据库服务器。每个应用程序包括两部分：①应用程序自身；②运行环境。应用程序依托其运行环境运行。例如，一个 Windows 32 应用程序，其最基本的运行环境为 x86 型号的计算机和 Windows 32 操作系统。具体到 Web 应用程序，它只有在网络正常且能访问到数据库服务器时，才能正常运行。因此，其运行环境还进一步包括网络以及数据库服务器。

传统方式下，先有运行环境，然后构建应用程序。例如，先有 x86 型号的计算机和 Windows 32 操作系统，然后才构建 Windows 32 应用程序。先有网络和数据库服务器，然后才构建 Web 应用程序。也就是说，应用程序是基于运行环境来设计开发和部署。很多情形下，甚至假定运行环境具有静态不变性。例如，对要访问的数据库服务器，将其 IP 地址当作常量处理。对于已经构建好的应用程序，现要将其迁移至云上运行，这就需要云平台为其提供运行环境。5.1 节将详细讲解应用程序与其运行环境之间的耦合关系。

当要运行一个应用程序时，先要为其构建好运行环境。传统构建方式是：先选定计算机，然后在其上安装诸如操作系统之类的支撑软件，再进行安装和配置。云计算提出了新要求：在资源共享的前提下进行运行环境的构建。具体来说，就是要使一个应用程序能在云上到处运行；要使一台计算机上运行的多个应用程序彼此隔离，不会相互干扰。该目标的达成，不能要求应用程序适应云平台，只能是云平台适应应用程序。其原因是：客户的应用程序通常都已经定型固化，不可能对其进行改动，使其适应云平台。解决问题的方法是虚拟化。

要使一个应用程序能在云上到处运行，面临诸多问题。首先是程序语言的差异性问题。应用程序与语言关联，计算机也与语言关联。当与计算机 A 关联的语言，与应用程序 α 关联的语言不一样时，应用程序 α 就不能在计算机 A 上运行。要使计算机 A 能运行应用程序 α，一种解决方法是在计算机 A 上安装一个虚拟机。典型的例子是：要使计算机 A 能运行 Java 应用程序，就要在计算机 A 上安装一个 Java 虚拟机。5.2 节将讲解应用程序的运行方式,展示虚拟机的实现方法,使得一台计算机支持多种语言。

仅使计算机能运行应用程序,还远远不够。还有一个更深层次的问题,即能否成功运行的问题。应用程序迁移上云之后,其运行环境中的资源不再由一个应用程序独享,而是由多个应用程序共享。服务也不再处于静态不变状态,这就带来了问题:资源对应用程序不一定可用;服务 id 可能动态变化。这两种情形都会使得应用程序不能成功运行。解决该问题的方法还是虚拟化,这种虚拟化是将运行环境虚拟化。具体来说,就是在应用程序与操作系统之间,嵌入虚拟机。使应用程序不再直接运行在操作系统之上,而是在虚拟机之上。虚拟机为应用程序提供一个不变的虚拟运行环境。5.3 节至 5.4 节将讲解导致应用程序运行不成功的原因,以及解决问题的策略和方法。

将一个物理资源虚拟成多个物理资源来使用,是虚拟化的一个方向。将多个物理资源当成一个物理资源使用则是虚拟化的另一个方向。前一种虚拟化是分解共享,后一种虚拟化则是组合共享。集群计算和云计算都将多台计算机组合成一台计算机使用。这种组合既有不变性,又有变化性。不变性体现在客户使用系统的方式保持不变。变化性体现在系统的服务质量上。在客户看来,集群和云具有全新的特质:存储容量无穷大,吞吐量无穷大,响应及时,时刻可用,性价比高。5.15 节将讲解云服务管理系统。

5.1 应用程序与其运行环境

应用程序是用程序语言写出的代码。程序语言分为低级程序语言和高级程序语言。机器语言就是低级程序语言。每种型号的计算机都有自己的机器语言。高级程序语言与计算机型号无关,具有通用性。高级程序语言可分为两类:①编译运行类语言,如 C/C++ 语言;②解释运行类语言,也叫脚本语言,例如 Shell 脚本语言和 JavaScript 脚本语言等。对于用编译运行类语言编写的应用程序,就其运行而言,先要选定其运行环境,也就是确定要用哪一种型号的计算机运行它。被选定的型号计算机被称作目标计算机。然后用相应的编译器将其编译成目标代码。如果想要应用程序在多种型号的计算机上都能运行,就要为每种型号的计算机都编译一次,生成对应的目标代码。只有目标代码才能在目标计算机上运行。

说到应用程序,就离不开程序语言。说到程序语言,就离不开运行应用程序的计算机。这里的计算机不一定指硬件。例如,用脚本语言写出的应用程序,就是用解释器运行。解释器就不是硬件,而是软件。Java 字节码用 Java 虚拟机运行。Java 虚拟机也不是硬件,而是软件。当运行应用程序的计算机不是硬件而是软件时,通常就将其称作虚拟机。于是,用 Shell 脚本语言写的应用程序,运行它的解释器便可称作 Shell 虚拟机。虚拟机本身是一个应用程序。虚拟机用来运行应用程序。这表明可用应用程序运行应用程序。这种迭代性正是软件的一个显著特质。

应用程序的运行离不开运行环境。现通过举例说明运行环境的含义。BIOS 是一个应用程序,只要计算机一通电,就被 CPU 运行。其功能是检测计算机硬件,然后将操作系统从磁盘加载至内存,再让 CPU 跳转去执行操作系统的首条指令。BIOS 的运行只需计算机裸机,不依赖于其他任何软件。因此,BIOS 的运行环境就为计算机裸机。除 BIOS 外,很多嵌入式应用程序的运行环境也是计算机裸机。它们和 BIOS 一样,被烧制到 ROM 内存中,只要计算机一通电,就被 CPU 运行。操作系统是软件,也可称作一个应用程序。操作系统依赖于 BIOS 将其从磁盘加载至内存,并让 CPU 跳转去执行其首条指令。因此,操作系统的运行环境包括 BIOS。

运行环境是指应用程序运行所依赖的前提条件。常见的应用程序,其运行环境是操作系统。应用程序靠操作系统将其从磁盘加载到内存,然后让 CPU 跳转去执行应用程序的首条指令。另外,应用程序要调用操作系统的 API,从这点看,应用程序也依赖于操作系统。用脚本语言编写的应用程序由解释器运行,因此它的运行环境为解释器。解释器也是一个应用程序,它的运行环境通常为操作系统。

运行环境也可视作程序正常运行所需的资源以及应满足的条件。资源既有硬件资源,也有软件资源,有时还包括数据。例如,数据库管理系统这一应用程序,对分配给它使用的内存大小就有要求,不能低于某一阈值。当一个 Web 应用程序要访问数据库服务器时,那么数据库服务器就成了它的运行环境。当 Web 应用程序指定要访问 MySQL 数据库时,那么它的运行环境中,数据库服务器必须是 MySQL 服务器才行。如果 Web 应用程序把 MySQL 数据库的 IP 地址作为常量写在源代码中,那么它对运行环境的要求就更苛刻了:MySQL 服务器的 IP 地址必须为它指定的值。

应用程序对其运行环境的约束和限制越多,它的通适性就越差。以上述 Web 应用程序为例,如果它固化了 MySQL 服务器的 IP 地址,那么当 MySQL 服务器的 IP 地址无法设置成它指定的值时,Web 应用程序就无法正常运行。应用程序是基于运行环境来设计开发和部署的,因此在确定运行环境时,要考虑运行环境的可构建性和易构建性。还是以上述 Web 应用程序为例,如果在设计开发时将 MySQL 服务器的 IP 地址设置成一个可配置参数,那么其运行环境的可构建性就明显增强。如果进一步使用 ODBC/JDBC 驱动来连接数据库服务器,并使用 SQL 与数据库服务器交互,那么要求数据库服务器为 MySQL 服务器这一限制也就取消了。如果 Web 应用程序使用 Java 语言开发,那么其运行环境就与操作系统无关了。

云计算中,要求客户的应用程序能在云上到处运行。要达成此目标,可从两方面努力:①应用程序在设计开发时,就其运行环境而言应尽量减少约束和限制;②提升云服务商对运行环境的构建能力,以满足应用程序的运行需求。这两方面的思路都是虚拟化。在应用程序的设计开发中,应从物理概念中归纳和抽象出逻辑概念,然后基于逻辑概念编写代码,避免在代码中出现物理概念。把逻辑概念到物理概念的映射留待运行时处理。例如,对数据库服务器的 IP 地址,应在程序中用变量表达,不要用常量表达。变量的值留待运行时再从配置文件中读取。在运行环境的构建中,则将物理资源抽象成虚拟资源,以此满足应用程序对资源的需求。

云计算中,要求应用程序能到处运行。给定应用程序 α 和计算机 β,运行涉及 2 个层面的问题:①计算机 β 能不能运行应用程序 α;②应用程序 α 在计算机 β 上能不能成功运行。能不能运行的问题要从程序语言说起。如果应用程序 α 是用程序语言 A 编写的,而计算机 β 又支持程序语言 A,那么计算机 β 就能运行应用程序 α。如果计算机 β 不支持程序语言 A,而是支持程序语言 B,那么计算机 β 就不能直接运行应用程序 α。要使计算机 β 能运行应用程序 α,有两条途径:①对应用程序 α 进行编译,使其适应计算机 β;②在计算机 β 上安装一个解释执行器,使得计算机 β 支持程序语言 A。5.2 节将讲解这两种策略的具体实现。

5.2 应用程序的编译运行与解释运行

程序语言有高级程序语言与低级程序语言之分。无论是高级程序语言,还是低级程序语言,它们都多种多样。高级程序语言由于具有灵活、简洁、通俗、通用特点,因此被用来编写应用程序。应用程序的特点是:开发者与用户彼此相互独立。一个应用程序只有一个开发者,但有很多用户。用户不同,其计算机对语言的支持能力也不同。一台计算机裸机仅支持其自己的机器语言。如果还安装了 Java 虚拟机,那么这台计算机还支持 Java 语言。如果还安装了 C/C++ 编译器,那么它就进一步支持 C/C++ 语言。一台计算机对自身机器语言之外的其他语言提供支持时,要付出代价。代价来自两方面:①支持软件本身要占用计算机资源;②执行语言之间的翻译也要占用计算机资源。

语言多样性问题在日常生活与工作当中也存在。很多重要的文献都是外文。假设用语言 A 写的文献要员工 α 处理,如果员工 α 不懂语言 A,仅懂语言 S,那么就需找一个既懂语言 A 也懂语言 S 的人将文献翻译成用语言 S 写的文献,然后将翻译后的文献交给员工 α。这种处理在计算机上就叫编译运行。准确地说,叫编译后运行。另一种方法是给员工 α 配置一台翻译机 A,让他借助翻译机 A 搞懂文献,然后再处理文献。这种处理在计算机上就叫解释运行。这类似于在计算机上安装一个 Java 虚拟机软件,以便能运行 Java 程序。如果还要叫员工 α 处理用其他语言表达的文献,还得给其再配置另外的翻译机。员工 α 背负的翻译机越多,负担就越重;每处理一次任务,都要做一遍翻译,工作效率低。

传统的编译,其含义是指:将用高级程序语言表达的程序(也叫源程序)翻译成用某种机器语言表达的程序(也叫目标程序)。目标程序可以在对应型号的计算机上直接运行。程序通过编译后再运行,该方式称为编译运行方式。解释执行方式则指:对用某种语言编写的应用程序,使用一个针对该语言的解释器运行。解释器是一个应用程序。编译运行和解释运行这两种方式各有优点和缺点。接下来将从高级程序语言的特性分析入手,讲解编译运行和解释运行的实现方法,然后分析和归纳它们各自的特性,探讨如何取长补短。

5.2.1 高级程序语言的特性

用高级程序语言编写的应用程序具有良好的可读性、可维护性、通用性、可重用性。高级程序语言的可读性强,体现在用名称标识变量。与其相对,低级程序语言使用地址标识变量。除此之外,高级程序语言还提供了丰富的特征表达方式。例如,分支语句的表达不仅有 if,还有 switch、while、for 等。当一个变量有多种取值,而且取值具有离散性时,可用 switch 表达。当循环迭代次数要到运行时才确定时,则用 while 表达。于是用高级语言编写的程序具有良好的可读性,让人一看就一目了然。

用高级程序语言编程,还可任用结合律、交换律、优先级等法则,使代码的表达尽量与习俗相符,与事物的实际情形一致。例如,高级程序语言中的语句行 "$y = a * x\wedge 2 + b * x + c;$",让人一看就知道它是求抛物线上 y 坐标值的计算表达式。如果用低级语言表达这个计算表达式,就会有 5 行代码,依次为:① $t1 = x * x;$ ② $t2 = a * t1;$ ③ $t1 = b * x;$ ④ $t2 = t2 + t1;$ ⑤ $y = t2 + c$。这 5 行代码的可读性显然很差。由此可知,用高级程序语言写出的代码行在字面上表达的是一个完整概念,可读性良好。与之相对,用低级程序语言写出的代码行,其特点是每行都短小,但行数很多,可读性差。

用高级程序语言编程,可通过抽象化处理,使程序具有良好的通用性和广适性。典型的例子是将所有的输入和输出设备抽象成文件。于是,输入时统一都是对文件调用 read 函数,输出时统一对文件调用 write 函数。调用时传入的文件描述符参数不同,应用程序的表现行为就不同。例如,当调用 write 函数输出数据时,如果传入的文件描述符参数为显示器文件的 id,那么数据就会输出到显示屏上;如果传入的文件描述符参数为普通文件的 id,那么数据就会输出到文件中;如果传入的文件描述符参数为打印机文件的 id,那么数据就被打印出来。用高级程序语言编写的应用程序具有通用性,只需一次编程。想要其在某种型号的计算机上运行,用编译器将它编译成该机型支持的目标代码即可。

5.2.2 源程序的构成特性

编译是指源程序语言到目标程序语言之间的翻译,具体来说,是将用源语言编写的程序翻译成用目标语言编写的程序。对于编译器来说,它的输入是一个包含源代码的文本文件,它的输出是一个包含目标代码的可执行文件。源文件是一个字符流,也称作字符序列。对输入中的字符序列进行切分,便可得到一个词序列。例如,代码 5.1 所示源代码中第 3 行"area = 0;",便可依次切分出"area"、"="、"0"和";"这 4 个词。其中的第 1 个词 area,是由 'a'、'r'、'e' 和 'a' 这 4 个字符连接而成。该行代码是一个赋值语句,由 4 个词串接而成。对输入中的词序列进行切分,便可得到一个语句序列。代码 5.1 中整个内容为一个函数实现语句,它包含了一个由 5 个语句组成的语句序列。该语句序列中的第 5 个语句为 for 语句。该 for 语句又包含了一个由 2 个语句组成的语句序列。

代码 5.1 C 语言源代码示例

```
(1)   float area (float xStart, float xEnd)  {
(2)     float area, stepLen, x;
(3)     area= 0;
(4)     stepLen = (xEnd - xStart) / 100;
(5)     x = xStart;
(6)     for (int i = 0; i < 100; i++)  {
(7)       area = area + fun(x) * stepLen;
(8)       x = x + stepLen;
(9)     }
(10)    return area;
(11) }
```

由此可知,从构成关系看,程序由语句构成,语句由词构成,词由字符构成。为了翻译,在语句与词之间通常还引入了一些中间结构体概念。例如,运算表达式就是介于语句与词的一个中间结构体概念。代码 5.1 中第 4 行出现的"(xEnd − xStart)/ 100"就是一个运算表达式。中间结构体概念通常综合考虑高级程序语言特性和目标语言特性,为实现翻译而定义。于是语句的构成元素除了词之外,还有中间结构体、语句、语句序列。语句中含有中间结构体的例子如代码 5.1 中第 7 行的赋值语句,等号右边的"area + fun(x) * stepLen"是一个运算表达式。语句中含有语句序列的例子如代码 5.1 中第 6 行的 for 语句,它包含了一个由 2 个语句构成的语句序列。由此可知,语句在构成上不再是线性结构,而是树状结构。程序由语句构成,自然也是树状结构。

5.2.3 编译过程与方法

在高级程序语言中,词是程序的最小构成元素。对于词,每门高级程序语言都定义了自己的构成法则。例如,在 C 语言中,变量只能由下画线、字母、数字 3 种字符构成,而且首字符不能是数字,这就是有关变量的构成规则。词的构成法则也叫词法。编译器依据词法对输入的字符序列进行分析,将其切分成词序列,这就叫词法分析。词法分析是编译器要做的第一项工作。

编译器要做的第二项工作是依据语法对词序列进行切分,构建出源程序的语法分析树。例如,代码 5.1 中第 7 行是一个赋值语句。这个赋值语句的语法分析树如图 5.1 所示。这棵语法分析树的树根是符号 S,S 表示语句(Statement)。由 S 的子结点可知,这是一个赋值语句。赋值语句由 4 个元素构成,分别是被赋值变量 V(variable)、等于号(=)、运算表达式 E(Expression),以及分号(;)。再来看被赋值变量 V,由它的子结点可知,它由一个变量(用 id 表示)构成,这个变量为 area。再来看运算表达式 E,由它的子结点可知,它是一个加法运算表达式的运算结果。加法运算表达式由 2 个操作数做相加运算。这两个操作数也是其他运算表达式的运算结果,因此也是 E。

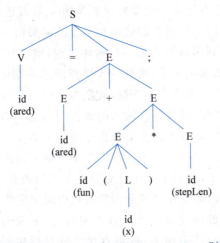

图 5.1 赋值语句"area = area + fun(x) * stepLen;"的语法分析树

一个变量能算作一个运算表达式,它的值就是运算表达式的值。因此,第 1 个操作数 E 的子结点为一个变量,这个变量为 area。第 2 个操作数由它的子结点可知,它是一个乘法运算表达式的运算结果。乘法运算表达式由 2 个操作数做相乘运算。其中第 1 个操作数当然也是一个运算表达式 E,由它的子结点可知,它是一个函数调用的结果。函数调用由 4 个元素构成,分别是函数名 id、左括号、参数列表 L,以及右括号。在这里,函数名为 fun。从参数列表 L 的子结点看,它由一个变量构成,这个变量为 x。乘法运算的第 2 个操作数也是一个运算表达式 E。由它的子结点可知,它由一个变量构成。这个变量为 stepLen。

观察这棵语法分析树,可知:①非叶子结点都是诸如语句(S)、运算表达式(E)等之类的结构体概念,这些概念都有自己的构成语法;②叶子结点则都是词。将树的所有叶子结点从左到右串起来,就是输入的词序列,即"area = area + fun(x) * stepLen;"。另外,由语法分析树可知,尽管输入的词序列中,加法运算写在前面,乘法运算写在后面,但乘法运算执行在加法运算的前面,实现了计算顺序的调转。原因是做加法运算的2个操作数中有一个是乘法运算的结果。运算的优先级通过语法表达。

从这个例子可知,语法分析的基本策略就是先定义结构体概念,例如程序(P)、语句(S)、运算表达式(E)以及变量列表(V)之类,然后看每个概念分别又有多少种构成情形,即多少个类别。再归纳出每个类别的构成语法。例如,语句就有变量定义语句、赋值语句、for语句等类别。表达式有加法运算表达式、乘法运算表达式等类别。对于变量定义语句,它由数据类型、变量列表、分号3个元素构成。通过归纳和抽象得出程序的语法构成规则,再用其对程序的词序列进行匹配,构建出程序的语法分析树,这就是语法分析的策略。

程序的构成法则除上述词法规则和语法规则外,还有语义规则。语义规则的含义现在通过举例说明。在C语言中,指针变量不能执行乘除运算,也不能和整数之外的其他类型数据做加减运算,这就是一条语义规则。break语句只能用在循环语句中,或者switch语句中,这是另一条语义规则。函数的使用要和函数的定义一致,这也是一条语义规则。

语义规则和语法规则是2个完全不同的概念。语法表达构成,而语义表达约束。语法描述的是某个结构体的构成,包括构成元素以及元素之间的顺序。例如,赋值语句这一结构体由变量列表V、等于号(=)、运算表达式E,以及分号(;)这4个元素串接而成。其中等于号(=)和分号(;)是词,即基本元素。而变量列表V和运算表达式E都是中间结构体,它们各有自己的构成语法。与其相对,函数的使用和函数的定义相一致,则是语义规则。其含义是:语法分析过程中,一看到函数调用这一结构体出现,就要检查前面的函数定义记录,首先看该函数是否已定义。如果定义了,则进一步检查函数调用中的参数个数、顺序、类型是否与函数定义一致。如果未定义或者不一致,就认为该程序有语义错误,不符合语义规则。

编译器要做的第3项工作,就是确保输入的源程序没有违背语言中定义的所有语义规则。编译器做语义检查时,一旦发现输入的源程序违背了语义规则,就会报错,停止编译,要求程序员对源程序进行改正。当然,在第一项工作中发现有词法错误,或者在第二项工作中发现有语法错误时,也会报错,也要求程序员对源程序进行改正。在具体实现中,语义分析通常并不是一个独立的环节,而是在语法分析的过程中附带完成。

对输入的源程序,编译器构建出其语法分析树后,接下来的第4项工作是生成中间代码。按理来说,有了程序的语法分析树,就可直接生成目标机器代码。但是通常并不这么做,而是生成中间代码,然后再把中间代码翻译成目标机器代码。也就是说,由语法分析树到目标机器代码是一个大台阶,一步攀越不太好。在这个大台阶的中间再设一个中间代码台阶,将一个大台阶变成2个小台阶,这样做具有更好的可操作性。

为了阐释设置中间代码环节的好处,现举一个类似的例子。世界上有很多语言,例如汉语、俄语、德语、日语等。在计算机界也是如此,有很多种高级程序语言,也有很多种机器语言。人类语言之间的翻译通常不是直接将源语言翻译成目标语言,而是将源语言翻译成英语,再将英语翻译成目标语言。采用这种模式,好处是:任何一个国家的翻译工作者,只掌握好本国语言与英语之间的翻译即可。任选两国语言,假定为A和B,做其翻译只需在A国找一个翻译,在B国找一个翻译,通过2步翻译完成。这样做的可操作度、可靠度、质量、效率、成本,远比找一个既懂A国语言又懂B国语言的翻译做要好得多。程序语言的翻译也是如此。

设置了中间语言,能使程序的编译和运行更加灵活。用中间语言表达的程序代码,既可用解释器解释运行,也可进一步编译成目标代码。另一个好处是:用任何一门高级语言编写的程序,都只需经过两步编译,便能得到任何一种计算机型号的目标代码,使得高级程序语言与机器语言两者之间既彼此相互独立,又能对接组合。

源代码到中间代码的翻译,是在语法分析的过程中完成的。语法分析对词法分析所得的词序列从头到尾逐一扫描,拿其与语法规则匹配,以此发现结构体的完整实例。结构体是语法中定义的概念,例如加法运算表达式、函数调用、变量定义语句、赋值语句、if 语句、函数定义语句等都是结构体。语法分析中,一旦某种结构体的完整实例出现,便基于该结构体的含义得出其中间代码。

以图 5.1 所示的语法分析树为例,首先出现的结构体完整实例是函数调用 fun(x),于是根据函数调用的含义得出其中间代码,见代码 5.2 中第 1 行和第 2 行。其中第 1 行的含义是创建一个类型为 float(其类型 id 为 1)的临时变量,用来临时存储函数调用的返回值。该创建操作的返回值为被创建的临时变量的序号。第 2 个出现的结构体完整实例是乘法运算表达式,于是根据乘法运算表达式的含义得出其中间代码,见代码 5.2 中第 3 行。第 3 个出现的结构体完整实例是加法运算表达式,于是根据加法运算表达式的含义得出中间代码,见代码 5.2 中第 4 行。第 4 个出现的结构体完整实例是赋值语句,于是根据赋值语句的含义得出其中间代码,见代码 5.2 中第 5 行和第 6 行。第 6 行的含义是释放序号为 0 的临时变量。

代码 5.2　赋值语句"area ＝ area ＋ fun(x) ＊ stepLen;"的中间代码

```
(1)  NewTempVariable 1;
(2)  tmp:0 = call function:2 local:2
(3)  tmp:0 = floatMultipleWithVarToVar tmp:0 local:1
(4)  tmp:0 = floatAddWithVarToVar local:0 tmp:0
(5)  local:0 = floatVarAssign tmp:0
(6)  freeTempVariable 0
```

代码 5.2 所示中间代码中的"NewTempVariable"、"tmp:"、"="、"function:"、"local:"、"floatMultipleWithVarToVar"、"floatAddWithVarToVar"、"floatVarAssign"、"freeTempVariable"都是中间语言中的关键字。其中 floatMultipleWithVarToVar 的含义是两个 float 类型的变量执行乘法运算,而 floatVarAssign 的含义则是把一个 float 类型的变量值赋给另一个 float 类型的变量。在中间语言中,变量不再用名称标识,而是用逻辑地址标识。第 2 行中的"function:2"是函数 fun 的逻辑地址,其含义是:该函数是程序所有函数中序号为 2 的函数。"local:2"是局部变量 x 的逻辑地址,其含义是:在函数的局部变量中,该变量是序号为 2 的变量。"tmp:0"表示序号为 0 的临时变量。

将源代码翻译成中间代码,会将代码和数据进行分离。于是中间代码由 2 部分组成:①代码表;②符号表。代码表中记录中间代码,每行中间代码用行号标识。符号表中记录程序中定义的数据类型、变量、函数、字符串常量。符号表是一个总称,它包含 4 种表:①数据类型表;②函数表;③变量表;④常量表。由于变量又分 5 种:①全局变量;②局部变量;③成员变量;④形参;⑤临时变量,因此变量表又有 5 种:①全局变量表;②局部变量表;③成员变量表;④形参表;⑤临时变量表。在语法分析的过程中,每遇到一个新的数据类型定义,就将其添加到数据类型表中;每遇到一个新的函数定义,就将其添加到函数表中。以此类推。对于数据类型、变量、函数等,每遇到其使用时,都要到符号表中查找其定义,检查是否符合语义规则,得到其逻辑地址,以备中间代码生成之用。

类型表、函数表、局部变量表中的内容示例分别如表 5.1~表 5.3 所示。类型、函数、变量都用序号(也叫行号)标识。在中间代码中,数据和函数都用逻辑地址标识。例如,逻辑地址"function:2"标识一个函数,其详细信息记录在函数表中序号为 2 的行中。而逻辑地址"local:1"标识一个局部变量,其详细信息记录在所在函数的局部变量表中序号为 1 的行中。类型有基本数据类型和自定义数据类型之分。基本数据类型有 int,float 和 char,假设其类型序号分别为 0,1 和 2,如表 5.1 所示。每个自定义类型(例如 C 语言中的 struct 和 C++语言中的 class)都有其成员变量,记录在成员变量表中。另一种类型为指针类型。对于指针类型,有引用类型概念。例如表 5.1 中所示类型例子中,就有 char * 和 Student * 这两种指针类型,其引用类型的 id 分别为 2 和 4。

表 5.1 类型表

序号 (index)	类型名称 (name)	引用类型的 id (referenceTypeId)	类型宽度 (width)
0	int		
1	float		
2	char		
3	char *	2	
4	Student		
5	Student *	4	

表 5.2 函数表

序号 (index)	函数名称 (name)	返回值的类型 id (typeIndex)	首行代码的序号 (startIndex)	形参的总宽度 (formalTotalWidth)	局部变量的总宽度 (localTotalWidth)
0	main	0	0		
1	area	1	67		
2	fun	1	198		

表 5.3 局部变量表

函数 id (functionIndex)	序号 (index)	变量名称 (name)	类型 id (typeIndex)	宽度 (width)	偏移量 (offset)
1	0	area	1		
1	1	stepLen	1		
1	2	x	1		
1	3	i	0		

对于类型和变量,都有宽度(即在内存中所占字节数)概念。自定义类型的宽度为其成

员变量的宽度之和。变量的宽度为其类型的宽度。知道了变量的宽度,在运行时就知道要为其申请多少内存。类型和变量在中间语言中只有宽度概念,但没有具体值。宽度值要等到目标计算机确定之后才填写。其原因是:诸如 int,float 之类的基本数据类型的宽度随计算机型号不同而不同。例如,float 类型的宽度在 16 位计算机中为 4,在 32 位计算机中为 8,在 64 位计算机中为 16。

一旦目标计算机确定,那么基本数据类型的宽度就已知,于是自定义数据类型的宽度就能算出。变量的宽度为其数据类型的宽度,于是也为已知常量。现假定目标计算机是 32 位计算机,那么 int 类型,float 类型,指针类型的宽度分别为 4,8,4。对于表 5.3 中所示的 4 个局部变量,其宽度分别为 8,8,8,4。程序在运行时,无论是变量还是函数,都用内存地址标识。内存地址又由基地址和偏移量(offset)两部分构成。对于一个函数的局部变量,第 1 个变量的 offset 值为 0。第 1 个变量的 offset 值加上第 1 个变量的宽度就为第 2 个变量的 offset 值,其他以此类推。于是表 5.3 中所示的 4 个局部变量,其 offset 值分别是 0,8,16,24。其他类型的变量也是如此。

将中间代码翻译成目标代码时,要将逻辑地址全部转换成内存地址。每个程序和每个函数,其实都可视作一种数据类型。于是全局变量就是程序这一数据类型的成员变量,局部变量就是函数这一数据类型的成员变量。运行一个程序时,就要创建程序这一数据类型的实例对象;调用一个函数时,就要创建被调函数这一数据类型的实例对象。实例对象的内存地址为其成员变量的基地址。基地址加上成员变量的 offset 值,就为成员变量的内存地址。offset 值也叫相对地址。当目标计算机支持相对寻址时,使用寄存器存储变量的基地址,就能使目标代码中出现的内存地址都为常量。

从上述举例和分析可知,中间代码已经接近机器代码了。中间代码中的每行都表示一项操作(也叫运算)。每行中间代码都很短小,但行数很多。不过,在中间代码中,存储器只有一种类型。而在物理计算机中,存储器有寄存器和内存之分。另外,中间代码的可读性很差,其原因是函数、变量、字符串常量不再用名字表达,而是用逻辑地址表达。

5.2.4 中间代码的优化

从 5.2.3 节编译过程与方法可知,源代码到中间代码的翻译是基于结构体含义(即语法)的一种机械式翻译,没有考虑上下文彼此之间的联系。这种翻译得出的中间代码具有可优化性。下面举例展示这种翻译特性。代码 5.3 是功能为矩阵转置变换的源代码中的一个片段,其中局部变量 a 为一个二维数组,假定其定义为 int a[10][20]。在中间代码中,数据要用其逻辑地址表达。地址空间是线性空间。数组元素是数据,因此在中间代码中也要用其逻辑地址表达。假定数组元素 a[i, j]的逻辑地址用 a[x]表达,其中的 a 表示数组变量 a 的逻辑地址,x 为另一个变量的逻辑地址,其值为数组元素 a[i, j]相对数组 a 的起始地址的偏移量(offset),单位是字节,于是有 x =(20 * i + j) * WIDTH (int),其中 WIDTH (int)表示整数的宽度。

代码 5.3 源程序片段

```
(1)   k = a [i, j];
(2)   a [i, j] = a [j, i];
(3)   a [j, i] = k;
```

代码 5.3 中的程序是 3 个赋值语句，于是对它们逐一翻译。翻译第 1 个赋值语句时，会生成计算数组元素 a[i, j] 的偏移量的中间代码。翻译第 2 个赋值语句时，还会生成计算数组元素 a[i, j] 的偏移量的中间代码。其原因是：翻译是逐语句独立进行，前一语句的翻译不会影响后一语句的翻译。从优化角度看，在第 2 个赋值语句的翻译中，可以把计算数组元素 a[i, j] 的偏移量的中间代码省去。其原因是：在第 1 个赋值语句的翻译中，已经计算出了数组元素 a[i, j] 的偏移量，无须重复。第 3 个赋值语句中对数组元素 a[j, i] 的偏移量计算代码也可省去，因为在第二个语句的翻译中已经算出。对代码 5.3 所示 3 行源代码执行翻译，得出的中间代码如代码 5.4 所示，其中假定局部变量 a, i, j, k 在函数的局部变量表中的序号分别为 0, 1, 2, 3。对其进行优化，可去掉其中的 10 行代码，优化后的结果如代码 5.5 所示。

代码 5.4　翻译所得中间代码

```
(1)   newTempVariable 0
(2)   tmp:0 = intMultipleWithConstToVar 20 local:1
(3)   tmp:0 = intAddWithVarToVar tmp:0 local:2
(4)   tmp:0 = intMultipleWithVarToConst tmp:0 WIDTH(int)
(5)   local:3 = intVarAssign local:0[tmp:0]
(6)   freeTempVariable 0
(7)   newTempVariable 0
(8)   tmp:0 = intMultipleWithConstToVar 20 local:1
(9)   tmp:0 = intAddWithVarToVar tmp:0 local:2
(10)  tmp:0 = intMultipleWithVarToConst tmp:0 WIDTH(int)
(11)  newTempVariable 0
(12)  tmp:1 = intMultipleWithConstToVar 20 local:2
(13)  tmp:1 = intAddWithVarToVar tmp:1 local:1
(14)  tmp:1 = intMultipleWithVarToConst tmp:1 WIDTH(int)
(15)  local:0[tmp:0] = intVarAssign local:0[tmp:1]
(16)  freeTempVariable 0
(17)  freeTempVariable 1
(18)  newTempVariable 0
(19)  tmp:0 = intMultipleWithConstToVar 20 local:2
(20)  tmp:0 = intAddWithVarToVar tmp:0 local:1
(21)  tmp:0 = intMultipleWithVarToConst tmp:0 WIDTH(int)
(22)  local:0[tmp:0] = intVarAssign local:3
(23)  freeTempVariable 0
```

代码 5.5　优化后的中间代码

```
(1)   NewTempVariable 0
(2)   tmp:0 = intMultipleWithConstToVar 20 local:1
(3)   tmp:0 = intAddWithVarToVar tmp:0 local:2
(4)   tmp:0 = intMultipleWithVarToConst tmp:0 WIDTH(int)
(5)   local:3 = intVarAssign local:0[tmp:0]
(6)   NewTempVariable 0
(7)   tmp:1 = intMultipleWithConstToVar 20 local:2
(8)   tmp:1 = intAddWithVarToVar tmp:1 local:1
(9)   tmp:1 = intMultipleWithVarToConst tmp:1 WIDTH(int)
```

```
(10) local:0[tmp:0] = intVarAssign local:0[tmp:1]
(11) freeTempVariable 0
(12) local:0[tmp:1] = intVarAssign local:3
(13) freeTempVariable 1
```

由此可知,中间代码优化是编译的重要一环。中间代码优化就是要缩减中间代码量。当执行某项计算的代码重复出现时,可消除重复部分。代码量减少,于是运行时计算量减少,计算时间减少,有助于尽快得到计算结果。另外,对于在循环中执行某项计算的代码,如果每次循环计算的结果都一样,就可将其移出循环,前移至循环的前面,这样便可减少重复计算。对于一个计算任务,可能有多种等价的计算方式,例如求 x^2,它与 $x*x$ 等价。就计算开销而言,乘法运算要优于幂运算。因此,等价变换也是中间代码优化的一个重要方面。中间代码优化还有其他的途径和方法。例如,对于一个运算式中的变量,当能推理出其值为某个已知常量时,将变量替换成常量,就能消除读取变量的开销。

思考题 5-1:在中间代码优化中,如何识别重复计算?如何判定某个变量的值为已知常量?回答这两个问题,要做沙盘推演,即演习程序的运行,进行数据流分析。请查阅资料回答这两个问题。

5.2.5 应用程序的解释运行

编译是以用源语言编写的应用程序作为输入,以用目标语言编写的应用程序作为输出。每种型号的计算机都有自己的机器语言。假定型号 A 的计算机支持的机器语言为语言 A,那么当目标语言为语言 A 时,编译输出的应用程序就能在型号 A 的计算机上直接运行,这就是编译运行的含义。用机器语言编写的应用程序是一个指令序列,由计算机逐条取来并执行。计算机在执行指令的过程中,当遇到分支指令时,便会跳转,而不是再继续执行下一条指令。

当以解释方式运行一个应用程序时,应用程序是解释器的输入。解释器对应用程序包含的指令序列,逐条取出进行处理。当某条指令的功能是分支跳转时,解释器处理它后,不是再继续处理下一条指令,而是执行跳转,转去处理分支所指的那条指令。当解释器处理到 main 函数的 return 指令时,解释执行完成。

解释器是一个应用程序,它有输入和输出。可将被解释执行的应用程序视作一个数据文件,其中的数据作为解释器的输入。解释器的输出是针对输入的处理结果。如果站在被解释执行的应用程序角度看,解释器的输出就是其运行的结果。由此可知,被解释执行的应用程序作为解释器的输入,指示了解释器的执行路径,导致解释器的输出,和被解释执行的应用程序运行所得结果完全一样。5.2.4 节所述编译所得的中间代码,是用中间语言编写的程序。支持中间语言的解释器便能以中间代码作为输入,其输出就为中间代码的运行结果。下面首先给出代码 5.1 所示 C 语言源代码经编译后所得的中间代码,然后讲解其解释器的实现。

对代码 5.1 所示 C 语言源代码进行编译,得到的中间代码如代码 5.6 所示。其中第一行的含义是在临时变量表中添加一个数据类型 id 为 1(即 float 类型)的临时变量,用于存储中间计算结果。该指令会返回临时变量的序号,在这里是 0。因此,临时变量的逻辑地址为"tmp:0"。第 4 行的含义是释放序号为 0 的临时变量。第 7 行是在临时变量表中添加一个数据类型 id 为 0(即 int 类型)的临时变量。因为第 1 行申请的临时变量在前面已经释放,因此返回的临时变量序号还是 0。第 8 行是执行比较运算,将其结果存储在临时变量"tmp:0"中。第 9 行是条件分支跳转指令,其含义是:如果临时变量"tmp:0"的值为 1,则跳转去执行第 18 行;如果为 0,则继续执行下一行(即第 10 行)。

由代码 5.6 所示中间代码可知,中间代码的每行仅表示一项操作,于是每行都很短。另外,每行中间代码中都有操作指示符。例如第 5 行中的操作指示符 floatVarAssign,其含义就是将一个类型为 float 变量的值赋给另一个类型为 float 的变量。而第 6 行中的操作指示符 intConstAssign,其含义是将一个类型为 int 的常量值赋给另一个类型为 int 的变量。操作指示符的含义非常明确和具体,可操作性强,有利于解释执行。

中间代码是用中间语言编写的应用程序,存储在一个文件中。文件中包含的内容有一个中间代码表、一个数据类型表、一个函数表、一个全局变量表、一个临时变量表和一个字符串常量表。对于函数表中的每个函数,又有一个局部变量表和一个形参表。对于数据类型表中的每个自定义数据类型(即类),又有一个成员变量表。在中间语言中,一个应用程序能访问到的数据有如下 7 种:①全局变量;②局部变量;③形参变量;④实例对象的成员变量;⑤临时变量;⑥数值常量;⑦字符串常量。解释器将应用程序文件中上述内容封装成一个 Application 对象,再通过该对象的成员变量和成员函数获取其中的信息,负责为变量分配内存,得出每个变量的内存地址,解释执行中间代码。

代码 5.6　编译所得的中间代码

```
(1)   newTempVariable 1
(2)   tmp:0 = floatSubtractWithVarToVar formal:1 formal:0
(3)   local:1 = floatDivideWithVarToConst tmp:0 100
(4)   freeTempVariable 0
(5)   local:2 = floatVarAssign formal:0
(6)   local:3 = intConstAssign 0
(7)   newTempVariable 0
(8)   tmp:0 = intEqualOrLargerWithVariableToConst local:3 100
(9)   branch tmp:0 18
(10)  newTempVariable 1
(11)  tmp:1 = call function:2 local:2
(12)  tmp:1 = floatMultipleWithVarToVar tmp:0 local:1
(13)  local:1 = floatAddWithVarToVar local:0 tmp:0
(14)  freeTempVariable 1
(15)  local:2 = floatAddWithVarToVar local:2 local:1
(16)  intIncrement local:3
(17)  goto 7
(18)  freeTempVariable 0
(19)  return local:2
```

5.2.6　解释器的实现

解释器在解释执行一个应用程序时,首先要为其全局变量分配内存空间。可将应用程序视作一个类,于是为全局变量分配内存空间,就是创建一个应用程序对象。就功能逻辑而言,接下来解释器调用应用程序的 main 函数。调用一个函数时,解释器先要为被调函数的形参分配内存空间。可将每个函数的形参视作一个类,因此为被调函数的形参分配内存空间,就是创建一个形参对象。接下来使用实参对形参对象的每个成员变量赋值,完成参数传递。然后为被调函数的局部变量分配内存空间。可将每个函数的局部变量视作一个类,因此为被调函数的局部变量分配内存空间,就是创建一个局部变量对象。解释器接下来便执行 main 函数的首行代码。

解释器执行应用程序的一行代码时,对其中出现的逻辑地址要得出对应的内存地址。将变量视作对象的成员变量后,其内存地址为基地址加上偏移量。其中基地址为对象的内存地址,偏移量则可从符号表中查得,于是可得出每一逻辑地址的内存地址。

计算机执行机器代码时,有下一条要执行的指令所在内存地址这一概念。这一内存地址存储在指令寄存器中。CPU 执行完当前指令之后,会基于当前指令的功能语义自动算出下一条要执行的指令所在内存地址。同理,解释器在执行应用程序时,也有下一条要处理的代码行的序号这一概念。这一序号用变量 application->nextCodeRowIndex 存储。解释器处理完当前代码行之后,基于其功能语义得出下一条要处理的代码行的序号。如果当前代码行的功能语义不是分支跳转,那么下一条要处理的代码行的序号就是当前代码行的序号加 1,否则在当前代码行的处理中会给出下一条要处理的代码行的序号。例如,代码 5.6 所示中间代码中,序号为 9 的代码行"branch tmp:0 18",其功能语义就是条件分支跳转。其含义是:如果逻辑地址为 tmp:0 的变量的值为 1,那么下一条要处理的代码行的序号为 18,否则为 10。

就应用程序的运行而言,有当前函数这一概念。解释器开始执行应用程序时,当前函数为 main 函数。当在 main 函数中调用另一函数时,当前函数发生改变,转变为被调函数。当被调函数返回时,再转变成 main 函数。每行代码中出现的形参和局部变量,是指当前函数的形参和局部变量。对于函数调用,解释器除要为被调函数的形参和局部变量分配内存空间外,还要处理实参的传递,以及返回地址的传递和返回值的回传赋值,为此可采取在形参中再添加两个变量的解决方案。添加的第一个变量用于存储返回地址,第二个变量用于存储被赋值变量的内存地址。当解释器执行到被调函数的 return 指令时,先将返回地址值赋给 application->nextCodeRowIndex 变量,再将返回值写入被赋值变量的内存中,然后释放局部变量和形参所占内存空间,并把当前函数改成调用者函数。

现举例说明函数调用的实现。假定是在 32 位计算机上运行解释器。以代码 5.6 中第 11 行的函数调用"tmp:0 = call function:2 local:2"为例,被调函数的逻辑地址为 function:2,实参只有一个,其逻辑地址为 local:2。返回地址值为下一行代码的序号,即整数 12,其宽度为 4。被赋值变量的逻辑地址为 tmp:0,其内存地址的宽度为 4。当前函数的逻辑地址为 function:1,查其局部变量表,可知逻辑地址为 local:2 的变量的宽度为 8。于是解释器为该函数调用的参数传递应申请 16 字节(由 8+4+4 而得)的内存空间。对申请到的内存,解释器用变量 application->formalBaseAddr 存储其地址,那么参数传递中上述 3 项数据的目的内存地址的偏移量便分别为 0,8,12。

为了实现当前函数在调用者函数和被调函数之间来回切换,解释器要有一个函数调用栈 callStack。当解释器执行到一行函数调用代码时,要把当前函数的特征信息压入函数调用栈 callStack 中保存,并创建一个被调函数对象,使其成为新的当前函数。当解释器执行到函数返回指令时,要释放当前函数对象,然后从函数调用栈 callStack 中弹出栈顶元素,使其成为新的当前函数。

在中间代码中，调用应用程序自己实现的函数时，用函数的逻辑地址表达被调函数。以代码 5.6 中第 11 行的函数调用"tmp:0 = call function:2 local:2"为例，就是调用应用程序自己实现的函数 fun，该函数的逻辑地址为 function:2。函数表中序号为 2 的行中记录了该函数的详细信息，如它的首行代码在中间代码表中的序号、形参的总宽度、局部变量的总宽度，见表 5.2。当解释器执行该行中间代码时，首先为参数传递计算内存空间大小，然后为参数传递申请内存空间，并完成参数的传递。接下来获取局部变量的总宽度，为局部变量申请内存空间。在此之后，将当前函数切换成被调函数：将当前函数压入函数调用栈 callStack 中保存，以备函数返回时恢复之用，然后将被调函数设为当前函数。

由上述分析可知，在解释器的实现中，先将应用程序文件从磁盘加载至内存，然后使用其中的数据创建一个 Application 类的实例对象。创建之后，首先填写数据类型表中每个基本数据类型的宽度（width），然后计算和填写每个自定义数据类型的宽度，再计算和填写变量表中每一个变量的宽度和偏移量（offset），以及函数表中每一个函数的形参总宽度和局部变量总宽度。在此之后，解释器计算得出全局变量的总宽度，然后为全局变量分配内存空间，得到全局变量的基地址 globalBaseAddr。这就是解释器执行一个应用程序前要做的初始化工作。

完成初始化之后，解释器接下来要调用应用程序的 main 函数，为此先为参数传递计算内存空间大小，然后申请内存空间，完成参数传递。现举例说明。假定解释器这一应用程序的文件名为 interpreter.exe，被解释执行的应用程序文件名为 application.dat。解释执行这一应用程序的命令行为"interpreter.exe application.dat 10 20"。该命令行的含义为：调用应用程序 application.dat 的 main 函数时，传递的实参 3 个，分别为"application.dat"、"10"和"20"这 3 个字符串。依据 main 函数的定义，要传递的实参有 argc 和 argv。其中 argc 的值为 3。argv 的值为一个内存地址值，在该内存位置存储着一个含 3 个元素的数组，这 3 个数组元素的值分别为上述 3 个字符串的内存地址。

要传递的第 1 个实参是一个整数，第 2 个实参是一个指针（即地址），它们的宽度分别为 sizeof(int) 和 sizeof(char **)，另外要传递的两个参数为返回地址和被赋值变量的内存地址，其中第一个的类型为 int，第二个的类型为指针，它们的宽度分别为 sizeof(int) 和 sizeof(void *)。当解释器运行在 32 位计算机上时，上述类型的宽度都为 4，于是解释器为参数传递应申请 16 字节的内存空间。对于申请到的内存，解释器将其地址存储在变量 application->formalBaseAddr 中，于是这 4 项数据的目的内存地址的偏移量分别为 0、4、8、12。

上述命令行"interpreter.exe application.dat 10 20"的含义有 2 层：①指明被运行的应用程序，即 interpreter.exe；②指明被运行程序中 main 函数被调用时的实参值。其中 argc 为 4，argv 的值是一个内存地址值，在该内存位置存储着一个含 4 个元素的数组。这 4 个数组元素的值分别为字符串"interpreter.exe"、"application.dat"、"10"、"20"的内存地址。因此，解释器调用应用程序 application.dat 中的 main 函数时，要传递的第一个实参值就是自己的 argc 值减 1，要传递的第二个实参值就是自己的 argv 值加上 sizeof(char *)。当解释执行到 application.dat 的 main 函数中的 return 指令时，已经没有下一条要执行的代码行了。因此，在为调用 main 函数传递返回地址时，就传递 -1，表示解释执行完毕。

解释器为调用 main 函数完成参数传递之后,接下来给其局部变量分配内存空间。解释器先要通过 Application 对象到函数表中找到 main 函数的详细信息,包括其 id、首行代码在代码表中的序号、局部变量的总宽度等。得到局部变量的总宽度后,便为其申请内存空间。对申请到的内存,将其地址存储在变量 application->localBaseAddr 中。得到首行代码的序号后,将其赋值给全局变量 application->nextIRowCodeIndex。随后解释器开始执行 application.dat 的 main 函数。

解释器每执行一行 application.dat 中的代码时,先基于 application->nextIRowCodeIndex 值将代码行从代码表中取出,然后对其进行解析,得到其中包含的每一个元素,将其放在数组 element 中。数组元素 element[0] 中存放了操作指示符。解释器基于操作指示符分门别类地进行处理,执行该行代码所示的操作。

解释器程序的实现如代码 5.7 所示。其中第 3 行代码的功能为:将被解释执行的应用程序文件从磁盘加载至内存中,创建一个 application 类的对象。其中形参 argv[1] 的值就是被解释执行的应用程序文件名。第 4 行代码的功能是完成 application 对象的初始化:填写类型表中每一类型的宽度、变量表中每一变量的 width 值和 offset 值,以及函数表中每一函数的形参总宽度和局部变量总宽度。第 5 行和第 6 行代码的功能是获取全局变量的总宽度,然后为全局变量分配内存空间。第 7 行的含义是从函数表中获取 main 函数这一对象,将其设置成当前函数。第 8~17 行的功能是为了调用应用程序的 main 函数,计算形参的总宽度,为形参分配内存,并为每个形参赋值,完成参数传递。从 argv[1] 至 argv[argc−1],这 argc − 1 个参数是要传递给 main 函数的实参,因此实参个数为 argc − 1。

第 18 行和第 19 行是获取当前函数(即 main 函数)的局部变量的总宽度,然后为局部分配内存空间,将所得的内存地址赋值给 application->currentLocalBaseAddr。第 20 行的功能是获取当前函数(即 main 函数)的首行代码在代码表中的序号,将其赋给 application->nextCodeRowIndex。解释器将首先执行该行代码。第 21~26 行的功能是逐行解释执行应用程序。每执行一行代码后,都会更新 application->nextCodeRowIndex 的值。当解释执行到 main 函数的 return 指令后,application->nextCodeRowIndex 的值为 −1,表明解释执行完毕。

代码 5.7　解释器程序的实现

```
(1)    int main(int argc, char ** argv)    {
(2)       int result;
(3)       application = createApplicationFromFile(argv[1]);
(4)       application->initialize();
(5)       int globalVariableTotalWidth = application->getGlobalVariableTotalWidth();
(6)       application->globalBaseAddr = malloc(globalVariableTotalWidth);
(7)       application->currentFunction = application->functionTable->
                getItemByName("main");
(8)       int fomalTotalwidth = application->currentFunction->getFormalTotalwidth();
(9)       fomalTotalwidth += sizeof(int) + sizeof(unsigned int *);
(10)      application->currentFormalBaseAddr = malloc(fomalTotalwidth);
(11)      *(int *)application->currentFormalBaseAddr = argc - 1;
(12)      char * itemAddr = (char *) application->currentFormalBaseAddr + sizeof
                (int);
(13)      *(char **)itemAddr = argv + 1;
```

```
(14)    itemAddr += sizeof(char **);
(15)    *(int *)item = -1;
(16)    itemAddr += sizeof(int);
(17)    *(unsigned int *)itemAddr = &result;
(18)    int localTotalWidth = application->currentFunction->
        getLocalVariableTotalWidth();
(19)    application->currentLocalBaseAddr = malloc(localTotalWidth);
(20)    application->nextCodeRowIndex = application->currentFunction->
        getCodeRowStartIndex();
(21)    while (application->nextCodeRowIndex >= 0 )   {
(22)      char * codeRow = application->codeTable->getRowByIndex(application->
          nextCodeRowIndex);
(23)      char * element[16];
(24)      int elementNum = resolve( codeRow, element);
(25)      executeCodeRow(elementNum, element);
(26)    }
(27)    return result;
(28) }
```

5.2.7 指令的解释执行

解释执行一行代码时,先要将其解析成一个元素序列,存入元素数组 element 中,如代码 5.7 中第 24 行所示。元素的个数用 elementNum 存储。在代码行中,元素与元素之间以空格分隔。这种解析类似于命令行解析。在命令行解析中,元素存储在数组 argv 中,元素个数存储在 argc 中。不同之处体现在元素顺序可能要调整,将操作指示符提到前面,用 element[0]存储,现举例说明。代码行"tmp:0 = floatSubtractWithVarToVar formal:1 formal:0",经解析后变成"floatSubtractWithVarToVar formal:1 formal:0 tmp:0"。解析结果类似于用汇编语言写出的指令。代码行解析之后,便调用 executeCodeRow 这一函数执行它,如第 25 行所示。

函数 executeCodeRow 的实现如代码 5.8 所示。element[0]中存储了操作指示符,它明确了后面跟几个元素,以及每个元素的含义。例如,操作指示符 floatSubtractWithVarToVar 的含义是两个 float 类型的变量相减,结果存储在一个 float 类型的变量中。这种操作的处理如第 3~9 行所示。与其相对,操作指示符 floatSubtractWithVarToConst 的含义是一个 float 类型的变量减去一个 float 类型的常量,结果存储在一个 float 类型的变量中。这种操作的处理如第 10~16 行所示。由于所有元素都是字符串,因此对第二个操作数要调用 C 语言中的 atof 函数将其转换为一个 float 类型的常数,如第 12 行所示。

代码 5.8　函数 executeCodeRow 的实现

```
(1) void executeCodeRow(int elementNum, char * element[ ]);
(2)   switch( element[0])   {
(3)     case"floatSubtractWithVarToVar":
(4)       float * operand1 = getMemAddrByLogicAddr(element[1]);
(5)       float * operand2 = getMemAddrByLogicAddr(element[2]);
(6)       float * result = getMemAddrByLogicAddr(element[3]);
(7)       * result = * operand1 - * operand2;
```

```
(8)         application->nextCodeRowIndex += 1;
(9)       break;
(10)      case"floatSubtractWithVarToConst":
(11)        float * operand1 = getMemAddrByLogicAddr(element[1]);
(12)        float operand2 = atof(element[2]);
(13)        float * result = getMemAddrByLogicAddr(element[3]);
(14)        * result = * operand1 - operand2;
(15)        application->nextCodeRowIndex += 1;
(16)      break;
(17)      case"branch":
(18)        int * param1 = getMemAddrByLogicAddr(element[1]);
(19)        if ( * param1 == 1)
(20)          application->nextCodeRowIndex = atoi(element[2]);
(21)        else
(22)          application->nextCodeRowIndex += 1;
(23)      break;
(24)      case"readFile":
(25)        int * param1 = getMemAddrByLogicAddr(element[1]);
(26)        char * param2 = getMemAddrByLogicAddr(element[2]);
(27)        int * param3 = getMemAddrByLogicAddr(element[3]);
(28)        int * result = getMemAddrByLogicAddr(element[4]);
(29)        * result = read( * param1, * param2, * param3);
(30)        application->nextCodeRowIndex += 1;
(31)      break;
(32)      case"call":
(33)        processFunctionCall(elementNum, char * element);
(34)      break;
(35)      ......
(36)    }
(37) }
```

当一行代码的功能是条件分支时,解释执行所作处理如代码 5.8 中第 17～23 行所示。操作指示符"branch"表明其后带两个参数,第一个是 int 类型的变量,第二个为整数常量。当第一个参数的值为 1 时,执行跳转,目标行的序号为第二个参数的值。由于 element[2] 是一个字符串,因此要调用 C 语言中的 atoi 函数将其转换为一个 int 类型的常数,如第 20 行所示。

每门高级语言都定义有系统函数。例如,在 C 语言中,malloc 和 atoi 等都是系统函数。将源代码编译成中间代码时,系统函数的调用保持不变。系统函数的实现由应用程序执行器提供。这里的应用程序执行器为解释器,因此解释器应提供对系统函数的实现。在代码 5.8 中第 24～31 行,就是解释执行系统函数 readFile 的调用。操作指示符 readFile 后面带有 4 个参数,其含义分别是:文件描述符 id、存储数据的内存起始地址、应读取的字节数、返回值(实际读取的字节数)。该函数的定义要求这 4 个参数都必须是变量。解释器通过调用自己实现的函数 read 完成 readFile 应做的事情,如第 29 行所示。

当一行代码的功能是函数调用时,解释执行所作处理如代码 5.8 中第 32～34 行所示。这里的函数调用是指调用应用程序自己实现的函数。应用程序自己实现的函数用逻辑地址标识,例如"function:2"就是一个函数的逻辑地址,表示该函数的有关信息记录在函数表中序号为 2 的行中。函数信息包括：返回值的类型 id、其首行代码在代码表中的序号、形参的总宽度、局部变量的总宽度等。由于函数调用的处理相对复杂一些，为了简洁、清晰起见，将其单独封装在 processFunctionCall 中，其实现如代码 5.9 所示。函数调用的一个特例是 main 函数调用，它是第一个被调用的函数，已在前面讲解。随后的函数调用涉及当前函数的切换：将当前函数信息压入函数调用栈 callStack 中，以备调用返回时恢复用，如第 2～4 行所示。然后将被调函数确立为新的当前函数。

代码 5.9　函数 processFunctionCall 的实现

```
(1)   void processFunctionCall(int elementNum, char * element[ ]);
(2)     callStack->push( (void *)application->currentFunction);
(3)     callStack->push( application->currentFormalBaseAddr);
(4)     callStack->push( application->currentLocalBaseAddr);
(5)     application->currentFunction = application->functionTable->
        getItemByIndex(element[1]);
(6)     int fomalTotalwidth = application->currentFunction->
        getFormalTotalwidth();
(7)     fomalTotalwidth += sizeof(int) + sizeof(unsigned int *);
(8)     application->currentFormalBaseAddr = malloc(fomalTotalwidth);
(9)     char * itemAddr = application->currentFormalBaseAddr;
(10)    int i = 2;
(11)    while (i < elementNum && * element[i] !='=')
(12)      Variable * Variable = application->currentFunction->formalTable->
          getItemByIndex( i - 2 );
(13)      if ( isLogicAddr(element[i]) ) {
(14)        void * realParamAddr = getMemAddrByLogicAddr(element[i]);
(15)        memcpy( itemAddr, realParamAddr ,Variable->width);
(16)      }
(17)      else {
(18)        if (Variable->typeIndex == 0)           //int 类型常量
(19)          * (int *) itemAddr = atoi(element[i]);
(20)        else if (Variable->typeIndex == 1)     //float 类型常量
(21)          * (float *) itemAddr = atof(element[i]);
(22)        else if (Variable->typeIndex == 2)     //char 类型常量
(23)          * (char *) itemAddr = * element[i];
(24)      }
(25)      itemAddr += Variable->width;
(26)      i++;
(27)    }
(28)    * (int *)itemAddr = application->nextCodeRowIndex + 1;
(29)    itemAddr += sizeof(int);
(30)    if (elementNum > 3 && * element[elementNum - 2] =='=')  {
(31)      void * assignedVarAddr = getMemAddrByLogicAddr(element[elementNum - 1]);
(32)      * (unsigned int *) itemAddr = assignedVarAddr;
(33)    }
(34)    else
(35)      * (unsigned int *)itemAddr = 0;
(36)    int localTotalWidth =application->currentFunction->getLocalTotalWidth();
(37)    application->currentLocalBaseAddr = malloc(localTotalWidth);
```

```
(38)    application->nextCodeRowIndex = application->currentFunction->
        getCodeRowStartIndex();
(39)    return;
(40) }
```

在函数调用中，element[1]中存储着被调函数的逻辑地址，解释器先基于它到函数表中找到其定义，如代码 5.9 中第 5 行所示。接下来的工作是：为参数传递计算内存空间大小，然后申请内存空间，完成参数传递，如第 6～35 行所示。函数调用有两种情形：①要将函数返回值赋给一个变量，例如"tmp：0 = call function：2 local：2"；②不要返回值，例如"call function：3 local：1 100"。对函数调用代码行进行解析时，如果是第 1 种情形，就会调整顺序，将被赋值变量由第一个元素调整为最后一个元素，再将等于号（=）调整为倒数第 2 个元素。传递的实参从 element[2]开始，不过，没有实参的情形也有可能。实参的传递如第 9～27 行所示。一个实参可能是一个变量的值，也可能是一个常数，区分方法是：看它是否为一个逻辑地址，如第 13 行所示。

对于一个要传递的实参，如果它是一个变量的值，传递时直接进行内存复制，如第 14 行和第 15 行所示。复制时，需要知道变量的宽度。宽度可从函数的形参定义中获取，如第 12 行所示。理由是：实参与形参具有一一对应性。如果要传递的实参是一个常量，就要从它对应的形参定义中得到其数据类型，然后分门别类进行处理，如第 18～23 行所示。传完实参之后，再传递返回地址，如第 28 行所示。最后传递的是被赋值变量的内存地址。为此先要判断有没有被赋值变量，如第 30 行所示。如果有，那么被赋值变量的逻辑地址存储在数组元素 element[elementNum－1]中，先获取内存地址，然后传递，如第 31 行和第 32 行所示，否则就将要传递的值设为 0，如第 35 行所示。

处理后参数传递之后，接下来获取被调函数的局部变量的总宽度，为局部变量分配内存空间，将局部变量的内存地址赋给 application->currentLocalBaseAddr，如第 36 行和第 38 行所示。最后，获取被调函数的首行代码在代码表中的序号，将其赋给 application->nextCodeRowIndex，以便接下来执行被调函数的第 1 行代码，如第 39 行所示。

调用返回指令 return 与函数调用指令 call 彼此对应。解释器调用 processCallReturn 函数处理 return 指令行，其实现如代码 5.10 所示。return 的含义包括 4 方面。首先将返回地址赋值给 application->nextCodeRowIndex，以实现返回，如第 2～4 行所示。接下来检查调用者是否需要返回值，然后做对应处理，如第 7～22 行所示。调用者传递的最后一个参数是被赋值变量的内存地址。如果该参数的值为 0，表明调用者不需要返回值，否则需要返回值，这时应把返回值传给被赋值变量。当调用者需要返回值时，返回值有两种情形：①是一个变量的值；②是一个常量。是变量的值时，处理如第 11 行和第 12 行所示。是常量时，处理如第 15～20 行所示。

处理完返回值之后，应释放局部变量和形参占用的内存空间，如第 23 行和第 24 行所示。最后应将当前函数切换成调用者函数，即从函数调用栈 callStack 中弹出 3 个元素，分别给 application->currentLocalBaseAddr，application->currentFormalBaseAddr 和 application->currentFunction 这 3 个变量赋新值，如第 25～27 行所示。

思考题 5-2：对于无条件跳转指令 goto，以及一个整数变量加上一个整数常量的指令 intAddwithVarToConst，解释器如何处理？能否写出实现代码？

代码 5.10　函数 processCallReturn 的实现

```
(1)   void processCallReturn(int elementNum, char * element[ ]);
(2)   int fomalTotalwidth =application->currentFunction->getFormalTotalwidth();
(3)   char * itemAddr = (char *)application->currentFormalBaseAddr +
      fomalTotalwidth;
(4)   nextCodeRowIndex = *(int *)itemAddr;
(5)   itemAddr += sizeof(int);
(6)   unsigned int assignedVarAddr = *(unsigned int *) itemAddr;
(7)   if (assignedVarAddr != 0)  {
(8)     int typeId = application->currentFunction->getReturnTypeId();
(9)     Type * type =application->typeTable->getItemByIndex(typeId);
(10)    if ( isLogicAddr(element[1] )  {
(11)      void * returnValueAddr = getMemAddrByLogicAddr(element[1]);
(12)      memcpy(assignedVarAddr,returnValueAddr , type->width);
(13)    }
(14)    else  {
(15)      if (typeId == 0)            //int 类型常量
(16)        *(int *) assignedVarAddr = atoi(element[1]);
(17)      else if (typeId == 1)       //float 类型常量
(18)        *(float *) assignedVarAddr = atof(element[1]);
(19)      else if (typeId == 2)       //char 类型常量
(20)        *(char *) assignedVarAddr = *element[1];
(21)    }
(22)  }
(23)  free(application->currentLocalBaseAddr);
(24)  free(application->currentFormalBaseAddr);
(25)  application->currentLocalBaseAddr = callStack->pop();
(26)  application->currentFormalBaseAddr = callStack->pop();
(27)  application->currentFunction = (Function *)callStack->pop();
(28)  return;
(29) }
```

5.2.8　逻辑地址与内存地址的映射

解释器在处理一行代码的过程中，当遇到变量使用时，调用 getMemAddrByLogicAddr 函数把逻辑地址翻译成内存地址。该函数的实现如代码 5.11 所示。逻辑地址由两部分组成：①变量类别；②变量 id。变量类别有全局变量、局部变量、形参、成员变量、临时变量之分，它们分别记录在全局变量表、局部变量表、形参表、成员变量表、临时变量表中。Application 对象中有一个全局变量表和一个临时变量表。每个自定义数据类型都有自己的成员变量表，每个函数都有自己的形参表和局部变量表。变量的内存地址由基地址加上偏移量得出。得到变量的内存地址，便可读取其值或者给其赋值。分门别类求变量的内存地址，如第 4~34 行所示。

代码 5.11　getMemAddrByLogicAddr 函数的实现

```
(1)   void * getMemAddrByLogicAddr( char * logicAddr)  {
(2)     int id = resolveId(logicAddr);
```

```
(3)     Variable * Variable = null;
(4)     switch (*logicAddr) {
(5)       case:'f':                              //形参
(6)         Variable = application->currentFunction->formalTable->getItemByIndex( id);
(7)         return (char *)application->currentFormalBaseAddr + Variable->offset;
(8)       break;
(9)       case:'l':                              //局部变量
(10)        Variable = application->currentFunction->localTable->getItemByIndex( id);
(11)        return (char *)application->currentLocalBaseAddr + Variable->offset;
(12)      break;
(13)      case:'g':                              //全局变量
(14)        Variable = application->globalTable->getItemByIndex( id);
(15)        return (char *)application->globalBaseAddr + Variable->offset;
(16)      break;
(17)      case:'t':                              //临时变量
(18)        Variable = application->tempTable->getItemByIndex( id);
(19)        return (char *)application->tempBaseAddr + Variable->offset;
(20)      break;
(21)      case:'c':                              //字符串常量
(22)        Variable = application->constantTable->getItemByIndex( id);
(23)        return (char *)application->constantBaseAddr + Variable->offset;
(24)      break;
(25)      case:'m':                              //成员变量
(26)        char * objectLogicAddr = resolveObjectLogicAddr(logicAddr);
(27)        void * baseAddr = getMemAddrByLogicAddr( objectLogicAddr );
(28)        Variable = getVariableByLogicAddr( objectLogicAddr );
(29)        Type * type = application->typeTable->getItemByIndex(Variable->
              typeId);
(30)        Type * referenceType = application->typeTable->getItemByIndex(type
              ->referenceTypeId);
(31)        Variable = referenceType->memberTable->getItemByIndex( id );
(32)        return * (unsigned int *)baseAddr + Variable->offset;
(33)      break;
(34)    }
(35) }
```

在中间语言中有临时变量的概念。将源代码翻译成中间代码时,要引入临时变量来存储中间计算结果。例如,翻译表达式"area ＋ fun(x) * stepLen"时,就要引入一个 float 类型的临时变量来存储函数调用 fun(x)的结果,随后用其进一步存储乘法运算的结果,以及加法运算的结果。临时变量用完之后,便失去了意义,因此要释放其所占内存空间。在中间语言中,指令 newTempVariable 用来创建一个临时变量,而指令 freeTempVariable 的含义则是释放一个临时变量。创建一个临时变量,其实就是在临时变量表中添加一行数据,定义一个新变量。其行号就是临时变量的序号。释放一个临时变量就是在临时变量表中删除一行已有的数据。编译器在编译源代码时,对同时要用到的临时变量个数,会记下最大值,作为应用程序的组成部分。

解释器运行一个应用程序时,在初始化 Application 对象阶段,会读取应用程序文件中临时变量的最大个数,估算临时变量所需最大内存空间,然后为其分配内存空间。解释器将临时变量内存空间的起始地址存储在 Application 对象的成员变量 tempBaseAddr 中。Application 对象另有成员变量 tempTable，用于存储当前使用的临时变量。解释执行 newTempVariable 指令，就是往 tempTable 表中添加一行数据。解释执行 freeTempVariable 指令，则是删除 tempTable 表中所指定的行。对于一个临时变量，从创建到释放，局限在源代码的一个语句中。因此，编译时被创建的临时变量与解释执行时被创建的临时变量的序号完全一致。这就是代码 5.11 中第 17～20 行的由来。

对于字符串常量，在中间代码中用其逻辑地址表示。例如，逻辑地址"const:2"表示的就是一个字符串常量，其定义记录在字符串常量表中序号为 2 的行中。编译器将源代码翻译成中间代码时，每遇到一个字符串常量，便将其添加至字符串常量存储器中，并在字符串常量表中添加一行，记下其在字符串常量存储器中的偏移量。字符串常量表如表 5.4 所示。于是在中间代码中，字符串常量便用其逻辑地址表示。字符串常量表，以及字符串常量存储器中的数据都是中间代码的组成部分。

表 5.4　字符串常量表

序号（index）	偏移量（offset）
0	0
1	18
2	35

解释器将应用程序文件加载至内存后，加载位置的内存地址加上字符串常量数据在文件中的偏移量就是字符串常量的基地址。解释器将其存储在 application 对象的成员变量 constBaseAddr 中。于是，由字符串常量的逻辑地址获取内存地址，就是到字符串常量表中查取对应行的 offset 值。基地址加上 Offset 值就是字符串常量的内存地址。这就是代码 5.11 中第 21～24 行的由来。

另一种变量为成员变量，其逻辑地址与其他类别的稍有差异，求其内存地址也要复杂一些，如第 25～33 行所示。成员变量的逻辑地址中带有基地址（即对象的内存地址）。例如，"member:3[local:5]"就是一个成员变量的逻辑地址，其含义是：对象的内存地址存储在一个逻辑地址为"local:5"的局部变量中，于是基地址就是逻辑地址为"local:5"的这一变量的值。接下来的事情是如何找到成员变量，以便得到其 offset 值。为了找到成员变量的定义，先要找到逻辑地址为"local:5"的这一变量的定义。

在中间语言中，当要访问一个成员变量时，对象的内存地址肯定已经存储在局部变量、形参、全局变量、临时变量这 4 种类别的某个变量中。在上述例子中，找到"local:5"变量的定义后，就知道了其数据类型的 id。再到类型表中找到其类型定义。该类型肯定是一个指针类型，其中包含了引用类型的 id。再由引用类型的 id，到类型表中找到其定义。该类型肯定是一个自定义数据类型，有一个成员变量表。由成员变量的 id（该例中为 3）便可得到其偏移量 offset 值。这就是代码 5.11 中第 25～33 行的由来。

基于一个变量的逻辑地址得到其定义，通过调用函数 getVariableByLogicAddr 实现，如代码 5.11 中第 28 行所示。函数 getVariableByLogicAddr 的实现如代码 5.12 所示。注意：该函数的用途仅限于获取成员变量的类型定义。对于源代码中出现的指针链，例如

"application->typeTable->rowNum",编译器在生成中间代码时,会创建一个类型为 TypeTable 指针的临时变量,用来存储 application->typeTable 的值,然后以该临时变量的值作为成员变量 rowNum 的基地址。因此,在代码 5.12 中,只会出现形参、局部变量、全局变量、临时变量这 4 种类型。

代码 5.12 函数 getVariableByLogicAddr 的实现

```
(1)   Variable * getVariableByLogicAddr( char * logicAddr)  {
(2)       int id = resolveId(logicAddr);
(3)       Variable * Variable = null;
(4)       switch (* logicAddr)  {
(5)         case:'f':                               //形参
(6)           Variable = application->currentFunction->formalTable->getItemByIndex( id);
(7)           break;
(8)         case:'l':                               //局部变量
(9)           Variable = application->currentFunction->localTable->getItemByIndex( id);
(10)          break;
(11)        case:'g':                               //全局变量
(12)          Variable = application->globalTable->getItemByIndex( id);
(13)          break;
(14)        case:'t':                               //临时变量
(15)          Variable = application->tempTable->getItemByIndex( id);
(16)          break;
(17)      }
(18)      return Variable;
(19)  }
```

思考题 5-3:解释器处理 call 指令时,要把 application->currentLocalBaseAddr 和 application->currentFormalBaseAddr 压入函数调用栈 callStack 中,这个很好理解。为什么还要将 application->currentFunction 也压入函数调用栈 callStack 中?请说明理由。解释器解释执行中间代码具有无状态特性。也就是说,每处理一行中间代码,都不依赖于前面的处理。这就是为什么处理函数调用时,要把被赋值变量的内存地址也传给被调函数,由被调函数在 return 时,使用返回值完成赋值操作。是不是只有这样才能取得解释执行的无状态性?请说明理由。

思考题 5-4:当解释器处理临时变量创建指令 newTempVariable 时,就是往临时变量表中添加一行数据,即定义一个变量。该指令后面带的参数为其数据类型的 id。添加时要填写宽度(width)和偏移量(offset)这两个字段的值。这两个字段的值如何确定?能否写出处理该指令的实现代码?对于释放临时变量的指令 freeTempVariable,它后面带的参数为临时变量的 id。能否写出处理该指令的实现代码?

思考题 5-5:代码 5.11 所示 getMemAddrByLogicAddr 函数的实现中,并未考虑如何将数组元素的逻辑地址转换成内存地址。在代码 5.6 中出现了数组元素的逻辑地址"local:0[tmp:0]",其中"local:0"表示数组变量的逻辑地址,逻辑地址为"tmp:0"的变量中存储着数组元素相对于数组变量的偏移量,单位为字节。因此,逻辑地址"local:0[tmp:0]"的内存地址为变量"local:0"的内存地址,再加上 int 类型变量"tmp:0"的值。对数组元素的逻辑地址,解释器如何处理?能否写出实现代码?

思考题 5-6：Application 对象的成员变量包括函数表 functionTable、类型表 typeTable、全局变量表 globalTable、临时变量表 tempTable，以及字符串常量表 constTable。函数表 functionTable 的数据类型为数组，其中数组元素的数据类型为函数。函数对象的成员变量有函数 id、返回值的类型 id、首行代码在代码表中的序号、形参的总宽度、局部变量的总宽度，以及形参表 formalTable 和局部变量表 localTable。其他表与其类似。类型对象的成员变量有类型 id、宽度、引用类型的 id，以及成员变量表 memberTable。变量对象的成员变量有变量 id、类型 id、宽度，以及偏移量。中间代码文件是一个文本文件，由两部分组成：①元数据；②中间代码表和符号表。元数据中记录了每种表的行宽、行数，以及其数据在文件中的起始位置。能否写出 Application 对象的初始化实现代码？

思考题 5-7：说到二进制可执行文件时，通常都锚定了某种型号的计算机。其原因是：对于一个数据，不同型号的计算机，采用的二进制表示方式可能不同。因此，二进制可执行文件不具有通用性，只有文本文件才具有通用性。不过，文本文件不能被计算机直接处理，要通过一个应用程序处理。例如，中间代码文件就不能被计算机直接执行，要用解释器这一应用程序执行。由此可知，通用性的取得需要付出代价。解释器是一个二进制可执行文件。为什么不直接将中间代码文件编译成二进制可执行文件，从而省去解释器呢？请说明理由。

思考题 5-8：程序也叫软件，分为操作系统软件、系统软件、应用软件。编译器属于系统软件，还是应用软件？解释器呢？3 类软件各有什么特性，彼此有什么关系？

思考题 5-9：用高级语言编写的程序，其结构性显然不如用中间语言编写的程序。在高级程序语言中，只有源代码这一概念，代码和数据混合在一起。在中间语言中，则将程序结构化成了代码表和符号表。符号表又可分成类型表、函数表、全局变量表、常量表 4 类。对于函数表中的每一个函数，又有形参表和局部变量表。对于类型表中的每一个自定义数据类型，又有成员变量表。高级语言有什么优点？为什么要采用高级程序语言编程？

5.2.9 解释运行的特性分析

从解释器的实现可知，对于用中间语言生成的应用程序，其最大的优点是通用。无论是哪一种型号的计算机，只要安装有解释器，应用程序就能在其上运行。解释执行的收益是通用性，付出的代价是性能开销。性能开销包括计算开销和存储开销。计算开销表现在：每访问一个变量，解释器都要查表，获取变量的偏移量，计算其内存地址，然后使用一个变量存储其内存地址。与其相对，当采用编译运行方式时，编译器会一次性先将逻辑地址替换成相对地址，即偏移量。因此，运行时就无须查表，于是节省了查表开销。当计算机支持相对寻址时，采用编译运行方式就无须显式地计算变量的内存地址，由 CPU 在执行操作的过程中附带完成。与此同时，也就省去了内存地址的存储开销以及内存地址值在 CPU 与内存之间的来回传输开销。由此可知，就性能而言，解释运行方式明显不如编译运行方式。

当一段代码被循环执行时，解释执行的性能开销就更加突出了。每循环一次，就重复一次地址转换。当采用编译运行方式时，在编译时就一次性地完成了转换，不存在地址重复转换问题。另外，以编译方式运行时，应用程序中的符号表已经失去了意义，可以去除，于是可节省内存空间。解释器也不再需要，可进一步节省内存开销。

解释执行的另一个问题是没有利用计算机的硬件特性提升执行效率。当采用解释运行方式时，被解释执行的应用程序的所有内容（包括程序和数据）都在内存中，根本没有利用寄存器这种高速存储器。当采用编译运行方式时,将中间代码翻译成机器代码,通常都由计算机厂商提供的编译器完成。因此,编译器知道硬件特性,例如寄存器的数量、是否支持相对寻址和间接寻址、是否支持流水线处理、是否支持并行处理等。硬件特性的充分发挥能显著提升计算性能。性能对比测试结果表明,解释运行方式的效率通常不到编译运行方式的15%。由此可知,只有在程序短小,或者程序功能为人机交互时,采用解释运行方式才合宜。

脚本语言可分为两类:①直接解释执行类,例如 Shell 脚本语言;②间接解释执行类,例如 JavaScript 脚本语言。用间接解释执行类脚本语言编写的程序,先要将其编译成用中间语言编写的代码,再由解释器以解释方式运行。在此情形下,作为运行脚本程序的应用程序,脚本引擎自然由编译器和解释器两个组件构成。编译和解释执行既可严格分为两个环节,也可交替进行。当分成两个环节时,先对脚本程序进行编译,然后再解释执行。当交替进行时,则是编译一个语句或函数后,就解释执行生成的代码,两者交替进行。

思考题 5-10:Shell 脚本和 Web 前端的 JavaScript 脚本都采用解释运行方式,这两种脚本有什么特点?为什么适合采用解释运行方式,而不适合采用编译运行方式?对于数据处理和科学计算程序,通常都包含了循环,为什么不适合采用解释运行方式?

5.2.10 中间代码到机器代码的翻译

知晓了解释器的实现后,将中间代码翻译成机器代码就是水到渠成的事情了。翻译的第一项工作是填写类型表中每个类型的宽度、变量表中每个变量的偏移量,以及函数表中的形参总宽度和局部变量总宽度,然后对每种变量的基地址,都分配一个寄存器来专门存储。于是中间代码中逻辑地址就可用寄存器名加上偏移量替换,即转换成了内存地址。接下来的工作就是根据机器语言规范逐行将中间代码翻译成机器代码。函数调用指令的含义是:为参数传递分配内存,传递实参和返回地址以及被赋值变量的内存地址,然后跳转。对于被调函数,被添加的起始代码执行当前函数的切换以及局部变量内存的分配。return 指令的含义是:给被赋值变量回传返回值,恢复返回地址,释放局部变量和形参所占内存,切换当前函数,然后跳转。

在 return 指令的翻译中,恢复返回地址时,不能直接恢复至指令寄存器中,否则就当即跳转了,而应恢复到另一个寄存器中,最后才将其恢复至指令寄存器中,恢复和跳转由一个指令完成。另外,当前函数的切换,不只指形参和局部变量的基地址这两项内容,还包括寄存器。寄存器是一种共享存储器,每个函数中都可使用。因此,在函数的起始代码中,对要用到的寄存器应保存其值到内存中,以备函数返回时恢复用。

将中间代码翻译成机器代码,单就翻译而言并不复杂。编译器要做的一项重要工作是充分利用计算机的物理特性生成高质量的机器代码。高质量的机器代码生成也叫目标代码优化。目标代码优化的含义是:使得目标代码在运行时所需存储空间尽量小,运算开销尽量小,以及代码和数据在不同类别存储器之间的运输次数尽量少,尽快得到计算结果。优化策略是基于中间代码的执行时序,识别数据间的依赖关系以及数据的生命周期,然后利用计算机的物理特性,使得一个程序的运行时间尽量短,从而尽快得到计算结果。

计算机的典型物理特性包括寻址方式、寄存器数量、高速缓存、指令流水线处理、多核处理等。寄存器是响应速度最快的存储器,因此将常要访问的数据用寄存器存储能提升运算速度。决定将哪些数据用寄存器存储，以及如何将数据与寄存器配对，被称作寄存器管理问题。寄存器管理分两级实施，首先是寄存器指派，然后是寄存器分配。寄存器指派是针对程序运行时那些频繁使用的数据，用特定的寄存器专门存储。例如，下一条要执行的机器指令的内存地址，以及当前函数的局部变量基地址，就是程序中要频繁访问的数据。寄存器指派后剩下的寄存器则用来存储程序的数据。

寄存器分配要解决的问题是：哪些变量该用寄存器存储，以及如何为变量指定寄存器。由于寄存器的数量非常有限，因此不足以存储程序常用的所有数据，这时就需执行寄存器腾空。寄存器分配中要做的事情就是识别出最常用的数据，用寄存器存储。数据有生命周期特性，生命周期不交叉的变量可以共享同一寄存器。寄存器分配包括活变量识别算法、基于图着色的寄存器分配方法，以及寄存器腾空选取方法这 3 项内容。寻址方式的利用已在 2.8 节讲解。

5.2.11 基于指令流水线处理的代码优化

流水线处理是工厂生产的一种高效组织模式。这种模式也被 CPU 采用，以提高程序运行效率。在该模式下，CPU 由多个处理子单元构成，子单元以流水线方式串联起来。每个子单元只做特定处理，处理完之后便流转至下一子单元做其他处理。一个指令通常要多个时钟周期才能完成。CPU 具有在每个时钟周期都可启动一条指令执行的能力。也就是说，在一个时刻，可有多个指令在梯次执行。于是，在有 n 个子单元的情形下，CPU 可同时梯次处理 n 条指令。处理情形如下：在第 1 个时钟周期，第 1 个子单元处理第 1 条指令；在第 2 个时钟周期，第 1 条指令流转至第 2 个子单元处理，第 1 个子单元处理第 2 条指令。以此类推。于是 CPU 运行程序，在理想情形下，可做到多指令并行处理，一个时钟周期完成 1 条指令。

一条指令能提交给 CPU 执行（即上线）的前提条件是其输入数据已准备就绪。要做到 CPU 的每个子单元在每个时钟周期都不空闲，要求每条指令都不依赖于在其前面的 $n-1$ 条指令的运算结果。如果不能做到这点，指令上线就只能延后，直至其输入数据就绪。在一个时钟周期如果没有指令上线，就称该时钟周期处在 NOP(No operation)状态，即空转状态。极端情形下，也就是每一条指令都依赖于其前一指令的结果，那么整个流水线处理就形同虚设，要 n 个时钟周期才完成一条指令的处理。具有指令流水线处理功能的 CPU 有时也叫 VLIW(Very Long Instruction Word)处理器，或者超标量(Superscalar)处理器。

因此，目标代码优化的一项重要工作是分析指令之间的依赖性，调整它们之间的顺序，或者做一些简单的等价变换，尽量发挥 CPU 的流水线处理功效。例如，求数组元素之和，最常见的源程序如代码 5.13 所示。这种代码就不能利用 CPU 的流水线处理功能。如果将其改写为如代码 5.14 所示的源程序，便能利用 CPU 的流水线处理特性，将计算速度提高近 4 倍。

代码 5.13 不能利用流水线处理的代码

```
for(i = 0; i ++; i < 4 * n)   {
   t1 += a[i];
}
```

代码 5.14   能充分利用流水线处理的代码

```
for(i = 0; i += 4; i < 4 * n)   {
  t1 += a[i]; t2 += a[i+1]; t3 += a[i+2]; t4 += a[i+3];
}
t1 += t2;    t3 += t4;
t1 += t3;
```

5.2.12 基于高速缓存的代码优化

高速缓存与常规内存相比,读写响应快很多。程序运行时要访问的内存数据都要在高速缓存中。数据在高速缓存与内存之间的传输由硬件负责管理,因此对编译器透明。于是,在编译器和程序员看来,只有内存概念,无高速缓存概念。数据在高速缓存与内存之间的传输不是以字(Word)为单元,而是以高速缓存线(即块)为单元进行,其大小通常为32~256B。与其相对,访问内存时,最小单元为字节。当程序数据具有局部性时,高速缓存能带来显著的性能提升。如果程序数据不具有局部性,高速缓存不但不能带来性能提升,甚至还会影响性能,因此增大程序数据的局部性非常重要。

增大程序数据的局部性,通常要基于代码段的语义做简单的等价变换。例如,代码 5.15 所示的源程序段,其数据局部性就很差。如果将其等价改造成代码 5.16 所示的源程序,那么数据局部性就明显增强。为对比起见,现假定高速缓存线的大小为 32B(即 8 个整数),代码 5.15 所示程序中的整型二维数组 z[8][8] 是逐行存储在内存的。设高速缓存的空间大小为 32B,即只能容纳一行数据。对于代码 5.15 所示程序,每访问一个数组元素,都要涉及数据从内存至高速缓存的一次来回传输。其原因是:一次传输 32B,刚好一行数据,其中被用到的只有一个元素,即有用率仅为八分之一。

代码 5.15   数据局部性很差的源程序示例

```
for(i = 0; i <= 5; i ++)
    for(j = i;   j <= 7; j ++)
        z[j][i] = z[j][i] - average;
```

代码 5.16   能增强数据局部性的代码优化

```
for(j = 0;   j <= 7;   j ++ )
    for(i = 0; i <= min(j, 5); i ++ )
        z[j][ i] = z[j][i] - average;
```

由于高速缓存的空间只能容纳一行数据,所需的下一数组元素总是不在高速缓存中,因此每次循环都涉及一次从内存至高速缓存的传输,以及一次从高速缓存至内存的传输。整个循环要对含 64 个元素的二维数组 z 中 33 个元素进行赋值,因此来回传输的总次数高达 66 次。如果将代码 5.15 所示程序等价改造成如代码 5.16 所示程序,那么数据局部性就明显增强。从二维数组 z 的第 1~6 行,每行数据的有用率梯次增加了八分之一。从第 6~8 行,每行数据的有用率都为八分之六,因此数据从内存至高速缓存的传输只需 8 次,回传也是 8 次,总共 16 次。相比于 66 次,性能提高了 4 倍。从这个例子可知,增大程序数据的局部性是代码优化的一个重要方面。

思考题 5-11: 在数据库中创建索引,其目的是提高查询性能。请从减少数据的无效运输角度分析,为什么索引有助于性能提升?

5.2.13 基于多核处理器的代码优化

多核处理器由多个 CPU 构成,于是具有并行处理能力。多核处理器大多为 SMP (Symmetrical Multiple Processes)型处理器,每个核都有自己的高速缓存,所有核共享内存。对于多核处理器,挖掘计算的可并行性十分关键。并行计算的代码通常具有 SPMD(Single Program Multiple Data)特性。代码 5.17 所示程序的功能是求一个矩阵的方差矩阵。该程序具有并行性。将其改造为并行处理程序,其结果如代码 5.18 所示。并行计算中的每个核都执行相同的程序,即代码 5.18 所示程序。第 1 行中的 M 是指核的个数,为常量。第 2 行中的变量 p 是指核的序号。每个核都有自己的唯一序号。核的序号从 0 至 $M-1$。

从代码 5.18 所示程序可知,矩阵 z 被划分成了 M 个块,每 b 行数据构成一个块,块的序号为 0 至 $M-1$。每个核负责处理一个块,第 i 个核负责处理第 i 个块。于是整个计算任务被划分成 M 个独立的子任务,每个核负责一个子任务,这就是并行计算的典型场景。从上述分析可知,代码 5.19 所示程序具有 SPMD 特性。

代码 5.17 可并行计算的程序示例

```
for(i = 0; i < n;   i ++)
    for(j = 0;   j < n;   j ++)
        z[i][j] = (z[i][j] - average)^2;
```

代码 5.18 具有 SPMD 特性的并行计算程序

```
b = n / M;
for(i = b * p;   i < b * p + b;   i ++ )
    for(j = 0; j < n; j ++)
        z[i][j] = (z[i][j] - average)^2;
```

并行计算涉及作业划分、作业调度、结果汇总、处理单元之间的协同与同步等一系列事情,于是就出现了并行计算架构,将并行计算模型化和抽象化,以此屏蔽底层的差异和细节。并行计算架构由数据类型、API,以及应用框架 3 部分组成。并行计算平台提供商对架构予以实现,而并行计算应用开发商则基于架构开发应用程序。知名的并行计算架构有 MPI、CUDA、OpenMP、OpenCL、OpenACC,以及 Map/Reduce。

高性能计算已从单纯 CPU 转变为 CPU 与 GPU 并用的协同处理方式。CUDA(Compute Unified Device Architecture)架构由英伟达(NVIDIA)公司推出,利用 CPU 和 GPU 各自的优点提升计算机的并行处理能力。CUDA 提供的数学库 CUFFT(离散快速傅里叶变换)和 CUBLAS(离散基本线性计算)封装了并行处理的具体实现细节。基于 CUDA 开发的程序被编译后,目标代码包括运行在 CPU 上的宿主代码(Host Code),以及运行在 GPU 上的设备代码(Device Code)。CPU 和 GPU 共享内存,彼此交互,协同实现并行处理。

5.2.14 基于解释和编译的混合运行模式

对于一个应用程序,当不知道它要在什么型号的计算机上运行时,就会想到采用解释执行方式。通过解释器屏蔽计算机和操作系统型号的多样性,使得应用程序具有通用性,或者说可移植性。解释器的特性是面向语言。也就是说,对于语言 A 的解释器,凡是用语言 A 生成的应用程序,解释器都能解释运行,这就是解释运行的优点。对于云计算,要求应用程序能到处运行。解释运行方式适配了此需求。但是解释运行的效率低下,又制约了它的应用。

传统的编译运行方式,是由应用程序的开发方将源代码编译成二进制可执行文件。这种编译的特点是面向计算机型号和操作系统型号,因此不具有通用性和可移植性。当要求应用程序能到处运行时,应用程序的开发方就不得不为每种型号的计算机和操作系统都生成二进制可执行文件。这种方式给应用程序的开发方和用户都带来了困境。计算机和操作系统的型号都很多,而且在不断增加。开发方发布应用程序时,要为每种型号的计算机和操作系统都生成二进制可执行文件,工作量大,效率低,成本大,维护困难。对于用户来说,必须选取与自己计算机和操作系统型号相匹配的二进制可执行文件,应用程序才可在自己的计算机上运行。在一大堆选项面前,不知道到底选择哪一项才正确。正是因为这种困境,才提出解释运行的解决方案。

传统的编译方式还有另一个缺点,就是版本不匹配导致机器潜能未发挥的问题,现举例说明。假定开发方为 x86 32 位计算机和 Windows 32 操作系统生成二进制可执行文件。x86 32 位计算机有很多版本,如 80386、80486、Pentium、Core、Ryzen 等。这些版本具有前向兼容性。开发方为了使得二进制可执行文件能在任何一台 x86 32 位计算机上运行,只好保守地基于 80386 进行编译。当运行该应用程序的用户计算机是诸如 Core 之类的新版本时,因其相对于 80386 新增的资源未被编译器使用,导致机器潜能被白白荒废。例如 Core 版本的寄存器数量就比 80386 多很多,如果不被编译器使用,就白白浪费了。

Java 是针对传统编译运行方式存在的问题而提出的一种改进方案。Java 把编译器一分为二,一个叫前端编译器,另一个叫后端编译器。前端编译器把 Java 源代码编译成字节码,即用中间语言生成的中间代码。后端编译器再把字节码编译成目标机器代码。在 Java 方案中,前端编译器依旧放在应用程序的开发方一端。而后端编译器则前推到用户的机器上,内置在 Java 虚拟机中。后端编译器安装在用户的计算机上,自然知道计算机的型号和版本。因此,后端编译器在将中间代码翻译成机器代码时,能充分利用机器特性做优化,这也就是 Java 变得流行的重要原因。

现在每种操作系统都提供自己的 Java 虚拟机,并随操作系统一起分发安装,这等于说 Java 虚拟机已成了操作系统的组成部分。使用 Java 编程,应用程序的开发者只需维护一个发布版本,源代码则自己保留。这种特质自然深受欢迎。.NET 技术和 Java 技术类似,其特点是其前端编译器能将各种高级语言程序编译成 MSIL 中间代码。

现在脚本语言非常流行,例如 Node.js、Python 等。从编译的角度看,脚本语言比 Java 更前进了一步,把前端编译器也前推到用户的机器上。应用程序的开发方直接把源程序分发给用户。脚本语言的流行与互联网应用的蓬勃发展密切相关,也与软件开源的普遍化密切相关。软件开源反映了时代的变迁。保守源程序编程秘密已无意义。在此背景下,脚本语言流行起来。脚本语言对用户具有吸引力。由于脚本语言出现的时间晚于传统的高级程序语言，自然针对原有语言在实际应用中暴露的不足，引入了很多新特性。例如，用 Python 语言编程，代码量能缩减至用 C++ 或 Java 编程的十几分之一。代码量变小，不仅可提高编程效率，使得代码简洁，而且还能保证代码质量，增强软件可靠性。除此之外，当代码量很小时，采用解释运行方式也变得可行。

Java 方案为取得应用程序的通用性和可移植性，开始时并不是采用将后端编译器前移至用户的计算机上这一方案，而是采用解释运行方案。后来发现解释运行方案的效率太低，难以接受，于是引入 JIT(Just In Time Compile)编译方案，也就是在解释运行的过程中，当遇到循环代码段或者反复被调用的函数时，便将其翻译成机器代码，然后再执行。该方案将解释与编译混合在一起，交替进行，提升了 Java 程序的执行效率。为了进一步提升运行效率，很多 JVM 又引入了 AOT(Ahead Of Time)编译方案。AOT 编译方案的实质就是将后端编译器前移到用户的计算机上，在运行应用程序之前先将整个字节码翻译成机器代码，然后再运行机器代码。

从 5.2.11 节所述基于计算机物理特性的优化可知，计算机潜能的发挥与编程和编译密切相关。计算机的物理特性如果不被程序利用，那么其潜能就被荒废。要充分利用计算机的潜能，一种有效的方案是对软件分层组织。举例来说，对于矩阵运算、傅里叶变换、偏微分方程组求解、神经网络梯度优化，以及针对数据表的查询定位和统计等这些基础性和共性问题的求解，由专业人员挖掘其数据处理特性，结合计算机的物理特性，定义数据结构，编写高效的并行计算代码，并将其封装成服务函数，作为底层支撑软件。于是计算机执行这些代码时，其潜能会充分利用。编写应用程序时，就是基于现成的架构编排这些服务函数的调用，这也就解释了用现代脚本语言编写应用程序，为什么代码量能缩减至用 C++ 或 Java 编程的十几分之一，甚至几十分之一。

当应用程序的代码量很小，不是对数据直接进行处理，而是通过系统函数的调用间接处理时，解释执行就变得完全可行了。这时候，解释执行部分扮演的角色就如一个大型演奏会的指挥棒，本身耗费的计算机资源只占很小的比率。计算机的绝大部分时间都在执行系统函数中的代码，这就是脚本语言变得流行的根本原因，其实质是解释和编译的混合和交替运用。

5.3 运行环境的虚拟化

云计算中，客户的应用程序能到处运行对于深化资源共享、提升服务质量非常重要。5.2 节针对能不能运行问题，探讨了程序能到处运行的实现方法。当以解释方式运行程序时，便能使程序到处运行。解释器的本质是虚拟机。不过，解释运行方式的效率非常低。为了克服这一问题，一种策略是对软件进行分层处理。将基础性和共性问题的求解封装成系统函数，将其沉淀为公共基础服务，成为系统软件的组成部分。开发应用程序时，就是使用现成的架构对系统函数的调用进行编排，于是要解释运行的代码量很小。应用程序被解释执行时，计算机的绝大部分时间都在执行系统函数中的代码。解释执行占用的时间很少，这也就是脚本语言变得流行的根本原因。

应用程序能运行之后，还有一个能不能成功运行的问题。例如，当应用程序使用 80 端口侦听网络连接请求时,如果 80 端口已被其他应用程序占用,那么运行就不会成功。第 2 个例子是:当应用程序以 IP 地址"192.10.168.12"连接数据库服务器时,如果数据库服务器已经迁移到另一台 IP 地址不为"192.10.168.12"的计算机上运行,那么运行也会不成功。运行不成功皆因变动所致。如果一台计算机只运行一个应用程序,就不存在端口冲突问题。现在让一台计算机同时运行多个应用程序,于是就引出了端口冲突问题。数据库服务器不迁移,老客户的运行就成功。现在迁移了,便引出了老客户找不到服务器的问题。

应用程序运行环境的另一层含义是指它要访问的资源和服务。上述例子中,端口号是操作系统管理的共享资源。数据库服务器是应用程序依赖的外部服务。就云计算而言,客户的应用程序原本成功运行在自己的计算机上。由于应用程序的运行环境保持不变,运行自然成功。现在要将其迁移至云上运行,这就是变动。在云上运行时,并不固定在某一台计算机上运行。也就是说,变动是常态。迁移使得应用程序的运行环境发生了变动,从而引发了应用程序运行不成功的问题。如何解决因运行环境变动而导致的应用程序运行不成功问题?接下来,首先分析什么叫运行环境,然后分析运行不成功的具体表现,再讲解问题的解决方法。

应用程序要调用操作系统提供的 API 访问操作系统提供的服务,因此应用程序与操作系统之间呈客户/服务关系。应用程序作为客户提出资源请求,操作系统给出响应结果。这种客户与服务之间的交互以 API 函数调用的方式出现。对于客户提出的资源请求,如果操作系统不能满足,那么应用程序对操作系统 API 的调用就不成功。应用程序运行不成功,是因为对操作系统 API 的调用不成功所致。于是应用程序的运行环境是指操作系统。从面向对象的视角看,操作系统也有类和实例对象两层概念。这里的操作系统是指实例对象。同样的应用程序,面对的操作系统实例对象不同,API 调用的结果就有可能不同。有的调用成功,有的调用不成功。

对于因变动而导致的应用程序运行不成功问题,要使用虚拟化策略解决。虚拟化是软件工程中常用的一种策略,听起来非常熟悉,但在解决实际问题中将其落到实处并不容易。凡是对于因变动而引发的多样性问题,基本上都要用虚拟化策略予以解决。例如,在网络技术出现的初期,用 IP 地址标识网络中的一台计算机显得天经地义。由于服务器程序运行在一台计算机上,于是在客户程序中自然就用 IP 地址加上端口号访问服务器。后来由于公司的变动,服务器程序被迁移到其他计算机上运行,这种变动导致客户找不到服务器的运行问题。为了解决该变动问题,在客户程序中不再用 IP 地址,而用域名标识服务器所在的计算机。在运行时再将域名实时解析(或者叫映射)成 IP 地址。

在上述方案中,域名是计算机的逻辑 id,而 IP 地址是计算机的物理 id。用虚拟化的术语表达,域名是计算机的虚 id,而 IP 地址是计算机的实 id。虚 id 具有不变性,而实 id 则具有变动性,这就是网络中计算机标识的虚拟化。客户使用虚 id 访问服务器。在原有实现中,客户用实 id 访问服务。为了使客户能用虚 id 访问服务,就不得不在客户与服务之间增加一个域名解析模块,把虚 id 映射成实 id。中间增加的这个模块通常叫作中介或者代理。该场景下,服务在客户这一侧具有不变性,那就是虚 id 保持恒定不变。服务在提供方这一侧具有变动性,体现在实 id 的变动上。这种不变性与变动性的衔接处理,通常被称作虚拟化解决方案。

上述 IP 地址的虚拟化具有静态性,表现在先有虚拟化方案,然后再开发客户程序。这种情形显然不适于云计算场景。在云计算中,并不是先有云计算概念,然后再设计开发应用程序。云计算的含义是:不改动应用程序原有配置的情形下,将企业客户已有的业务信息系统从它自己的局域网迁移至云上运行。这时物理资源 id 发生了变动。例如,客户 A 的数据库服务器在迁移前,其 IP 地址为"192.10.168.12"。迁移后,运行在云上 IP 地址为"129.95.37.45"的计算机上。客户 A 的另一应用程序 β 要连接数据库服务器,给出的 IP 地址还是"192.10.168.12"。如果不做处理,连接显然不会成功。要使连接成功,就必须把应用程序 β 给出的 IP 地址"192.10.168.12"当作一个虚 IP 地址,将其映射成实 IP 地址"129.95.37.45"后,再执行连接操作。

由上例可知,迁移前,应用程序向操作系统请求资源时,所给出的资源 id 就是实资源 id。迁移之后,实资源 id 发生了变动。要使程序能成功运行,必须将应用程序给出的资源 id 当作虚资源 id 处理。运行时,在操作系统和应用程序之间增加一个中介,将资源虚 id 映射成实 id。增加的这个中介被称作虚拟机。原来的 2 层结构,现在变成了 3 层结构,如图 5.2 所示。由于应用程序是在虚拟机之上,因此也就是说应用程序运行在虚拟机上。

图 5.2 迁移带来的变动对应用程序透明的实现方案

由虚拟机负责将虚 id 映射成实 id。虚拟机又怎么知道虚 id 和实 id 的映射关系呢?当一个对外提供服务的应用程序迁移时,其对外开放的资源 id 便发生了变动。其客户所驻的虚拟机必须知晓这种变动,才能执行正确的映射。云计算中的虚拟化该如何实施?要回答这个问题,一定要知晓虚拟化技术的演进过程。最初出现的虚拟化是文件的虚拟化,然后是函数的虚拟化。明白这两种资源的虚拟化用意和实现后,理解和掌握云计算中的虚拟化技术就不困难了。

5.4 文件的虚拟化

虚拟化针对的问题是客户与服务之间的交互问题。服务的变动性要求对客户透明。也就是说,客户持有的资源 id 为虚 id。客户访问服务时,再实时地将虚 id 映射成实 id。映射的实 id 不同,得到的服务结果就不同。这种不变性与变动性的衔接,有时也可说成客户程序具有通适性,现举例说明。用 Shell 解释器执行 Shell 命令。当执行单个 Shell 命令时,是以键盘作为输入,运行结果显示在屏幕上。当用管道符把两个 Shell 命令连接起来执行时,那么第一个命令的运行结果就不再显示在屏幕上,而是变为第二个命令的输入。检查 Shell 命令的源代码(用 C++ 语言编写),发现它并没有考虑是否有管道符这种差异性。对于输入,都是使用 cin;对于输出,都是使用 cout,其含义是采用键盘作为输入,采用屏幕作为输出。

为什么用管道符把两个 Shell 命令连接起来时,Shell 命令的行为特征就发生变化了呢?这种通适性的实现在操作系统中就考虑了。操作系统将所有外设资源都视为文件,于是键盘输入,就是打开键盘文件,然后读该文件。屏幕输出就是打开屏幕文件,然后写该文件。C++ 语言中的 cin 和 cout 其实都是文件 id。Shell 解释器是访问文件服务的客户程序,操作系统是文件服务的提供方。客户程序通过调用操作系统提供的 API 函数 fread 读取文件中的数据，调用 fwrite 函数向文件中写入数据。这两个函数中的第 1 个参数就是文件描述符，即文件 id。操作系统对文件进行了虚拟化处理，因此客户给出的文件 id 为虚 id。上述 Shell 命令的执行，有无管道符会影响服务的行为表现，是因为操作系统将虚 id 映射成了不同的实 id 所致。

操作系统为 3 个文件提供了虚拟化支持。用 C++ 术语表达，这 3 个文件分别是 cin，cout 和 cerr。操作系统创建进程时，就为进程打开了这 3 个文件。因此，应用程序只需使用这 3 个文件，无须打开。这 3 个文件的虚 id 分别为 0、1 和 2。当应用程序调用操作系统 API 函数 fopen 打开一个文件时，返回值并不是文件对象的内存地址，而是文件描述符。也就是说，返回值不是被打开文件的实 id，而是虚 id。操作系统内核中的进程对象有一成员变量 fileTable，存放进程已打开文件的虚 id 和实 id 的映射关系。应用程序每打开一个新文件，操作系统就会向其进程的 fileTable 中添加一行，记录该文件的虚 id 和实 id，同时把虚 id 叫作文件描述符，返回给应用程序。

cin、cout 和 cerr 作为进程首先被打开的 3 个文件，其文件描述符自然分别为 0、1 和 2。操作系统也为应用程序提供了修改 cin、cout 和 cerr 这 3 个文件的实 id 的 API。应用程序可以先打开一个文件，然后调用操作系统提供的 API 将其设置成 cin、cout，或者 cerr。当 cin 的实 id 被修改后，应用程序读 cin 文件时，就不再是键盘输入了。当 cout 的实 id 被修改后，应用程序写 cout 文件时，就不再是屏幕输出了。

Shell 解释器正是利用了操作系统提供的文件虚拟化功能，实现管道流处理。解释器在解释执行一行命令前，先检查是否带有管道符。如果有，则在执行第一个 Shell 命令前，先创建一个临时文件，并修改 cout，将其改为被创建的临时文件。于是第一个命令的输出就存入临时文件中了。在执行第二个命令之前，对 cout 复位，于是第二个命令的输出还是屏幕。再修改 cin，将其改为被创建的临时文件。于是第二个命令的输入就不再是键盘，而是被创建的临时文件。

操作系统对 cin、cout 和 cerr 这 3 个文件提供的虚拟化功能，为应用程序的通适化提供了强大的支撑。还是以 Shell 命令为例，当要以远程方式执行时，无须做任何修改。用户可以使用一个 telnet 终端登录到一台远程计算机上的 telnet 服务器，然后在 telnet 终端上输入 Shell 命令行，让其在远程计算机上执行。执行的结果会显示在 telnet 终端上。有了上述 3 个文件的虚拟化后，这个功能的实现就非常简单了。telnet 终端与 telnet 服务器要建立网络连接来交互。在操作系统中，网络连接也是文件。因此，telnet 服务器只需把 cout 修改为该网络连接。随后执行 Shell 命令时，其输出都通过网络连接发生给了 telnet 终端。

cerr 这个文件的虚拟化也有广泛的应用。应用程序将日志输出到 cerr。默认情形下的 cerr 是指屏幕文件，因此日志输出到屏幕上。如果把 cerr 修改为一个本地文件，那么日志就写到本地文件中了。如果把 cerr 修改为一个远程文件，那么日志就写到远程文件上了。如果与远程数据库服务器建立一个网络连接，并把 cerr 修改为该网络连接，那么日志就写到远程数据库服务器中了。在云计算中，通常把所有客户的应用程序的日志收集到日志数据库中，进行统一分析和管理。有了 cerr 这个文件的虚拟化，要实现该功能就非常简单了。只需创建一个进程，然后让该进程与日志数据库服务器建立网络连接，把 cerr 修改为该网络连接，再调用应用程序的 main 函数即可。

操作系统将所有资源都封装成文件，使得应用程序只需知道如何访问文件，便可访问任何资源和服务。这种处理极大地提升了应用程序的通适性。例如，操作系统为应用程序提供 API 函数，允许把一个网络文件系统（Network File System，NFS）挂载（mount）在本地文件系统的某个目录下。于是应用程序访问远程文件与访问本地文件毫无区别。也就是说，就文件使用而言，网络对应用程序透明。

从上述文件的虚拟化可知，服务在提供方这一侧，具有变动性，以实 id 的形式出现。服务在客户方这一侧，具有不变性，以虚 id 的形式出现。运行时的不变性与变动性的衔接通过映射实现。资源 id 用来标识服务提供方一侧的资源对象。资源虚拟化还只是从资源对象标识这一方面使客户程序具有通适性。对于客户程序，在运行时对服务方提供的资源对象，还要调用其成员函数。服务方对于同一函数，在不同的类中给出了不同的实现，因此函数的实现具有多样性。这种函数实现的多样性能否在客户方以单一的形式出现？也就是说，能不能以虚函数的形式出现？这就是虚函数的由来。函数的虚拟化对客户程序的通适性至关重要。接下来讲解函数的虚拟化。

5.5　函数的虚拟化

任何事情，当数量增多到一定程度时，就要进行分层管理。例如，学生人数少时，就可一级管理。当学生人数增多到 60 人以上时，就会发现一级管理会遇到一系列问题，例如学生重名等。处理办法是进行分班管理。于是一级管理就变成了多级管理，线性结构变成了树状层次结构。编程也是如此。在面向过程语言中，程序由函数构成，呈一级结构。函数用函数名标识。随着函数增多，重名等问题就出来了，为此引入了类概念，进行层次化管理。面向过程编程就演变成面向对象编程。函数变成了类的成员，叫作类的成员函数。一个函数可能重复出现在多个类中，为此，通过提取共性，引入继承概念，使得程序结构和脉络既清晰又简洁，维护方便。

多态是面向对象编程语言中最核心的概念。多态是增强程序代码通适性的一种高级抽象。多态的实质是函数虚拟化。下面通过程序例子展示函数虚拟化的来龙去脉。在绘图程序中，一个图文档由各种类型的图形对象组成。图形类通过继承不断增加，例如五环旗图就是通过继承圆图而来。要向图文档中增加一个图形类的对象时，就创建一个该图形类的实例对象，将其加入图文档中。绘图程序使用链表 pShapeList（List 类的一个实例对象）存储图文档中的图形对象。绘图程序在创建链表 pShapeList 时，要给定其中元素的类型。元素的类型为指针，其引用类型必须事先给定。现在的问题是：向 pShapeList 中添加元素时，是各种图形类的指针，于是出现了矛盾。

针对上述问题，可采取强制类型转换策略解决元素进表问题。pShapeList 中元素类型在定义时设定为 void *。把一个图形类对象的指针值向 pShapeList 中添加前，先将其强制转换成 void * 类型。于是把多样性弄成了单一性，解决了元素进表问题。不过，接下来又冒出了第二个问题。当要把图文档显示到屏幕时，是逐个调用 pShapeList 中每一元素的 draw 成员函数。但是，pShapeList 中元素的类型为 void *。这时不得不对 pShapeList 中元素再次进行强制类型转换，转回原类型的指针，但这时并不知道一个元素的原有类型，无法转回原类型的指针。

为了解决将 void * 指针转回原类型指针这一问题，不得不对表中每一元素的类型进行跟踪。一种办法是：定义一个祖先类 Shape,它有一个成员变量 classId,记录类 id。然后每定义一种图形类时,都通过继承将 Shape 类作为根类。在图形类的构造函数中给成员变量 classId 赋值为其类 id。pShapeList 中元素类型也不再定义为 void *,而是 Shape *。当图形对象指针进表时,将其强制转换成 Shape * 类型。读取 pShapeList 中元素时,再次进行强制类型转换,转回原类型指针,其实现方案示例如代码 5.19 所示。

该方案通过检查成员变量 classId 的值感知指针类型,存在明显瑕疵。在绘图程序中,读取 pShapeList 表中元素的地方很多。每添加一个图形类,都要在这些读取之处修改源代码,添加一个 case 语句。修改的地方会很多,涉及多个源代码文件,难免出现遗漏之处,导致程序不正确。另外,绘图程序的开发方、图形类的定义和实现方可能并不是同一个厂商。图形类的定义和实现方称作函数库的提供方。绘图程序的开发方称作函数库的使用方。上述方案要求使用方与提供方在源代码一级联动。也就是说,提供方定义了新的图形类时,使用方要修改其源代码。

上述方案的另一个问题是：函数库的提供方必须把图形类定义的头文件发布给使用方。只有这样,使用方才能在其源代码中通过 new 操作创建图形类的实例对象,然后调用其成员函数。在这种情形下,面向对象的封装特性就成了一纸空文。使用方能看到所有图形类的定义,而且是从根类开始的整个继承沿革,这不叫封装。封装应该是只让使用方看到提供方对外开放的成员函数。

代码 5.19 类型指针由单一性到多样性的转换示例

```
void Document::onDraw(CanVas * p)    {
   Shape  *pShape ;
   pShape = pShapeList->GetFirstElement( );
   while (pShape)    {
      switch (pShape->classId)    {
      case TEXT:
         (Text *)pShape->draw(p);
         break;
      case CIRCLE:
         (Circle *)pShape->draw( p);
         break;
      case FIVE_CIRCLE_FLAG:
         (FiveCircleFlag *)pShape->draw(p);
         break;
      ……;
      }
      pShape = pShapeList->getNextElement( );
   }
}
```

上述方案更大的问题是版本耦合。提供方对函数库进行改版升级很常见。改版包括增加新的类,以及对原有类进行改动(如增加新成员变量、修改成员函数的实现)。于是一个函数库会出现多个版本。另外,函数库常被多个应用程序使用。例如,在一台机器上安装有程序 A 和程序 B,它们都使用了函数库 α 的 v1 版本。出于节省磁盘空间和内存的目的,操作系统通常只存一份函数库 α 于公共位置。运行时,程序 A 和程序 B 也共享内存中的函数库

α。当再新安装程序 C 时，它恰好也使用了函数库 α，不过是 v2 新版本。于是将新版本复制至公共位置，将 v1 版本覆盖掉。这时，原先安装的程序 A 可能运行不成功，原因是它和函数库 α 有版本耦合问题。

现举例解释程序 A 出现运行不成功的原因。设函数库 α 中有图形类 Text，其两个版本的定义分别如代码 5.20 和代码 5.21 所示。v2 版本所做修改为：添加了一个成员变量 length。程序 A 在开发时见到的是 v1 版本，创建图形类 Text 的实例对象，然后再调用其成员函数时，将对象指针作为第一个实参。成员函数的实现代码是，在函数库 α 中通过第一个形参访问实例对象。在 v2 版本的函数库 α 中，成员函数的实现中会访问 length 成员变量。但是程序 A 传递过来的实例对象是 v1 版实例对象，其中没有 length 的内存空间，于是程序 A 出现运行不成功问题。

代码 5.20　类 Text 在 v1 版本中的定义

```
class Text {
    char *pText;
    int x, y, width, height;
    Text (char *pString);
    ~Text ();
    voiddraw(CanVas *p);
};
```

代码 5.21　类 Text 在 v2 版本中的定义

```
classText {
    char *pText;
    int x, y, width, height;
    intlength;
    Text (char *pString);
    ~Text ();
    voiddraw(CanVas *p);
};
```

从上述分析可知，提供方发布给使用方的类定义，永久不能修改，尤其不能删除或者添加成员变量，也不能改变成员变量的类型，否则会因版本更新问题导致使用方开发的程序运行不成功。但事物总是在发展演进，类定义的改版升级不可避免。下面详细论述上述 3 个问题的解决之策。

5.5.1　基于代理的解耦和封装实现方案

上述案例揭示了面向对象编程中遇到的 3 个问题。对于后两个问题（即封装和耦合问题），最直观的一种解决方法是：提供方为每一个类增设一个代理（或者叫中介）类。现将原有的类叫作实体类，于是每一个实体类都有一个对应的代理类。实体类对外开放的成员函数定义都被复制到代理类中。于是在使用方看来，代理类和实体类没有任何差异。代理类永久只有一个成员变量 pEntity，其类型为实体类指针。在版本升级中，代理类中原有的成员函数也永久不改变，只能在其后添加新的成员函数。现在提供方只把代理类的定义发布给使用方,不再把实体类的定义发布给使用方。

实体类和其代理类的例子分别如代码 5.23 和代码 5.23 所示。代码 5.23 所示的代理类定义中,先申明一个类名 Text,然后再定义一个指向该类的指针变量 pEntity。在发布给使用方的头文件中,尽管只有 TextProxy 的定义,没有类 Text 的定义,但在编译使用方的源代码时,不会认为有语义错误。其理由是:无论指向哪一个类型的指针,指针变量中存储的都是内存地址,其宽度都一样。定义一个指针类型时,必须给定引用类型,其语义是控制给指针变量赋值时,不能拿类 A 实例对象的内存地址去给类 B 的指针变量赋值。在使用方的源代码中没有给成员变量 pEntity 赋值的语句。给 pEntity 赋值是在代理类的构造函数中。而代理类构造函数的实现是函数库的组成部分,位于提供方的源代码中。

代码 5.22   实体类定义示例

```
class Text  {
    char *pText;
    int  x, y, width, height;
    void draw(CanVas * p);
    bool focus(bool option);
};
```

代码 5.23   实体类的代理类定义示例

```
class TextProxy  {
    class Text;
    Text * pEntity;
    void draw(CanVas * p);
    bool focus(bool option);
};
```

提供方在函数库中,必须把代理类的所有成员函数对外开放,其中包括构造函数和析构函数。其原因是:在使用方的源代码中,会通过 new 操作创建代理类的实例对象,再通过 delete 操作释放代理类的实例对象。new 操作中要调用代理类的构造函数,而 delete 操作中要调用代理类的析构函数。

上述方案能解决版本耦合问题。在使用方的源代码中,先是创建代理类的实例对象,然后调用代理类的成员函数。代理类起着中介作用。其成员函数的实现只有一行代码,就是调用实体类对象 pEntity 对应的成员函数。成员变量 pEntity 的初始化是在代理类的构造函数中完成的,即通过 new 操作创建一个实体类的实例对象,然后将其指针赋值给 pEntity。

代理类的定义有其独特的特征,即只有一个成员变量,没有继承任何其他类,于是也非常简洁,受使用方欢迎。代理类实现了提供方与使用方的解耦。这种解耦通过代理类的不变性取得。该方案也将封装问题一并解决了。提供方发布给使用方的头文件中,只有代理类的定义,不再有实体类的定义。

5.5.2　基于函数虚拟化的解决方案

代理类的引入尽管解决了耦合问题和封装问题,但也付出了代价。成员函数的调用都要通过代理中转,既有时间开销,也有存储开销。是否有更好的方案,既解决问题,又不会引入开销,同时还能将第1个问题(即修改联动问题)也一并解决? 这一问题引出了函数的虚拟化。

对于第1个问题,现总结如下。一个程序中创建有很多类的实例对象,其指针值存储在一个链表中。由于对象的指针类型与表中元素的指针类型不一致,在将指针值入表时,不得不进行强制类型转换,将其转换为表中元素的指针类型。当要调用表中元素所指对象的成员函数时,要对其再次执行强制类型转换,转回原先的指针类型,但此时并不知道其原先的指针类型,于是就要采取如代码5.19所示的跟踪方案。当新类型出现时,该方案要求新类型的使用方与提供方在源代码一级联动,使得代码缺乏广适性和通用性。

将代码5.19所示源程序改为代码5.24所示源程序,如果能在运行时得到所期望的效果,那么该代码就具有广适性和通用性,第1个问题便得到解决。得到所期望的效果是指:代码5.24中第5行调用的成员函数draw,尽管是通过pShape这个变量表达,但不是与pShape这个变量的类Shape进行绑定,而是与pShape这个指针值所指对象的类进行绑定,这种效果被称为**多态**。举例来说,对于表中某个元素,如果其指针值所指对象的类为Circle,那么运行时就该调用类Circle的成员函数draw,而不是调用类Shape的成员函数draw。

代码 5.24 具有广适性和通用性的使用方源代码

```
(1)    void Document::onDraw(CanVas * p)   {
(2)       Shape * pShape ;
(3)       pShape= pShapeList->GetFirstElement( );
(4)       while (pShape)  {
(5)         pShape->draw(p);
(6)         pShape = pShapeList->GetnextElement( );
(7)       }
(8)    }
```

对于代码5.24中第5行的调用成员函数draw,要其与pShape这个指针值所指对象的类进行绑定,意味着在编译时不能确定被调函数draw的起始内存地址,要到运行时才能确定。这种成员函数的调用叫作动态调用。也就是说,pShape这个指针值所指对象中要有附加的成员变量,记录类的成员函数在内存中的起始地址。达成此目标最直接的办法是将类的成员函数看成成员变量。于是类的成员变量有两种:数据成员变量和函数成员变量。创建类的实例对象时,为这两种成员变量都分配内存空间。然后在构造函数中为这两种成员变量都赋初值。对于函数成员变量,其初值为成员函数在内存中的起始地址。

现举例说明如下。对于代码5.25所示的类Text,在原有语义中,其实例对象中只有数据成员变量pText、x、y、width、height的内存空间,没有成员函数变量draw和focus的内存空间。为了达成多态效果,实例对象中增加了函数成员变量draw和focus的内存空间。这两个变量的类型自然都是函数指针。在类的构造函数中,不仅要给数据成员变量赋初值,还要给函数成员变量赋初值。该例中,函数成员变量draw和focus的初值分别为成员函数draw和focus在内存中的起始地址。

代码 5.25 Text 类中普通成员函数定义

```
class Text {
    char *pText;
    int  x, y, width, height;
    void draw(CanVas *p);
    bool focus(bool option);
};
```

不过，上述类的实例对象内存布局不是原有方案。在原有方案中，创建类的实例对象时，只给其数据成员变量分配内存空间，不给其函数成员变量分配内存空间。其理由是：对于类的某个成员函数变量来说，在所有实例对象中，其取值相同，因此没有必要在每一个实例对象中重复存储。因为在原有方案中，在实例对象中没有给成员函数分配内存空间，于是代码 5.24 中第 5 行调用成员函数 draw，是指调用类 Shape 的成员函数 draw。

为了在原有方案基础上达成多态效果，必须对成员函数新增一个类别。原有类别叫普通成员函数，新增类别叫动态成员函数。动态成员函数也叫**虚拟函数**（virtual function），简称**虚函数**。在 C++ 语言中，当在一个成员函数的定义前面加上 virtual 修饰词时，它就叫**虚函数**。对于虚函数，在创建类的实例对象时会为其分配内存空间，而且编译器会在构造函数中补加代码，给虚函数成员变量赋初值。

要使代码 5.24 表现出多态效果，就要把 draw 函数定义成虚函数。例如，对代码 5.25 所示的类 Text 定义，就要相应地将其成员函数定义成虚函数，如代码 5.26 所示。对于一个含虚函数的类来说，其所有实例对象中，虚函数变量的取值相同，因此可将虚函数变量部分从实例对象中剥离出来，在内存中仅存一份，让所有实例对象共享它。共享的虚函数变量部分称作**虚函数表**，取名为 vtab（virtual table 的缩写）。每一个实例对象只需增加一个指针变量，其值指向虚函数表。该指针变量称作**虚函数指针**，取名为 vptr（virtual pointer 的缩写）。给虚函数指针赋初值是在类的构造函数中完成的。这种剥离示例如图 5.3 所示。这个示例是代码 5.26 定义的类 Text 的实例对象。

代码 5.26 Text 类中虚函数定义

```
class Text {
    char *pText;
    int  x, y, width, height;
    virtual void draw(CanVas *p);
    virtual bool focus(bool option);
};
```

从上述分析可知，把成员函数定义成虚函数，可解决面向对象编程遇到的第一个问题，使得代码 5.24 所示程序表现出多态效果，但封装和耦合问题还没有解决。为了解决这两个问题，还要进一步引入**纯虚函数概念**，将代理类改造成**接口**。在虚函数的定义中，进一步给虚函数变量赋值为 0，那么它就成了纯虚函数。如果一个类的定义中仅包含纯虚函数，那么这个类就叫接口（interface）。接口中的纯虚函数称作**接口函数**。C++ 中的 Shape 接口定义示例如代码 5.27 所示。在 Java 语言中，引入了 interface 这个关键词，接口定义示例如代码 5.28 所示。

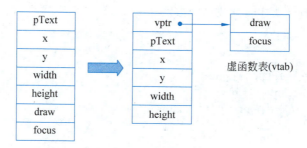

剥离前的Text类实例对象　　剥离后的Text类实例对象

图 5.3　从实例对象中剥离函数成员变量的示例

代码 5.27　C++ 中的 Shape 接口定义

```
class Shape  {
    virtual void draw(CanVas * p) = 0;
    virtual bool focus(bool option) = 0;
};
```

代码 5.28　Java 中的 Shape 接口定义

```
interface Shape  {
    void draw(CanVas * p) ;
    bool focus(bool option) ;
};
```

有了接口之后,实体类通过继承接口,实现其中的接口函数,达成虚与实的统一,使得接口类的实例对象与实体类的实例对象融为一体。因此,成员函数调用的中转开销不复存在。另一方面,提供方只需将接口定义发布给使用方,并不需要发布实体类的定义。使用方所写的源程序(如代码 5.24 所示)不但没有语法问题,而且运行时能展现出多态效果。于是,面向对象编程中上述 3 个问题便都得到了完美解决。

最后剩下的一件事情是:服务方必须提供一个对外开放的全局函数,供使用方调用,获得接口类的实例对象。使用方只有从服务方获得了接口类的实例对象,才能调用其成员函数。对于服务方来说,就是创建一个实体类的实例对象。由于实体类的实例对象中包含了接口类的实例对象,因此只需进行强制类型转换,将指向实体类实例对象的指针,转换为指向接口类实例对象的指针。代码 5.29 给出了这个全局函数的实现示例,供使用方调用,以获取接口类实例对象的指针。在该实现中,先创建一个实体类 Text 的实例对象。该对象中包含了一个接口类 Shape 的实例对象。因此,执行强制类型转换后,就得到了接口 Shape 实例对象的指针。

代码 5.29　使用方获取接口指针的方法

```
Shape * CreateText(const char * psz, int x, int y, int width, int height)    {
    return (Shape * ) new Text(psz, x, y, width, height);
};
```

现回到前面所述的绘图程序。有了接口 Shape 的定义后,pShapeList 表中元素的类型就为 Shape *。对于不同的图形类，它们都继承了 Shape 接口，并实现了其中的接口函数。无论是创建哪一个图形类的实例对象，返回给使用方的都是 Shape 接口指针，因此能直接存入 pShapeList 表中，无须强制类型转换。另外，代码 5.24 所示程序运行时，第 5 行调用的成员函数 draw 呈多态性，其内存地址是通过 pShape 这个指针值所指的接口对象获得的。接口对象的成员变量 vptr 指向虚函数表，其中第一项为成员函数 draw 的内存地址。

接口的实例对象有两部分：①成员变量 vptr；②虚函数表 vtab。由于实体类继承了接口类，因此实体类的实例对象中就包含了一个接口类的实例对象。当实体类 E 继承了接口 A 时，它就必须实现接口类中的纯虚函数。实现一个纯虚函数，就等于创建了该纯虚函数的一个实例对象。因此，实体类 E 继承了接口 A，就等于创建了接口 A 的虚函数表 vtab 的一个实例对象，将其取名为 vtabByE。对于实体类 E 的任何一个实例对象，其中包含的接口对象的成员变量 vptr，其取值都相同，指向 vtabByE。成员变量 vptr 的赋值由实体类 E 的构造函数负责。vtabByE 则和函数导出表一样，都是可执行文件中的内容。当可执行文件被加载至内存后，vtabByE 的内存地址便为已知常量。

5.5.3 接口特性

接口是函数库提供方与使用方之间交互的基准，必须具有永久不变性。也就是说，提供方一旦定义了一个接口并且发布出去后，就永久不能对其修改。如果要新增接口函数，只能定义一个新接口，继承原有接口，在新接口中添加接口函数。另外，接口继承只能是单继承，不能是多继承，以此确保子接口兼容父接口。也就是说，接口 C 可以继承接口 A 或者接口 B，但不能同时继承接口 A 和接口 B。对于一个实体类，它可以继承多个接口，并对每个接口中的函数加以实现，不能留下接口函数不予实现。使用方不能自己创建接口的实例对象，只能调用函数库中的函数得到一个指向接口实例对象的指针。

一个接口只有被某个实体类继承，并加以实现，它才由抽象变为具体。一个接口可能被很多实体类继承，每个实体类对接口函数都有自己的实现。因此，一个接口在不同实体类中的行为特征互不相同。例如，对于上述 Shape 接口，每一个图形类都继承了它，都对接口中的 draw 函数给出了自己的实现。例如，图形类 Text 对 draw 函数的实现，与图形类 Circle 对 draw 函数的实现，就显然不同。编译器在生成实体类 E 的目标代码时，会为其继承的接口 A 生成一个虚函数表 vtab。对 A 中每一函数的实现，编译器都会将其起始地址（相对于函数库文件起始位置的偏移量）记录在虚函数表 vtab 中。编译器也会在实体类 E 的构造函数中添加给虚函数指针 vptr 赋初值的代码。

虚函数表就像可执行文件中的函数导出表一样，是函数库文件中的内容。当使用方的应用程序运行时，函数库文件会被加载到内存中。设加载地址为 loadedAddr。此时，虚函数表 vtab 中的数据要做改变，由相对于函数库文件起始位置的偏移量，改为内存地址。只有这样，才能实现接口函数的调用。这种改变非常简单，即用原有的值（即偏移量）加上 loadedAddr。

另外，编译器在生成函数库文件时会预留一个存储位置，用以记录 loadedAddr。其目的是给 vptr 赋初值。运行时每创建一个实体类 E 的实例对象，便将虚函数表 vtab 的内存地址赋值给成员变量 vptr。这就涉及 vtab 的内存地址计算问题。vtab 在函数库文件中的偏移量在编译时就知晓,因此为常量。该常量加上 loadedAddr,就是其内存地址。因此,在实体类 E 的构造函数中,给 vptr 赋初值不成问题。

5.5.4 由一个接口获取另一个接口

一个实体类可能继承了多个接口,并对它们都给出了实现。例如,假定类 E 的定义为"class E：public A,B {……}",其含义是实体类 E 继承并实现了接口 A 和接口 B。使用方调用函数库中的全局函数 CreateA 时,返回值为指向接口 A 实例对象的指针值。当使用方想获取指向接口 B 实例对象的指针值时,该如何获取?此时自然会想到强制类型转换。例如,使用方通过语句"A * pA = CreateA();"获得了接口 A 的指针。然后调用接口 A 中的成员函数。随后还可通过强制类型转换语句"B * pB = (B *)pA;",获得接口 B 的指针,以便调用接口 B 中的成员函数。

这里的强制类型转换与常见的强制类型转换有差异。当使用方知道类 E 的定义,并知道指针 pA 来源于类 E 的实例对象时,上述强制类型转换完全可行。编译器能基于类 E 的定义判断这种强制类型转换的合理性,并知道如何转换。现在的问题是：pA 的值来自服务提供方。在使用方,编译器只能看到接口 A 和接口 B 的定义,并无类 E 的概念。接口 A 和接口 B 两者之间呈平行并列关系,彼此之间并无必然联系,因此编译器不知道如何转换。因此,对于使用方源程序中出现的强制类型转换语句"B * pB = (B *)pA;",从常规看行不通。不过,Java 语言中又允许出现这种语句,这又该如何解释呢?

上述强制类型转换有其特殊性。编译器知道该语句的含义是：由一个接口指针值,获取另一接口指针值。对于这种特殊转换,编译器会对其做如下翻译：调用接口 A 的成员函数 transform,其中传递的实参为接口 B 的名称。如果该函数的返回值不为 0,那么它就是一个接口 B 的指针。反之,如果为 0,则表明不能由 pA 得到一个接口 B 的指针,即两者没有联系。

在上述例子中,在服务提供方,pA 所指接口 A 的实例对象来源于类 E 的实例对象。类 E 继承并实现了接口 A 和 B,自然也就实现了接口 A 的纯虚函数 transform。在这里,接口 A 的成员函数 transform 由类 E 实现,因此知道类 E 的定义。知道类 E 的定义及其内存布局,也就知道 3 个实例对象的内存地址之间的关系。这 3 个实例对象是指：类 E 的实例对象、接口 A 的实例对象、接口 B 的实例对象。类 E 的实例对象的内存布局如图 5.4 所示。从而知道,类 E 的实例对象与接口 A 的实例对象有相同的内存地址,接口 A 的实例对象的内存地址加上指针变量 vptr 的宽度,就是接口 B 的实例对象的内存地址。该例中,接口 A 和接口 B 的成员函数 transform 的实现分别如代码 5.30 和代码 5.31 所示。

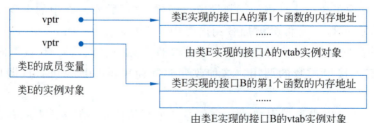

图 5.4　继承并实现了接口 A 和 B 的类 E 的实例对象的内存布局

代码 5.30　类 E 对接口 A 中成员函数 transform 的实现

```
(1)  void * E::A::transform( char * interfaceName )  {
(2)    if (strcmp(interfaceName,"B") == 0) {
(3)      return (void * )this + WIDTH( POINTER);
(4)    else
(5)      return 0;
(6)  }  }
```

代码 5.31　类 E 对接口 B 中成员函数 transform 的实现

```
(1)  void * E::B::transform( char * interfaceName )  {
(2)    this = (void * )this - WIDTH( POINTER);
(3)    if (strcmp(interfaceName,"A") == 0) {
(4)      return this;
(5)    else
(6)      return 0;
(7)  }  }
```

对接口 B 的成员函数,类 E 给出的实现中,第 1 个语句都是"this ＝（void ＊）this － WIDTH(POINTER);"。该情形如代码 5.31 中第 2 行所示。其含义是:由指向接口 B 的实例对象的指针值(即形参 this 的值),得出指向类 E 的实例对象的指针值(这里还是将其存储在形参 this 中)。与其相对,对于类 E 实现的接口 A 的成员函数中,形参 this 既是指向接口 A 的实例对象的指针值,也是指向类 E 的实例对象的指针值。

5.5.5　函数虚拟化的本质

函数虚拟化的本质是:一个函数在服务提供方有多种实现,而在客户方则以单一形式对其进行调用。于是,客户程序就具有通适性,不会因为服务提供方的实现增多,而导致客户程序联动修改,这也就实现了客户模块与服务模块的完全解耦。由此可知,函数的虚拟化依旧是有关客户与服务之间的交互问题,依旧是处理单一性对多样性的衔接问题,即运行时的映射问题。映射放在客户方从服务方获取接口指针这一开始环节。随后客户使用接口指针时,只关心其功能(即成员函数的含义),不在意其具体实现,因为具体实现是服务方的事情。

一个函数在服务提供方可能有很多种实现。例如,对于图形图像,无论是哪一种,都有一个显示输出问题,还有一个将其从内存保存至磁盘和从磁盘读取至内存的问题,因此都要实现 draw,save,load 这 3 个函数。于是可把这 3 个函数组成一个接口。在一个图形库文件中,提供了多个图形类的实现。每个图形类都继承并实现了该接口。也就是说,每个接口都有多种实现。当函数很多时,以面向对象的形式组织,不仅结构清晰、简洁,而且易于理解。对于一个接口,除在一个库文件中有多个实现这种情形外,还有可能在很多库文件中都有实现。例如,文件接口就在很多库文件中都被实现。

函数虚拟化能使程序具有良好的特质。例如,手机联网通信程序具有通适性。当 WiFi 可用时,便用 WiFi 联网通信。当 WiFi 不可用,而蓝牙可用时,手机自动切换到蓝牙联网通信。如果蓝牙也不可用,而移动数据网可用时,手机自动切换到移动数据网通信。当 WiFi

恢复可用时，手机会再次自动切换，用 WiFi 联网通信。这种自动切换对客户透明，给客户的感觉是网络时刻都可用。将通信视作一种服务时，这种自动切换使得服务保持对其客户时刻可用，这正是人们期望的一种特质。

该例中的 WiFi、蓝牙、移动数据网是指不同的通信链路。假设提供这 3 种链路服务的库文件名分别为 wifi、bluetooth 和 mobile，它们都实现了接口 LinkComm。在网络层次模型中，网络层调用链路层对其开放的 LinkComm 接口，其中成员函数 send 的功能是往外发送数据（即下传数据）。对从外面接收到的数据，链路层调用网络层对其开放的 Network 接口，其中成员函数 receive 的功能是接收数据（即上传数据）。这里的网络对象与链路对象是一对三关系，因此要在它们之间增加一个中介，负责映射。这个中介叫作链路管理器，它也实现了 LinkComm 接口。假设链路管理器实现在库文件 linkManager 中。

在操作系统启动的过程中，链路管理器初始化时，会将所有链路对象存放在自己的链路对象表 linkTable 中，而且排好序，把优先使用的链路对象排在前面。这里的链路对象是指 LinkComm 接口指针。上述自动切换的实现放在链路管理器中，如代码 5.32 所示。

代码 5.32　通信链路自动切换的实现

```
(1)    int LinkManager::LinkComm::send( char * data, int size)　{
(2)      for (int i= 0; i < linkNum; i++)　{
(3)        LinkComm * link = linkTable->getItemById(i);
(4)        if (link->aVailable())
(5)          return link->send(data, size);
(6)      }
(7)      return -1;
(8)    }
```

在 5.4 节讲述的文件虚拟化中，进程对象有一个成员变量 fileTable，用于存储已打开文件的虚 id 和实 id 映射。在具体实现中，实 id 其实就是文件接口指针。进程作为客户方，向操作系统请求打开一个文件时，操作系统会返回一个文件接口指针。接着在进程的 fileTable 表中添加一行，记下返回值，然后把行号作为虚 id 返回给应用程序。随后，应用程序对文件进行访问时，就是调用接口的成员函数。由此可知，文件虚拟化的实现很简单。操作系统给应用程序提供的 API 函数 fopen，其实现如代码 5.33 所示。其中第 2 行中的 File 是文件接口名，os_fopen 是操作系统内部的服务函数。应用程序调用操作系统提供的 API 函数 fread 读取文件中的数据，其实现如代码 5.34 所示。

代码 5.33　文件虚拟化中 fopen 函数的实现

```
(1)    int fopen(const char * fileName, const char * mode);)　{
(2)      File * file = os_fopen( fileName, mode);
(3)      int rowId = currentProcess->fileTable->addRow(file) ;
(4)      return rowId;
(5)    }
```

代码 5.34　文件虚拟化中 fread 函数的实现

```
(1)    int fread(int fileId, char * buffer, int size);)　{
(2)      File * file = currentProcess->fileTable->getFileByRowId(fileId) ;
```

```
(3)     return file->read( buffer, size);
(4)   }
```

5.6 应用程序的迁移

迁移是指：原本运行在计算机 α 的应用程序 A，将其复制到计算机 β 上运行。程序 A 在计算机 β 上运行时，可能会遇到其所需资源不能被满足的问题。例如，服务程序 A 要使用 80 端口侦听客户的连接请求，将其从计算机 α 迁移至计算机 β 上运行时，计算机 β 上的 80 端口这一资源可能对其不可用，这会导致服务程序 A 在计算机 β 上运行不成功。即使服务程序 A 被成功迁移，由于计算机 β 的 IP 地址与计算机 α 的 IP 地址不一样，对于服务程序 A 的客户来说，会出现找不到服务程序 A 的问题。也就是说，服务程序 A 的迁移会导致其客户运行不成功。云计算就是要将企业客户的应用程序迁移至云上运行。迁移中的这两个问题要通过虚拟机解决。

在讲解虚拟机的实现前，先看企业客户运维其服务程序的传统方式。企业客户建有自己的局域网，通过网关与公网互联。每个服务程序都固定运行在局域网中某一台计算机上。对于新服务程序的上线，先选定计算机，再执行安装和配置，直至能成功运行为止。服务程序的启动脚本放在开机启动时会自动执行的 Shell 脚本程序中，因此计算机只要一开机，服务程序就被启动运行。在该方式下，每一服务程序的服务 id（即 IP 地址和端口号）都为已知常量。对于任一服务程序（记作程序 A），当它作为客户要访问另一服务程序（记作程序 B）时，就基于程序 B 的服务 id 与其建立网络连接，然后与其交互。在程序 A 中，程序 B 的服务 id 以配置参数的形式出现，有时甚至直接写入了程序 A 的源代码中。在传统方式中，配置参数存于本地配置文件中。

由此可知，在传统运维模式下，应用程序和运行它的计算机是绑定的，这种绑定表现为应用程序的服务 id 用计算机的 IP 地址和端口号表示。要将企业客户的应用程序从它自己的局域网迁移至云上运行，只好在云上构建一个一模一样的局域网。当然，这个局域网是虚拟局域网。企业客户自己原有局域网上运行服务程序的计算机也被一并构建，被称作虚拟机。虚拟机被构建之后，它们之间能相互通信就表示它们在一个局域网上。于是，迁移之后企业客户的业务信息系统在逻辑上依旧保持不变，依旧有计算机和应用程序的概念。计算机之间能相互通信，表明它们在一个局域网上。

接下来看企业业务信息系统迁移上云的具体场景。企业客户在云服务商的网站上完成注册和登录后，云服务系统便为其构建一个虚拟局域网。客户填写局域网上计算机的数量。填写之后，虚拟局域网中的虚拟机便被创建出来。客户再将自己局域网上每台计算机的文件系统打包成镜像文件，然后上传给对应的虚拟机。全部上传之后，按"启动"按钮，整个业务信息系统便在云上运行。每台虚拟机会以给其上传的镜像文件作为自己的文件系统。对文件系统中开机启动时应运行的 Shell 脚本程序，虚拟机在启动后便执行它，于是服务程序便被启动运行。对于每台虚拟机的 IP 地址，以 Linux 系统为例，存储在文件 /etc/sysconfig/network-scripts/ifcfg-eth0 中。虚拟机读该文件，便知道了自己的 IP 地址。

企业客户将自己的业务信息系统迁移上云之后，可在已有的虚拟机上安装新的应用程序,也可以在虚拟局域网里添加虚拟机,然后在其上安装新的应用程序。也就是说,客户运维业务信息系统的方式依旧保持不变,只不过所有事情都变成在虚拟世界里完成。企业客户将自己的业务信息系统迁移上云,带来的好处是:不用担心有故障发生,不用担心物理资源不够问题,也不用担心系统的服务质量问题。除此之外,还能从云服务那里得到自己业务信息系统的负载特征统计信息。

对于云服务商来说,它先要为企业客户创建虚拟局域网和虚拟机。客户为每个虚拟机上传镜像文件后,虚拟机的文件系统便已准备就绪。接着云服务商要调度虚拟机到物理计算机上运行。物理计算机在以后称作云上的主机。对于一台主机,当接收到一个运行虚拟机的任务之后,先调用操作系统提供的 API 函数 createVM 创建一个虚拟机,然后完成虚拟机的初始化,即为其准备文件系统,将其接入虚拟局域网,最后便是调用操作系统提供的 API 函数 startupVM,启动虚拟机。启动虚拟机,其实就是执行虚拟机文件系统中的 Shell 脚本程序。对于开机启动时要运行的应用程序,其启动脚本都在 Shell 脚本程序中,因此启动虚拟机,也就是启动应用程序的运行。

虚拟机只是在操作系统中增加的一个概念,对应用程序透明。虚拟机的功能就是执行映射,把资源的虚 id 映射成实 id。当一个应用程序运行在虚拟机上时,它原来与操作系统的交互变成了与虚拟机的交互。交互中,应用程序所给的资源 id 都为虚 id。虚拟机将虚 id 映射成实 id,然后再与操作系统交互。对操作系统的响应结果,虚拟机将其转发给应用程序。接下来讲解虚拟机的具体实现。

5.7 虚拟机的实现

云服务商的客户是企业客户,其业务信息系统原本运行在自己的局域网中,通过网关与公网互联。现在要将业务信息系统迁移至云上运行。如果不改动业务信息系统的配置,那么云服务商就要为其构建出一模一样的运行环境。假设客户 A 自己原有的局域网上有 2 台计算机,其 IP 地址分别为 192.168.76.100 和 192.168.76.101,分别运行 Web 服务器程序和数据库服务器程序。2 个服务器使用的端口号分别为 80 和 3306。云服务商为客户 A 构建运行环境时,就要创建一个虚拟局域网和 2 台虚拟机。2 台虚拟机的 IP 地址也是被迁移而来的 IP 地址,分别为 192.168.76.100 和 192.168.76.101。2 台虚拟机能相互通信。

假设客户 B 原有的局域网上也有 2 台计算机,其 IP 地址也分别为 192.168.76.100 和 192.168.76.101。这种情形完全可能,因为客户 A 和客户 B 相互独立。云服务商为客户 B 构建运行环境时,也要创建一个虚拟局域网和 2 台虚拟机。2 台虚拟机的 IP 地址也为 192.168.76.100 和 192.168.76.101。为了表述方便,为客户 A 创建的虚拟局域网取名为 VN_A,为其上的 2 台虚拟机分别取名为 VM_A1 和 VM_A2。为客户 B 创建的虚拟局域网取名为 VN_B,为其上的 2 台虚拟机分别取名为 VM_B1 和 VM_B2。为了资源共享,运行时的虚拟机 VM_A1 和 VM_B1 可能被调度到云上的同一台物理计算机上(将其记为主机 PC_x)。这时 PC_x 上的两个虚拟机 VM_A1 和 VM_B1 有相同的 IP 地址(192.168.76.100)。

在上述场景下,如何使得虚拟机 VM_A1 和 VM_B1 上运行的应用程序都能成功运行呢?也就是说,虚拟化该如何具体实现?应用程序是通过软中断指令访问操作系统内核提供的服务,因此可将虚拟化放在操作系统内核中加以实现,也就是在操作系统内核中增加虚拟机这一模块。增加之后，应用程序可调用操作系统的 API 函数 createVM 创建虚拟机对象。为了将进程与虚拟机关联起来，给进程对象新增一个成员变量 vm(virtual machine)，记录进程所属的虚拟机对象。创建进程时，操作系统会把父进程的 vm 值赋给子进程，即把子进程也纳入父进程所属的虚拟机中。父进程也可创建一个虚拟机，然后给子进程的成员变量 vm 赋值，使子进程归属于另一虚拟机。运行时的虚实映射便由虚拟机完成。

下面以建立网络连接为例说明虚实映射的具体实现过程。假设上例中为客户 A 创建的虚拟机 VM_A1 和 VM_A2 分别被调度到主机 PC_x 和 PC_y 上运行，其 IP 地址分别为 129.95.37.23 和 129.95.37.45。虚拟机 VM_A1 上运行 Web 服务器程序，要连接在 VM_A2 上运行的数据库服务器。Web 服务器程序知道数据库服务器的 IP 地址为 192.168.76.101（即 VM_A2 的 IP 地址），服务端口号为 3306。由于数据库服务器是 Web 服务器的运行环境，因此此会启动在先。数据库服务器启动之后，便创建一个 socket 来侦听网络连接请求。由于数据库服务器运行在虚拟机上，因此服务器有虚实两层概念。虚服务器是 VM_A2 中的概念，其 id 为(IP：192.168.76.101，port：3306)。实服务器是 PC_y 中的概念，其 id 为(IP：129.95.37.45，port：3306)。

再看 Web 服务器程序在建立与数据库服务器的网络连接中涉及的虚实映射。Web 服务器程序知道的数据库服务器，其 id 为(IP：192.168.76.101，port：3306)。由于 Web 服务器程序运行在虚拟机 VM_A1 上，因此这是一个虚服务器 id。建立网络连接时，要连接的实服务器 id 为(IP：129.95.37.45，port：3306)。虚拟机 VM_A1 负责执行映射，即从虚服务器 id(IP：192.168.76.101，port：3306)得到实服务器 id(IP：129.95.37.45，port：3306)。得到实服务器 id 后，虚拟机 VM_A1 调用主机提供的网络连接函数，与数据库服务器建立网络连接。这里所说主机提供的网络连接函数，就是原有概念中操作系统提供的网络连接函数。因为操作系统增加了虚拟机概念，所以只好把原有概念中的操作系统说成主机。

现在的问题是：虚拟机 VM_A1 如何知道虚服务器 id(IP：192.168.76.101，port：3306)对应的实服务器 id 为(IP：129.95.37.45，port：3306)？

由于虚拟局域网 VN_A 以及其中的虚拟机 VM_A1 和 VM_A2 都由云管理器构建，因此这两个虚拟机被调度到主机 PC_x 和 PC_y 上运行也由云管理器决定。云管理器可从企业客户为虚拟机上传的镜像文件中得到虚拟机的 IP 地址。镜像文件是虚拟机的文件系统。以 Linux 为例，其中包含的文件 /etc/sysconfig/network-scripts/ifcfg-eth0，就存储着本机的 IP 地址。该 IP 地址就是虚拟机的 IP 地址。对于主机 PC_x 和 PC_y 的 IP 地址，云管理器自然知道。因此，云管理器知道每个虚拟机的 IP 地址以及其所驻主机的 IP 地址，于是也就知道了虚 IP 地址和实 IP 地址的映射关系。以虚拟局域网 VN_A 为例，其中仅含 2 台虚拟机 VM_A1 和 VM_A2，云管理器可得出其虚 IP 地址和实 IP 地址的映射表，如表 5.5 所示。将该表取名为 ipAddrMapTable。

表 5.5 VN_A 中所有虚拟机的虚 IP 地址与实 IP 地址映射表

虚拟机名称	虚 IP 地址	实 IP 地址
VM_A1	192.168.76.100	129.95.37.23
VM_A2	192.168.76.101	129.95.37.45

云管理器将虚拟局域网 VN_A 的映射表 ipAddrMapTable 传给它的所有虚拟机,即 VM_A1 和 VM_A2。VM_A1 得到此表后,只需查该表,就能得出虚 IP(192.168.76.101)对应的实 IP 为 129.95.37.45。

操作系统内核中增加虚拟机概念之后,要将虚拟机模块嵌入在应用程序与操作系统内核之间。应用程序原来对操作系统内核 API 的调用,要改成对虚拟机模块中相应 API 的调用。虚拟机完成映射之后,再调用操作系统内核 API,完成实际操作。对操作系统内核 API 返回的响应结果,虚拟机将其返回给应用程序。由于虚拟机实现在操作系统内核中,于是操作系统内核模块被划分成两个模块:虚拟机模块和主机模块。主机模块就是原有操作系统内核模块。因此这种嵌入对应用程序透明。

下面通过一个 API 例子展示这种嵌入。操作系统内核中原有的 connect 函数,其功能是与服务器建立网络连接。现在因为增加了虚拟机这一中间模块,将该函数改名为 host_connect,表示是主机的实现。新 connect 函数的实现放在虚拟机模块中,如代码 5.35 所示。其含义是:如果进程属于某个虚拟机,那么就交给虚拟机处理,否则还是由主机处理。

代码 5.35　系统函数 connect 的实现

```
(1)    int connect(int socketId, char * ipAddr, int port, int protocol)    {
(2)      if (currentProcess->vm != null )
(3)        return currentProcess->vm->connect(socketId, ipAddr, port, protocol);
(4)      else
(5)        return host_connect( socketId, ipAddr, port, protocol);
(6)    }
```

代码 5.35 中第 3 行要调用虚拟机对象的成员函数 connect,其实现如代码 5.36 所示。该函数要做的第 1 项工作就是完成虚 IP 地址到实 IP 地址的映射,如第 2 行所示。接下来完成虚端口号到实端口号的映射,如第 3 行所示。虚拟机有成员变量 ipAddrMapTable 和 portMapTable。其中前者存储虚拟局域网中所有虚拟机的 IP 地址与所驻主机的 IP 地址之间的映射关系,后者存储虚拟局域网中所有服务器的虚端口号与实端口号的映射关系。注意:这里的虚拟局域网不是网络技术中的 VLAN,而是虚拟机所属的虚拟局域网。该函数中,形参 ipAddr 是指运行服务器所在虚拟机的 IP 地址,形参 port 是指服务器的虚端口号。第 4 行的含义为:如果没有虚端口号与实端口号的映射项,那么实端口号就是虚端口号。

代码 5.36　虚拟机的成员函数 connect 的实现

```
(1)    int VM::connect(int socketId,char * ipAddr, int port, int protocol)    {
(2)      char * RealIpAddr = ipAddrMapTable->getRealByVirtual(ipAddr);
(3)      int realPort = portMapTable->getrealByVirtual(ipAddr, port);
(4)      if (realPort == -1)
(5)        realPort = port;
(6)      return host_connect( socketId, realIpAddr, realPort, protocol);
(7)    }
```

在上述例子中,Web 服务器要创建一个与数据库服务器的网络连接 socket。Web 服务器所属的虚拟机 VM_A1 为其执行了映射,把虚 IP(192.168.76.101)映射成了实 IP(129.95.37.45)。由此可知,当进程是操作系统下的概念时,它要访问的网络资源是实资源,不存在映射问题。当进程变成虚拟机下的概念时，它要访问的网络资源也就成了虚资源，要由其所属的虚拟机执行映射。映射是在运行时执行。映射关系如图5.5所示。该例中，数据库服务器的实端口号和虚端口号相同，都是3306。不相同的情形将在后面讲解。

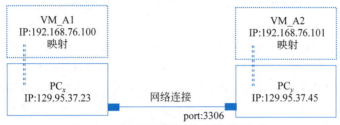

图 5.5　虚拟化中的网络连接映射示例

　　上述虚拟机的联网方式，叫作 Host-Only 方式，其优点有 3 个。当云计算采用此方式时，每个企业客户自己原有的计算机及其联网方式被一模一样地虚拟出来，因此将客户的应用程序迁移至云上运行时，无须改动任何配置。第 2 个好处是：虚拟机的 IP 地址设置没有任何约束，一台物理计算机上的多个虚拟机可以有相同的 IP 地址。这正是人们期望的一种程序迁移特质。第 3 个好处是：只有在创建 socket 时需要执行映射，随后通过 socket 发送或者接收数据时，就不再有映射工作了。因此，发送和接收数据没有任何额外开销。创建 socket 和建立网络连接只是偶尔发生的事情，而发送和接收数据则是频繁发生的事情，因此映射开销非常少，几乎可以忽略。

　　对于支持虚拟机的操作系统，对虚拟机的联网，通常提供 3 种配置方式供选择。除上述 Host-Only 方式外，另外两种方式叫作桥接（Bridged）方式和 NAT（Network Address Translation 的缩写）方式。在桥接方式中，给每个虚拟机分配一个实 IP 地址，即虚拟机的 IP 地址和主机的 IP 地址具有对等性。在一台主机上可创建多个虚拟机，于是一台主机有多个 IP 地址。从实现来看，由 3.2 节所述网络模型可知，操作系统内核中有多个 Network 对象，因此要在网络层与链路层之间添加一个路由层。对于链路层上传的 IP 数据包，路由层检查其 IP 地址，然后上传给与其匹配的 Network 对象。对于网络对象下传的 IP 数据包，路由层基于其 IP 地址要么下传给链路层，要么上传给某个 Network 对象。

　　在 NAT 方式中，一台主机上的虚拟机和主机自己组成一个局域网。主机同时充当该局域网的网关。于是主机的 IP 地址也是网关在外网中的 IP 地址。这里的外网仅是相对该局域网而言。桥接方式中的路由器和 NAT 方式中的网关，这 2 个功能模块的具体实现分别已在 2.11 节和 3.2.3 节讲解。这两种联网方式的优点是：虚拟机与虚拟机之间能相互通信，虚拟机无须维护驻扎局域网中每一个虚拟机与所驻主机的 IP 映射。其中桥接方式的联通能力更强。其缺点是虚拟机的 IP 地址不能随意设置。如果采用 NAT 方式，那么同一主机上的 2 个虚拟机不能出现 IP 地址相同的情形，而且要满足局域网的配置要求。如果采用桥接方式，限制更多，整个物理局域网上的虚拟机不能出现 IP 地址相同的情形，还要满足物理局域网的配置要求。

　　虚拟机的联网只有采用 Host-Only 方式时，对虚拟机的 IP 地址设置才没有任何限制。但对虚拟机与虚拟机之间网络连接的建立，需要 IP 地址映射表，也需要执行映射。这种方式对应用程序的迁移有好处，无须改动应用程序的配置。正是因为 Host-Only 方式有其独特的优点，所以其在应用程序迁移中广泛运用。

从上述虚拟机的实现可知，虚拟局域网只是一个逻辑概念。其含义是：一个虚拟局域网中的虚拟机彼此之间能建立起网络连接。其实现体现在 ipAddrMapTable 这个映射表中。当虚拟机 VM_A1 想与虚拟机 VM_A2 建立网络连接时，VM_A2 的 IP 地址与其所驻主机的 IP 地址映射关系一定要出现在 VM_A1 的 ipAddrMapTable 表中。如果没有出现，那么 VM_A1 便认为这是一个外网 IP 地址，于是会与虚拟局域网中的网关建立网络连接，按照与外网服务器建立网络连接的方式处理。网关是虚拟局域网中的一个服务器，其虚 IP 地址肯定出现在 VM_A1 的 ipAddrMapTable 中。与外网服务器建立网络连接的过程已在 3.2 节讲解。

这里所说的虚拟局域网与网络技术中的 VLAN 是两回事。VLAN 也叫虚拟局域网，是一种网络通信技术。只有虚拟机的联网方式采用桥接方式时，才可能与 VLAN 有关联。VLAN 考虑的问题是：如果在一个有 n 台计算机的局域网中广播一个消息时，要将该消息传给 $n-1$ 台计算机。这 $n-1$ 台计算机都要接收该消息，并检查该消息是否应由自己处理。在这 $n-1$ 台计算机中，其实只有一台计算机会处理该消息，剩下的 $n-2$ 台计算机所做的接收和检查都是无用功。广播消息的数量与 n 成正比，因此减少 n 就能减少无用功。VLAN 要做的事情是把一个大的局域网划分成多个小的局域网，以减少无用功。

5.8 虚拟机自己的文件系统

运行环境中还有一个重要内容，那就是文件系统。对于一个应用程序，从其代码的构成看，包括私有部分和公共共享部分。公共共享部分是指用户空间中的支撑库，例如 C 语言的系统函数库。公共共享代码访问公共共享文件。例如，当应用程序基于域名访问一台计算机时，要先将域名解析成 IP 地址。这项工作就由公共共享代码完成。在 Linux 中，域名与 IP 地址的映射关系存储在公共共享文件/etc/hosts 文件中，于是域名解析就是打开/etc/hosts 文件，然后基于域名查出与其对应的 IP 地址。

当应用程序运行在虚拟机上时，基于域名访问一台计算机这一概念发生了变化。这里的域名是指虚拟机的域名，查出的 IP 地址也是指虚拟机的 IP 地址。还是以上述客户 A 为例，其 Web 服务器程序和数据库服务程序分别运行在虚拟机 VM_A1 和 VM_A2 上。在客户 A 自己原有的局域网上，运行数据库服务器程序的计算机域名为 dbServer。假设 Web 服务器程序以域名 dbServer 访问数据库服务器。现在 Web 服务器程序运行在虚拟机 VM_A1 上，对域名 dbServer 解析时，得到的 IP 地址应该是虚拟机 VM_A2 的 IP 地址，此时的域名解析不应该是打开主机 PC_x 上的/etc/hosts 文件，而应该是虚拟机 VM_A1 上的 /etc/hosts 文件。

由上述分析可知，当应用程序运行在虚拟机上时，打开的文件是指虚拟机上的文件，而不是指主机上的文件。虚拟机的文件是指企业客户为虚拟机上传的镜像文件中包含的文件。具体实现方法是：将虚拟机的根目录挂载（mount）在主机文件系统的某个目录下。于是虚拟机对象要有一个成员变量 mountedDir，记录被挂载的主机目录。对于操作系统内核提供的打开文件函数 fopen，其实现应作修改。修改后的实现如代码 5.37 所示。举例来说，假设虚拟机 VM_A1 的根目录被挂载在主机 PC_x 的目录/vm/VM_A1 下，域名解析时要打开文件/etc/hosts，而实际被打开的文件是/vm/VM_A1/etc/hosts。第 4 行中的 strcat 是 C 语言库函数，其功能是把两个字符串串接起来形成一个字符串。

由上述分析可知，当云管理器指派主机 PC_x 运行虚拟机 VM_A1 时，需将 VM_A1 的镜像文件和 ipAddrMapTable 文件传输给主机 PC_x。主机 PC_x 先为虚拟机 VM_A1 创建一个挂载目录/vm/VM_A1，然后把镜像文件解包到挂载目录/vm/VM_A1 下，于是虚拟机 VM_A1 的文件系统就准备就绪。再创建一个虚拟机，将其成员变量 mountedDir 赋值为"/vm/VM_A1"，用 ipAddrMapTable 文件中的数据，对虚拟机的成员变量 ipAddrMapTable 执行初始化。接下来创建一个进程运行 Shell 脚本程序。启动进程前，将其成员变量 vm 设置成前面创建的虚拟机。启动进程后，虚拟机文件系统中的开机 Shell 脚本程序被执行。开机启动时要运行的应用程序，其启动脚本都写在该脚本程序中。因此，执行该脚本程序，也就启动了应用程序的运行。

代码 5.37 系统函数 fopen 的实现

```
(1)   int fopen(const char * fileName, const char * mode);) {
(2)     char *realFileName;
(3)     if (currentProcess->vm != null )
(4)       realFileName = strcat(currentProcess->vm->mountedDir, fileName);
(5)     else
(6)       realFileName = fileName;
(7)     return host_fopen(realFileName, mode);
(8)   }
```

5.9 服务端口号的虚实映射

一个企业通常有多个服务器，服务器之间存在依赖关系。5.7 节所述例子中，企业客户 A 有两个服务器：①Web 服务器；②数据库服务器。这 2 个服务器中，Web 服务器依赖于数据库服务器，即数据库服务器是 Web 服务器的运行环境。在启动 Web 服务器之前，应先启动数据库服务器，否则 Web 服务器会因无法与数据库服务器建立网络连接，出现运行时错误。服务器的侦听端口通常在设计时就确定，为常量。服务器迁移上云之后，运行在虚拟机中，所需端口号在所驻主机上可能已被其他程序占用，而不可用。为了使服务器能成功运行，虚拟机只好请所驻主机分配一个可用的端口号。这时服务器的侦听端口发生了改变。这种改变一定要让虚拟局域网中的其他虚拟机知晓，否则客户程序无法与服务器建立网络连接。

拿上述例子来说，数据库服务器发布的侦听端口号为 3306，运行在 VM_A2 虚拟机上。假设 VM_A2 被调度在主机 PC_y 上运行。但主机 PC_y 上的 3306 端口号已被其他程序占用。这时 VM_A2 只好请主机 PC_y 分配一个可用的端口号。假设被分配的端口号为 2564。于是主机 PC_y 在端口号 2564 上侦听连接请求。Web 服务器运行在 VM_A1 虚拟机上，假定被调度在主机 PC_x 上运行。Web 服务器要能连接上数据库服务器，那么 VM_A1 就必须知道数据库服务器的侦听端口发生了改变这一情形。如何让 VM_A1 知晓这种改变？这就涉及云计算的架构。

云计算中,企业客户及其虚拟局域网,以及虚拟局域网上的虚拟机都由云管理器 CloudManager 负责管理。云服务商的每台主机上都运行一个 Agent 程序。CloudManager 给 Agent 下达诸如创建虚拟机、启动虚拟机等操作指令。Agent 也会将虚拟机的运行信息上报给 CloudManager。虚拟机由 Agent 创建,于是会把运行时的虚实映射信息报告给 Agent。Agent 再将其上报给 CloudManager。CloudManager 再将其下发,让虚拟局域网上的其他虚拟机都知晓。以上述例子为例,虚拟机 VM_A2 将侦听端口号的虚实映射信息(虚 id:3306,实 id:2564)报告给主机 PC_y 上的 Agent。该信息通过 CloudManager 以及 PC_x 上的 Agent,最终传递给虚拟机 VM_A1。于是,当 Web 服务器连接数据库服务器时,VM_A1 会将 3306 映射成 2564。

接下来的问题是:虚拟机如何知道应用程序要申请一个端口号,用于侦听网络连接请求?操作系统提供的 socket API 函数中,bind 函数的功能之一是为网络连接对象设置一个端口号。虚拟机提供了该函数的实现,如代码 5.38 所示。该函数的形参 ipAddr 为虚拟机的 IP 地址,port 为要申请的端口号。如果传入的 port 值等于 0,其含义是请求操作系统分配一个可用的端口号。当客户向服务器请求建立网络连接时,通常就将 port 值设为 0。与其相对,传入的 port 值大于 0 时,其含义是向操作系统申请指定的端口号。当服务器请求操作系统创建一个网络连接对象,用于侦听连接请求时,就会将 port 值设为大于 0。

虚拟机对 bind 函数的实现中,第一项工作是虚实映射,即由虚拟机的 IP 地址得到所驻主机的 IP 地址,如第 2 行所示。当形参 port 大于 0 时,表示是侦听端口。于是先检查该端口号是否可用。如果不可用,则请求操作系统分配一个可用的端口号。这时就产生了一条服务端口号的虚实映射项。该项映射既要添加至虚拟机自己的端口映射表 portMapTable 中,还要以消息方式报告给虚拟机的创建者进程。这种处理如第 4~9 行所示。当虚拟机的创建者为 Agent 时,Agent 收到该消息之后,会将其上传给 CloudManager。最后是调用主机的 host_bind 函数完成绑定,如第 10 行所示。

代码 5.38 虚拟机对 **bind** 函数的实现

```
(1)   bool VM::bind(Connection * conn, char * ipAddr, Protocol protocol, Port port)   {
(2)     char * realIpAddr = ipAddrMapTable->getRealByVirtual(ipAddr);
(3)     Network * network = networkList->getItemByIpAddr(realIpAddr);
(4)     if ( port > 0 && not network->portAvailable(protocol, port))   {
(5)       conn->port = network->getAvailablePort(protocol);
(6)       portMapTable->addItem(ipAddr, port, conn->port));
(7)       postMessage(creatorProcess, PORT_MAP, ipAddr, port, conn->port);
(8)       port = conn->port;
(9)     }
(10)    return host_bind(conn, realIpAddr, protocol, port);
(11)  }
```

由此可知,企业客户将自己的信息系统迁移上云时,要指明虚拟机之间的依赖关系。云管理器按照客户指定的依赖关系,依次启动虚拟机,以保证虚拟机上的应用程序能成功运行。

5.10 数据的持久存储

应用程序在运行时可能产生数据,然后将其存入文件中,持久存储。例如,数据库服务就是如此,当收到客户的数据添加请求时,就会往数据表中添加行,并做持久存储。持久存储是指应用程序无论什么时候重启,原来存入的数据都还存在,还能继续读取到。当应用程序运行在虚拟机中时,持久存储遇到了问题。在 5.9 节所述例子中,虚拟机 VM_A1 被云管理器调度至主机 PC_x 上运行。于是运行在 PC_x 上的 Agent 会创建一个虚拟机对象,然后为虚拟机创建一个挂载目录"/vm/VM_A1",再将 VM_A1 的镜像文件解包至该挂载目录下。接下来就是将虚拟机对象的成员变量 mountedDir 值设为"/vm/VM_A1"。最后,启动虚拟机的运行。

随后,当 Agent 关停虚拟机 VM_A1 时,就是释放操作系统内核中的虚拟机对象,然后删除挂载目录"/vm/VM_A1"。于是,主机 PC_x 又回到运行虚拟机 VM_A1 之前的状态。这时问题来了。删除挂载目录"/vm/VM_A1",就是删除虚拟机在主机 PC_x 上运行时的文件系统。而虚拟机运行时所打开或者创建的文件,都属于虚拟机文件系统中的内容。删除挂载目录"/vm/VM_A1",也就把虚拟机运行时产生的数据全删除了。于是,虚拟机在 PC_x 上运行时产生的数据,没有实现持久存储。

解决持久存储问题最直接的方法是:删除挂载目录之前,把新增的文件和修改了的文件写回到虚拟机的镜像文件中,即对镜像文件进行更新。这种方法存在的问题是:没有实现程序与数据的分离。随着时间的推移,虚拟机的镜像文件会越来越大。镜像文件大,那么启动虚拟机运行时,下载镜像文件的时间就长。也就是说,虚拟机的启动就慢。另外,虚拟机的关停也长,因为更新了的文件要上传至镜像文件中。当虚拟机上的应用程序需要更新换版时,就需要关停虚拟机,再重新启动虚拟机。虚拟机在关停阶段和启动阶段,其提供的服务对客户不可用。因此,虚拟机的关停时间长,启动时间也长,就等于虚拟机对客户的不可用时间长。该情形自然不受欢迎。

卷(volume)就是针对上述问题而出现的一个抽象概念。卷被用来实现程序与数据的分离,使得虚拟机的镜像文件只包含程序,而不包含应用程序产生的数据。镜像文件小,虚拟机的启动就快。关停虚拟机时,不存在镜像文件的更新问题,因此虚拟机的关停也快。卷是指主机上的一个文件目录。可以将卷挂载在虚拟机的某个文件目录下。例如,创建一个名叫 vol_a1 的卷,关联上主机的文件目录"/usr/data/vm/a1"。然后再将卷 vol_a1 关联上虚拟机对象的文件目录"/usr/data"。这时虚拟机对象的文件目录"/usr/data"就成了一个虚目录,对应的实目录为主机上的"/usr/data/vm/a1"目录。也就是说,虚拟机上的应用程序打开文件"/usr/data/www/index.html"时,其实是打开主机上的"/usr/data/vm/a1/www/index.html"文件。

关停一个虚拟机时,Agent 会在主机上删除虚拟机的挂载目录,即删除虚拟机运行时的文件系统。这种删除不会影响到卷。其原因是:卷其实是一个指针(也叫引用)。删除一个指针并不会删除它所指的对象。在 Windows 操作系统中,文件指针也叫文件的快捷方式。卷的实现非常简单,只需给虚拟机增加一个成员变量 volumeMapTable。虚拟机的创建者负责该成员变量的初始化。为了支持卷,要修改代码 5.37 所示的 fopen 函数实现。修改后的实现如代码 5.39 所示。对要打开的文件,先检查是否为卷中内容,如第 4～12 行所示。其中第 7 行的含义是:检查卷的虚目录是否为文件名的开始部分。如果是,说明要打开的文件为卷中内容,需按卷方式处理,否则按普通方式处理。

代码 5.39 中第 14 行和第 15 行的含义是:将文件名前面部分的虚目录替换成实目录。第 7 行中的 strstr,以及第 15 行中的 strcat 都是 C 语言中有关字符串处理的库函数。

对于主机,可以把某个网络文件系统挂载在自己文件系统中的某个目录下,使得网络对应用程序透明。如果卷关联的主机目录为某个网络文件系统中的内容,那么虚拟机中应用程序要访问的数据文件还是远程文件。由此可知,云管理器无论把虚拟机调度到哪一台主机上运行,虚拟机都能访问到它的数据文件。实现方法是:当云管理器要把虚拟机 VM_A1 调度至主机 PC_x 上运行时,就通知主机 PC_x 上的 Agent,先把分配给虚拟机 VM_A1 的磁盘存储资源以网络文件系统的方式挂载到主机 PC_x 上的某个目录下,然后创建一个卷,关联上该目录。Agent 再对虚拟机的成员变量 volumeMapTable 进行初始化,将卷关联上虚拟机的指定目录。于是虚拟机就能访问到云管理器给其分配的磁盘存储资源。

现举例说明。假设云服务商给企业客户 A 分配的磁盘存储资源位于主机 PC_s 上,对应的文件目录为"/usr/data/A"。企业客户 A 的虚拟机 VM_A2 运行 MySQL 数据库服务器,其数据库的存储目录为/usr/mySQL/database。为此,云服务商先叫主机 PC_s 将其目录"/usr/data/A"设置成网络共享目录 A。当云管理器把虚拟机 VM_A2 调度至主机 PC_x 上运行时,就通知主机 PC_x 上的 Agent,把网络文件系统"//PC_s/A"挂载到主机 PC_x 上的某个目录下。假设 PC_x 上的 Agent 给出的挂载目录为"/usr/NFS/PC_s/A"。

代码 5.39 系统函数 fopen 的实现

```
(1)   int fopen(const char * fileName, const char * mode);)   {
(2)     char * realFileName;
(3)     if (currentProcess->vm != null)    {
(4)       MapItem * mapItem = volumeMapTable->getFirstItem();
(5)       bool match = FALSE;
(6)       while( mapItem )   {
(7)         if (strstr(fileName, mapItem->virtualDir) == fileName)    {
(8)           match = TRUE;
(9)           break;
(10)        }
(11)        mapItem = volumeMapTable->getNextItem();
(12)      }
(13)      if(match)   {
(14)        int len = strlen(mapItem->virtualDir);
(15)        realFileName = strcat(mapItem->realDir, fileName + len);
(16)      }
(17)      else
(18)        realFileName = strcat(currentProcess->vm->mountedDir, fileName);
(19)    }
(20)    else
(21)      realFileName = fileName;
(22)    return host_fopen( realFileName, mode);
(23) }
```

云管理器再叫 PC_x 上的 Agent 创建一个卷,关联上虚拟机的目录"/usr/mySQL/database"。于是,PC_x 上的 Agent 对创建的虚拟机对象执行初始化时,会在其 volumeMapTable 中添加一个卷,将其虚目录设为"/usr/mySQL/database",实目录设为"/usr/NFS/PC_s/A"。于是,虚拟机 VM_A2 在 PC_x 上被启动之后,MySQL 数据库服务器对"/usr/mySQL/database"目录下的数据库文件执行打开操作时,实际被打开的文件是主机 PC_s 上目录为"/usr/data/A"下的数据库文件。

5.11 虚拟机拥有的资源量

应用程序要能成功运行,面临的威胁除来自运行环境变动外,还来自彼此之间的相互干扰。云计算中,为了充分利用资源,一台主机上可能要运行多个来自不同客户的虚拟机。这些虚拟机上的应用程序彼此之间可能产生干扰和破坏。例如,当某个程序有漏洞时,如死循环和内存泄漏等,就会导致该主机上的 CPU、内存、服务端口号等之类的共享资源被其吞占耗尽,从而影响其他程序正常运行。有的程序甚至不怀好意,故意把资源耗尽,以此捣乱系统。这种干扰和破坏与操作系统特性有关。操作系统对资源分配采用了抢占式机制。也就是说,当应用程序请求资源时,操作系统的处理方式是:能满足就满足。该模式给云计算带来了程序之间彼此干扰和破坏的致命问题。

要使应用程序能成功和正常运行,虚拟机要有资源量概念,以及彼此相互隔离的概念。当要调度一个虚拟机到某个主机上运行时,在启动虚拟机之前就为虚拟机分配好资源量。一个虚拟机上的应用程序能使用的资源仅限于分配给虚拟机的资源,而不是主机上的任何资源。于是,虚拟机彼此之间就不会有相互干扰和破坏的问题。举例来说,给虚拟机 A 分配的内存量为 8GB,那么虚拟机 A 上运行的应用程序能使用的内存量最多为 8GB。如果虚拟机 A 上的内存被耗尽,那么受影响的范围仅限于虚拟机 A 内,不会波及其他虚拟机上的应用程序。

给虚拟机分配资源,并使其相互隔离,可借助 Linux 操作系统现有的 CGroup 和 Namespace 技术予以实现。Linux 操作系统给应用程序提供 API 函数,用于创建 CGroup 和 Namespace 这两种内核对象,然后将其和创建的子进程绑定。操作系统启动后,就建有一个 CGroup 和 Namespace 对象,并将其与起始进程绑定。最初的 CGroup 对象拥有整个计算机的硬件资源,包括 CPU、内存、磁盘带宽、网络带宽等。对于绑定了 CGroup1 对象的进程 A,当它创建 CGroup2 对象时,只可把 CGroup1 拥有的硬件资源划拨给 CGroup2。进程 A 创建子进程 B,并将其与 CGroup2 绑定。于是,随后子进程 B 能使用的硬件资源仅限于 CGroup2 拥有的硬件资源。

CGroup 技术在云计算中的应用方案如下。主机上的 Agent 进程由起始进程创建,于是也就继承了起始进程的 CGroup 对象。因此,与 Agent 进程绑定的 CGroup 对象为最初的 CGroup 对象,拥有整个主机的硬件资源。随后,Agent 进程从云管理器那里收到运行虚拟机 VM_A1 的指令之后,就会创建一个子进程来运行虚拟机 VM_A1 的启动 Shell 脚本程序。给该子进程取名为 A1。Agent 进程也会创建一个 CGroup 对象(给其取名为 CGroup_A1),并按照云管理器的指示给 CGroup_A1 划拨硬件资源。接下来 Agent 进程将 CGroup_A1 与子进程 A1 绑定,于是子进程 A1 仅能使用 CGroup_A1 中的硬件资源。

随后,子进程 A1 在执行启动 Shell 脚本程序时,会再创建子进程去运行虚拟机 VM_A1

上的应用程序。父进程创建子进程时，子进程继承了父进程的 CGroup 对象。只有当父进程给子进程绑定新的 CGroup 对象时，与子进程绑定的 CGroup 对象才会发生改变。由此可知，虚拟机 VM_A1 上的应用程序能使用的硬件资源仅限于 CGroup_A1 中的硬件资源，因此也就不会影响其他虚拟机上应用程序的正常运行。

  云管理器知道每台主机拥有的硬件资源量，也知道每个虚拟机所需的硬件资源量。企业客户将自己的信息系统迁移上云时，就会为每台虚拟机指定所需的硬件资源量。随后，云服务商和企业客户也会根据数据量和业务负载量的变化，对虚拟机所需的硬件资源量做出调整。总之，云管理器能根据当前系统状态，去调度虚拟机的运行。也就是说，对于虚拟机 VM_A1，云管理器能确定该由哪个主机运行它，既能满足虚拟机对硬件资源的需求，也能优化整个系统资源的使用。

  Namespace 是一种名字空间隔离技术。就一台计算机而言，它有主机名、IP 地址、子网掩码、网关 IP 地址、域名解析服务器的 IP 地址、当前运行的进程等概念，这些内容构成一台计算机的名字空间。对于同一名字空间中的两个进程，它们之间的通信属于同机进程之间的通信，采用 IPC 方式。与其相对，不同机的两个进程之间的通信采用网络方式。操作系统通常将其配置信息和运行状态信息存于文件中。从 5.9 节可知，每个虚拟机都有自己的文件系统，因此每个虚拟机都有自己的名字空间。不过，通过虚拟机的文件系统体现出的名字空间仅限于用户空间中的名字空间。内核空间中的名字空间内容由主机管理，不会反映到虚拟机的文件系统中。例如，进程 id 就属于内核空间中的名字空间内容。

  对于属于内核空间中的名字空间内容，虚拟机之间的隔离还要借助 Namespace 技术实现。父进程 A 创建子进程 B 时，子进程 B 继承了父进程 A 的 Namespace。父进程 A 也可创建一个新的 Namespace 对象（给其取名为 Namespace2），然后将其与子进程 B 绑定。这时子进程 B 的 Namespace 就发生了改变，变成 Namespace2。云计算中，当 Agent 进程创建一个子进程运行虚拟机 VM_A1 的启动 Shell 脚本程序时，会创建一个新的 Namespace 对象，并将其与子进程绑定。于是每个虚拟机都有自己的 Namespace，实现了在名字空间上的隔离。任何一个进程查看名字空间中的内容时，都只能看到自己的 Namespace 中的内容。

  CGroup 和 Namespace 技术也给虚拟机的配置带来了灵活性。谷歌公司推出的云管理器产品 Kubernetes 中，引入了 Pod 概念，其目的是使虚拟机的配置更灵活。对于一个企业客户的多个虚拟机，它们之间的联系可能非常紧密，交互非常频繁。例如，前面所述例子中，企业客户 A 的 Web 服务器与数据库服务器，它们之间的交互就非常频繁。Web 服务器运行在虚拟机 VM_A1 上，而数据库服务器运行在虚拟机 VM_A2 上。云管理器在调度虚拟机的运行时，可以把 VM_A1 和 VM_A2 安排在同一台主机上运行。这时该主机上的 Agent 如果给 VM_A1 和 VM_A2 绑定同一个 Namespace 对象，那么它们就在同一个 Namespace 中。

  VM_A1 和 VM_A2 共享同一个 Namespace，于是 Web 服务器与数据库服务器在同一个 Namespace 中。这样做的好处是：它们之间的通信使用 IPC 方式，而不是网络方式。就性能而言，IPC 方式远远优于网络方式。也就是说，两个虚拟机共享一个 NameSpace，能显著提升运行性能。Pod 这一抽象概念的引入，目的是达到结构的清晰性。有了 Pod 概念后，虚拟机分为两级：上面一级叫 Pod；下面一级叫虚拟机。在一个 Pod 中可以运行多个虚拟机。Pod 这个单词的中文含义是豆荚。一个豆荚中有多个腔，每个腔中有一粒豆子。这里的豆子是指虚拟机。对于一个企业客户的多个虚拟机，当把它们调度至同一台主机上运行时,就创建一个 Pod,然后让它们都在这个 Pod 中运行。

让一个 Pod 中的多个虚拟机共享同一个 CGroup 也有好处,这样可以使得多个虚拟机共享硬件资源。正因为如此,Kubernetes 使用指南上说,Pod 是最小资源分配单元。落到实处,一个 Pod 对应一个 CGroup 对象和一个 Namespace 对象。同一 Pod 中的多个虚拟机既有共享含义,又有独立含义。而 Pod 与 Pod 之间则完全隔离。由此可知,将这一概念取名为 Pod,非常形象、生动。

5.12 虚拟局域网的实现

云计算中,企业客户是一级概念,其下有虚拟局域网概念。根据网络模型,一个虚拟局域网上的虚拟机之间能直接通信。每个虚拟局域网都有一个虚拟网关,负责虚拟局域网网内虚拟机与网外服务器之间的通信。前面所讲的虚拟机与虚拟机之间的通信采用了 Host-only 方式。该实现中,虚拟机与虚拟机之间的网络连接叫作虚网络连接。每个虚网络连接都对应一个实网络连接。

对于虚网络连接和实网络连接的一一对应性,现举例说明。在前述例子中,企业客户 A 的虚拟机 VM_A1 上的 Web 服务器要与虚拟机 VM_A2 上的数据库服务器建立网络连接。虚网络连接为(192.168.76.100,4328) vs (192.168.76.101,3306),其中 192.168.76.100 为 VM_A1 的 IP 地址,4328 为客户端的端口号,而 192.168.76.101 为 VM_A2 的 IP 地址,3306 为服务端的虚拟侦听端口号。与其对应的实网络连接为(129.95.37.23,4328) vs (129.95.37.45,2564)。其中 129.95.37.23 为 VM_A1 所驻主机 PC_x 的 IP 地址,4328 为客户端的端口号,而 129.95.37.45 为 VM_A2 所驻主机 PC_y 的 IP 地址,2564 为服务端的实侦听端口号。

采用 Host-only 方式实现虚拟机与虚拟机之间的通信,存在同一主机上的多个虚拟机相互干扰和影响的隐患。现举例说明,假定虚拟机 1 和虚拟机 2 运行在同一个主机上。虚拟机 1 上的应用程序存在漏洞:使用完网络连接后,忘记了释放网络连接这一操作。这种漏洞会使虚拟机 1 上的应用程序只申请创建网络连接,不释放网络连接,最终把主机上的端口号资源全部耗尽。此时虚拟机 2 上的应用程序,如果要申请创建网络连接,那么申请自然不会成功,也就无法正常运行。

为了克服上述问题,可采用 overlay 方式实现虚拟机与虚拟机之间的通信。在 overlay 方式中,虚拟机不再直接使用主机的网络服务,而是有自己的网络对象。虚拟机的网络对象将主机的 UDP 通信接口当作链路通信接口,用来发送和接收 IP 数据包。也就是说,主机的 UDP 通信接口成了虚拟机的链路通信接口。overlay 的中文含义是层叠,意为虚拟机网络层叠在主机网络之上。具体来说,虚拟机要发生的 IP 数据包,在主机看来为应用程序的数据,即主机会将虚拟机的 IP 数据包再封装成主机的 IP 数据包,然后通过主机的链路层发送出去。主机的 UDP 将收到的数据上传给虚拟机的网络对象。这里上传的数据自然是虚拟机的 IP 数据包。虚拟机的网络对象将收到的 IP 数据包的数据部分派发给对应的网络连接对象。

采用上述 overlay 方式实现的虚拟局域网,叫作 overlay 网络。原有网络与 overlay 网络的通信模型对比如图 5.6 所示。这种实现的特点是每个虚拟机只占用主机的一个 UDP

端口号,即每个虚拟机在主机中只需申请创建一个网络连接对象。因此,前述主机端口号被某个虚拟机耗尽的问题得到了解决。不过,这种收益也要付出代价。代价是数据从一个虚拟机传输到另一个虚拟机,多了一次 IP 数据包的封装和解包,传输的数据也多了一个 IP 头。

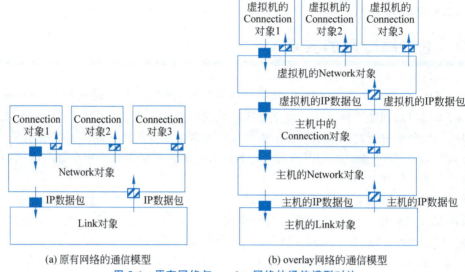

图 5.6　原有网络与 overlay 网络的通信模型对比

网络协议的栈架构为 overlay 网络的实现带来了便利。网络通信中的 Connection 类、Network 类和 Link 类分别在传输层模块、网络层模块和链路层模块中实现。这 3 个类都实现了接口 Transfer。接口 Transfer 和这 3 个类的定义如代码 5.40 所示。从面向对象的视角认识网络通信编程中的 socket,它就是网络模型中的 connection 对象。connection 对象的上面是进程,下面是网络对象。因此它有成员变量 network 和 process。connection 对象调用 network 中的 send 函数向下层传输要发送的数据。当从下层收到数据时,connection 对象调用 process 中的 postMessage 函数向上层传输数据。

代码 5.40　对通信模块的抽象及数据结构定义

```
(1)   class Transfer {
(2)     virtual int send(void * pData, int size) = 0;
(3)     virtual int recv(void * pData, int size) = 0;
(4)   }
(5)   class Connection:public Transfer {
(6)     Transfer * network;
(7)     Process * process;
(8)     int port, destinationPort,
(9)     IpAddr destinationIp;
(10)    int protocol;
(11)  }
(12)  class Network:public Transfer {
(13)    Transfer * link;
```

```
(14)    List<Connection * > * connectionList;
(15)    IpAddr ipAddr;
(16) }
(17) class Link:public Transfer  {
(18)    Transfer * device;
(19)    Transfer * network;
(20) }
```

同理，Network 对象的上面是 connection 对象，下面是 link 对象，因此它有成员变量 link 和 connectionList。network 对象与 connection 对象呈一对多关系，因此成员变量是 connectionList，而不是 connection。当有 IP 数据包需要发送时，network 对象调用 link 中的 send 函数向下传输数据。注意：link 成员变量的数据类型为 Transfer 指针。无论是传输层，还是网络层，或者链路层，从外部客户看，其功能都是发送数据和接收数据，因此将它们都抽象成 Transfer 指针类型。带来的好处是：协议栈可以灵活构建。overlay 网络就是借助这一抽象实现的。当从下层收到 IP 数据包时，network 对象根据 IP 头中的 destinationIP 和 destinationPort 值确定该上传给哪一个 connection 对象，然后调用其 recv 函数上传数据。

传输层模块对外开发了 createConnection 函数，供客户创建 Connection 对象，并对 Connection 对象的成员变量进行初始化。同理，网络层模块对外开发了 createNetwork 函数，供客户创建 Network 对象，并对 Network 对象的成员变量进行初始化。操作系统启动时，会检测计算机上有几块网卡，然后为每个网卡都创建一个 Network 对象和一个 Link 对象。createConnection 函数和 createNetwork 函数的定义如代码 5.41 所示。这两个函数的返回值的数据类型都为 Transfer 指针，因此可以先调用 createConnection 函数，将其返回值作为调用 createNetwork 函数的第 2 个实参，这样就使得被创建的 network 对象，其下层为一个 Connection 对象，这就是 overlay 网络的实现方法。

代码 5.41 函数 createConnection 和 createNetwork 的定义

```
(1)    Transfer * CreateConnection(IpAddr ip, int port, IpAddr oppositeIp, int
       oppositePort);
(2)    Transfer * CreateNetwork(IpAddr ipAddr,Transfer * link);
```

当主机上的 Agent 要创建一个虚拟机时，先调用 createConnection 函数创建一个 connection 对象，然后再调用 createNetwork 函数创建一个 network 对象。对这个 network 对象的成员变量 ipAddr，将其初始化为虚拟机的 IP 地址。于是这个 network 对象就成了虚拟机的网络对象。再将其成员变量 link 初始化成前面创建的 connection 对象。于是该 network 对象以这个 connection 对象为其链路层。随后虚拟机上的应用程序调用 createConnection 函数时，所给的 IP 地址为虚拟机的 IP 地址，于是就会和虚拟机的网络对象进行绑定。对于这个充当虚拟机链路层的 connection 对象，其 UDP 端口号就成了虚拟机在主机上的标识信息。应将其通告给虚拟局域网上的其他虚拟机。虚拟机与虚拟机之间以 UDP 方式通信。

思考题 5-12：当以 IP 地址标识虚拟机的网络对象时，一台主机上的多个虚拟机就不允许出现 IP 地址相同的情形。于是，当 2 个企业客户的虚拟机出现 IP 地址相同情形时，就不能将其调度至同一台主机上运行。如何消除这种限制？

5.13 虚拟机上应用程序的更新

在一个企业中,因业务扩展等原因,对应用程序进行改版更新是很常见的事情。让新版应用程序上线运行,传统方法是：关闭旧版应用程序的运行,然后安装新版应用程序,替换旧版应用程序,再启动新版应用程序。这种传统方法带来的问题是：在更换过程中,应用程序对外提供的服务不可用。对于很多应用程序,其可用性是一个非常关键的指标,诸如电商之类的互联网应用尤为如此。云计算中,应用程序升级不再使用传统的更换方法,而是使用切换方法。切换方法几乎不会影响服务的可用性。

云计算中,当一个企业客户要对虚拟机 VM_A1 上的应用程序进行升级时,就另找一台主机,启动虚拟机 VM_A1。这种启动不叫上线态启动,而叫维护态启动。维护态启动的差异是：不执行虚拟机文件系统中的启动 Shell 脚本文件,而是执行 telnet 服务程序。telnet 服务程序启动后,运维人员使用 telnet 终端程序登录上去。接下来运维人员就可安装新版应用程序,替换掉旧版应用程序。完成升级后,虚拟机的文件系统发生了改变。运维人员可使用 docker 之类的工具软件,把虚拟机的文件系统重新打包,形成新版镜像文件,上传至云管理器。在上述升级过程中,生产线上的原版虚拟机 VM_A1 在云上照常运行。

新版镜像文件上传给云管理器后,通知云管理器进行切换。云管理器执行切换时,先调度一台主机运行虚拟机 VM_A1。虚拟机 VM_A1 启动后,再执行切换工作。所谓的切换工作就是：对虚拟局域网中正在运行的虚拟机,通知它们对自己的 ipAddrMapTable 和 portMapTable 中有关虚拟机 VM_A1 的行进行更新。例如,假设原版虚拟机 VM_A1 运行在 PC_x 主机上(其 IP 地址为 129.95.37.45),升级之后的虚拟机 VM_A1 运行在 PC_y 主机上(其 IP 地址为 129.95.37.69),那么虚拟局域网上运行的所有虚拟机,其 ipAddrMapTable 和 portMapTable 中,原为 129.95.37.45 的地方,都要修改为 129.95.37.69。修改之后就实现了切换。最后一项工作是：对主机 PC_x 上的 VM_A1 虚拟机,在其没有负载之后,将其关停。

在虚拟局域网中其他虚拟机的映射表中,把原主机 IP 地址 129.95.37.45 修改为新主机 IP 地址 129.95.37.69 后,当有应用程序要与虚拟机 VM_A1 上的服务器建立网络连接时,就会改为向 PC_y 主机上的侦听端口发起连接请求,不再向 PC_x 主机上的侦听端口发起连接请求,这就是切换完成的具体表现。

5.14 应用程序的容器化

应用程序的生命周期通常都要经历开发、测试、上线部署和运维,以及改版升级这么一个过程。其中涉及一个流转的问题。具体来说,就是开发部门实现应用程序的编码后,将其流转至测试部门。测试部门要在自己的运行环境下安装应用程序,然后对其进行测试。测试部门完成测试后,将应用程序流转至运营部门。运营部门也要在自己的运行环境下安装部署应用程序,使其成功运行。3 个部门为应用程序提供的运行环境可能存在差异。因此,在测试部门和运营部门都有一个安装和部署的问题。一旦应用程序不能成功运行,测试部门通常怀疑问题的根源出在开发部门,认为是开发部门没有把应用程序做好。而开发部门则认为是测试部门自身技术水平的问题。运营部门和测试部门之间也是如此。

上述问题是一个协同问题，后果非常严重。部门之间相互推诿和扯皮，会导致应用程序不能如期上线，为此提出了 DevOps 软件开发管理模式。DevOps 是 development 和 Operations 的组合词，其含义为部门间的协同与整合。解决问题的思路是应用程序的容器化。容器是虚拟机的一种轻量级实现。前面所述虚拟机的实现就是一种轻量级的实现。所谓轻量级的实现，是相对诸如 VMware 之类的实现方案。在 VMware 方案中，要在计算机上先安装 Hypervisor，然后再安装操作系统。该方案中，Hypervisor 充当了操作系统，而操作系统变成了应用程序。该方案存在性能开销大的问题。其原因是：Hypervisor 并不是一个中介角色，而是一个管理者角色，于是就出现了 2 个管理者，而真正的硬件资源管理者则是 Hypervisor，这就导致 2 个管理者之间的交互非常频繁。

应用程序的容器化是指应用程序的开发就在虚拟机中进行。于是程序的开发过程为：①开发部门选择一个基础镜像文件作为虚拟机的文件系统；②在一台计算机上启动虚拟机，在虚拟机中安装和配置开发环境；③开发应用程序。这里所说的基础性镜像文件通常指安装好操作系统后的文件系统。在应用程序的开发过程中，开发部门还可继续安装和配置开发环境。每当虚拟机的文件系统发生改变时，便重新生成虚拟机的镜像文件，上传至镜像文件仓库。每当进行应用程序开发时，就下载最新版的镜像文件，启动虚拟机，在虚拟机中进行开发。当要提交给测试部门测试时，就通知测试部门下载镜像文件，启动虚拟机，在虚拟机中进行测试。对于运营部门，也是如此。

应用程序容器化后，就不存在应用程序的安装部署和配置问题了。于是部门之间也不会再有相互推诿和扯皮的事情了。注意：这里的应用程序容器化不是指单个应用程序的容器化，而是指所有服务程序的容器化。举例来说，假定企业要开发一个新的 Web 服务程序，数据库服务器是其运行环境。假定 3 个部门都有自己的虚拟局域网，那么 3 个部门都会向自己的虚拟局域网中添加 2 台虚拟机：①VM1 运行 Web 服务程序；②VM2 运行数据库服务程序。在测试部门和运营部门，这 2 台虚拟机的镜像文件都来自开发部门，因此完全一样。不同的是应用程序的数据。3 个部门都有自己的数据库文件。对于 3 个部门，都只需在自己的局域网中选择一台主机运行 VM2，并在选定的主机上把数据库文件所在目录（为 NFS）挂载在指定的目录下。这一情形已在 5.10 节讲解。

应用程序的容器化需要工具来支持。首先要提供基础镜像，然后就是虚拟机的创建和初始化、镜像文件的下载，以及虚拟机的启动。还有一项关键工作，就是将更新了的虚拟机文件系统打包成镜像文件，对原镜像文件进行更新替换。在支持应用程序的容器化方面，Docker 是最知名的软件工具。Docker 包括 3 个组件：Docker Daemon，Docker Client 和 Docker Repository。其中 Docker Daemon 是最核心的组件，相当于前面所述云计算中的 Agent，运行在每台主机上。而 Docker Client 则相当于云计算中的云管理器，给 Docker Daemon 下达操作指令。最常见的操作指令是运行虚拟机、配置虚拟机，以及把更新了的虚拟机文件系统打包成镜像文件，上传到 Docker Repository 中。Docker Repository 是一个数据库服务器，用于存储镜像文件。

5.15 云服务管理系统

云服务商使用云服务管理系统对其云服务进行管理。管理的内容包括两部分：资源和客户。资源包括硬件资源和信息服务资源。硬件资源主要指主机和网络。每台主机包含的硬件资源又有 CPU、GPU、内存、磁盘。客户是指企业客户。客户将其业务信息系统迁移上云，在云上运行。管理系统对客户开放的功能包括：注册、登录、创建虚拟局域网、向虚拟局域网添加虚拟机、删除已有的虚拟机。客户对虚拟机的操作功能有：给虚拟机设置资源量、上传镜像文件、启动虚拟机、关停虚拟机、卸载虚拟机上的应用程序、在虚拟机上安装应用程序。由此可知，企业客户将其业务信息系统迁移上云之后，原有的系统结构概念和运维方式保持不变。变化的是不再是在物理世界中执行运维操作，而是在虚拟世界里执行运维操作。

由此可知，云服务管理系统要有 2 张数据表，以支持主机管理和客户管理。其中一张为主机资源表，另一张为客户表。这 2 张表中的数据样例分别如表 5.6 和表 5.7 所示。其中主机资源表中给出了 4 个主机的数据，客户表中给出了 2 个客户的数据。云服务商的主机按照区域（Region）组织。每个区域中都有一些主机。因此，主机的标识由区域 id 和主机 id 两部分构成。客户可创建自己的虚拟局域网，向虚拟局域网中添加虚拟机。因此，虚拟机的标识由客户 id、虚拟局域网 id，以及虚拟机 id 这 3 部分组成。主机资源表的最后 3 列，以及客户表的最后 2 列，记录运行时信息。其他列记录静态信息。

表 5.6　主机资源表

区域 id	主机 id	机型	IP 地址	拥有资源量	已用资源量	剩余资源量	当前承载的虚拟机
R1	H1	64 位 ARM	129.95.37.45	32 Cores 32G Mem	24 Cores 24G Mem	8 Cores 8G Mem	C1:VN1:VM1 C1:VN1:VM1 C1:VN1:VM1
R1	H2	64 位 ARM	129.95.37.69	32 Cores 64G Mem 8T Disk	16 Cores 48G Mem 6T Disk	16 Cores 16G Mem 2T Disk	C1:VN1:VM1 C4:VN1:VM2 C5:VN1:VM1
R2	H1	32 位 x86	129.95.37.33	16 Cores 32G Mem	16 Cores 32G Mem	0 Cores 0G Mem	C1:VN1:VM1 C1:VN1:VM1
R2	H2	32 位 x86	129.95.37.74	16 Cores 32G Mem	2 Cores 8G Mem	14 Cores 24G Mem	C1:VN1:VM1

表 5.7　客户表

客户 id	虚拟局域网 id	虚拟机 id	机型	名称	镜像文件	启动顺序	IP 地址	所需资源量	状态	落驻主机
C1	VN1	VM1	64 位 ARM	Web Server	Mirror 1	3	192.168.76.100	24 Cores 24G Mem	运行	R1:H1
		VM2	64 位 ARM	Database Server	Mirror 2	1	192.168.76.101	16 Cores 48G Mem 4T Disk	运行	R1:H2
		VM3	32 位 x86	Email Server	Mirror 3	2	192.168.76.102	16 Cores 32G Mem	关机	
C2	VN1	VM1	32 位 x86	Web Server	Mirror 4	1	192.168.76.100	4 Cores 4G Mem	运行	R2:H1
		VM2	32 位 x86	Database Server	Mirror 5	2	192.168.76.101	8 Cores 16G Mem	运行	R2:H2

云服务管理系统由 3 个应用程序构成：云管理器、执行器、数据管理器。云管理器是服务中心，负责与客户交互，收集主机信息，以及虚拟机的调度。执行器则运行在每台主机上，接收云管理器下达的指令，执行诸如创建虚拟机器、对虚拟机进行虚实映射配置、启动虚拟机、关停虚拟机之类的操作。执行器也收集虚拟机的运行信息，将其上报给云管理器。虚拟机也会把其上服务程序的侦听端口号虚实映射信息报告给执行器。执行器再将其上报给云管理器。云管理器则将其下传给虚拟局域网中的其他虚拟机。其他虚拟机得到服务端口号虚实映射信息之后，便能成功地与虚拟局域网中的服务器建立网络连接。数据管理器负责数据管理。例如，上述的主机表和客户表就存储在数据管理器中。

云服务管理系统产品有很多，如 Kubernetes、Openstack、Mesos 和 Docker Swarm 等。其中 Kubernetes 是较知名和使用较多的云服务管理系统产品。Kubernetes 是谷歌公司的开源产品。其云管理器的名称叫作 Kubernetes Master，其执行器的名称叫作 Kubernetes Node。Kubernetes 使用 etcd 这一数据库产品作为数据管理器。知晓云计算和虚拟机的实质后，就很容易理解 Kubernetes 中的组件了。Kubernetes Node 中的 Kube-proxy 组件，其功能是执行虚实映射，包括 IP 地址的虚实映射，以及服务端口号的虚实映射。Kubernetes Node 中的 Kubelet 组件使用 Docker Daemon 具体完成虚拟机的创建、配置、启动和关停等操作。

企业将其业务信息系统迁移上云之后，运维工作全交给了云服务商。云服务管理系统对虚拟机的运行状态和服务质量进行监测，实时掌握运行情况，一旦发现不正常，就采取措施保障服务质量。措施包括给虚拟机增加资源、将虚拟机迁移至更合适的主机、为虚拟机复制副本，等等。因此，企业客户将其业务信息系统迁移上云之后，不会再遇到资源量不够，或者因故障掉线等问题。对于通用的应用程序，例如数据库管理系统，企业客户也可使用云服务商提供的产品。这时，对应用程序的改版升级，企业客户也无须考虑。云服务商则可通过规模效应和集约效应把服务做到价廉物美。

从另一视角看，云服务管理系统的功能是把很多主机组织成一个超大的主机，供用户使用。这里的用户是指企业客户和云服务商的系统运维人员。在用户看来，这个主机具有超大的算力、存储空间，以及通信能力，能承载所有企业客户的业务信息系统的运行，而且这台超大的主机具有从不发生故障、时刻可用的良好特性。

5.16 本章小结

云计算由集群计算演进而来，其动机是将很多主机组合成一台超大的主机供企业客户使用。从外部看，这台主机支持很多种程序语言，具有超大的容量、从不出现故障、时刻可用等所期望的特性。从内部看，它能使企业客户将其业务信息系统不加修改地迁移上云，在云上成功运行。相比于集群计算，云计算把资源共享提升到了全新的高度。在集群计算的基础上，云计算能使企业客户的应用程序在云上到处运行。应用程序的运行环境发生变动时，云计算依旧能使应用程序成功运行。对于云服务商来说，能通过规模效应和集约效应，把服务做到价廉物美。

计算方式的演进是变与不变的辩证统一。应用程序包括两部分：①应用程序自身；②运行环境。应用程序以客户角色访问运行环境中的资源和服务。运行环境中的资源和服务由于共享和独立,因此对于应用程序来说,在标识和可用上具有变动性。这种变动性会使应用程序不能成功运行。将应用程序迁移上云,或者应用程序在云上从一个主机迁移至另一主机时,都会带来运行环境的变动问题。要使应用程序能运行和能成功运行,采取的策略是虚拟化。具体来说,就是用虚拟机运行应用程序。虚拟机分为两个层级。

第一层级的虚拟机也叫解释执行器,能对应用程序中的指令逐行解释执行。解释执行的效率非常低。一种有效的方案是对软件分层组织。对于那些基础性和共性问题的求解代码,采用编译方式,将其沉淀为底层服务函数,随操作系统一起发布。于是编写应用程序,就是基于现成的架构编排这些服务函数的调用。按该方式写出的应用程序具有代码量小的特点。解释执行应用程序时,解释部分只占很小比率。计算机的绝大部分时间都在执行系统函数中的代码,这就是脚本语言变得流行的根本原因,其实质是解释和编译的混合运用。

第二层级的虚拟机能给应用程序提供一个不变的虚拟运行环境。或者说,第二层级的虚拟机能使变动的运行环境对应用程序透明。第二层虚拟机介于应用程序与操作系统。将其实现在操作系统内核中时,操作系统内核由单层结构变成了双层结构。上面一层叫作虚拟机层,下面一层被称作主机层。主机层即原有的操作系统内核。因此,原本运行在操作系统内核之上的应用程序,变成了运行在虚拟机之上,于是应用程序访问运行环境中的资源和服务时,都要通过虚拟机这个中介完成。

虚拟化有两种场景。第一种场景是先有虚拟化概念和虚实映射的实现,然后才开发应用程序。例如,应用程序在开发时用域名标识计算机。将域名映射成IP地址已有现成的实现。第二种场景是先有应用程序,然后才有虚拟化概念和虚实映射的实现。云计算就属于这种场景。该场景下,资源和服务原有的标识概念,被赋予了两重含义:实id和虚id。例如,IP地址就有虚IP地址和实IP地址之分。通过改造操作系统,使应用程序运行在虚拟机之上,也就使得应用程序中原有的实id全部变成了虚id。将虚id映射成实id,由虚拟机完成。

有了虚拟机后,就能使企业客户将其业务信息系统不加修改地迁移上云。在企业客户看来,将其业务信息系统迁移上云之后,原有的系统结构概念和运维方式保持不变。变化的是:自己原有的物理局域网变成了云上的虚拟局域网,物理计算机变成了云上的虚拟计算机。企业客户原来在物理世界中执行运维操作,而现在是在云上的虚拟世界里执行运维操作。在虚拟机上执行运维操作和在物理计算机上执行运维操作没有差异。云上的物理世界对企业客户完全透明,即虚拟机到底运行在哪台主机上,企业客户既不知晓,也无须知晓。企业客户考虑的计算机通信是指虚拟机间的通信。连接服务器时,所给IP地址是指服务器所在虚拟机的IP地址,所给端口号也是服务器在虚拟机上的服务端口号。

云服务管理系统由3个应用程序构成:云管理器、执行器、数据管理器。云管理器是服务中心。企业客户通过云管理器执行运维操作,例如创建虚拟局域网、往虚拟局域网上添加虚拟机、为虚拟机配置硬件资源、启动虚拟机等。云管理器也负责收集主机信息,以及调度虚拟机的运行。执行器则运行在每台主机上,接收云管理器下达的指令,执行诸如创建虚拟机、配置虚拟机、启动虚拟机、关停虚拟机之类的操作。虚拟机也将服务器端口映射信息报告给执行器。执行器则将其上报给云管理器。云管理器再将其下传给虚拟局域网中的其他虚拟机。其他虚拟机得到服务端口号虚实映射信息之后,便能成功地与虚拟局域网中的服务器建立网络连接。数据管理器负责管理主机信息、客户信息,以及虚拟机的运行信息。

对于运行在同一台主机上的多个虚拟机,应在硬件资源和名字空间上彼此隔离。只有这样,才不致相互干扰和影响。这两种隔离能借助 Linux 上的 CGroup 技术和 Namespace 技术予以实现。

习题

1. 5.12 节所述 overlay 网络的实现中,把主机上的一个网络连接对象作为虚拟机的链路层。该网络连接对象的传输协议为 UDP,而不是 TCP。请分析和说明为什么要用 UDP,而不用 TCP? 使用 TCP 可行吗? 请从其他虚拟机上的客户程序想要与该虚拟机上的服务器建立网络连接,以及该虚拟机上的客户程序想要与其他虚拟机上的服务器建立网络连接这两个维度分析和说明。

2. Docker 为容器(虚拟机的另一种称呼)提供的默认网络模式为 Bridge。该模式下,虚拟机的 IP 地址和主机的 IP 地址具有对等性。从物理网络看,等于是一台主机有多个 IP 地址。或者说,虚拟机也是物理局域网中的一台计算机。该方式的好处是:物理局域网中的任何两个虚拟机都能直接通信,没有 IP 地址映射和服务端口号映射问题。该方式能使企业客户的业务信息系统不加修改地迁移上云吗? 请查阅资料,先弄清 Bridge 联网方式的实现方法及其特性,然后说明理由。

3. Docker 也支持 overlay 网络。创建一个 overlay 网络的 Docker 命令示例为"docker network create --driver overlay my_overlay",该命令给创建的 overlay 网络取名为 my_overlay。随后创建容器时,可为容器指定网络。例如 Docker 命令"docker run --it --name my_container --network my_overlay my_image",其含义是:使用镜像文件 my_image 创建一个容器,将该容器取名为 my_container,并将其接入名称为 my_overlay 的网络。资料上说 overlay 网络将第 2 层网络叠放在第 4 层网络之上。而 5.12 节所述:overlay 网络是将第 3 层网络叠放在第 4 层网络之上。这里的第 2 层、第 3 层、第 4 层网络分别指链路层、网络层、传输层。请分析 5.12 节所述 overlay 网络实现,其与资料上所说的 overlay 网络实现相比有什么优点?

4. 云计算中,对于企业客户的一个虚拟局域网,虚拟网关必不可少。在逻辑上,虚拟网关有两块虚拟网卡,分别接入公网和内网。假设云系统上有 n 个企业客户,每个企业客户只有一个虚拟局域网。那么,云系统中就会有 n 个虚拟网关。这 n 个虚拟网关都连接公网,因此能相互通信。于是,在逻辑上,这 n 个虚拟网关又可构成一个更高层次的虚拟局域网,将其取名为虚拟局域网 g。虚拟局域网 g 也应有一个网关,接入公网。由此可知,企业客户的虚拟网关应由云服务商提供。这种推理正确吗? 请说明理由。如果正确,那么在虚拟网关的构建中,企业客户要将哪些信息告诉云服务商? 云服务商又该做哪些处理?

5. 云计算中,企业客户想查看其应用程序在云上运行的日志。为了满足这一要求,云服务商采取的措施是:对虚拟机上运行的应用程序,通过重定向技术(即 5.4 节的文件虚拟化技术)将其日志重定向至一个网络连接。该网络连接的另一端为日志服务器。于是应用程序的运行日志都存入云服务商的日志服务器中。企业客户要查看历史日志时,就从日志服务器中查询日志记录。上述功能该如何实现? 请给出实现方案。该功能的实现中,Agent 要做哪些事情?

6. 云计算中，企业客户能使用 telnet 终端程序登录至云上运行的虚拟机？如果有这种功能需求，又该如何实现？假定可以登录，那么企业客户能执行安装新的应用程序这样的操作？能执行关停正在运行的应用程序这样的操作？请根据 5.13 节和 5.14 节的知识回答上述问题。另请查阅资料，看 Docker 对镜像文件的操作提供了哪些功能？能利用 Docker 的这些功能实现上述操作？

7. 云服务管理系统的功能除调度和运行虚拟机外，还需要对虚拟机的运行状态进行监测，掌握虚拟机以及其上应用程序的运行状态。如何对虚拟机的运行状态进行监测才能掌握虚拟机以及其上应用程序的运行状态？提示：进程有创建与被创建关系，即父子关系。Agent 进程是虚拟机上所有进程的根进程。因此，Agent 能对虚拟机上的进程进行控制和管理。

8. 虚拟机、CGroup、Namespace 都是操作系统中的内核对象。它们三者之间并没有直接的联系，它们之间的联系通过进程体现。因为进程有属性 vm、cgroup、namespace，分别记录进程所属的虚拟机、CGroup、Namespace。虚拟机与进程之间呈一对多关系。CGroup 与进程之间，以及 Namespace 与进程之间也是如此，都呈一对多关系。当父进程创建子进程时，子进程继承父进程的这 3 个属性值。不过，父进程可以改变子进程的这 3 个属性值。暂停虚拟机 A，其实是暂停 vm 属性值为虚拟机 A 的进程，这种说法对吗？请说明理由。操作系统给应用程序提供了这 3 种对象的创建 API 函数和释放 API 函数。假设操作系统给应用程序提供了 pauseVM 函数，其功能是暂停虚拟机，能否为操作系统内核写出该函数的实现？

第 6 章

微 服 务

说到服务,就有 C/S 概念,即客户和服务提供方,或者说客户和服务器。服务器由服务程序和数据两部分组成。服务器中的数据量大,因为服务数据和客户数据都存于服务器中。服务器也是负载中心,因为客户都要访问服务器。服务器在构建上,可以采用一站式构建方式,也可以采用组合式构建方式。一站式构建方式中,把一个服务中要考虑的问题都放在一个应用程序中解决。而在组合式构建中,一个大服务器由多个子服务器组合而成。每个子服务器聚焦在特定问题的解决上。例如数据库服务器,就可由解析服务器、安全服务器、数据处理服务器这 3 个子服务器组合而成。这 3 个子服务器分别负责请求解析、安全检查、数据处理这 3 项工作。

对于微服务,并没有一个明确的定义。在很多文献资料中,将微服务理解成:将传统的一站式服务器,根据业务拆分成多个子服务器。子服务器也叫微服务。每个微服务提供单个业务功能的服务,一个服务做一件事。于是一个大服务器由多个微服务器以邦联方式组合而成。微服务中的微,其实并不只是小的含义,例如微软和微信都不是小系统。微来自见微知著这一词,其含义是:小处都考虑得仔细和周全,整个事情也就很可靠,值得信任。因此,微服务技术应该指实现服务程序高效运行、弹性运行、安全运行、快速更新,以及快速启动的策略和方法。

对于一个服务器,应该将其划分成多少个子服务器?如何划分?划分的基准不应仅是功能,而应该是模块之间交互的频繁度。两个模块如果在同一个程序中,那么它们的交互表现为函数调用。如果是在同一台计算机上运行的两个程序中,那么它们的交互为进程与进程之间的通信,即 IPC 通信。如果是在不同计算机上运行的两个程序中,那么它们的交互要靠网络通信完成。当两台计算机异构时,通信的两端还需进行翻译处理。由此可知,当两个功能模块之间交互频繁时,最好将它们放入同一服务程序中。这种划分原则在日常生活中也常使用。例如,在为学生安排宿舍时,应使一个班的学生邻近住宿。对于一个学院的学生,则应以至院楼最近原则安排,因为学生最常去的地方就是院楼。

现代服务程序的一个显著特点是改版升级频率高。当程序有 bug 时需要更新,当程序结构不合理时也要更新;当功能扩展时要更新,当功能实现需要改进时也要更新。程序更新涉及程序设计开发、程序测试验证、程序上线部署。更新要快,不仅指每个环节要快,环节之间的流转也要快。源代码更新要快,其前提条件是:①程序采用流行框架开发;②代码在命名和格式上遵循标准;③文档结构清晰、通俗易懂。只有这样,开发者才容易理解原有程序,才会迅速定位到要修改的地方。也就是说,当一项工作已有标准时,就应遵循标准。另外,开发、测试、上线过程中,当有自动化工具可辅助时,应尽量使用工具。

环节之间的流转也要快,也就是应用程序的安装、配置、调试要快。开发部门完成开发后,应用程序要流转到测试部门进行测试验证。测试部门完成测试后,应用程序应流转到运营部门上线运行。应用程序包含两部分:①应用程序自身;②运行环境。对于一个应用程序来说,开发、测试、运营 3 个部门都有自己的运行环境,而且互有差异。正是因为如此,在测试和运营部门都有一个应用程序的安装、配置、调试问题。应用程序与运行环境的衔接中常常会冒出一些异常和疑难,导致部门之间相互扯皮和推诿责任。最终的后果是应用程序不能如期上线。

上述问题可通过程序容器化解决。容器化技术已在 5.14 节讲解。应用程序运行在容器中。容器为虚拟机,具有不变性。于是,应用程序的运行环境被虚拟化了,具有不变性。虚拟运行环境与真实运行环境的映射由容器完成。映射关系则由诸如云管理器,或集群管理器之类的程序管理器确定。整个映射没有人参与,都由软件工具自动完成。因此,有了容器化技术之后,就再无应用程序的安装、配置、调试问题了。应用程序由开发部门打包成镜像文件,然后发布给测试部门和运营部门。镜像文件具有开箱即用的良好特性。

在云上或者集群上,对线上的服务程序更新,不再采用原有的更换方式,而是采用切换方式。更换就是关停并卸载老版本服务程序,然后安装和启动新版本服务程序。采用更换方式时,在更换期间服务不可用。服务不可用的时间长,在很多应用场景下不可接收,例如火车站的旅客身份识别服务就是如此。切换方式是:在另一台计算机上启动新版本服务程序,然后通知服务网关把客户请求从老版本切换至新版本。切换完毕后,再关停和卸载老版本服务程序。由此可知,采用切换方式时,服务能一直对客户保持可用,不会间断,这正是所期望的一种特性。

要使服务器处理数据高效,就要分析数据处理的过程及其特性,然后采取有效手段提高处理效率。接下来的 6.1 节将讲解提升数据处理效率的途径和方法。企业和用户的一切信息、活动、财富,都以数据记载和体现。企业的数据以及所有客户的数据,都存储在服务器中。服务器必须安全可靠。服务器到底面临哪些方面的安全威胁?面对这些安全威胁又该如何应对? 6.2 节将讲解安全技术。对于数据库,当其数据量增大到一定程度时,便会将其拆分成两个数据库。拆分会影响服务器的可用性。有什么手段和方法可最小化拆分对服务可用性的影响? 6.3 节将探究服务器的可伸缩性。服务器的动态自适应能力非常重要。6.4 节和 6.5 节将分别讲解服务集群,以及抽象与动态自适应。

6.1 数据处理的高效性

在服务器中有大量的同类数据。例如,电商服务中,一个客户的注册信息为一项客户数据。因为有很多客户,于是服务器中就有很多项客户数据。这些同类数据通常用一张表存储。假定客户数据存储在 client 表中,其中一行数据对应一个客户。一个客户在 client 表中仅有一行数据。当客户登录时,给出用户名和密码。服务器则要基于用户名和密码到 client 表中查询,得到该客户的那行注册数据。查询是服务器中最常见,也是最频繁的一种操作。最直观的查询方法是:把表中数据逐行从存储器中取来,看是否为与条件相匹配的数据。如果是,就说明已找到。如果不符合条件,就再取下一行。该过程循环下去,直至找到为止。

上述查询方法中,判断是否与条件相匹配,由 CPU 完成。数据存放在存储器中。最常见的存储器有高速缓存、内存、本地磁盘、远程计算机这 4 类。从存储器中取一行数据,是指将一行数据从存储器运输至 CPU。如果不匹配,该趟运输就是无效运输,CPU 所做的该趟判断就为无效处理。查询时间与无效运输的次数成正比,也与无效运输的量成正比。就一次运输而言,无效运输的量就是一行数据的量。对于一个有 n 行的表,查询出某一行,按照上述方法执行时,无效运输的平均次数为 $n/2$。该方法的查询效率非常低,当 n 大时尤为如此。

提升查询效率的一种有效方法是为表数据创建索引,然后基于索引查询数据。索引是减少无效运输和无效处理,提高查询效率的一种方法。日常生活中所见的书的目录就是一种索引。对于一本几百页的书,如果知道其中包含某个内容,如何找到这个内容呢?如果没有目录,就只好从第一页开始,一页一页地翻,直到找到所要内容为止。对一本 500 页的书,平均要翻 250 页才能找到。这种查找效率太低,令人无法忍受。如果有目录,就先在目录中找,找到目标内容所在的页号,再直接跳转到目标页。目录通常只有 2～3 页,查找一遍很快,也很容易。对一本书,建立目录虽然要多费几页纸,但它对提高查找效率却能发挥很大作用。数据集的规模越大,索引为查找带来的功效就越大。

6.1.1 树索引

在服务器中,为某个表创建一个索引,就是对选定的列,将其从表中复制出来,另外构建成一个索引表,将其存储在存储器上。选定的列称作搜索键(search key)。索引表包含两个列:搜索键列和地址列。与原表的数据量相比,索引表的数据量大幅减少,如图 6.1 所示。图中用面积表示数据量的大小,从图 6.1 可知,数据表的数据量很大。从数据表中摘取索引字段,构成的索引表的数据量减少了很多。查询时,如果没有索引,就要将整个数据表从存储器运输到 CPU 进行逐行检查,看是否满足查询条件。要运输的数据量很大。如果有索引,就先将索引表从存储器运输到 CPU 进行检查,找出满足查询条件的数据行,再基于地址从存储器读取所要的数据行。

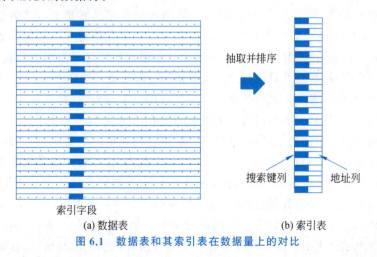

图 6.1 数据表和其索引表在数据量上的对比

由上可知,使用索引,能使要运输的数据量明显减少,查询效率得到了提升。基于索引的查询包含两个步骤:①先查询索引表,得到目标行的存储地址;②基于地址从存储器直接提取所要的数据行。基于索引进行查询,减少数据运输量的措施并未就此而止。索引表的行记录基于索引字段值排序。排序之后,查询不再采用顺序查找方法,而是采用二分法查找方法。采用二分法查找时,当索引表中的行数为 $2n$ 时,平均只需运输 n 行记录,就可找到目标行。举例来说,当索引表中的行数为 40 亿(即 2^{32}),查询时要运输的平均行数从 20 亿减少到 32。由此可知,排序对查询效率的提升非常有帮助,数据量大时尤为如此。

基于索引进行查询,无效运输和无效处理被大幅减少。减少来自两方面:①索引表的数据量比数据表的数据量要少很多;②通过对索引表中的行进行排序缩减索引行的读取数。索引的本质是对数据进行缩减处理,额外形成一个缩减版本,然后再通过排序减少访问存储器的次数。一本书的目录可视作它的一个缩减版本。缩减比值越大,查询功效的提升就越明显。对一本 500 页的书,其目录如果只有 2~3 页,带来的功效提升自然非常显著。如果其目录有 60 页,那么效果就不明显了。

对于一个表,可以创建多个索引。例如,对于图书管理服务器中的图书表,可以抽取书名字段创建一个索引,还可抽取作者字段创建另一个索引。其他的抽取角度包括出版社、出版年份、领域、关键字等。创建的索引越多,越便于查询。当然,创建索引也会带来额外开销。开销主要包括两方面:①索引表自身;②对数据表的索引字段执行更新操作时,索引表中的记录也要随之更新。创建的索引越多,带来的额外开销也越大。每添加一行记录,都要对所有索引表进行更新。因此,索引的创建要谨慎,不要随便创建索引。

索引不仅有助于提升查询性能,还可用于统计和数据完整性控制。例如,针对 client 表中账号创建的索引,就可用来统计客户数量。其原因是:①一个客户在 client 表有且仅有一行数据;②索引表中的行数与数据表中的行数相同。当有新客户注册时,就会向 client 表中添加一行数据。老客户也有可能修改其账号,这时就要修改 client 表中已有的某行数据的账号值。对于添加行操作,或者修改行操作,都要求不能出现表中两行数据的账号值相同的情形。处理方法是:先查询账号索引,看是否违背唯一性原则。如果违背,就拒绝受理客户的添加行操作或者账号修改操作。

索引的使用不要盲目。对于数据量小的表,不要为其创建索引。正如一篇文章,如果它只有几页或者十几页,就不为其创建目录一样,当数据存储在磁盘上时尤为如此。其原因是:对磁盘数据的访问不是以字节为单元,而是以块为单元执行。一块数据的大小通常为 8KB。一个索引表,不管其大小,都要占用至少一个磁盘块。基于索引进行查询时,读索引表至少访问一次磁盘,然后读目标数据行又要访问一次磁盘。这样一来,至少有两次磁盘访问,要读两个磁盘块。当数据表因数据量小而只占用一个磁盘块时,如果没有索引,就只需读一个磁盘块。这时,索引不但没有带来性能的提升,反而导致性能下降。

搜索键是数据表中的列,其数据量与整个数据量的比值一定要小,即缩减比一定要大,创建索引才有意义。直观的比喻就是:对一本 400 页的书,其目录如果只有 2~3 页,带来的查询效率提升自然非常显著。如果目录有 80 页,那么创建目录的意义就很小。因此,对于数据量大的列,就不要为其创建索引,这样的索引因为缩减比太小,导致索引表过大,不能带来显著效果。另外,不要为分布广的列创建索引。例如,对 client 表,就不要以性别这个列作为搜索键来创建索引。其原因是:对于存储数据表的一个磁盘块,能存储的客户数能达到几十个,其中肯定既含有性别为男的客户,也含有性别为女的客户。因此,无论是查找男性客户还是女性客户,所有磁盘块都要读取。

上述例子中，以性别列作为搜索键创建索引，不能为查询性能的提升带来收益。不过，它能给统计带来好处。当要统计男性和女性的客户数时，读取索引就能解决问题，不需要读取 client 表。这就引出了面向统计的索引，也叫聚合索引（Aggregation Index）。它与面向查询的索引不一样。对于性别字段来说，它的聚合索引只含两行数据：一行是男性客户数；另一行是女性客户数。其数据量很少。与其相对，在面向查询的索引中，数据表中的每行记录，都在索引表中有记载，因此数据量大。

创建索引时，搜索键可以不止一个列。例如，对于电商服务器中的交易记录表，就可基于客户 id 和商品 id 这两个列创建组合索引。这时索引表中的行首先以客户 id 列排序，然后才以商品 id 列排序。该情形下，当以商品 id 执行等值查询时，索引的排序特性不能利用。也就是说，索引表的所有磁盘块都要读取，然后对其行数据进行顺序扫描，检查是否满足查询条件。尽管如此，索引的缩减特性还是能利用。例如，要查询购买了商品 id 为"A2306"的交易记录，在交易表的所有磁盘块中，只会有几个磁盘块包含满足条件的记录。也就是说，使用索引能显著减少要读的数据表磁盘块数量。这时尽管索引的排序特性利用不上，索引还是能带来查询性能的提升。

在电商服务器中，买家和卖家作为最大的客户群体，经常要查询自己的交易记录。每个卖家的每种商品都有唯一的 id。卖家查交易记录，是为了了解自己的商品销售情况。买家查交易记录，是为了了解自己的购物情况。这时最好对交易记录创建两个索引：一个以客户 id 作为搜索键，另一个以卖家 id 作为搜索键。前一个服务买家，后一个服务卖家。另外，客户购物时，要查询商品。因此，对商品表，最好创建一个以商品 id 为搜索键的索引。在商品 id 的设计上，前面部分最好是商品的类别 id，后面部分是序号。其原因是：客户最常用的查询商品方式是基于类别由粗到细查询。

6.1.2 散列索引

上述讲的索引被称作树索引。它是一个映射表，记录了搜索键值与数据表中行记录的存储地址之间的映射关系。查询时，先查索引表，得出想要的行记录的地址，然后再读取想要的行记录。映射就是由变量 X 的值，得出变量 Y 的值。在这里，变量 X 是指搜索键值，Y 是指行记录的地址。从数学上看，可表达为一个函数 $Y = f(X)$。建立索引表，意味着对于不同的 X 值，函数 f 不同，而且 f 不用知道。带来的好处是：对行记录的存储位置没有什么约束。如果对于变量 X 的每一个取值，函数 f 相同，而且已知，那么索引表就可以取消。取消索引表，不仅节省了存储空间，还省去了访问索引表的开销。这种索引被称为散列（Hash）索引，也叫哈希索引。

对于哈希索引，需要给定一个哈希函数 f。当向数据表中添加一行记录时，以其搜索键值作为 X 值，计算出该记录的存储地址（即 Y 值），然后将其存储在地址为 Y 的位置处。当数据表中某行记录的搜索键值发生修改时，要计算该行数据应该存储的新位置，如果新位置与旧位置不相同，就要把该行挪动到新位置。哈希索引与树索引相比，好处是不需要构建索引表，因此查询时也就没有读取索引记录的开销。在树索引中，精准定位目标记录是通过查索引表实现的。而在散列索引中，精准定位目标记录是通过计算哈希值实现的，即使用哈希函数 f，以查询条件中给定的搜索键值作为输入，计算得出对应的哈希值。该哈希值就是要查询的目标记录的存储地址。

从减少无效运输和无效处理的角度看,哈希索引达到了极致,但是它也有很多弊端。添加记录时,要计算哈希值,然后将行记录存储在由哈希值确定的存储位置。搜索键的取值范围能根据其含义得出,设其空间大小为 M。构建哈希索引时,要明确数据表中的行数(设为 N),以便确定哈希函数 f,同时预留出存储空间,设起始地址为 B,空间大小为 N。因此,当数据表中的行还很少时,存在磁盘块利用率低的问题。当数据表中的行多起来时,则存在行记录存储位置的冲突问题。也就是说,它的可扩展性很差,只适合那些记录行数变化不大的表,例如大学教务管理数据库中的课程表。另外,哈希索引只适用于等值类的查询,不适合于范围类或者模糊类的查询。

思考题 6-1:为什么哈希索引只适用于等值类的查询,不适合于范围类或者模糊类的查询?

树索引和哈希索引都具有极端化性质。在树索引中,对数据表中行数据的存储位置没有任何约束和限制。而在哈希索引中,数据表中的行必须存储在指定位置。在树索引中,每行数据的搜索键值与存储位置的映射关系都要记录。而在哈希索引中,映射关系无须记录,通过计算搜索键值就可得出存储地址。哈希索引存在地址冲突问题,其可扩展性也很差。树索引和哈希索引可结合使用,以求相互扬长避短。例如,对于大学生管理服务器中的学生表,其特性是每年都有新生入学,其行数具有递增性。因此,对学生表可先基于年份和专业建立树索引,再基于序号建立哈希索引。查询时,先用树索引,后用哈希索引。这种组合索引的特点是:树索引中的行数很少;用树索引克服了哈希索引可扩展性差的问题。

查询表中数据时,查询条件的表达中应考虑能否利用上索引。对于上述学生表,假设要查某个专业的学生。在学生表中,有专业这一列。如果以专业这一列表达查询条件,那么学号索引就利用不上。其实学号中含有专业信息,因此最好用学号中的专业信息表达查询条件。这种查询条件的表达就能利用学号索引。使用学号索引查询某个专业的学生,尽管索引的排序特性利用不上,但索引的缩减特性能利用上,因此还是能明显提升查询性能。

6.1.3 基于访问特性组织数据的存储

传统的数据存储采用关系数据模型组织。关系数据模型非常关注数据冗余带来的更新异常和数据不一致问题。关系数据模型的核心思想是:数据严格按类分表存储,即一个表存储一类数据,同类数据都放在一张表中存储。以电商服务器为例,客户信息存于客户表 client 中,商品信息存于商品表 goods 中,交易记录存于交易表 business 中。当一台服务器中的交易记录数据量达到上限时,便新增一台服务器存储新增的交易记录,于是单体服务器便变成了分布式服务器。这种数据的组织方式,是按照交易数据产生的先后顺序,将其分布在不同的成员节点上。

上述组织方式没有适配数据访问特性,会导致系统性能非常低下。电商系统的一个显著访问特性是:对于买家和卖家,都只关心自己的交易记录,而且要经常访问自己的交易记录。采用上述数据存储组织方式,会导致每个客户的交易记录被稀散地分布在电商分布式数据库中的各成员节点上。不论是买家还是卖家,当要查询自己的交易记录时,管理器都要给所有成员节点发送子查询任务。每个成员节点都要基于用户标识号检索交易记录,然后将查询结果返回给管理器。管理器只有在收到所有成员节点的响应结果,并做汇总之后,才能给客户做出响应。这种查询因为涉及所有成员节点,性能会非常低下。而这种查询又是最为频繁的一种查询,因此系统整体性能也会很差。

如果将交易数据的组织方式改成按客户来布局,情形就会完全不同。按客户组织交易数据,就是事先把所有客户均匀分散到分布式系统的各成员节点上,然后每当产生一笔交易记录,就将其存储到买家的名下,再复制一份存储到卖家的名下。这样组织交易数据,使得每个客户的交易记录都聚集存储在一个成员节点上。当客户要查询自己的交易记录时,管理器只访问一个成员节点即可。整个查询结果由一个成员提供,而不是让所有成员都参与。于是,性能便会显著提升。

按客户组织交易数据带来的另一个好处是负载均衡。事先把所有客户均匀分散到分布式系统的各成员节点上。于是,添加交易记录的负载也就均匀分布到各成员节点上,查询交易记录的负载也均匀分布到各成员节点上。当一个成员节点上的数据量达到上限时,就按客户将其拆分成两份,将其中一份转移到一个新成员节点上。按此方式进行拆分,依然保持了一个客户的交易记录聚合存储在一个成员节点上。拆分后,管理器维护的元数据中,对客户标识号与成员节点的映射关系要做相应修改,以反映拆分后的情形。

从以上分析可知,对于大数据系统,数据的存储组织十分关键,它对系统性能和负载均衡都有直接的影响。随着数据量的增大,性能问题日显突出。为了达到系统性能和负载均衡,有时会冲破关系数据模型。在上面的例子中,为了达到系统性能,对交易记录进行了复制,在买家和卖家名下各存一份。这明显带来了数据冗余,违背了关系数据库的原则。这种做法可取的理由是:交易数据有一个特性,那就是很少发生修改情形。即使要修改,也只有两处改动。因此,几乎不会引发数据的不一致。

键值对(KEY‐VALUE)数据模型是当前广泛使用的一种数据模型。该模型中,将一个表看作键值对的集合。对表中的任意两行数据,其 VALUE 的数据类型可以相同,也可以不相同。键值对数据模型与关系数据模型并不对立。在关系数据模型中,一个表的字段可分成主键字段和非主键字段两部分,其中的主键字段部分对应键值对数据模型中的KEY,非主键字段部分对应键值对数据模型中的 VALUE。从这一点看,这两个数据模型是统一的。不过,键值对数据模型比关系数据模型更加灵活。在键值对数据模型中,当限定一个表中的每行数据,其 VALUE 值的数据类型都相同且不为集合类型时,它就退化成了关系数据模型。于是,可以说关系数据模型是键值对数据模型的一个特例。

键值对数据模型也叫 NoSQL 模型,为数据的合理组织提供了很好的支持。以上述电商服务器为例,其中有一个用户表 User,其 KEY 为用户标识号,VALUE 为交易记录。VALUE 的数据类型为集合。于是,对于用户表 User 中的一行数据,其 VALUE 的值为一个交易记录表,这样就使得一个用户的交易记录聚集存储在用户表中的一行中。

在集群环境下,在服务器的初期,客户数很少,交易记录也很少,用户表只需一个成员节点来存储就够了。这个成员节点用 A 表示。在管理器中,其元数据中有一行记录＜A,User, KEY 的取值范围＞。随着时间的推移,客户数越来越多,每个客户的交易记录也越来越多。当 A 中的数据量达到上限时,就会新增一个成员节点 B,将 A 中 User 表的一半数据行迁移到成员节点 B 上。与此同时,管理器的元数据中,会增加一行记录＜B, User,KEY 的取值范围＞,原有的记录＜A, User, KEY 的取值范围＞中的第 3 个字段的值也要做相应的修改。这个过程可递归下去。

从上述例子可知,键值对数据模型有很好的可扩展性,能很好地实现负载均衡,还能取得很好的查询性能。对于系统中的任一成员节点,当其数据量达到上限时,就会一分为二,也就是将其承载的客户一分为二。于是,所有客户被均匀地分散在系统的成员节点上,很好地实现了负载均衡。当某个客户要查询其交易记录时,管理器先从其元数据记录中检查该客户的标识号落在哪一个成员节点上,然后将该查询任务派发给这个成员节点。由于一个客户的交易记录聚集在 User 表中的一行中,因此查询性能会非常好。

键值对数据模型对关系数据模型中非主键字段部分放宽了限制,有其利,自然也有其弊。就查询功能而言,键值对数据模型远远不如关系数据模型强大。在关系数据模型中,一个类型对应一个表,一个类型的所有实例都放在一个表中,表具有全局性。另外,表与表之间没有从属关系,具有对等性。因此,其查询功能非常强大,查询条件可灵活多样,例如范围查询、模糊查询、连接查询等。而在键值对数据模型中,通常只能基于 KEY 进行等值查询。

显著不同的是:在关系数据模型中,一个表中的行具有相同的数据类型,而在键值对数据模型中,一个表中的行,其 VALUE 值的数据类型可以不相同。因此,在关系数据模型中,表具有数组特性,从中提取某一列时,并不需要逐行逐字段扫描,可按固定步长跳取。而在键值对数据模型中,表不具有数组特性,行以链表方式存储。当要基于 VALUE 中的内容进行查找时,就要逐行逐字段进行全表扫描,性能非常低下。正因为如此,很多基于键值对数据模型开发的产品,通常都不提供基于 VALUE 内容进行查找的功能。当需要基于 VALUE 内容进行查找时,就要针对查找内容创建索引,以此提升查找性能。

在有些应用中,就一个表而言,客户对各个列的访问频度不一样,而且差异很大。例如邮件数据库,其特征是客户都只访问自己的邮件,经常要打开邮件列表,看是否有新邮件。看邮件列表时,通常根据邮件的发信人和邮件的标题,决定是否打开一个邮件的详细内容。有些邮件还带有附件,不过大部分邮件通常都没有附件。客户对附件的处理,也是只有在感兴趣时才访问它,将它下载到本地。从邮件的这些特性可知:客户对邮件的基本信息(发信人,标题,收件时间,已访问标记)访问非常频繁,对邮件详细内容的访问频度远不如基本情况。另外,只有小部分邮件有附件,而且对附件的访问频率很低。

针对邮件的上述访问特性,在邮件服务器中基于键值对数据模型构建一个用户表,以用户邮箱名作为 KEY,VALUE 作为邮件表。邮件表也是一个 KEY-VALUE 对的集合。邮件表中的 VALUE 包括 3 个列簇(Column Family):基本情况列簇、详细内容列簇、附件列簇。邮件表的每个列簇都单独构成一个表,于是就有 3 个表:<KEY -基本情况>表、<KEY -详细内容>表、<KEY -附件表>表。

将列进行分簇存储的数据组织方式,不仅带来良好的访问性能,而且使得存储空间得到有效利用。每个用户的邮件基本情况聚集在一起,位于一个成员节点上。当用户要访问其邮件基本情况时,管理器只需通知一个成员节点处理,而不是叫所有成员都参与,因此处理性能会非常好。当用户要访问一个邮件的详细内容,或者要访问一个邮件的附件时,情形也是如此。每个列簇都单独成为一个表,其好处是:当一个邮件没有附件时,就不会出现存储空间的浪费情况。

上述基于列簇分表存储的组织方式,在关系数据模型中也支持。在关系数据模型中,就是对一个表进行垂直分段。不同的地方是:在键值对数据模型中,向表中添加一行数据时,对于一个列簇,其中应含多少列,每列的列名和列值,都可在添加时指定。也就是说,对于一个列簇中的列,并不像关系数据模型那样,要在模式(Schema)中事先定义。在键值对数据模型中,模式中只需定义列簇,无须定义列簇中包含的列。另外,对一行数据中的列值还扩充了多版本支持功能,以满足有些应用的需求。

文档服务器中的文档具有另一种特性。文档数据包括内容和属性。其特点是:内容的数据量很大,而属性的数据量很小。文档属性包括文件名、类别名、创建时间、最近修改时间、创建者、大小等,主要用于文档的查询。针对这一特性,文档表在存储上分为两个表:内容表和属性表。内容表的存储采用键值对数据模型,其 KEY 由服务器自动生成,VALUE 为文档内容。KEY 不由客户指定,而是由服务器自动生成,其好处是:服务器可以把文档内容的存储地址设为其 KEY。于是,随后用户用 KEY 查询时,便能直接定位,迅速获取数据,实现高效查找。文档内容的 KEY 也是属性表的一个列。属性表因为数据量小,扮演索引表的角色,便于客户从不同视角查询文档。

由服务器生成 KEY,对定位 VALUE 有好处,不过也有弊端,那就是服务器无法判定数据是否有冗余。也就是说,当客户要添加一项数据时,这项数据是否已经存在于服务器中,服务器无法做出判断。因此,对于某类数据,当业务要求其实例不允许重复时,就不要单独将其添加至服务器,而应和其属性值一并添加至服务器中。这时,服务器就能基于其属性值判定它是否在服务器中。

为了提高数据处理的效率,很多服务器对数据类型进行了限制。例如,只使用字符串一种数据类型,其好处是:避免了各种机型和操作系统在诸如整数和实数之类的类型表达上存在的差异,使得异构计算机之间交换数据时无须翻译。对于文本数据,只要在字符编码上使用同一标准,各种机型与操作系统对其表达都会相同。UTF-8 是广泛使用的字符编码国际标准。因此,很多服务器都采用 UTF-8 编码标准,只提供字符串一种数据类型,以此免除数据转换,提升数据处理性能,增大服务器的吞吐量。

总之,数据的存储组织一定要基于应用特性(尤其是用户访问特性)通盘考虑。在数据的存储组织中,应先对访问类型,依据其访问频度进行排序,然后优先考虑频度高的访问类型。对于频度高的访问类型,尽量将其数据聚集在一起存储,以避免出现在全系统中进行大范围搜索的情形。例如电商服务器,其最大的客户群体为买家,其次为卖家。买家和卖家最频繁的操作之一是查询自己的交易记录,因此要把交易记录按照客户分表存储,然后和客户注册数据聚簇存储。对于商品表,其访问特性是:客户先查基本信息。只有对某个商品感兴趣时,才会点开其详细信息。由此可知,就访问频度而言,商品数据中的基本信息和详细信息差异很大,应对它们分表存储,让其中的基本信息表扮演索引表的角色。

6.1.4　线程池和连接池

对于客户的每个请求,服务器通常创建一个线程来处理它,以此实现并发或并行处理。请求被处理完之后,线程的生命周期也就结束了。处理一个请求的时间通常很短,因此线程的生命周期也很短。于是,在服务器中,线程不断地被创建,然后很快又被销毁。线程由操作系统管理,创建一个线程和销毁一个线程,会耗费一定资源。如果线程的创建和销毁非常频繁,就会影响系统性能。解决方法是使用线程池技术。也就是说,事先创建一些线程,充当工作线程,放在线程池中。这些线程处于空闲等待状态。当收到一个来自客户的请求时,服务器从线程池中用一个空闲的线程处理它。处理完毕之后,线程并不结束,而是又回到空闲等待状态,这样就避免了创建和销毁线程所带来的开销,从而提升了系统性能。

采用线程池技术，自然是由服务器的调度线程管理工作线程。调度线程与工作线程之间通过消息协同工作。当受理一个客户请求时，调度线程从空闲线程池中取出一个线程负责处理。具体来说，就是给取出的线程发送一个新任务消息。空闲线程都处于等待消息的状态。当来一个消息时，便会结束等待状态，处理收到的消息。新任务消息自然附带要执行的任务信息，于是这个线程就执行所分派的任务。当线程把所分派的任务处理完毕之后，便给调度线程发送一个完成消息，通知任务已经处理完毕。调度线程收到这个消息后，便把消息发送者线程添加到空闲线程池中。

另外，服务器与服务器之间可能关系密切，交互非常频繁。例如，一个企业的 Web 服务器与其数据库服务器之间的交互就非常频繁。Web 服务器处理客户请求时，几乎离不开对数据库服务器的访问。当 Web 服务器要访问数据库服务器时，就要先与数据库服务器建立网络连接，然后给其发送业务请求。建立网络连接就如日常生活中给某个人打电话。过程为先拨号，联通之后再等待对方接机。当对方接听之后，通报上姓名。对方核实后才进入正题，彼此商谈业务。商谈完毕后挂机。

通信的过程就如让一个信使带着一封信从请求者一端跑到服务器一端，将信交给服务器。等待服务器处理完信并写好回信，再带着回信跑回请求者一端交给请求者。这样一个过程被称作一个来回。从时间构成看，一个来回由路上时间和服务器处理时间两部分构成。路上时间不可忽视。来回过程中，要经历层层关卡，协议栈的每层都有检查和处理。建立一个网络连接需要 3 个来回。如果商谈业务的时间很短，那么建立网络连接所花时间的占比就大。针对这一特性，一种处理方法是：建立网络连接后，并不关闭，让其一直保持下去，留待处理下一请求用，于是也就免去了建立网络连接与关闭网络连接的开销。

当多个客户同时访问 Web 服务器时，便有多个并发请求。每个请求都需要有一个与数据库服务器的网络连接，这时就需要建立连接池。Web 服务器启动时，就创建一些与数据库服务器的网络连接，并将其放入连接池中。和线程池中的工作线程一样，所有网络连接也由调度线程负责管理。当 Web 服务器收到一个客户请求时，就从线程池中选一个空闲线程，再从连接池中选一个空闲连接，负责处理该请求。当无空闲线程，或者无空闲网络连接时，调度线程就把客户的请求放入等待队列中，直至条件满足时再进行处理。

Web 服务器采用连接池方案，免去了网络连接开销，显著提升了处理性能。不过，它也带来了新的安全问题。访问数据库服务器的网络连接被多个客户共享后，建立网络连接时的登录者所拥有的访问权限也就给了所有使用该网络连接的客户，这就带来了安全问题。处理办法是将客户分类，然后给每类客户建立一些网络连接。例如，对于大学教务管理 Web 服务器，其用户分为学生类、教师类、教管人员类。假定 Web 服务器在创建与数据库服务器的网络连接时，创建 30 个学生类网络连接、8 个教师类网络连接、2 个教管人员类网络连接。当请求来自一个学生时，调度线程就只为其分配学生类网络连接。当请求来自一个教师时，就只为其分配教师类网络连接。

在有线程池和连接池的情形下，调度线程和工作线程的处理逻辑分别如代码 6.1 和代码 6.2 所示。当客户的请求到达服务器时，会给调度线程发送一个类型为 CLIENT_REQUEST 的消息。调度线程便从线程池和连接池中分别提取一个空闲线程和一个空闲网络连接去处理该客户的请求。该处理如代码 6.1 中第 4～7 行所示。如果没有空闲线程或者网络连接，则将客户的请求放入等待队列 waitQueue 中，等待条件满足时再做处理。

该处理如代码 6.1 中第 8～14 行所示。工作线程一旦收到一个来自调度线程的 NEW_TASK 类消息，便知道来了一个处理任务，便调用 executeTask 函数对其进行处理。处理完之后便给调度线程发送一个类型为 TASK_COMPLETE 的消息，该处理如代码 6.2 中第 3～6 行所示。

代码 6.1　调度线程的处理逻辑

```
(1)  while (TRUE) {
(2)    waitForMessage( msg );
(3)    if (msg->type == CLIENT_REQUEST) {
(4)      msg->thread = threadPool->fetchItem();
(5)      msg->connection = connectionPool->fetchItemByType (msg->clientType);
(6)      if (msg->thread != null && msg->connection != null)
(7)        postMessage(msg->thread, NEW_TASK,msg);
(8)      else {
(9)        if (msg->thread != null)
(10)         threadPool->addItem(msg->thread);
(11)       if (msg->connection != null)
(12)         connectionPool->addItem(msg->connection);
(13)       waitQueue->addItem(msg);
(14)     }
(15)   }
(16)   if (msg->type ==TASK_COMPLETE)   {
(17)     Request * request = waitQueue->fetchItemByType(msg->clientType);
(18)     if (request != null)   {
(19)       request->thread = msg->thread;
(20)       request->connection = msg->connection;
(21)       postMessage(request->thread, NEW_TASK,request );
(22)     }
(23)     else {
(24)       threadPool->addItem (msg->thread);
(25)       connectionPool->addItem ( msg->connection);
(26)     }
(27)   }
(28) }
```

代码 6.2　工作线程的处理逻辑

```
(1)  while (TRUE) {
(2)    WaitForMessage( msg );
(3)    if (msg->Type = NEW_TASK) {
(4)      executeTask(msg);
(5)      postMessage(dispatcherThread, TASK_COMPLETE, msg);
(6)    }
(7)  }
```

调度线程一旦收到一个来自工作线程的 TASK_COMPLETE 消息，便知道该工作线程已处理完毕，处于空闲状态。于是到 waitQueue 中检查是否还有排队等待的客户请求。如果有，就派发给该工作线程去处理。如果没有，则把空闲的工作线程和网络连接放入线程池和连接池中。该处理如代码 6.1 中第 16～26 行所示。注意：调度网络连接对象时，要与客户的类别一致，这种处理如代码 6.1 的第 5 行和第 17 行所示。

6.1.5 批处理

实现高效处理的另一有效途径是批处理（batch），现举例说明。在第 4 版的 HTML 协议中，浏览器向 Web 服务器发出网页请求时，Web 服务器先给客户响应一个 HTML 文档。在 HTML 文档中，通常还会引用很多其他文件，例如图片文件、CSS 文件等。浏览器在解析 HTML 文档的过程中，每遇到一个引用，会再次向 Web 服务器发送请求，获取被引用的文件。于是浏览器显示一个完整的网页，要与 Web 服务器交互很多次。这种处理效率低下。在第 5 版的 HTML 协议中，采用了批处理方式：Web 服务器会把 HTML 文档及其引用的文件一次性地传输给浏览器。于是浏览器只需请求一次，就可得到所需的全部文件。这种改进带来的性能提升非常显著，高达几十倍，甚至上百倍。

应用程序开发中，应充分利用批处理提升系统性能。例如，在大学教务管理中，老师要给学生录入成绩。在录入成绩界面中，老师可一次性给所教学生都录好成绩，然后单击"保存"按钮。单从访问数据库的 SQL 看，一个 SQL 更新语句只能完成一个学生的成绩修改。假定有 n 个学生，就要与数据库服务器交互 n 次，这种处理效率低下。其实，这 n 个更新彼此相互独立，完全可以打包成批，一次性发送给数据库服务器去执行。这样，n 个来回交互就变成了 1 个来回交互，效率自然会大大提升。应用程序访问数据库服务器的编程接口，例如 JDBC 和 ODBC，以及 ADO 等，都支持批处理。因此，挖掘业务操作的批处理特性，用好批处理这一功能，对程序员非常重要。

批处理方式在人们的日常生活中也常使用。例如，去一趟银行通常要花费不少时间。因此，人们不是有一点收入，就去一趟银行把它存起来，而是把它放在身上的钱包里，等到积累到一定数额时，再去银行存起来，这样就大大减少了跑银行的次数。一个月去一趟银行，不会感觉对自己有什么影响。如果每天都去一趟银行，就会觉得自己在一天中做不了多少事情，效率低下。计算机处理事情也是如此。

6.2 安全技术

客户使用前端工具，通过公共互联网访问服务器，会有安全威胁。安全威胁的起因在于客户与服务器交互的数据都要通过公共互联网传输。黑客可以在公共互联网上截获或者偷看客户和服务器之间交互的数据，然后假冒客户欺骗服务器，或者假冒服务器欺骗客户。黑客还可利用系统存在的漏洞或者缺陷，通过异常操作实施攻击，非法窃取信息，谋取利益，或者扰乱系统的正常工作。因此，安全问题是一个非常突出的问题，必须高度重视。开发服务器程序时，除了实现业务功能外，还必须应用安全保障技术，使得服务器安全、可靠。

安全威胁来自 4 方面，如图 6.2 所示。第一类安全威胁来自程序设计的漏洞。黑客可以利用程序的漏洞，在访问服务器时通过输入特殊字符使程序语义畸变，偏离预设逻辑，从而达到攻击目的。这类攻击的典型例子有 SQL 注入攻击和 HTML 注入攻击。第二类安全威胁根源于互联网。客户与服务器的交互数据都要通过公共互联网传输。于是黑客可以在公共互联网上偷看、篡改，重放客户与服务器之间的交互数据。客户还可对自己已执行的交易操作进行抵赖。第 3 类安全威胁来自假冒。就客户而言,对来自服务器的响应数据,存有疑虑:来自服务器,还是来自黑客?就服务器而言,对来自客户的请求数据,也有疑虑:来自客户,还是来自黑客?最后一类威胁来源于客户不守规矩,执行非法操作。

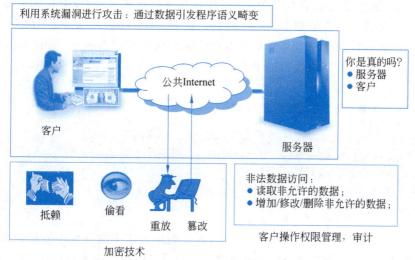

图 6.2　4 类安全威胁

6.2.1　注入攻击的防御

利用系统漏洞实施攻击,常见的有 SQL 注入攻击和 HTML 注入攻击。这类攻击的具体案例已在 1.11 节讲解。为了对这类攻击带来的危害有更深入的认识,下面再举一个 SQL 注入攻击的例子。假定黑客成功登录到服务器后,打开修改客户邮箱的界面,该界面如图 6.3 所示。黑客在该界面中输入的内容也显示在图中。假定应用程序对该界面的处理也是先拼接出一个 SQL 语句:

图 6.3　SQL 注入攻击界面

```
stringsqlState ="UPDATE user SET mail='"+ mailbox + "' WHERE user_id ='" + user_name + "';"
```

其中 mailbox 和 user_name 分别是客户在修改客户邮箱界面中输入的 email 和客户名。然后向数据库发送该 SQL 请求,完成客户邮箱的修改。

当黑客输入的客户名为"'OR '1' ='1"时,拼接出的 SQL 语句便为"UPDATE user SET mail='909485030@qq.com' WHERE user_id =' OR '1' ='1';"。该 SQL 语句同样突破了程序设计者的预设逻辑。其选择条件对 User 表中每行数据都为 TRUE,于是把数据库中所有客户的邮箱都修改为"909485030@qq.com"。该邮箱为黑客的邮箱。随后,当有客户修改自己的密码时,系统会把修改情况以邮件告知客户。结果邮件都发给了黑客。黑客便获取到了数据库中客户的账号信息,后果非常严重。

从上述例子可知,SQL 注入攻击是黑客先猜测应用程序的处理逻辑,然后利用程序中

SQL 语句的拼接性，通过输入 SQL 预留字使得 SQL 语句偏离原有用意，达到攻击目的。要防御 SQL 注入攻击，就要使得客户在操作界面中输入的内容不含 SQL 预留字，例如单引号、分号、逗号、注释符，以及逻辑运算符 OR 和 AND 等。如果客户在操作界面中输入的内容包含 SQL 预留字，就要在合成 SQL 语句时对其进行转义处理，使其成为普通字符。因此，应用程序编程时，严禁拼接 SQL 语句。正确的编程方法是调用访问接口中的 prepareStatement 函数，以参数化形式处理客户的输入，如代码 6.3 所示。prepareStatement 函数会对参数进行检查，对其中包含的 SQL 预留字进行转义处理，确保 SQL 语句不会走形和畸变。

代码 6.3　防御 SQL 注入的方法示例

```
(1)    String sqlState="UPDATE user SET mail=? WHERE user_id =?;"
(2)    PreparedStatement ps = connection.prepareStatement(sqlState);
(3)    ps.setString(1, mailbox);
(4)    ps.setString(2, user_name);
(5)    ps.ExecuteQuery();
```

HTML 注入攻击和 SQL 注入攻击类似，都是利用语法中的预留字使得语义畸变。在 SQL 注入攻击中，黑客利用了 SQL 的预留字。而在 HTML 注入攻击中，黑客则利用了 HTML 预留字。1.10 节给出了一个黑客利用含客户评论功能的网页进行攻击的例子。正常情形下，当客户 A 打开评论网页，发表评论之后，其评论能被随后也打开该网页的客户看到。如果客户 A 是黑客，在评论框中输入的内容含 HTML 预留字，以及 JavaScript 脚本攻击代码，那么 Web 服务器随后再生成该网页时，就会偏离程序设计者的预期逻辑，使得黑客注入的 JavaScript 脚本攻击代码在后续客户的浏览器中执行，窃取客户计算机上的数据，或者在客户的计算机上置入病毒或者木马。

防御 HTML 注入攻击，就是使得客户在操作界面中输入的内容不含 HTML 预留字。如果客户在操作界面中输入的内容包含 HTML 预留字，就要对其进行转义处理，变成普通字符。因此，应用程序编程时，要对客户输入的内容进行检查，做消毒处理。很多前端开发工具包，例如 JQuery，都提供防御 HTML 注入攻击的消毒函数。编写前端代码时，应调用消毒函数，对客户输入的内容做消毒处理。

6.2.2　客户与服务器彼此之间的认证

客户使用前端工具，通过公共互联网访问服务器，面临的一种安全威胁是假冒。例如，客户正要打开 www.boc.com 访问交易服务器时，黑客可在公共互联网上截获这个请求，然后冒充 www.boc.com 给客户响应一个交易登录网页。这个假网页的外观和真网页毫无差异，客户无法从外观上感知真假。当客户输入用户名和密码，然后单击"登录"按钮时，这个登录信息就发送给了黑客。于是，黑客就获知了客户的交易账号信息，这就是假冒的一个例子。因此，当客户访问一个网页时，要有识别真假的能力，确保打开的网页来自真实的服务器。这种安全需求被称作客户对服务器的认证（Certification）。与之对应的是服务器对客户的认证，确保客户是合法客户。

解决上述认证问题，要用到加密传输技术。加密传输是指：当客户 A 要通过公共互联网给服务器 B 传输数据时，为了安全起见，客户 A 先用密码对要传输的数据 α 进行加密处理,得到密文 β,然后将密文 β 传给对方。服务器 B 收到密文 β 后,使用密码解密,得到数据 α。数据 α 也被称作明文。反过来,服务器 B 给客户 A 传输数据时,也进行加密传输。在此场景下,黑客因为不知道密码,也就无法知道客户 A 与服务器 B 之间传输的内容。

加密有对称加密和非对称加密两种。对称加密是指客户 A 与服务器 B 握有相同的密码,加密和解密使用相同的密码。对称加密的优点是加密和解密开销都小,缺点是不具有认证功能。非对称加密是指客户 A 与服务器 B 握有的密码不相同。一方握有的密码叫私钥,另一方握有的密码叫公钥。用私钥对明文加密之后得到的密文,必须用公钥才能解密。反过来也是如此,用公钥对明文加密之后得到的密文,必须用私钥才能解密。非对称加密的优点是具有认证功能,缺点是加密和解密的计算开销都非常大。

私钥 SK 由一对整数 (n,d) 构成,公钥 PK 则由另一对整数 (n,e) 构成,它们具有配对性。SK 和 PK 分别是 Secret Key 和 Public Key 的缩写。私钥 SK 由自己保留,不能让任何人知道。公钥 PK 可以告诉别人,以便和其进行非对称加密通信。设客户 A 使用非对称密码生成工具为自己设置一个私钥 SK,记作 (n,d),然后产生一个公钥 PK,记作 (n,e)。客户 A 将公钥 PK 告诉服务器 B。客户 A 对明文 α 使用私钥 SK 加密,得到密文 β,然后将密文 β 通过互联网发送给服务器 B。服务器 B 用公钥 PK 能对密文 β 解密得到明文 α,就说明密文 β 一定是客户 A 发来的,也就实现了服务器 B 对客户 A 的认证。于是用私钥进行加密,就成了一种签名机制。

非对称加密技术的安全性在于:对于一个大数 n,已知公钥 PK(n,e),无法通过计算猜测出私钥 SK(n,d)。这种安全性的证明属于一个数学问题,已由数学家给出。因此,认证的过程是:如果客户 A 想要服务器 B 来认证自己,就用密码生成工具为自己设置一个私钥 SK,为服务器 B 产生一个公钥 PK,然后将公钥 PK 告诉服务器 B。服务器 B 收到一个密文,如果用公钥 PK 能将其解密成明文,那么该密文一定出自客户 A。也就是说,该密文一定是客户 A 签发出来的。

非对称加密看似深奥神秘,其实不然。私钥 SK(n,d) 的设置方法以及公钥 PK(n,e) 的产生算法其实很简单,如图 6.4 所示。根据该算法可知,当设置私钥 SK 为 $(33,7)$ 时,$(33,3)$ 为一个公钥 PK。非对称加密和解密算法如图 6.5 所示。举例来说,假定明文 α 为一个整数 7,那么用私钥加密后得到的密文为整数 28。用公钥对密文 28 解密后得到的明文为整数 7。这个加密和解密,用手工计算都可在 10s 内完成。但是,当 n 是一个很大的数时,计算开销就会变得非常大。

(1) 找两个素数 p 和 q,让 $n=p*q$,再让 $t=(p-1)*(q-1)$;
(2) 取任何一个数 e,但要求 $e<t$ 并且 e 与 t 互素;
(3) 然后产生一个 d,使得 $d*e\%t==1$;

图 6.4 私钥 SK(n,d) 的设置以及公钥 PK(n,e) 的产生算法

(1) 加密:密文 = (明文$**d$) $\%n$;
(2) 解密:明文 = (密文$**e$) $\%n$;
(3) 为了简化加密和解密计算,有公式:$b*c\%n=(b\%n)*(c\%n)\%n$

图 6.5 非对称加密和解密算法

在公共互联网上实现认证(Certification),还需要有认证中心。认证中心类似于国家设

立的公证处,是一个专门设置的,被公认的互联网认证服务机构。认证中心有自己的私钥,它的公钥是公开的。对于需要别人对自己进行认证的公司或者个人,都要到认证中心申请认证证书。申请者有自己的私钥和公钥。申请证书时,把自己的公钥和服务器域名提供给认证中心。认证中心验证申请者的服务器域名和公钥都具有唯一性之后,便用自己的私钥对申请者提供的公钥和域名进行加密,形成认证证书,颁发给申请者。证书具有不可更改性,其原因是证书为密文,加密的密钥为认证中心的私钥,其他人都不知道。证书具有可信性。凡是能用认证中心的公钥解密的证书,一定都是认证中心签发出来的。前端工具厂商把认证中心的公钥内置在前端工具中。

客户访问一个服务器时,由前端工具为其完成对服务器的认证。例如,客户在前端工具的地址栏中输入 https://www.boc.com/,访问交易服务器。注意:在这里,客户输入的不是 http://www.boc.com/,而是 https://www.boc.com/。如果输入的是 http://www.boc.com/,就表明:使用普通的 HTTP 访问服务器。如果输入的是 https://www.boc.com/,则表明是使用安全的 HTTP 访问服务器。客户使用安全的 HTTP 访问服务器时,前端工具先要与服务器建立连接,然后才进行加密通信。连接的过程分两步:先是对服务器进行认证;然后生成一个对称加密密码,将其保密地传给服务器。

前端工具用安全的 HTTP 访问服务器时,先给服务器发送一个安全连接请求。服务器给前端工具的响应结果是服务器的认证证书。前端工具收到服务器的证书后,使用认证中心的公钥对证书解密,得到证书的明文,其中包含了服务器的公钥和域名。前端工具再用自己要访问的域名和证书上的域名进行对比,如果完全一样,则表明证书是自己要访问的服务器的证书,不是假冒服务器的证书。至此,前端工具完成了对服务器的认证。

这个认证过程是可靠的。如果客户的安全连接请求在公共互联网上被黑客截获,那么客户得到的响应结果就会来自黑客。黑客的响应结果也只能是证书,要么是真实服务器的证书,要么是黑客自己的证书,因为所有证书都是公开的,因此黑客在响应结果中带上真实服务器的证书完全没有问题。但是黑客没有认证中心的私钥,因此无法伪造证书,或者篡改别人的证书。如果黑客的响应结果包含的证书是黑客自己的证书,那么前端工具在执行上述的域名对比时,就会发现自己要访问的域名和证书上的域名不一致,于是前端工具对服务器的认证失败。因此,基于非对称加密的认证方案不仅可靠,而且可行。

前端工具完成对服务器的认证之后,接下来要解决的问题是使客户与服务器之间的数据传输双向安全。前端工具对服务器认证后,前端工具给服务器发送数据时,可使用服务器证书上的公钥对其进行加密,然后将密文通过公共互联网传给服务器。黑客尽管在公共互联网上可偷看,或者截获客户发给服务器的密文,但是黑客没有服务器的私钥,无法对其进行解密。因此,黑客不能获取到客户发给服务器的明文。于是客户发给服务器的数据有了安全保障。但是,这种安全保障是单边的,服务器发给客户的数据并没有安全保障,其原因是服务器的公钥是公开的。对于服务器发给前端工具的密文,黑客可用服务器的公钥将其解开,得到明文。

要实现客户与服务器之间的数据传输双向安全,其策略是利用前端工具发给服务器的数据具有安全性,以此为基础,进一步实现服务器发给客户的数据具有安全性。具体办法是:前端工具对服务器认证之后,调用 AES 函数生成一个对称加密密码,然后用服务器的公钥对其加密,形成密文,发送给服务器。随后,当服务器要给前端工具发送数据时,就用该对称加密密码对明文加密,得到密文,再将密文发给前端工具。前端工具对服务器发来的密文,使用对称加密密码进行解密,得到明文。前端工具给服务器发送对称加密密码,具有安全保障。黑客尽管可在公共互联网上偷看,截获前端工具发给服务器的密文,但是没有服务器的私钥,因此无法解密得到对称加密密码。

服务器得到前端工具发来的对称加密密码后,前端工具再给服务器发送数据时,就不再用服务器的公钥进行非对称加密,而是使用自己的对称加密密码进行加密。由此可知,非对称加密技术只用在前端工具对服务器进行认证,以及前端工具给服务器发送对称加密密码这两件事情上。随后的数据传输则使用对称加密技术达成安全性。至此,安全的 HTTP 实现了前端工具与服务器之间数据传输的双向安全。

上述前端工具对服务器的认证以及前端工具与服务器之间的加密传输,都实现在安全的 HTTP 中,对客户透明。具体来说,实现在 SSL/TLS 中,SSL 是 Secure Socket Layer 的缩写,而 TLS 是 Transportation Layer Security 的缩写。对称加密使用 AES 算法。数据的安全传输国际标准为 X.509。该标准规定了证书的数据结构、认证的过程及其相关数据结构,以及加密和解密的接口等内容。

上述对称加密密码由前端工具随机生成,用于前端工具与服务器之间的保密通信。对称加密密码由前端工具使用服务器的公钥加密后传输给服务器。服务器能用私钥对其解密,得到明文。黑客尽管在网上能截获或者偷看,但是他没有服务器的私钥,无法解密出对称加密密码。因此,对称加密密码只会由前端工具和服务器双方持有,其他人无法得到。随后,前端工具和服务器都使用对称加密密码加密要传输给对方的数据。因此,黑客无法偷看到在公共互联网上传输的数据。对称加密与非对称加密相比,具有加密和解密开销都很少的优点。对于加密后传输的数据,黑客无法知道其内容,也无法对其进行篡改。

除客户对服务器进行认证外,服务器也要对客户进行认证。服务器对客户进行认证采用账号形式。客户访问服务器,打开的第一个页面是客户登录页面。在登录页面中,客户需要输入自己的用户名和密码。登录成功之后才可打开业务操作页面。

思考题 6-2:客户要访问一个服务器,如果走错了门(在前端工具里把域名敲错),误入黑客站点,那么安全就无从谈起了。举例来说,某人要访问交易服务器,但不记得域名,于是就打开百度搜索。如果搜索结果有错,把黑客服务器当成了交易服务器,那么安全就不具备前提条件了,为什么?正因为如此,客户使用百度搜索时,必须对服务器进行认证,确保搜索结果是正版的,而不是山寨版的。假定不认证,试分析会带来哪些安全隐患?

思考题 6-3:前端工具对服务器认证之后,调用 AES 算法得到一个对称加密密码,并用服务器的公钥对其加密,发送给服务器。随后,服务器与客户之间的通信,就用该对称加密密码进行加密和解密。试想一下,每台机器上的前端工具调用 AES 算法得到的对称加密密码一定不一样,而且无规律,呈随机性才行,否则黑客就能猜测出来。那么,怎么才能使得每台机器上的前端工具调用 AES 算法得到的对称加密密码都不一样,而且无规律,呈随机性?你能给出一个方案吗?

6.2.3 其他互联网攻击的防御

解决了认证问题,实现了数据的加密传输,并不等于安全问题就完全解决了。例如,客户使用交易服务进行转账,对于每次转账操作,客户会给服务器发送一次加密数据。假定客户 A 给客户 C 转账 100 元,客户 C 是一个黑客。黑客可以从公共互联网上截获这个转账的加密数据包,然后不断复制,不断将其发送给服务器。于是服务器会不断地重复执行客户 A 给客户 C 转账 100 元这一操作,导致客户 A 的钱被骗走。在这一作案中,黑客并不需要对加密的数据包做任何改动,不断复制和发送即可达到诈骗目的,这种攻击叫作重放攻击。

对于这一问题,需要增加验证码予以解决。客户每次打开转账操作界面时,服务器都为其生成一个验证码,将其存入本地的有效验证码队列中,同时也将其和转账操作界面一起发送给客户。客户执行转账操作时,在发送给服务器的转账数据包上也带上这个验证码。服务器收到一个转账数据包后,解析出其附带的验证码,然后在本地的有效验证码队列中查找看其是否有效。如果有效,则认定该请求合法,受理该请求,并在有效验证码表中删除该验证码。随后,当服务器第二次收到该转账数据包时,其附带的验证码在有效验证码队列中已不存在。于是,第二次收到的转账数据包就不会被受理,而是直接当垃圾丢弃。

对于转账之类的关键业务操作,在安全上还存在一个抵赖的问题。例如,客户通过公共互联网执行了一次转账,但是拒不承认,控告银行偷了他的钱,或者说银行把它的账号泄露给了别人。此时,银行也会反诉,说客户抵赖。遇到该情形时,出现了无法判定谁是谁非的问题。为了解决这一问题,对转账操作,客户必须签名。也就是说,客户要有自己的私钥,并用私钥对转账操作数据包进行加密,然后传给银行。银行再拿客户的公钥进行解密。拿客户的公钥能解密的数据包必定来自客户,于是就解决了抵赖问题。因此,为了预防客户抵赖,银行要对客户发来的转账数据包密文进行存档,一旦发生客户抵赖情形,就以存档的转账数据包密文作为证据,以此证明客户是在抵赖。

为了给客户提供一个私钥,于是就出现了 U 盾。U 盾由专门的安全机构制造,里面包含了一个私钥,公钥则分发给了银行。正因为 U 盾包含了客户的私钥,银行在给客户 U 盾时,强调客户要认真对其进行检查,确保封条完好,确认没有人用过。客户使用 U 盾访问银行系统,对转账之类的关键操作,都会使用 U 盾中的私钥进行加密处理,于是克服了抵赖问题。有了 U 盾,一旦发生法律纠纷,就会有据可查。

使用网银系统时,通常大额转账才要求使用 U 盾,而小额转账则使用手机验证码。手机验证码是一种验明转账操作人确为账号本人的手段。另外,每次转账发生,银行系统都会以短信方式和邮件方式及时通知账号本人。因此,即使发生了客户账号被盗,也不会出现资金被转走流失的情形。从技术角度看,网银系统是可靠的。不过,还经常听到有金融诈骗案发生,其原因都是账号本人被骗。因此,每个人都要有安全意识,警防被诈被骗。

思考题 6-4:打开很多服务器的登录页面时,都要求输入验证码。按理说,验证码对客户应该是不可见的,也就是说不需要让客户再输入一次。客户单击"登录"按钮时,直接把验证码带上,作为登录的一个参数即可。登录页面中,要让客户输入验证码,是不是多此一举,画蛇添足?

6.2.4 客户访问权限的管理

服务器是企业业务数据的集中地,各类客户都要访问服务器,完成其业务操作。例如,大学的教务管理服务器就是教务数据的集中地,学生、老师、教管人员都要访问服务器,完成各自的业务操作。教管人员要录入课程、排课;学生则要选课、查看自己的修课记录;老师则要录入学生成绩。为了安全起见,服务器对客户的访问权限要有明确规定。客户使用账号登录服务器之后,便建立起了一个与服务器的连接。客户通过连接向服务器提交操作请求。

当服务器收到一个客户的操作请求后,便检查该客户是否拥有相应的操作权限。如果拥有,则受理用户的请求,执行处理,并把结果返回给用户。如果未授权,则拒绝受理客户的请求,给客户返回一个无操作权限的提示信息。

权限管理的概念和规则必须简明、清晰,才能做到行之有效。权限管理中,仅有5个概念,分别是授权者、对象、权限、被授权者、授权标志。客户拥有的操作权限由别的客户授予。以大学教务管理服务器为例,客户A将自己拥有的对课程表执行添加和修改操作的权限授予给客户B,这就是权限管理中的一项操作。如果授权标志为RELAY,则表明客户A允许客户B把该权限再授予给其他客户。

权限管理包括3项内容:①支撑客户完成授权操作;②支撑客户完成收权操作;③判断客户是否拥有某种权限。授权操作包括创建客户,然后给客户授权。收权操作包括从客户那里收回原来授予出去的权限,以及删除客户。权限管理仅有3个准则:①对于某个对象,其创建者拥有对其访问的全部权限;②一个客户可将其拥有的权限授予给其他客户;③授权者可收回其授予出去的权限,权限收回具有连带性。对于连带回收的含义,现举例说明。对于一项权限,客户A将其授给客户B,客户B再将其授给客户C。那么,当客户A从客户B那里收回该项权限时,客户C拥有的该项权限也可被连带收回。由此可知,权限管理具有简洁性,能保证服务器中的数据安全。

为了使权限管理简单、明了,除客户概念外,还有角色(Role)概念。角色是对一类客户的总称。例如,大学教务管理服务器中,其客户就可分为3类:学生类、教师类、教管人员类。因此,在大学教务管理服务器中,应该有学生角色、老师角色、教管人员角色。有了角色概念,权限管理就由给客户直接授权变成给角色授权,然后再把角色赋予客户,这种改变带来了权限管理的简单性。

服务器中仅需两张数据表,便能支撑起权限管理。这两张表分别是User表和Privilege表,如表6-1和表6-2所示。User表记录客户账号信息和角色信息,其字段有userType,userId,password和creatorId。这4个字段的含义分别为用户类型、用户id、密码,以及创建者id。每个客户或角色在User表中有一行。当某行的userType字段取值为'USER'时,标识该行是一个客户。当取值为'ROLE'时,标识该行是一个角色。Privilege表记录授权信息,其字段有granterId,objectId,privilegeType,granterId和grantTag。这5个字段的含义分别为授权者id、对象id、权力id、被授权者id,以及授权标志。表6.2中第一行数据的含义是root用户将自己拥有的对课程表course执行添加行操作的权力授予给角色administrator。角色administrator还能将所获得的权力继续授予给别人。

每成功创建一个客户或者角色,就会在User表中添加一行记录。每成功执行一次授权,便会在Privilege表中添加一行记录。从表6.1所示的User表中数据可知,服务器中共有3个角色,4个客户。从表6.2所示的Privilege表中数据可知,其中记录了4次授权。

表 6.1 User 表

userType	userId	password	creatorId
USER	root	123456	SYSTEM
ROLE	administrator		root

续表

userType	userId	password	creatorId
ROLE	teacher		root
ROLE	student		root
USER	A	1	root
USER	B	2	A
USER	C	333	B

表 6.2 Privilege 表

granterId	objectId	privilegeType	granterId	grantTag
root	course	INSERT	administrator	RELAY
root	enroll	SELECT	student	RELAY
root	administrator	ROLE	A	
A	student	ROLE	B	

服务器在安装时，就会提示创建一个 root 用户，要求安装者输入该用户的账户名和密码。这个 root 用户就是根用户，拥有所有权限，是权限管理层次树的根。于是，系统安装后，便会在 User 表中有一行该用户的记录，如表 6.1 中第一行数据所示。服务器初次启动运行后，以 root 账号登录服务器，然后创建业务数据表、角色和用户，再给角色分配访问业务数据表的权限。创建的每一个用户，就是一个登录账号，可用来登录服务器。

当一个客户登录服务器时，要给定账号，即用户名和密码。服务器会基于客户提交的用户名到 User 表中查找账号信息。如果有一行数据，其 userId 字段的值等于登录用户名，且 userType 字段的值为'USER'，password 字段的值等于登录密码，那么就认定登录用户合法，登录成功。随后，客户向服务器发送业务操作请求时，服务器先进行权限检查。只有在权限检查通过之后，请求才会被服务器执行。

如果客户发送来的业务操作请求为授权，那么服务器先检查客户是否拥有授权的权力。为了简单起见，假定一个客户的权力都来自他充当的角色。举例来说，在大学教务管理服务器中，客户 A 提交的请求为：针对选课表，将查询权授给 student 角色。服务器就要先检查客户 A 充当的角色，是否拥有对选课表执行查询的权力。如果有，则进一步检查是否具有授权的权力。只有这两个条件都具备时，服务器才会受理客户的授权请求，执行授权操作。

对于收权操作，一个客户只能收回它以前授出去的权力。因此，当用户提交一个收权请求时，对客户要收回的权利，服务器要在 Privilege 中检查该客户所担当的角色是否有对应的授权记录。只有对授出去的权限才能收回，否则收权就变得毫无意义。收权时，还要执行连带收权处理。

思考题 6-5：基于 User 表和 Privilege 表中数据，能否写出收权操作的处理流程图？

6.2.5 对客户访问操作的审计追踪

在服务器的安全防护中，共有 4 道防线：①客户和服务器的相互认证防线；②数据的加密传输防线；③服务器内的权限管理防线；④服务器内的审计防线。审计是一种用来发现数据安全问题，查清事实真相的技术手段和工具。审计就如在公共场所安装摄像机，对登录进服务器的用户的一举一动都进行记录。一旦发现安全问题，就可调阅审计记录，查清事实真相，为案件侦破提供线索和证据。

审计就是记录客户在服务器中做了哪些操作，以便日后追踪。审计记录包括登录信息和操作信息。登录信息又包括登录账号、客户所用机器的 IP 地址、登录时间。操作信息包括操作指令、操作时间。如果是修改和删除操作，则进一步记录更改前的数据值。如果是添加或者修改操作，则进一步记录更改后的数据值。

审计具有可配置性。可只对选定的表、选定的用户、选定的操作类型进行审计。例如，在大学教务管理服务器中，可只对选课表中的课程成绩字段，专门针对修改操作进行审计。因为成绩是一个关键数据，它的安全性很重要。老师录入成绩之后，不允许修改。因此，对成绩的修改进行审计，便能找到安全问题的症结所在。

审计是服务器提供的一项功能，只需要配置和开启。服务器也提供审计追踪工具，方便调阅审计历史记录，从各个视角对审计记录进行查询和统计。审计记录了何人、何时、从何地（机器 IP 地址）、执行了何种操作。审计的用途包括：①发现账户泄露、不法操作、管理漏洞等安全问题；②查清案情的事实真相，为案情的侦破提供证据；③修复非法操作。例如，如果发现一个学生的成绩有问题，就可调阅审计历史记录，定位该成绩是由何人、在何时、从何地执行了该学生成绩的修改操作，然后再扩展追踪，检查该用户还执行了哪些非法操作，并将非法操作加以更正。

当一个用户在使用服务器中发现某项数据操作不是自己所为时，就说明自己的账户被泄露，或者被入侵者攻破，此时就将异常情况报告系统管理人员。系统管理员就可调阅审计记录，弄清楚伪用户是在何时、从何地（机器 IP 地址）登录系统，并执行了哪些非法操作。利用审计记录能为案件侦破提供证据和线索，为尽快消除隐患提供支撑。

审计能带来很多好处，但也有代价。审计要占用系统资源，包括 CPU 资源和存储资源，因此会对系统性能产生一定影响。服务器管理人员对审计的配置要谨慎，精心筹划，不能随意滥用。通常只针对关键数据、关键操作进行审计。对不很重要的数据和操作不执行审计。

思考题 6-6：对授权操作和收权操作应该执行审计吗？请说明理由。

思考题 6-7：交易服务器非常重要，客户的钱和交易情况都记录在服务器中。针对交易服务器的管理人员，如何构造安全防线才能使其不敢执行非法操作？

6.3 服务器的可伸缩性

当一台服务器中的数据量达到容量上限时，就要将其一分为二，拆分成两台服务器。例如电商服务器，随着其数据量的增加，当达到上限时，就拆分成两个服务器。拆分时，将一半客户的数据迁移至新增的服务器上。为了使这种拆分对客户透明，要将单体服务器变成分布式服务器。分布式服务器由一个管理服务器和多个成员服务器构成。管理服务器也叫服务中介，是面向客户的服务窗口。管理服务器收到客户的请求后，将其分解成多个子请求，然后分别提交给对应的成员服务器处理。管理服务器也负责对成员服务器的返回结果进行汇总,然后提交给客户,于是服务器的分布式特性对客户透明。在客户看来,只有一台服务器。

以电商服务器为例,增长的数据主要是交易数据和客户数据。客户每购买一件商品,就新增一条交易记录。每新增一个客户,就会新增一条账号记录。当一台服务器中的数据量达到上限时,一种处理方法是:新增一台服务器,存储新增的数据。这种方案的特点:只需将新增服务器这一事件告知管理服务器,于是随后凡是新增数据类的客户请求,管理服务器都会将其转发给新增服务器处理。对于数据查询请求或者数据修改请求,管理服务器则叫每个成员服务器都去处理,并汇总它们的返回结果,然后返回给客户。该方法的特点是可伸缩性差。其原因是:客户的每一个查询或修改请求,都要叫所有成员服务器参与。响应时间受制于最慢的成员服务器。

第二种处理方法是:基于客户账号的大小将其一分为二,把一半用户的数据迁移至新增服务器上。于是,拆分后,管理服务器对每个客户的请求,只需交给一台服务器处理,因为一个客户的所有数据都在一台服务器上。与前一方案对比,服务器的可伸缩性得到明显改进。不过,该方案的美中不足是:在数据迁移的过程中,即在服务器一分为二的过程中,服务对客户不可用。其原因是:客户数据存于多个表中。例如,客户的账号数据在账号表中,交易数据则在交易表中。迁移时,只有把账号数据和交易数据都迁移完毕后,服务才对客户可用。

第三种处理方案是:将客户的账号数据与交易数据基于键值对数据模型聚簇存储。该方案中,交易记录是客户账号表中的一个字段,其数据类型为表。于是,客户的账号数据和交易数据存于一个表中。或者说,这个表的每行数据中都嵌有另一个交易表。这种数据的存储组织方式带来的好处是:服务器一分为二时,每迁移一个客户的账号数据,也把其交易数据迁移了。因此,迁移时,可逐个迁移,每迁移完一个客户的数据,在新服务器上就可用。该方案和第二种方案相比,服务的可用性明显得到了提升。这种提升的本质是:将迁移粒度由整个数据库变成了一个一个的客户。

6.4 服务集群

随着一台服务器中数据量的增加,服务器需要一分为二,这时单体服务器就演变成了分布式服务器。分布式服务器由一个管理服务器和多个成员服务器构成。每个成员服务器只负责部分数据的存储和管理。即使一台服务器中的数据量不算大,在客户数量大的情形下,所有客户请求由一台服务器处理,服务器会因负载太重而忙不过来,响应时间会达不到要求。这时可通过新增服务器副本提升系统吞吐量,缩短响应时间。新增服务器副本被称作复制。复制不仅能提升系统吞吐量,还能提升系统的可用性。当一个服务器由多个副本构成时,即使某个副本因故障而不可用,还有其他副本能提供服务,因此服务不会间断。

分布式服务器中的管理服务器,不仅要管理成员服务器,还要管理副本。管理服务器掌握着其所有成员和所有副本的信息,这种信息被称作元数据(Metadata)。在有多个成员服务器的情形下,管理服务器依托元数据,将客户请求分解成多个子请求,然后分别交给相应的成员处理,这个过程也被称作 MAP。管理服务器也负责对成员服务器返回的响应结果进行汇总,然后把汇总结果作为响应结果返回给客户,这个过程也称作 REDUCE。在有副本的情形下,如果客户的请求为查询数据,管理服务器只需将其提交给某个副本处理,这个过程被称作负载均衡。

分布式服务器有时也叫服务集群。很多企业的业务数据量非常巨大,达到 P 级,常常称为大数据。大数据散布在集群中的各个成员服务器上,由分布式文件服务器或者分布式数据库服务器进行管理。这些数据一方面支持企业的日常业务运转,另一方面也支持数据分析和挖掘,例如客户画像的绘制、客户异常行为的发现、AI 模型训练等。数据分析和挖掘能支撑企业更好地开展业务和拓展业务。

大数据中既蕴含了大量的有用数据,也包含了海量的无用数据,甚至垃圾数据。其特点是:价值总量很大,但价值密度很低。这一特性意味着,在数据分析中输出的数据量与输入的数据量相比,比值很小。数据分析软件就如一个工厂。对于工厂,存在一个选址问题。公司把工厂建在离原材料产地近的地方,还是建在离公司所在地近的地方?传统做法是把工厂建在公司所在地附近。在生产规模不大的时候,这种方案很好,能为生产带来便利,不会遇到什么问题。但是,当想进行大规模高效生产时,就会受到原材料运输的制约,难以达成目标。其原因是通过交通网将原材料从产地运往工厂,流量受到了限制。

因此,聪明的做法是改变策略,把工厂建在原材料产地的附近,这样就可大规模供应原材料,实现高效生产。工厂生产出来的产品在运输上不会受交通网的制约,因为产品的量与原材料的量相比,比值很小。数据分析也是如此。传统做法是:将数据分析软件单独部署在专用机器上,通过网络把数据从存储地取来进行分析。在数据量很大的情形下,这种传统方式已经不再可行,满足不了大数据处理的需求。其原因是:要长距离实现数据的大流量运输很难。解决问题的办法是:把数据分析软件部署到存储数据的计算机上或者附近,就近处理。于是,数据分析就由集中式模式变成了分布式模式。这种场景下的集群面对的问题不再是拆分和复制,而是适应。关注的重点是:该调度应用程序在哪一台计算机上运行。

集群的含义为分布式系统。集群的一种形式是:通过集群管理软件将联网的多台计算机组织成一台计算机使用。这种集群由 3 个应用程序构成:集群管理器、执行器,以及元数据服务器。集群管理器是服务窗口。客户通过集群管理器使用集群,包括安装应用程序、启动应用程序等。集群管理器也负责管理集群中的计算机,以及调度应用程序在计算机上的运行。执行器则运行在集群中的每台计算机上,接受集群管理器下达的指令,执行诸如启动应用程序、关停应用程序之类的操作。元数据服务器负责存储和管理已安装的应用程序,以及其运行信息。服务器启动后,要将服务信息注册到元数据服务器中。访问服务时,要到元数据服务器中获取服务信息。

集群的另一种形式是分布式服务器。这种集群由两个应用程序构成:①管理服务器;②成员服务器。管理服务器作为应用程序由集群管理器负责启动。管理服务器是服务窗口,负责受理客户的请求。管理服务器也负责管理成员和副本。当要启动一个成员服务器时,管理服务器会向集群管理器发送请求,由集群管理器安排和指定运行成员服务器的计算机。当需要新增一个副本时,也是如此。管理服务器还负责客户请求的分解和派发,以及响应结果的汇总。

YARN 是一个知名的集群管理软件产品。YARN 是 Yet Another Resource Negotiator 的缩写。其中的集群管理器取名为 ResourceManager,执行器取名为 NodeManager。YARN 为分布式服务器在集群上运行提供支撑。集群中的每台计算机上都运行 NodeManager 软件,负责本地计算机上的进程管理,其中包括创建进程运行应用程序、给进程分配资源等内容。当客户要在集群上启动一个分布式服务器时,便将请求提交给 ResourceManager。在 YARN 中,将分布式服务器中的管理服务器称作 Application Master,将成员服务器称作 Application Worker。ResourceManager 先安排某个 NodeManager 运行 Application Master。Application Master 启动后,会向 ResourceManager 发送请求,申请运行 Application Worker。

尽管计算方式在演变,但编程实现应用程序的方式保持不变。计算方式已经历了两次演变:由单机计算到集群计算;由集群计算到云计算。服务器也由单体服务器演变为分布式服务器。在编程实现应用程序上,应用程序依旧由应用程序自身和运行环境两部分构成。应用程序要访问运行环境中的资源和服务时,依旧是从配置文件中获取资源和服务信息。访问资源和服务依旧是调用 API 函数。实现并行处理依旧采用创建子进程方式。变化的是支撑库中 API 函数的实现。配置文件的含义不再限于本地文件,也可是远程文件,还可以是配置服务器。子进程的含义不再限于本机,也可以是远程计算机上的进程。也就是说,配置文件和子进程都已变成了抽象概念。抽象化处理能使应用程序具有良好的自适应性。

6.5 抽象与动态自适应

抽象是一种策略和方法,而动态自适应则是抽象所致的系统特质。以案例诠释它们间的关系,能一目了然。SPARK 是一个知名的分布式大数据处理平台,将数据抽象为一种叫作 RDD 的数据类型。RDD 是 Resilient Distributed Datasets 的缩写,中文含义为弹性分布式数据集(RDD)。SPARK 也为 RDD 定义了属性,以及丰富的数据处理函数,以供客户调用,从而使得各种各样的数据处理对客户变得简单容易。分布式处理的内部实现对客户完全透明。下面以一个实例展示这一特点。已知一个英文文本文档,文件名为 hdfs:/data/document.txt。数据处理任务为:求这个文档中出现了哪些英文单词,以及每个单词在该文档中出现的次数。

在 SPARK 平台上,客户要完成该数据处理任务,要写的处理代码为 sc.textFile("hdfs:/data/ document.txt").flatMap(_.split(" ")).map((_,1)).reduceByKey(_ + _).collect()。该代码表达了达成目标的 5 步操作。第一步操作是 sc.textFile("hdfs:/ data/document.txt"),其中 sc 是 Spark Context 对象。客户可直接使用 sc 对象。调用 sc 的接口函数 textFile,为其指定一个文件作为输入参数,返回一个 RDD 类型的对象。在此给该 RDD 对象取名为 paragraphs。paragraphs 是一个列表对象,文件中以回车换行符为结尾标志的每段数据都成为 paragraphs 中的一个元素。

第二步操作为 paragraphs.flatMap(_.split(" ")),其中的 '_' 是一个特义符,表示 paragraphs 对象中的任一元素。_.split(" ") 的含义是:给定 paragraphs 中的一个元素,即一段文本数据,对其从头到尾进行扫描,每遇到一个空格就进行切分,于是得到该行文本数据中的英文单词序列。再将该单词序列构造成一个列表,其中的元素便为英文单词。于是,paragraphs 中的每个元素都变成了一个列表,即 paragraphs 由一级列表变成了两级嵌套列表。flatMap 的含义是把两级嵌套列表拍平成一级列表,其中的元素为单词。总的来说,第二个操作返回一个 RDD 类型的对象,在此给它取名为 words。words 是一个列表对象,包含了文档中依次出现的所有单词,每个单词为 words 中的一个元素。

第三步操作是 words.map((_ ,1))。它对 words 列表中的每个元素进行变换,从由一个项构成变换成由两个项构成,即增加一个项。这里增加的项为一个整数,值为 1。这个操作也返回一个 RDD 类型的对象,在此给它取名为 words_2。

第四步操作为 words_2.reduceByKey(_ + _)。在这里,words_2 中的每个元素有两个项,第一个项被称为 KEY,第二个项被称为 VALUE。reduceByKey(_ + _)的含义是:对 words_2 中的任意两个元素,只要 KEY 相同,就把它们合并成一个元素,该元素的 KEY 就为它们的 KEY,VALUE 则为它们的 VALUE 之和。这个过程会递归下去,直至列表中不存在 KEY 值相同的两个元素。这个操作也返回一个 RDD 类型的对象,在此给它取名为 result_words。

result_words 也是一个列表对象,包含了文档中出现的所有单词,以及每个单词在文档中出现的次数,这就是所要的结果。第五步操作是 result_words.collect(),将 result_words 中的内容作为响应结果,返回给客户。

上述代码中根本就没出现分布式处理概念,因此说分布式数据处理对客户完全透明。在 SPARK 内部,当收到客户提交的上述处理代码时,先要到 HDFS 文件服务器那里查询文件 hdfs:/data/ document.txt 在存储上由几部分组成,以及每部分存储在哪个成员节点上。然后根据系统中的可用资源情况,以及 document.txt 文件的存储分布情况,制定并行处理方案。方案内容包括:① 为 Application Master 分配机器;② 决定创建几个 Application Workers;③ 为每个 Worker 分配机器;④ 为每个 Worker 分配处理任务。

给 Worker 分配机器的原则是就近处理数据。假定 document.txt 文件在 HDFS 服务器内部,由 H1://d1.txt、H2://d2.txt、H3://d3.txt 这 3 部分组成,分别存储在集群中的成员节点 H1、H2、H3 上。那么,最好为该处理任务创建 3 个 Workers,使其分别运行在 H1、H2、H3 这 3 台成员机器上,分别处理 d1.txt、d2.txt、d3.txt 这 3 部分。

就上述处理任务而言,对于前 3 项操作,所有 Workers 做并行处理,各自处理自己的数据,不存在交互协作问题。第四步工作就不同了,需要所有 Workers 协作完成。其原因是一个单词在 d1.txt、d2.txt、d3.txt 这 3 个文件中都可能出现。一种办法是让所有 Workers 将第三步操作的结果发送给 Master,由 Master 进行汇总,并执行第四步操作。第五步操作也由 Master 执行,将第四步操作的结果作为响应结果返回给客户。这种方案简单、直接,但存在一个问题,即 3 个 Workers 都把其数据发送给 Master,导致 Master 要接收的数据量巨大,Master 可能容纳不下。

第二种方案是让 3 个 Workers 分别处理首字母为 a～h 的单词,j～r 的单词,s～z 的单词,即每个 Worker 分别将 KEY 的首字母为 a～h 的元素发送给 Worker1 处理,为 j～r 的元素发送给 Worker2 处理,为 s～z 的元素发送给 Worker3 处理。Workers 之间彼此交换数据的过程叫数据的混洗(Shuffle)。混洗之后,每个 Worker 再执行第四步操作。在第五步操作中,所有 Workers 将第四步操作的结果发送给 Master,由 Master 进行汇总,再将汇总结果作为响应结果返回给客户。

为了减少数据混洗时要传输的数据量,每个 Worker 也可对自己第三步操作的输出结果,先执行第四步操作,然后再执行数据混洗。混洗之后,每个 Worker 再执行一次第四步操作。第四步操作是一项全局性的操作,不过具有局部兼容性。也就是说,由每个 Worker 针对自己负责的那部分数据先执行一次,不会影响全局结果的正确性。这种全局性的操作先在局部执行一遍，叫作数据的合并。合并操作有助于减少混洗时的数据传输量。

从上述案例可知，客户编写数据处理代码，是基于抽象概念表达数据处理的逻辑过程。客户要关注的地方是数据结构，及其变换。在上述例子中，客户要知道 sc.textFile 函数把文件变成了列表对象，把文件中的段变成了列表对象中的元素。执行第二步操作时，客户清楚，一段中的单词由空格隔开，split 操作把一个元素切分成了一个列表对象，而 flatMap 操作则把一个两级嵌套列表对象拍平成了一个一级列表对象。执行第三步操作时，客户清楚，输入对象中的元素为单词，每个元素只含一个项，通过 Map 函数将每个元素由一个项变成两个项。在第四步操作中，客户知道输入对象中的元素是一个键值对，reduceByKey 函数能对键相同的元素进行合并处理，合并中对元素的值做相加处理。

将抽象概念和逻辑方案转变成实施方案，即物理方案，则是平台的责任。平台首先要了解输入数据的规模及其存储分布，然后基于系统中的可用资源情况，实时制定实施方案。实施方案内容包括：① 为 Application Master 分配机器；② 决定创建几个 Application Workers；③ 为每个 Worker 分配机器；④ 为每个 Worker 分配输入数据和处理任务；⑤ 为 Master 与 Workers 之间的协作，以及 Workers 之间的协作确立协议。

客户用脚本语言表达抽象概念和逻辑方案，使得 SPARK 能对任务进行分析，进而实施通盘优化，以及实时优化。SPARK 具有通适数据处理能力，根源于抽象概念的引入。传统做法是事先使用开发工具，将客户的代码编译成二进制可执行文件，然后将其安装到目标机器上运行，因此也就无法实施运行时的优化了。SPARK 的做法等于把编译器搬到程序要运行的目标机器上，然后以解释方式执行客户的代码。因此，平台能基于要处理的数据规模，及其存储分布特性，以及系统中的可用资源情况，实时制定实施方案，进行通盘优化，以及实时优化。

从上述例子可知，尽管数据处理工作量巨大，但是客户的脚本代码却很短。因此，用于执行脚本的时间与用于执行系统函数的时间相比，可以说是微乎其微。这个例子也进一步解释了脚本语言变得流行的原因。在第 5 章已分析了脚本语言的解释执行策略。

6.6 本章小结

服务对于客户而言，非常重要。正是因为有各种各样的服务，生活才变得越来越好。反过来也是如此，客户对服务提供方也非常重要。客户是服务提供方赖以生存和发展的基石。服务提供方的竞争力体现在服务质量上。客户能直接感受到的服务质量有响应速度、安全性、可用性。服务质量的提升离不开技术和工具的支撑。使服务器高效运行、安全运行、弹性运行，以及实现服务程序的快速开发与部署、快速改版升级、快速启动的策略和方法，统称为微服务技术。

对数据实现高效处理的途径和方法有：① 索引技术；② 基于访问特性合理组织数据的存储；③ 线程池和连接池技术；④ 批处理。在安全方面，首先要防御 SQL 注入攻击和 HTML 注入攻击。另外，要使用安全的 HTTP 做好客户对服务器的认证，以及服务器对用户的认证。在客户与服务器的交互中，非对称加密仅用在解密证书，以及将对称加密密码传输给服务器这两件事情上。服务器对客户进行认证有 3 个层级：① 账号；② 手机验证码；③ U 盾。服务器对于交易请求，要用验证码防御重放攻击。

在集群或云上运行的服务器具有动态性。这种动态性表现在3方面。首先，服务程序运行在哪一台计算机上不能事先确定，要到运行时实时确定。第二方面是：为了服务的可用性和吞吐量，一个服务器的副本数具有动态变化性。当业务量增大或者需要提升可用性时，会实时增加副本数。当业务量减少时，则要实时减少副本数，以节省资源。第三方面是：当一台服务器中的数据量增长到上限时，要将服务器一分为二。这一特性要求服务程序不仅能随处运行，还能快速启动。拆分过程中，服务的可用性与数据存储组织方式有关。合理组织数据的存储，不仅能提升系统性能，还能提升服务的可用性。

习题

1. 假定数据存储在磁盘中，计算机以块为单元对磁盘进行访问。索引表中的数据行，已按照搜索键排序。当索引表中的数据量也大时，需要很多磁盘块才能容纳得下。当从索引表中查找某个搜索键值时，由于整个索引表并未从磁盘全部读入内存并连续存储，因此二分法查找会遇到问题：中间那项数据到底在哪一个磁盘块中？为此要对索引表再建立统计索引表。在统计索引表中，一行数据记录一个磁盘块。被记录的磁盘块当然是存储索引表的磁盘块，记录的内容有磁盘块id（即磁盘块的地址）、起始搜索键值、末尾搜索键值。当统计索引表还需要很多磁盘块才容纳得下时，就要对统计索引表再建立统计索引表。以此类推，直至最后建立的统计索引表的数据量不超过一个磁盘块的容量。这是不是 B^+ 树的本质含义？

2. 给定一篇英文文章，要统计其中出现的单词，以及每个单词出现的次数。实施方法是：设置一个名为 words 的表。words 表有2列：单词列、出现次数列。对英文文章进行扫描，每出现一个单词时，就到 words 表中查找看是否存在有该单词的行。如果没有，就添加一行，出现次数的取值为1。如果有，则对其出现的次数做加1处理。请问，是不是需要对 words 表基于单词列排序？说明理由。假定进行排序，那么需不需要为 words 表建立统计索引？假定不排序，那么要给 words 表建立树索引吗？给 words 表建立哈希索引是不是会有更好的处理效率？说明理由。

3. 代码6.1所示调度线程的处理逻辑中，假设客户的请求很多，服务器忙不过来。其特征是：已无空闲的工作线程或网络连接。于是调度线程将客户的请求放入 waitQueue 中。如果客户长时间等不到响应结果，就会超时，进行请求不成功处理。因此，是不是要给 waitQueue 设置长度限制？假设将 waitQueue 的长度设为10，即只能装10项客户请求。如果装满了，对随后的客户请求，就直接给出"因忙，拒绝受理"的响应，这样处理合理吗？如果不设置长度限制，服务器会面临什么风险？当服务器忙不过来时，能否通过增加工作线程和网络连接的数量，增大自己的吞吐量？请说明理由。

4. 对于访问数据库编程接口 JDBC，查阅资料，了解它是如何支持批处理的？对于老师给所教学生录入成绩，基于 JDBC，写出批处理提交的实现代码。

5. 对于 MySQL 数据库服务器，给定表6.1所示的 User 表和表6.2所示的 Privilege 表，假定创建用户、创建角色、授权、收权这4项功能都以存储函数方式实现。请写出这4个存储函数的实现代码。

6. 对于 MySQL 数据库服务器，假定学生成绩存储在 enroll 表中。该表中有字段

studentId、courseId、score，分别记录学号、课程编号、成绩。请创建一个触发器，实现如下的审计功能：教师提交成绩后，如有客户对 enroll 表中数据的成绩进行修改，便执行审计。审计的具体内容是：将客户登录账号，访问数据库服务器所用计算机的 IP 地址、操作时间，以及被修改行的 studentId、courseId、score 这 3 个字段的值，以及修改后的成绩，将这 7 项内容记入 scoreUpdateAudit 表中。

参 考 文 献

[1] 王柏生,谢广军. 深度探索 Linux 系统虚拟化原理与实现[M]. 北京:机械工业出版社,2020.

[2] KAI H,JACK D,GEOFFREY C F. 云计算与分布式系统:从并行处理到物联网[M]. 武永卫,秦中元,李振宇,等译. 北京:机械工业出版社,2013.

[3] 华为技术有限公司. 云计算技术[M]. 北京:人民邮电出版社,2021.

[4] 腾讯云计算(北京)有限责任公司. 云计算应用开发[M]. 北京:电子工业出版社,2022.

[5] 杨金民,陈果,黎文伟. 编译技术与应用[M]. 北京:清华大学出版社,2022.

[6] 杨金民,荣辉桂,蒋洪波. 数据库技术与应用[M]. 北京:机械工业出版社,2020.

[7] LESLIE L. The part-time parliament[J]. ACM Transactions on Computer Systems,1998,16(2):133-169.

[8] LESLIE L. Paxos made simple[J]. ACM SIGACT News 2001,32(4):121-158.

[9] MIGUEL C,BARBARA L. Practical byzantine fault tolerance and proactive recovery[J]. ACM Transactions on Computer Systems,2002,11(1):62-97.

[10] TIANZHANG H,RAJKUMAR B. A taxonomy of live migration management in cloud computing [J]. ACM Computing Surveys,2023,56(3):1-33.

[11] Container migration with Podman on RHEL[EB/OL].[2023-01-19]. https://www.redhat.com/en/blog/container-migration-podman-rhel.

[12] ANN M J. Performance comparison between Linux containers and virtual machines[C]. In proceeding of the 2015 International Conference on Advances in Computer Engineering and Applications. IEEE,2015:342-346.

[13] VIOLETA M,JUAN M G. A survey of migration mechanisms of virtual machines[J]. ACM Computing Surveys,2014,46(3):1-33.

[14] ANDREY M,ALEXEY K,KIR K. Containers checkpointing and live migration[C]. In proceeding of the Linux Symposium. 2008:85-90.

[15] RODRIGUEZM A,BUYYA R. Container-based cluster orchestration systems:A taxonomy and future directions[J]. Software:Practice and Experience,2019,49(5):698-719.

[16] BERNSTEID. Containers and cloud:From LXC to docker to kubernetes[J]. IEEE Cloud Computing,2014,1(3):81-84.

[17] MERKEL D.Docker:Lightweight Linux containers for consistent development and deployment[J]. Linux Journal,2014,239(3):76-90.

[18] JHAD N,GARYG S,JAYARAMAN P P,et al. A holistic evaluation of Docker containers for interfering microservices[C]. In Proc. of the 2018 IEEE International Conference on Services Computing,2018:33-40.

[19] MEDEL V,RANA O,BANARES J Á,et al. Adaptive application scheduling under interference in Kubernetes[C]. In proceeding of the 9th IEEE/ACM International Conference on Utility and Cloud Computing (UCC'16),2016:426-427.

[20] LEITE L,ROCHA C,KON F,et al. A survey of DevOps concepts and challenges[J]. ACM Computer Survey,2020,52(6):1-35.

[21] ALSHUQAYRANN,ALI N,EVANS R. A systematic mapping study in microservice architecture [C]. In proceeding of IEEE 9th International Conference Service-Oriented Computing and

Application (SOCA), 2016: 44-51.

[22] BARLEVS, BASIL Z, KOHANIM S, et al. Secure yet usable: Protecting servers and Linux containers[J]. IBM Journal of Research Development, 2016, 60(4): 1-10.

[23] Kubernetes: Production-grade container orchestration[J/OL].[2023-6-12]. https://kubernetes.io/.

[24] KRATZKEN, QUINT P C. Understanding cloud-native applications after 10 years of cloud computing: A systematic mapping study[J]. Journal of System Software, 2017, 126(4): 1-16.

[25] GANNOND, BARGA R, SUNDARESAN N. Cloud-native applications[J]. IEEE Cloud Computing, 2017, 4(5): 16-21.

[26] CARRIONC. Kubernetes scheduling: Taxonomy ongoing issues and challenges[J]. ACM Computer Survey, 2023, 55(7): 1-37.

[27] VAVILAPALLIV K. Apache hadoop YARN: Yet another resource negotiator[C]. In proceeding 4th Annu. Symp. Cloud Computing, 2013: 1-16.

[28] Kernel-Based Virtual Machine[EB/OL]. [2023-4-25]. https://www.redhat.com/en/topics/virtualization/what-is-KVM.

[29] MAHALINGAM. Virtual extensible local area network (VXLAN): A framework for overlaying virtualized layer 2 networks over layer 3 networks[J/OL].[2023-09-12]. https://datatracker.ietf.org/doc/rfc7348/.

[30] COMMUNITYK. Kubesphere DevOps: A powerful CI/CD platform built on top of Kubernetes for DevOps-oriented teams[EB/OL].[2023-05-21]. https://kubesphere.io/devops/.

[31] JAWADDIN A, JOHARI M H, ISMAIL A. A review of microservices autoscaling with formal verification perspective[J]. Software Practice Experience, 2022, 52(11): 2476-2495.

[32] GOS, ZABIEROWSKI W. The comparison of microservice and monolithic architecture[C]. In proceeding IEEE 16th International Conference Perspective Technology Methods MEMS Design (MEMSTECH), 2020: 150-153.

[33] JONAS. Cloud programming simplified: A Berkeley view on serverless computing[EB/OL].[2019-06-22]. https://www2.eecs.berkeley.edu/Pubs/TechRpts/2019/EECS-2019-3.pdf.

[34] ZHOUH, HOPPE D. Containerization for high performance computing systems: Survey and prospects[J]. IEEE Transaction on Software Engineering, 2023, 49(4): 2722-2740.

[35] DAVID S L. Cloud-native applications and cloud migration: the good, the bad, and the points between[J]. IEEE Cloud Computing, 2017, 4(5): 120-134.

[36] RAULA. Cloud Native with Kubernetes: Deploy, configure, and run modern cloud native applications on Kubernetes[M]. New York: Packet Press, 2021.

[37] SHUIGUANG D, HAILIANG Z, BINBIN H, et al. Cloud-native computing: A survey from the perspective of services[J/OL]. https://arxiv.org/abs/2306.14402?context=cs.DC.

[38] 青岛英谷教育科技股份有限公司. 云计算与虚拟化技术[M]. 西安: 电子科技大学出版社, 2018.

[39] THOMAS E. 云计算: 概念, 技能与架构[M]. 龚奕利, 译. 北京: 机械工业出版社, 2017.

[40] TODD H. Explain the cloud like I'm 10[M]. New York: Possibility Outpost Inc., 2018.

[41] KAVIS M J. Architecting the Cloud: Design decisions for cloud computing service models[M]. New York: Wiley, 2018.

[42] DON B. COM本质论[M]. 潘爱民, 译. 北京: 中国电力出版社, 2001.

[43] DAN C M. 云计算: 原理, 应用, 管理与安全[M]. 余堃, 蔺立凡, 译. 北京: 机械工业出版社, 2024.

[44] 新华三技术有限公司. 云计算技术详解与实践[M]. 北京: 清华大学出版社, 2023.

[45] 张瑞. 云计算基础与OpenStack实践[M]. 北京: 电子工业出版社, 2022.

[46] 赢图团队. 揭秘云计算与大数据[M]. 北京：人民邮电出版社，2023.
[47] 刘鹏. 云计算[M]. 北京：电子工业出版社，2024.
[48] 吴朱华. 云计算核心技术剖析[M]. 北京：人民邮电出版社，2011.
[49] 王鹏. 云计算的关键技术与应用实例[M]. 北京：人民邮电出版社.2010.
[50] 陈晓宇. 云计算那些事儿：从 IaaS 到 PaaS 进阶[M]. 北京：电子工业出版社，2020.
[51] 马睿，苏鹏，周翀. 大话云计算：从云起源到智能云未来[M]. 北京：机械工业出版社，2020.
[52] 徐小龙. 云计算与大数据[M]. 北京：电子工业出版社，2021.
[53] 许豪. 云计算导论[M]. 西安：电子科技大学出版社，2021.
[54] 陈国良，明仲. 云计算工程[M]. 北京：人民邮电出版社，2021.
[55] 杨磊，王一悦，汪美霞，等. 云计算与微服务[M]. 北京：清华大学出版社，2024.
[56] 张虎，郭莹，杨美红，等. 云计算系统架构与应用[M]. 北京：清华大学出版社，2023.
[57] 孙宇熙. 云计算与大数据[M]. 北京：人民邮电出版社，2017.
[58] 张志为. 云计算及其安全关键技术解析与实践[M]. 西安：电子科技大学出版社，2023.
[59] 潘虎. 云计算理论与实践[M]. 北京：电子工业出版社，2016.
[60] 于长青. 云计算与大数据技术[M]. 北京：人民邮电出版社，2023.
[61] 何坤源. 华为云计算实战指南[M]. 北京：人民邮电出版社，2023.
[62] BRUCE E. Java 编程思想[M]. 陈昊鹏，译. 4th ed. 北京：机械工业出版社，2007.